高等院校数学教材同步
辅导及考研复习用书

概率论与数理统计同步辅导讲义

（适用浙大　第五版）

范培华　主编

- 章节知识点归纳总结、题型科学分类归纳、典型例题全解析
- 教材同步学习、章节复习、考研总复习

北京航空航天大学出版社
BEIHANG UNIVERSITY PRESS

内 容 简 介

本书按照高等院校教材《概率论与数理统计》(浙大第五版)的章节设置,对概率论与数理统计教材进行同步辅导,每章设有知识点及重要结论归纳总结、进一步理解基本概念、重难点提示、典型题型归纳及解题方法与技巧四个部分,以归纳总结知识点为主线,帮助读者在加深理解和掌握各章节的基本概念、性质和公式的基础上,通过分类归纳的典型例题,给出多种解题方法与技巧,开阔读者思路、活跃思维,通过举一反三、触类旁通,提高分析解决问题的能力。

本书适用于高等院校读者同步学习概率论与数理统计教材、学期总体复习以及备考研究生入学考试使用。

图书在版编目(CIP)数据

概率论与数理统计同步辅导讲义 / 范培华主编. -- 北京 : 北京航空航天大学出版社, 2022.7

ISBN 978-7-5124-3848-4

Ⅰ. ①概… Ⅱ. ①范… Ⅲ. ①概率论-高等学校-教学参考资料②数理统计-高等学校-教学参考资料 Ⅳ. ①O21

中国版本图书馆 CIP 数据核字(2022)第 131167 号

概率论与数理统计同步辅导讲义

范培华 主编

策划编辑 杨国龙 刘 扬 责任编辑 孙玉杰

*

北京航空航天大学出版社出版发行

北京市海淀区学院路 37 号(邮编 100191) http://www.buaapress.com.cn

发行部电话:(010)82317024 传真:(010)82328026

读者信箱: qdpress@buaacm.com.cn 邮购电话:(010)82316936

涿州市新华印刷有限公司印装 各地书店经销

*

开本:787×1 092 1/16 印张:18.5 字数:450 千字

2022 年 7 月第 1 版 2022 年 7 月第 1 次印刷

ISBN 978-7-5124-3848-4 定价:56.00 元

前　言

《概率论和数理统计》是高等院校理工类、经管类的重要课程之一，也是硕士研究生入学考试数学科目的重要考察内容。它作为现代数学的一个重要分支，主要研究自然界、人类社会及技术过程中大量随机现象的统计性规律。其理论与方法不仅被广泛应用于自然科学、社会科学、管理科学以及工农业生产中，而且不断地与其它学科相互融合和渗透。

本书是与《概率论与数理统计》(浙大第五版)教材相配套的同步辅导书，按照教材章节顺序编排，其中教材第 10 章、第 11 章与第 15 章内容未涉及。

本书旨在帮助读者掌握概率论与数理统计课程的基本内容和解题方法，帮助读者提高学习效率。本书每章包括以下四部分内容：知识点及重要结论归纳总结，帮助读者对教材的章节知识点及重要结论进行梳理、归纳和总结；进一步理解基本概念，对章节知识点及概念深入剖析，加深理解；重难点提示，对章节内容的重点及难点进行提示和汇总，以便于在随后的解题时重点掌握；典型题型归纳及解题方法与技巧，对章节知识点的题型进行归纳总结，并给出每类题型的典型题目、解题分析及多种解题方法，开阔解题思路、由浅入深，达到举一反三、触类旁通的效果。

本书在编写过程中，得到了清华大学、北京大学、中国人民大学、北京航空航天大学、北京理工大学、北京交通大学等院校一批具有丰富教学经验的一线青年教师的大力支持，在此一并表示感谢。

由于编者水平所限，疏漏错误难免，恳请同行和读者批评指正。

编　者

2021 年 10 月

目　录

第 1 章　概率论的基本概念

§1.1　知识点及重要结论归纳总结

一、随机试验与随机事件

1. 随机试验

如果一个试验具有以下的特点：

- 试验可以在相同条件下重复进行；
- 试验所有可能结果是明确可知道的，并且不止一个；
- 每次试验会出现哪一个结果事先不能确定.

称此试验为随机试验.

我们是通过研究随机试验来研究随机现象的，为方便起见，将随机试验简称为试验，并用字母 E 或 $E_1, E_2, \cdots$ 表示.

2. 样本空间、随机事件

(1) 样本空间

一个试验所有基本事件(样本点)的全体组成的集合，称为基本事件空间(样本空间)，通常用 Ω 表示，即 $\Omega=\{\omega\}$.

(2) 随机事件

在一次试验中可能出现也可能不出现的结果称为随机事件，简称为事件，并用大写字母 A,B,C 等表示.

(3) 基本事件

在一次试验中，每一个可能出现的最简单、最基本的结果称为基本事件，在每次试验中能且只能发生该试验的一个基本事件. 基本事件有时也称为样本点，常用 ω 表示.

(4) 必然事件

每次试验一定发生的事件称为必然事件，记为 Ω.

(5) 不可能事件

每次试验一定不发生的事件，称为不可能事件，记为 $\varnothing$.

(6) 随机事件与集合

从集合论的观点来看，如果把样本空间 $\Omega=\{\omega\}$ 作为全集(基本集)，那么基本事件 ω 就是 Ω 中的元素(记为 $\omega\in\Omega$). 随机事件 A 总是由若干个具有某些特性的基本事件所组成，因此事件 A 就为 Ω 的子集，即 $A\subset\Omega$. 事件 A 发生等价于构成 A 的基本事件中有一

学习随笔

个发生. 不可能事件$\varnothing$是不包含Ω中任何一个元素的空集,在任何一次试验中,必然要出现Ω中的某一基本事件ω,即Ω必然会发生,因此Ω为必然事件. 为方便起见,我们把不可能事件、必然事件作为随机事件两个极端情况,并约定$\varnothing\subset A\subset\Omega$,这样就将事件与集合等同起来,它们之间的关系和运算也是一致的,这对现代概率论的研究是极为方便、必要的.

3. 随机事件间关系与运算

研究随机事件的规律,总是通过对较简单的事件规律的研究去掌握复杂事件的规律. 为此需要研究事件之间的关系与运算.

(1) 包含:$A\subset B$

称事件B包含事件A(记为$A\subset B$),如果事件A发生必然导致事件B发生,即A为B的子集:若$\omega\in A$,必有$\omega\in B$.

(2) 相等:$A=B$

称事件A与B相等(记为$A=B$),如果$A\subset B$且$B\subset A$,即A与B是由相同的元素构成:$w\in A\Leftrightarrow\omega\in B$.

(3) 互不相容(互斥):$AB=\varnothing$

称事件A与B互不相容(互斥)(记为$AB=\varnothing$),如果A与B不能同时发生,即$\{\omega:\omega\in A$且$\omega\in B\}=\varnothing$.

称可列个(或有限个)事件$A_1,A_2,\cdots,A_n,\cdots$是互不相容的,如果$A_iA_j=\varnothing(i\neq j,i,j\geqslant 1)$,即两两互不相容.

(4) 和(并):$A\cup B,\bigcup\limits_{i=1}^{n}A_i,\bigcup\limits_{i=1}^{\infty}A_i$

称"事件A与B至少有一个发生"的事件为事件A与B的和(并),记为$A\cup B$,即$A\cup B=\{\omega:\omega\in A$或$\omega\in B\}$.

称"有限个事件$A_1,A_2,\cdots,A_n$至少有一个发生"的事件为事件$A_1,A_{.}\cdots A_n$的和,记为$\bigcup\limits_{i=1}^{n}A_i$,即$\bigcup\limits_{i=1}^{n}A_i=\{\omega:$存在$i(1\leqslant i\leqslant n)$,使$\omega\in A_i\}$.

类似地可定义可列个事件的和$\bigcup\limits_{i=1}^{\infty}A_i=\{\omega:$存在$i(i\geqslant 1)$,使$\omega\in A_i\}$,即$\bigcup\limits_{i=1}^{\infty}A_i$是可列个事件$A_1,A_2,\cdots$中至少有一个发生的事件.

(5) 积(交):$A\cap B$(简记为AB),$\bigcap\limits_{i=1}^{n}A_i,\bigcap\limits_{i=1}^{\infty}A_i$

称"事件A与B同时发生"的事件为事件A与B的积(交),记为$A\cap B$或AB,即$AB=\{\omega:\omega\in A$且$\omega\in B\}$.

称"有限个事件$A_1,A_2,\cdots,A_n$同时发生"的事件为事件$A_1,A_2,\cdots,A_n$的积,记为$\bigcap\limits_{i=1}^{n}A_i$,即$\bigcap\limits_{i=1}^{n}A_i=\{\omega:$对一切$i(1\leqslant i\leqslant n)$有,$\omega\in A_i\}$.

类似地可定义$\bigcap\limits_{i=1}^{\infty}A_i$为"可列个事件$A_1,A_2,\cdots,A_n\cdots$同时发生"的事件.

(6) 差:$A-B$

称"事件A发生而B不发生"的事件为事件A与B的差,记为$A-B$,即$A-B=$

学习随笔

$\{\omega:\omega\in A$ 但 $\omega\overline{\in}B\}$. 由定义知 $A-B=A-AB=A\overline{B}$.

(7) 逆(对立):$\overline{A}$

称"事件 A 不发生"的事件为事件 A 的逆事件,或对立事件,记为 $\overline{A}$,即 $\overline{A}=\{\omega:\omega\overline{\in}A\}=\Omega-A$. 由定义知 $\overline{A}=B\Leftrightarrow AB=\varnothing$ 且 $A\cup B=\Omega$.

(8) 完备事件组:$\{A_n,n\geqslant 1\}$

称可列个(或有限个)事件 $A_1,A_2,\cdots,A_n\cdots$ 构成一个完备事件组,如果 $\bigcup\limits_i A_i=\Omega$,且 $A_iA_j=\varnothing$(一切 $i\neq j$). 有时也称 $\{A_n,n\geqslant 1\}$ 为 Ω 的一个不交的分割. 显然,基本事件 $A_i=\{\omega_i\}$ 全体构成一个完备事件组,反之不然.

4. 事件运算法则

事件运算与集合运算具有相同的运算法则:

吸收律("并"取大,"交"取小):若 $A\subset B$,则 $A\cup B=B,AB=A$.

交换律:$A\cup B=B\cup A,\quad AB=BA$.

结合律:$(A\cup B)\cup C=A\cup(B\cup C),\quad (AB)C=A(BC)$.

分配律:$A(B\cup C)=AB\cup AC,\quad A\cup BC=(A\cup B)(A\cup C)$.

对偶律(De · Morgan 法则):

$$\overline{A\cup B}=\overline{A}\cap\overline{B},\qquad \overline{A\cap B}=\overline{A}\cup\overline{B};$$

$$\overline{\bigcup_i A_i}=\bigcap_i\overline{A_i},\qquad \overline{\bigcap_i A_i}=\bigcup_i\overline{A_i}\quad (i\geqslant 1).$$

分解律:

(1) 直和分解式——将事件的并分解为互不相容事件的并

$$\begin{aligned}A_1\cup A_2&=A_1\cup(A_2-A_1)=A_1\cup A_2\overline{A_1}=A_1\overline{A_2}\cup A_2\\&=A_1\overline{A_2}\cup A_1A_2\cup\overline{A_1}A_2,\\A_1\cup A_2\cup A_3&=A_1\cup(A_2-A_1)\cup(A_3-A_1-A_2)\\&=A_1\cup A_2\overline{A_1}\cup A_3\overline{A_1}\,\overline{A_2},\end{aligned}$$

$$\bigcup_{n=1}^{\infty}A_n=\sum_{n=1}^{\infty}B_n\text{(互不相容事件的并常用}\sum_i B_i\text{ 表示,有时也用}\bigcup_i B_i\text{)},$$

其中 $A_0=\varnothing,B_n=A_n-\bigcup\limits_{k=0}^{n-1}A_k=A_n\bigcap\limits_{k=0}^{n-1}\overline{A_k}\subset A_n(n\geqslant 1),B_iB_j=\varnothing(i\neq j)$.

(2) 全集分解式——事件对完备事件组的分解

$$A=AB+A\overline{B}.$$

若 $\bigcup\limits_i B_i=\Omega,B_iB_j=\varnothing(i\neq j)$,则 $A=\sum\limits_i AB_i$.

全集分解式给出了构造事件 A 与 B 联系的一个公式,我们可以借助于 A、B 之间的关系,分析、讨论事件 A,这在计算概率、求随机变量分布时常常要用到.

评注 ① 事件的关系与运算非常重要,这不仅在讨论各事件间关系时经常用到,而且在概率计算,求随机变量的分布中,也经常需要将一些事件用另一些事件运算关系来表示,或作等价变换,或进行某种必要的变形,或考虑包含关系. 要学会用概率论的语言来解释这些关系及运算,并会用这些运算关系来表示事件.

学习随笔

② 在分析和理解事件间的关系时，常常借助于图示法即文(Venn)图，既直观又简便.

③ 在事件运算法则中，吸收律、对偶律及分解律，在事件的化简运算及概率计算中常常起着极为重要的作用，应掌握并会应用.

④ 减法运算常化为积考虑，即 $A-B=A\overline{B}$；$A-B-C=A\overline{B}\overline{C}=A(\overline{B\cup C})$. 此外，应注意等价关系：$A\overline{B}=\varnothing \Leftrightarrow A\subset B \Leftrightarrow \overline{A}\supset\overline{B} \Leftrightarrow AB=A \Leftrightarrow A\cup B=B$.

二、随机事件的概率

对于一个试验，我们不仅关心它可能出现哪些结果，而更为重要的是要知道这些结果即随机事件发生的可能性大小. 随机事件 A 发生可能性大小的度量(非负值)，称为 A 发生的概率，记作 $\boldsymbol{P}(A)$.

1. 概率的统计定义

在不变的一组条件下，独立重复地进行了 n 次试验，事件 A 发生的次数 μ_A 称为事件 A 发生的频数，比值 $f_n(A)\triangleq\frac{\mu_A}{n}$ 称为 A 发生的频率. 当试验次数 n 增大时，频率 $f_n(A)$ 呈现出某种稳定性，即它在某一常数 p 附近摆动，随着 n 的增大，摆动的幅度越来越小，我们称这个客观存在的频率稳定值 p 为事件 A 的概率，即 $\boldsymbol{P}(A)=p$.

评注 ① 关于"频率稳定性"的确切含义，大数定律将作进一步阐述；

② 在很多情况下，无法确定出 p 值，通常多是用频率值 $f_n(A)=\frac{\mu_n}{n}$ 近似地估计概率 $\boldsymbol{P}(A)$. 例如，某种疾病的死亡率，种子的发芽率，等等.

2. 古典概型与概率的古典定义

如果试验的基本事件总数是有限个的；试验的每个基本事件发生的可能性都一样，称随机试验的概率模型为**古典概型**.

如果古典概型随机试验的基本事件总数为 n，事件 A 包含 k 个基本事件，则 A 发生的概率定义为

$$\boldsymbol{P}(A)\triangleq\frac{k}{n}=\frac{A\text{ 中所含基本事件个数}}{\text{试验的基本事件总数}}\xlongequal{\text{记}}\frac{n(A)}{n(\Omega)},$$

由此式计算的概率称为**古典概率**.

3. 几何概型与概率的几何定义

如果试验的样本空间 Ω 是一个可度量的几何区域(这个区域可以是一维、二维，甚至是 n 维的)；试验的每个样本点发生的可能性都一样，即样本点落入 Ω 的某一个可度量的子区域 A 的可能性大小与 A 的几何测度成正比，而与 A 的位置及形状无关，称随机试验的概率模型为**几何概型**.

在几何概型随机试验中，A 为 Ω 的一个可度量的子区域，则随机事件 $B=$"样本点落入区域 A"的概率定义为

$$\boldsymbol{P}(B)\triangleq\frac{A\text{ 的几何测度}}{\Omega\text{ 的几何测度}}=\frac{\angle(A)}{\angle(\Omega)},$$

其中$\angle(A)$表示区域 A 的几何测度，可以是长度、面积或体积. 由上式计算的概率称为几何概率.

4. 概率的公理化定义

设试验 E 的样本空间为 Ω，对于 E 的每一个事件 A 都赋于一个确定的实数 $\boldsymbol{P}(A)$，如果事件函数 $\boldsymbol{P}(\cdot)$满足：

- 非负性：$\boldsymbol{P}(A)\geqslant 0$；
- 规范性：$\boldsymbol{P}(\Omega)=1$；
- 可列可加性：对任意可列个互不相容事件 $A_1,A_2,\cdots,A_n,\cdots$，有

$$\boldsymbol{P}(\bigcup_{i=1}^{\infty}A_i)=\sum_{i=1}^{\infty}\boldsymbol{P}(A_i),$$

则称 $\boldsymbol{P}(\cdot)$为概率，$\boldsymbol{P}(A)$为事件 A 的概率.

三、概率的性质

① $\boldsymbol{P}(\varnothing)=0$；

② 有限可加性：设 $A_1,A_2,\cdots,A_n$ 是两两互不相容的事件，则 $\boldsymbol{P}(\bigcup_{i=1}^{n}A_i)=\sum_{i=1}^{n}\boldsymbol{P}(A_i)$；

③ $\boldsymbol{P}(\overline{A})=1-\boldsymbol{P}(A)$；

④ 减法公式：若 $A\subset B$，则 $\boldsymbol{P}(B-A)=\boldsymbol{P}(B)-\boldsymbol{P}(A)$，且 $\boldsymbol{P}(A)\leqslant\boldsymbol{P}(B)$；

一般的减法公式为 $\boldsymbol{P}(B-A)=\boldsymbol{P}(B)-\boldsymbol{P}(AB)$.

⑤ 加法公式：$\boldsymbol{P}(A\cup B)=\boldsymbol{P}(A)+\boldsymbol{P}(B)-\boldsymbol{P}(AB)$；

一般地，对于任意 n 个事件 $A_1,A_2,\cdots,A_n$，有

$$\boldsymbol{P}(\bigcup_{i=1}^{n}A_i)=\sum_{i=1}^{n}\boldsymbol{P}(A_i)-\sum_{1\leqslant i<j\leqslant n}\boldsymbol{P}(A_iA_j)+\sum_{1\leqslant i<j<k\leqslant n}\boldsymbol{P}(A_iA_jA_k)-\cdots+(-1)^{n-1}\boldsymbol{P}(A_1,A_2,\cdots A_n).$$

例如 $\boldsymbol{P}(A\cup B\cup C)=\boldsymbol{P}(A)+\boldsymbol{P}(B)+\boldsymbol{P}(C)-\boldsymbol{P}(AB)-\boldsymbol{P}(AC)-\boldsymbol{P}(BC)+\boldsymbol{P}(ABC)$，由此可知 $\boldsymbol{P}(A\cup B)\leqslant\boldsymbol{P}(A)+\boldsymbol{P}(B)$.

由归纳法可证得　$\boldsymbol{P}(\bigcup_{i=1}^{n}A_i)\leqslant\sum_{i=1}^{n}\boldsymbol{P}(A_i)$.

⑥ 半可加性：$\boldsymbol{P}(\bigcup_{n=1}^{\infty}A_n)\leqslant\sum_{n=1}^{\infty}\boldsymbol{P}(A_n)$；

【证明】由直和分解式 $\bigcup_{n=1}^{\infty}A_n=\sum_{n=1}^{\infty}B_n$，其中 $B_n=A_n-\bigcup_{k=0}^{n-1}A_k\subset A_n$，$A_0=\varnothing$，$B_iB_j=\varnothing(i\neq j)$，故 $\boldsymbol{P}(B_n)\leqslant\boldsymbol{P}(A_n)$，且

$$\boldsymbol{P}(\bigcup_{n=1}^{\infty}A_n)=\boldsymbol{P}(\sum_{n=1}^{\infty}B_n)=\sum_{n=1}^{\infty}\boldsymbol{P}(B_n)\leqslant\sum_{n=1}^{\infty}\boldsymbol{P}(A_n).$$

⑦ 连续性定理：

- 下连续性：如果事件序列 $A_1,A_2,\cdots,A_n\cdots$，满足 $A_1\subset A_2\subset A_3\subset\cdots$，记 $A=\bigcup_{n=1}^{\infty}A_n$，则

$$\lim_{n\to\infty}\boldsymbol{P}(A_n)=\boldsymbol{P}(\bigcup_{n=1}^{\infty}A_n)=\boldsymbol{P}(A).$$

学习随笔

➤ 上连续性：如果事件序列 $A_1,A_2,\cdots,A_n,\cdots$，满足 $A_1\supset A_2\supset A_3\supset\cdots$，记 $A=\bigcap\limits_{n=1}^{\infty}A_n$，则

$$\lim_{n\to\infty}P(A_n)=P(\bigcap_{n=1}^{\infty}A_n)=P(A).$$

【证明】如果 $A_n\subset A_{n+1}$，则由直和分解式 $A=\bigcup\limits_{n=1}^{\infty}A_n=\sum\limits_{n=1}^{\infty}B_n$，其中 $B_n=A_n-\bigcup\limits_{k=0}^{n-1}A_k=A_n-A_{n-1}$，$A_0=\varnothing$，$B_iB_j=\varnothing(i\neq j)$，$\bigcup\limits_{k=1}^{n}B_k=A_n$，根据可列可加性，得下连续性

$$P(A)=P(\bigcup_{n=1}^{\infty}A_n)=P(\bigcup_{n=1}^{\infty}B_n)=\sum_{n=1}^{\infty}P(B_n)=\lim_{n\to\infty}\sum_{k=1}^{n}P(B_k)$$

$$=\lim_{n\to\infty}P(\bigcup_{k=1}^{n}B_k)=\lim_{n\to\infty}P(A_n).$$

如果 $A_1\supset A_2\supset A_3\supset\cdots$，则 $\overline{A}_1\subset\overline{A}_2\subset\overline{A}_3\subset\cdots$，由下连续性得

$$P(\bigcup_{n=1}^{\infty}\overline{A}_n)=\lim_{n\to\infty}P(\overline{A}_n)=1-\lim_{n\to\infty}P(A_n).$$

故

$$\lim_{n\to\infty}P(A_n)=1-P(\bigcup_{n=1}^{\infty}\overline{A}_n)=P(\overline{\bigcup_{n=1}^{\infty}\overline{A}_n})=P(\bigcap_{n=1}^{\infty}A_n)=P(A).$$

四、条件概率及与其有关的公式：乘法公式、全概率公式、贝叶斯(Bayes)公式

1. 条件概率

设 A、B 为任意两个事件，若 $P(A)>0$，我们称在已知事件 A 发生的条件下，事件 B 发生的概率为**条件概率**，记为 $P(B|A)$，并定义

$$P(B|A)\triangleq\frac{P(AB)}{P(A)}.$$

容易验证，条件概率 $P(\cdot|A)$满足概率公理化定义中的三个条件，因此条件概率也是一种概率，概率的一切性质和重要结果都适用于条件概率. 例如：

$$P(\overline{B}|A)=1-P(B|A),$$

$$P(B_1\cup B_2|A)=P(B_1|A)+P(B_2|A)-P(B_1B_2|A).$$

2. 乘法公式

如果 $P(A)>0$，则 $P(AB)=P(A)P(B|A)$.

对于 $n(n\geqslant 2)$个事件 $A_1,A_2,\cdots,A_n$，如果 $P(A_1A_2\cdots A_{n-1})>0$，则

$$P(A_1A_2\cdots A_n)=P(A_1)P(A_2|A_1)P(A_3|A_1A_2)\cdots P(A_n|A_1A_2\cdots A_{n-1}).$$

3. 全概率公式

如果事件组 $A_1,A_2,\cdots,A_n$ 是一个完备事件组，即 $\bigcup\limits_{i=1}^{n}A_i=\Omega$，$A_iA_j=\varnothing(i\neq j)$，且 $P(A_i)>0(1\leqslant i\leqslant n)$，则对任一事件 B，有

学习随笔

$$P(B)=\sum_{i=1}^{n}P(A_i)P(B|A_i).$$

4. 贝叶斯(Beyes)公式(逆概公式)

如果事件组 $A_1,A_2,\cdots,A_n$ 是一个完备事件组,且 $P(A_i)>0(1\leqslant i\leqslant n)$,则对任一事件 B,只要 $P(B)>0$,有

$$P(A_i|B)=\frac{P(A_i)P(B|A_i)}{\sum_{k=1}^{n}P(A_i)P(B|A_i)},1\leqslant i\leqslant n.$$

评注　① 乘法公式与条件概率公式在 $P(A)>0$ 时,实际上是一个公式.在解决实际问题时,要区分 $P(AB)$ 与 $P(B|A)$ 的不同.$P(B|A)$ 是表示在 A 已经发生的条件下,B 发生的可能性,此时样本空间已从 Ω 缩减为 A 了.因此计算 $P(B|A)$ 时,可以在 Ω 中用定义的公式进行计算,也可以在 A 中考虑 B 发生的可能性大小.而 $P(AB)$ 则表示在样本空间 Ω 中 A 与 B 同时发生的可能性.例如,袋中有 8 个球,其中白球 3 个,黑球 5 个.随意从袋中先后取出两球(取后不放回),记 $A_i=$"第 i 次取到的球是白球"$(i=1,2)$,那么,"第二次取到白球"的事件可以表示为 $A_2=A_1A_2\cup\overline{A}_1A_2$;"二次都取到白球"的事件为 A_1A_2;"第二次才取到白球"的事件为 $\overline{A}_1A$;"二次中仅有一次取到白球"的事件为 $A_1\overline{A}_2+\overline{A}_1A_2$;"二次抽取中取到了白球"的事件为 $A_1\cup A_2$;"已知第一次取到了白球,那么第二次也取到白球"的事件是条件事件,表示为"$A_2|A_1$".只要题目中有前提条件:"在 A 发生的条件下"或"已知 A 发生"等等,均要考虑条件概率.

计算同时发生的概率可以用乘法公式,也可以在样本空间 Ω 中考虑同时发生的可能性.在上例中

$$P(\overline{A}_1A_2)=P(\overline{A}_1)P(A_2|\overline{A}_1)=\frac{5}{8}\times\frac{3}{7}=\frac{15}{56},$$

或

$$P(\overline{A}_1A_2)=\frac{C_5^1\cdot C_3^1}{8\times7}=\frac{15}{56}.$$

而在计算条件概率时,则应注意样本空间的不同.在上例中

$$P(A_2|A_1)=\frac{P(A_1A_2)}{P(A_1)}=\frac{P(A_1A_2)}{P(A_1A_2)+P(A_1\overline{A}_2)}=\frac{3\times\frac{2}{8}\times7}{3\times\frac{2}{8}\times7+3\times\frac{5}{8}\times7}=\frac{2}{7}.$$

此时应用条件概率的定义公式计算,是在样本空间 Ω 中考虑的.如果在缩减的样本空间中计算条件概率,那么在 A_1 已发生的条件下,意味着袋中少一个白球,因此再从袋中任取一球是白球的概率 $P(A_2|A_1)=\frac{2}{7}$.如果仍以先后取出的两球作为基本事件,那么在 A_1 已发生的条件下,缩减的样本空间中的基本事件是那些含有白球的基本事件全体,其总数为 $C_3^1C_7^1=21$(由于取球有先后之分,因而基本事件要考虑顺序).而有利的基本事件则是两个全是白球的结果,其总数为 $C_3^1C_2^1=6$,故 $P(A_2|A_1)=\frac{6}{21}=\frac{2}{7}$.

学习随笔

② 全概率公式是用于计算某个“结果”B 发生的可能性大小.而该“结果”的发生总是在某些前提条件下或与某些原因(完备事件组$\{A_i,i\geqslant 1\}$)相联系的.将$\{A_i,i\geqslant 1\}$看成导致 B 发生的“因素”(原因、条件或前提),如果知道各因素发生的概率 $\boldsymbol{P}(A_i)$以及它们导致 B 发生的概率$\boldsymbol{P}(B|A_i)$,那么该结果 B 的发生可能性大小可用全概率公式计算.$\boldsymbol{P}(A_i)$是各种因素发生的概率,试验以前就知道了,称为先验概率,若试验结果出现了事件 B,这有助于探讨、了解导致 B 发生的各因素 A_i,因此条件概率 $\boldsymbol{P}(A_i|B)$称为后验概率,它反映试验之后,对各种“因素”(原因)发生的可能性有了进一步的了解,是对先验概率 $\boldsymbol{P}(A_i)$的一种修正.综合所有后验概率,我们对导致 B 发生的各因素$\{A_i,i\geqslant 1\}$有一个新的认识,因此计算后验概率 $\boldsymbol{P}(A_i|B)$的 Bayes 公式常用于由结果追溯原因.

五、事件的独立性

1. 独立性定义

(1) 描述性定义(直观性定义)

设 A、B 为两个事件,如果其中任何一个事件发生的概率不受另外一个事件发生与否的影响,则称事件 A 与 B 相互独立.设 $A_1,A_2,\cdots,A_n$ 是 n 个事件,如果其中任何一个或几个事件发生的概率都不受其余某一个或某几个事件发生与否的影响,则称事件 A_1,$A_2,\cdots,A_n$ 相互独立.

如果其中任何有限个事件都相互独立,称随机事件列$\{A_n,n\geqslant 1\}$是相互独立的.

(2) 数学定义

设 A,B 为事件,如果 $\boldsymbol{P}(AB)=\boldsymbol{P}(A)\boldsymbol{P}(B)$,则称事件 A 与 B 相互独立,简称为 A 与 B 独立.

设 $A_1,A_2,\cdots,A_n$ 为 n 个事件,如果对于任意 $k(2\leqslant k\leqslant n)$个有序整数,$1\leqslant j_1<j_2<\cdots<j_k\leqslant n$,有

$$\boldsymbol{P}(A_{j_1}A_{j_2}\cdots A_{j_k})=\boldsymbol{P}(A_{j_1})\cdot\boldsymbol{P}(A_{j_2})\cdots\boldsymbol{P}(A_{j_k}),$$

则称 n 个事件 $A_1,A_2,\cdots,A_n$ 相互独立.

设$\{A_n,n\geqslant 1\}$为可列个事件,如果对任意正整数 $n(n\geqslant 2)$,事件 $A_1,A_2,\cdots,A_n$ 都相互独立,则称随机事件序列$\{A_n,n\geqslant 1\}$相互独立.

2. 独立性性质

① n 个事件相互独立必两两独立,反之不然.

② n 个事件相互独立的充要条件是,它们中任意一部分事件换成各自事件的对立事件所得到的 n 个事件相互独立.

③ n 个事件相互独立,则不含相同事件的事件组经某种运算后所得的事件是相互独立的.例如,若 A、B、C、D 相互独立,则 AB 与 $C\cup D$ 相互独立;A 与 $BC-D$ 相互独立;A、$\overline{B}$、$C\overline{D}$ 相互独立,等等.

④ 概率为 1 或零的事件与任何事件都相互独立.

学习随笔

六、独立试验序列概型

1. 试验的独立性

试验独立性的直观含义是，任何一个试验结果发生的概率都不依赖于其他各个试验的结果，与其他各个试验的结果无关，即各个试验结果之间是相互独立的，因此我们通过各个试验事件间的独立性来定义试验的独立性.

如果其中任何一个试验的结果发生与否都不影响另一个试验结果发生的概率，称随机试验 E_1 与 E_2 是相互独立的，即对试验 E_i 中任一事件 $A_i(i=1,2)$，事件 A_1 与 A_2 都相互独立：$\boldsymbol{P}(A_1A_2)=\boldsymbol{P}(A_1)\boldsymbol{P}(A_2)$.

如果其中任何一个或几个试验的结果发生与否都不影响其他试验各种结果发生的概率，称 n 个试验 $E_1,E_2,\cdots,E_n$ 是相互独立的，即对试验 E_i 中的任一事件 $A_i(i=1,2,\cdots,n)$，事件 $A_1,A_2,\cdots,A_n$ 都相互独立：$\forall k(2\leqslant k\leqslant n)$ 及 $1\leqslant j_1<\cdots<j_k\leqslant n$，有 $\boldsymbol{P}(\bigcap\limits_{i=1}^{k}A_{j_i})=\prod\limits_{i=1}^{k}\boldsymbol{P}(A_{j_i})$.

如果对任意正整数 $n(n\geqslant 2)$，n 个试验 $E_1,E_2,\cdots,E_n$ 都相互独立，称试验序列 $\{E_n,n\geqslant 1\}$ 是相互独立的.

2. 独立试验序列概型与 n 重伯努利概型

在概率中我们经常遇到在同样条件下重复独立地进行一系列完全相同的试验，每次试验结果发生的概率都不变且与其他各次试验结果无关，即各次试验之间是相互独立的，称这种重复试验序列的数学模型为独立试验序列概型. 例如，将一枚硬币重复掷 n 次的试验.

在我们的课程中研究了一类最简单然而却是极为重要的独立试验概型——n 重伯努利概型.

如果试验只有两个对立的结果：A 与 $\overline{A}$，则称这种试验为伯努利试验.

如果 n 个伯努利试验 $E_1,E_2,\cdots,E_n$ 相互独立，并且每个试验都只有两个结果 A 与 $\overline{A}$，事件 A 发生的概率都相等，则称这 n 个试验为 n 重伯努利概型，或 n 重伯努利试验，有时亦简称为伯努利试验.

n 个独立同属性的伯努利试验等同于同一伯努利试验独立重复进行 n 次. 例如，将 n 个硬币掷一次的试验等同于将一个硬币掷 n 次的试验.

3. 伯努利概型公式

在 n 重伯努利试验概型中，如果事件 A 在每次试验中发生的概率为 $p(0<p<1)$，则事件 $A_k=$"在 n 次试验中事件 A 恰好发生 k 次"的概率为

$$\boldsymbol{P}_k\triangleq\boldsymbol{P}(A_k)=\mathrm{C}_n^k p^k(1-p)^{n-k}=\mathrm{C}_n^k p^k q^{n-k},$$

其中，$q=1-p$，$k=0,1,\cdots,n$.

学习随笔

§1.2 进一步理解基本概念

一、随机事件的概念

概率论的一个中心问题就是求随机事件的概率. 它包含两重意思：

其一是将一个较复杂的事件用已知的简单随机事件的积、和、逆的运算来表示；

其二是根据概率公式通过已知简单随机事件的概率进行计算，而其一往往是正确解题的关键，看似容易，却极易犯错误. 对此需注意以下几点：

① 如果事件 A 的发生有多个条件，而每个条件发生均导致 A 发生，则应用“和”运算；

② 如果事件 A 只有在多个条件同时发生时才会发生，则应用“积”运算；

③ 在求和事件概率时，必须将和事件分解成若干个互不相容的事件后才能将各自概率直接相加（或利用加法公式），这样比较麻烦，实用上常考虑求它的逆事件，可以使问题趋于简化.

另外在解题时，利用集合的“文氏图”能帮助我们全面考虑问题而不致遗漏.

二、随机事件的运算

有些读者往往把随机事件的“积”、“和”理解成数的“积”、“和”，认为它们的性质差不多，都满足交换律、结合律和分配律，这种想法是不对的. 如 $A\cup A\cdots\cup A=A$，$A\cap A\cdots\cap A=A$ 与数的运算并不一致. 又如，$A\cup BC=(A\cup B)(A\cup C)$，但对于数的运算 $a+bc\neq(a+b)\cdot(a+c)$. 如果混淆了二者的异同，就会出错.

特别要注意，差事件 $A-B$ 实质上是事件 A 与事件 $\overline{B}$ 的积事件，在进行“差”运算时，一定要先把 $A-B$ 改为 $A\overline{B}$，然后按德摩根法则进行. 通常 $(A-B)\cup C\neq(A\cup B)-C$，即“和”与“差”运算不能交换.

三、随机事件“互不相容”与“独立”概念的差异

随机事件互不相容是指 A，B 满足 $AB=\varnothing$，它与概率性质无关. 而随机事件 A，B 独立是指 $\boldsymbol{P}(AB)=\boldsymbol{P}(A)\boldsymbol{P}(B)$ 成立，是集合的概率特性，“互不相容”与“独立”之间并无因果关系.

事实上，若事件 A，B 互不相容且独立，则由

$$\boldsymbol{P}(A)\boldsymbol{P}(B)=\boldsymbol{P}(AB)=\boldsymbol{P}(\varnothing)=0,$$

可知事件 A 和 B 中至少有一个概率为 0（参考本章§1.4 中的【例 1.24】）.

四、从事件的概率性质不能推出事件的关系

如果事件 $A=\varnothing$，那么 $\boldsymbol{P}(A)=0$，但反之 $\boldsymbol{P}(A)=0$ 并不能推出 $A=\varnothing$，这可从几何概型中说明：从[0,1]上可能任取一点，则事件 A：“取到点 0.5”不是不可能事件，即 $A\neq\varnothing$，但 $\boldsymbol{P}(A)=0$. 由此可知，$\boldsymbol{P}(A-B)=0$，并不能推出 $A=B$. 又如，从 $\boldsymbol{P}(AB)=\boldsymbol{P}(A)$ 也不能推出 $A\subset B$.

学习随笔

五、古典概型解题的“分步实施法”

按古典概率定义，要求得到事件 A 的概率，必须正确求得样本空间 Ω 的基本事件总数和 A 中基本事件数. 通常，随机试验可以通过几个不同的阶段逐步进行来完成. “分步实施法”的含义即正确地找到这几个阶段，并对每阶段的结果数予以正确的计算，然后利用乘法法则即可找到 Ω 的基本事件总数. 至于 A 中基本事件数也可以用同样的方法计算. 这种方法化“复杂”为“简单”，不易产生多算或漏算的错误(参考本章§1.4中的【例1.7】).

至于计数时用“排列”还是用“组合”，关键在于结果是否与排序有关，有时二者都能用. 必须指出，通常要“同排列”或“同组合”，即计算 Ω 和 A 的基本事件数时都用排列或者都用组合，尽量不要混用，否则多半出错(参考本章§1.4中的【例1.9】).

六、几何概型解题的“坐标法”

几何概型题目一开始往往令人无从下手，对此必须先将它们变成“几何图形”. “坐标法”的含义即根据题意把试验结果用坐标 X 或 (X,Y) 来表示，然后根据 Ω 和 A 的定义，求出 Ω 和 A 中相应坐标 (X,Y) 所在的范围，最后计算出 Ω 和 A 相应几何测度的大小，以便求出 $\boldsymbol{P}(A)$(参考本章§1.4中的【例1.12】、【例1.13】).

七、条件概率具有概率的一切性质

当事件 B 发生时($\boldsymbol{P}(B)>0$)，事件 A 的条件概率 $\boldsymbol{P}(A|B)$ 也是一个概率. 从而计算概率的一切公式都能运用. 如 $\boldsymbol{P}(\overline{A}|B)=1-\boldsymbol{P}(A|B)$，$\boldsymbol{P}(A-C|B)=\boldsymbol{P}(A|B)-\boldsymbol{P}(AC|B)$ 等等. 但是条件不同时一定要用乘法公式进行换算，如 $\boldsymbol{P}(A|B)+\boldsymbol{P}(A|\overline{B})\neq1$. 在 $\boldsymbol{P}(A|B)$ 中，A，B 位置一旦交换，意义就完全不同了，二者不能混淆(参考本章§1.4中的【例1.19】).

八、“有放回抽样”和“无放回抽样”

所谓“有放回抽样”即抽出样本进行观测后仍放回样本空间中去，因此，前次和后次抽样的样本空间没有发生变化，两次抽样应看成是独立重复抽样，计算概率时可利用**随机事件的独立性**加以简化. 而在“无放回抽样”中，由于抽出样本后不再放回样本空间，前次和后次抽样的样本空间是不一样的，此时计算随机事件的概率要利用**条件概率**和**乘法公式**进行，不能用**独立性**.

九、全概率公式

全概率公式是用来计算复杂事件的概率的. 其关键在于正确寻找样本空间 Ω 的一个划分 $\{A_1,\cdots,A_n\}$，即 A_i 互不相容且其和事件正是 Ω. 在计算中应首先列出所有 $\boldsymbol{P}(A_i)$ 和 $\boldsymbol{P}(B|A_i)$ 的值，然后代入公式计算(参考本章§1.4中的【例1.21】、【例1.22】).

十、贝叶斯公式

贝叶斯公式是利用“先验概率”来计算“后验概率”的公式，公式中，$\boldsymbol{P}(A_i)$ 称“先验概率”，即试验前我们对“事件 A_i 出现”概率的了解；而 $\boldsymbol{P}(A_i|B)$ 称为“后验概率”，即我们通

学习随笔

过试验得知事件 B 发生，使得对“事件 A_i 出现”概率有了进一步的了解，是对先验概率的一种修正. 解题关键仍在于确定 Ω 的一个划分(参考本章§1.4中的【例1.21】).

十一、随机事件组的“两两独立”和“相互独立”

所谓随机事件组$\{A_1,\cdots,A_n\}$两两独立是指其中任意两个不同事件 $A_i,A_j(i\neq j)$是独立的. 而随机事件组$\{A_1,\cdots,A_n\}$相互独立是指组内任意个不同事件都是相互独立的. 由后者一定能推出前者，反之则不然(参考本章§1.4中的【例1.25】).

十二、随机事件的“相互独立”和随机试验的“相互独立”

随机事件的相互独立是指若干个具体随机事件的相互独立性. 而随机试验的相互独立则要求不同随机试验中各取任一个随机事件，它们是相互独立的，它是对整个随机试验而言的. 随机试验的独立性往往由实际经验来确定，例如，不同人的射击试验可以认为是独立的，工厂里各个机床的工作状态可以认为是独立的，等等.

十三、伯努利试验概型

伯努利试验是最简单的随机试验，它只有两个结果：A 和 $\overline{A}$. 而 n 重伯努利试验正是“在同样条件下进行重复试验和观察”的一种数学模型. 概率的统计定义就是基于这个模型，它在实践中有广泛的运用，许多重要的离散型分布都是从这个模型中导出的，如0-1分布、二项分布、几何分布等等.

§1.3 重难点提示

重点 事件的表示与事件的独立性；概率的性质与概率计算.

难点 事件的等价性变换；试验概型的确定与选用正确公式进行概率计算；独立性概念的理解、判定及应用.

本章所讲述的事件、概率与事件(或试验)的独立性，是概率论最重要、最基本的三个概念. 对随机事件的认识是对随机试验认识的出发点，概率论是建立在随机事件基础上，而事件间的相互独立性研究又使概率论有别于其他数学学科. 对事件及其关系的理解、表示及等价性变换和选择正确的概型、公式计算概率，是本章乃至全书的重点和难点.

① 事件的运算关系及概率的性质是本章的基本内容，也是以后学习各章的基础，务必牢固掌握.

② 正确理解事件间包含、互不相容与相互独立区别与联系，并会由随机试验或数量关系判别事件相互独立性.

例如，设 $0<\boldsymbol{P}(A)<1,0<\boldsymbol{P}(B)<1$，若 $AB=\varnothing$ 或 $A\subset B$，则 A 与 B 必不相互独立，由此可知若 A 与 B 相互独立，一般说来，A 与 B 必相容，且不具有包含关系.

③ 在事件运算法则中，我们特别提出吸收律——“并取大，交取小”，与两个分解式——变换事件表示及构造联系的方法，它们与对偶法则——和积互换，在化简事件、计算概率时是要经常遇到的.

④ 古典概率的计算关键是基本事件、样本空间的选定以及会数数. 常用的方法有

三种：

- 列举法(直接查数法)；
- 集合对应法(乘法法则、加法法则、排列、组合等等)；
- 逆数法(先求出 $n(\overline{A})$，再应用 $n(A)=n(\Omega)-n(\overline{A})$).

古典概型典型模式常用的有三种：袋中取球，随机取数与随机占位. 我们常常可以把问题化为这三种模式之一来考虑并求解.

⑤ 全概率公式总是用于计算较为复杂随机试验中某个结果发生的概率；而 Bayes 公式总是在结果已经发生的条件下，追查某"原因"发生的概率. 在有些题目中需要多次应用全概率公式.

⑥ 事件相互独立概念是概率论中一个重要的概念，它是定义随机试验独立性、随机变量独立性的基础，正确的理解它并会判定是极为重要的. 我们是由试验的方式来判定试验独立性，进而判定事件的相互独立性，再应用独立性定义中所揭示的概率关系计算乘积事件的概率. 在计算相互独立事件概率时，常用对偶法则与求逆公式，目的是将事件转换为用若干个事件的乘积形式来表示.

下面通过典型例题的分析及其多种解题方法，进一步理解、掌握：

① 学会分析随机试验、随机事件，特别是会分析事件的结构，这是学好概率论的关键；

② 将复杂事件用简单事件的关系来表示，并应用运算法则化简、分解事件，或进行事件间的等价性变换；

③ 掌握独立性的直观含义及其数量关系；会判断、证明独立性，并利用独立性计算概率；

④ 掌握计算概率的四种方法：

- 应用概型：古典概型、几何概型、独立试验序列概型；
- 应用概率性质及独立性；
- 应用条件概率及其三个公式，特别是全概率公式；
- 应用差分方程(递推公式)及微分方程.

§1.4　典型题型归纳及解题方法与技巧

一、事件的关系与运算

【例 1.1】写出下列随机试验的样本空间并用样本点(基本事件)集合表示所述事件：

(1) 袋中装有红、黑、白颜色的球各三个，同一颜色的 3 个球分别标有号码 1,2,3. 从袋中任取一球. $A=$"取到红球"，$B=$"取到的不是 3 号球".

(2) 对某工厂出厂的产品进行检验，合格的记上"正品"，不合格的记上"次品"，如果查出 2 个次品就停止检查，或检查 4 个产品都是正品就停止检查，记录检查的结果. $A=$"有 2 个产品是次品"，$B=$"至少有 3 个正品".

【分析与解答】解答这类题目并不困难，首先要明确随机试验是什么；其次应按题目的目的和要求，选择最简单的结果作为基本事件，最后引入适当的记号表示基本事件，写

学习随笔

出样本空间及相应事件的子集.

(1) 随机试验是从袋中任取一球,关心的是球的颜色及其号码,因此选择既有球的颜色,又有球的号码的元素作为基本事件. 以 $\omega_1,\omega_2,\omega_3$ 依次代表标号为 1,2,3 的红球;以 $\omega_4,\omega_5,\omega_6$ 依次代表标号为 1,2,3 的黑球;以 $\omega_7,\omega_8,\omega_9$ 依次代表标号为 1,2,3 的白球. 依题意,样本空间可以取为 $\Omega=\{\omega_i,1\leqslant i\leqslant 9\}$,事件 $A=\{\omega_1,\omega_2,\omega_3\}$,事件 $B=\{\omega_1,\omega_2;\omega_4,\omega_5;\omega_7,\omega_8\}$.

(2) 随机试验是从出厂的产品中随意逐个选取若干个进行检查,如果查出 2 个次品就停止检查,否则检查到 4 个产品为止,记录检查的结果. 关心的是检查结果中的次品及正品的个数. 显然,由检查的规则知道,至少逐个检查 2 个产品,最多是逐个检查 4 个产品,检查的个数取决于已检查过产品中次品的个数. 以"0"表示查出次品,"1"表示查出正品,检查有先后顺序,因此基本事件是一个有序数值,依题意,样本空间 $\Omega=\{00,010,0110,0111,100,1010,1011,1100,1101,1110,1111\}$,事件 $A=\{00,010,0110,100,1010,1100\}$,$B=\{0111,1011,1101,1110,1111\}$.

【例 1.2】设 A、B 为随机事件,如果 $AB=\overline{AB}$,则

(A) $A\cup B=\varnothing$.　　(B) $A\cup B=\Omega$.

(C) $A\cup B=A$.　　(D) $A\cup B=B$.

【分析】解答选择题首先是运用概念、定理、法则等进行分析和逻辑推理,使对问题有一个初步判断,即哪一个选项可能成立,而后借助于几何图形或赋予一些特殊值及一些必要的计算,以达到最终结果的确定. 若(A)成立,则 $A=B=\varnothing$,$\overline{A}=\overline{B}=\Omega$,此与已知矛盾,故不能选(A). 若选(C),由假设及结论"对称性",知(D)必成立,故(C)、(D)都不能选取. 事实上若选(C),则必有 $B\subset A$,从而有 $\overline{A}\subset\overline{B}$,$AB=B$,$\overline{AB}=\overline{A}$,依题设 $B=\overline{A}\subset\overline{B}$,此矛盾,故不能选(C),同理不能选(D),因而只能选(B). 事实上,由于 $AB=\overline{AB}=\overline{A\cup B}$,根据吸收律,$A\cup B=A\cup B\cup AB=(A\cup B)\cup(\overline{A\cup B})=\Omega$.

评注　① 由题目证得 $A\cup B=\Omega$,故 $AB=\overline{AB}=\overline{A\cup B}=\varnothing$,所以 A、B 互为对立事件.

② 本题运算过程中应用了事件运算满足对偶律、吸收律. 这些法则在化简事件关系及计算事件概率时常常要用到.

③ 本题可以改造为计算题:已知事件 A、B 都发生与都不发生的概率相等,并且 $\boldsymbol{P}(A)=a$,求 $\boldsymbol{P}(B)$. 由题设知 $\boldsymbol{P}(AB)=\boldsymbol{P}(\overline{AB})=\boldsymbol{P}(\overline{A\cup B})=1-\boldsymbol{P}(A\cup B)=1-\boldsymbol{P}(A)-\boldsymbol{P}(B)+\boldsymbol{P}(AB)$,故 $\boldsymbol{P}(B)=1-\boldsymbol{P}(A)=1-a$. 这里要注意,$AB$ 都不发生的事件是指 $\overline{A}\,\overline{B}$,而不是 $\overline{AB}$. $\overline{AB}=\overline{A}\cup\overline{B}$ 是 AB 的逆事件,意指 A、B 不同时发生,即 A、B 至少有一个不发生或 A、B 不都发生.

【例 1.3】证明:$(A-AB)\cup B=A\cup B$.

【分析】在讨论事件的关系及运算时,图示法是一种很好的方法,它直观、简单明白,比较容易弄清事件间的关系,并可以提供一些问题的解题思路. 然而图示法有时不全面,具有一定的局限性或特殊性,因而不能用它作为严格的逻辑证明. 证明事件的相等关系可以通过事件的运算法则化简给予证明;也可以通过事件相互包含即元素的互相属于关系来证明;也可以通过事件的发生与否来证明.

【证法一】$(A-AB)\cup B=A\overline{AB}\cup B=A(\overline{A}\cup\overline{B})\cup B=A\overline{A}\cup A\overline{B}\cup B=A\overline{B}\cup B=A\overline{B}\cup AB\cup B=A(\overline{B}\cup B)\cup B=A\cup B$.

【证法二】由于 $A-AB\subset A$，故 $(A-AB)\cup B\subset A\cup B$. 反之，若 $\omega\in A\cup B$，那么当 $\omega\in A$ 但 $\omega\overline{\in}AB$ 时，$\omega\in A-AB$；当 $\omega\in AB$ 或 $\omega\in B$ 时，$\omega\in B$，从而知 $\omega\in(A-AB)\cup B$，因而　$A\cup B\subset(A-AB)\cup B$，所以 $A\cup B=(A-AB)\cup B$.

【证法三】$(A-AB)\cup B$ 发生$\Leftrightarrow A$ 发生且 AB 不发生或 B 发生$\Leftrightarrow A$ 发生而 B 不发生或 B 发生$\Leftrightarrow A$、B 至少有一个发生$\Leftrightarrow A\cup B$ 发生. 所以 $(A-AB)\cup B=A\cup B$.

【例 1.4】设事件 A、B、C 满足关系式 $A\overline{B}\cup B\overline{A}\subset C$，$ABC=\varnothing$，证明 $A\subset B\overline{C}\cup C\overline{B}$.

【分析】证明事件间的关系式，可以先借助于图形判断结论的正确性并从中发现证题的思路，而后运用事件的运算法则（特别是对全集的分解律、吸收律、对偶律等）或相互间的包含关系给出严格的证明. 从本题要证明的关系式右式可以看出，我们首先要对 A 作全集分解：$A=AB+A\overline{B}$（或 $A=AC+A\overline{C}$），然后证明 $AB\subset B\overline{C}$，$A\overline{B}\subset C\overline{B}$ 即可.

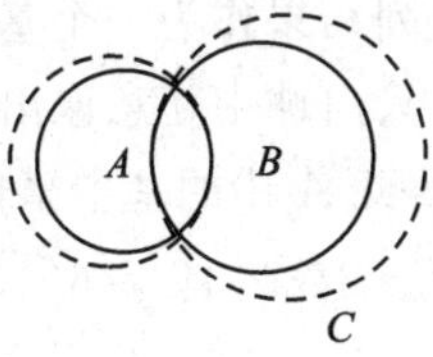

图 1-1

【证明】如图 1-1 所示，由于 $A\overline{B}\cup B\overline{A}\subset C$，故 $(A\overline{B}\cup B\overline{A})\overline{B}=A\overline{B}\subset C\overline{B}$，又 $ABC=\varnothing$，所以 $AB=ABC+AB\overline{C}=AB\overline{C}$，从而知 $AB\subset\overline{C}$，$AB\subset B\overline{C}$，因此有

$$A=AB+A\overline{B}\subset B\overline{C}\cup C\overline{B}.$$

二、古典概率与几何概率

【例 1.5】袋中有 5 只白球，6 只黑球，从中随意取出 2 个球.

(1) 求取出两球全是白球的概率；

(2) 求取出两球是一个白球一个黑球的概率；

(3) 求取出两球至少有一个黑球的概率.

【分析】设想 11 只球是有区别的（例如编号，随意取出 2 个球即使都是白球，由于编号不同而被视为不同的结果，这样处理便能保证基本事件的等可能性，在求解古典概率题目时，我们常常是这样做的）. “随意取出 2 个球”，在题目中并没有明确指出是“依次”取出 2 个球还是“一次”取出两个球. 如果是“依次”，那么基本事件与先后顺序有关，是一个有序的结果，如果是“一次”取出，则是一个无序的结果. 不同的取球方式所确定的样本空间是不同的，计算必须在同一样本空间中（而且只须在同一样本空间）进行. 不同的样本空间最终计算的结果是不一样的.

【解法一】如果两球是依次取出，则基本事件是一个有序的结果，每两个有序数组构成一个基本事件. 由乘法原理知，基本事件总数 $n(\Omega)=11\times10=110$.

记 $A=$“取出两球全是白球”；$B=$“取出两球是一个白球，一个黑球”；$C=$“取出两球至少有一个黑球”. 则由乘法原理知，A 中所含的基本事件数 $n(A)=5\times4=20$，故 $\boldsymbol{P}(A)=\dfrac{20}{110}=\dfrac{2}{11}$；由乘法原理、加法原理知 B 中所含的基本事件数 $n(B)=5\times6+6\times5=60$，$C$ 中所含的基本事件数 $n(C)=n(B)+6\times5=90$，或由逆数法知 $n(C)=n(\Omega)-n(\overline{C})=n(\Omega)-n(A)=110-20=90$，故 $\boldsymbol{P}(B)=\dfrac{60}{110}=\dfrac{6}{11}$，$\boldsymbol{P}(C)=\dfrac{90}{110}=\dfrac{9}{11}$.

学习随笔

【解法二】如果两球是一次取出，则基本事件是一个无序的结果，每两个数组就构成一个基本事件，由对应法则及组合数知，基本事件总数 $n(\Omega)=C_{11}^2=55$. A 中所含的基本事件数 $n(A)=C_5^2=10$，B 中所含的基本事件数 $n(B)=C_5^1C_6^1=30$，C 中所含其本事件数 $n(C)=n(B)+C_6^2=30+15=45$，或者 $n(C)=n(\Omega)-n(\overline{C})=55-10=45$. 所求的概率分别为 $\boldsymbol{P}(A)=\frac{10}{55}=\frac{2}{11}$；$\boldsymbol{P}(B)=\frac{30}{55}=\frac{6}{11}$；$\boldsymbol{P}(C)=\frac{45}{55}=\frac{9}{11}$.

【解法三】题目中所叙述的取球方法是从 11 个有区别的球中任取 2 个，考虑 2 球的颜色. 这个随机试验等同于将 11 个球随意排成一行，考虑前 2 个位置球的颜色. 把每一个全排列结果作为一个基本事件，那么基本事件总数 $n(\Omega)=11!$，A 中的基本事件相当于在 5 只白球中随意取出 2 个排好后放在第 1，2 位置上，而余下的 9 个球紧随其后的一个排列，因此 A 中的基本事件数 $n(A)=C_5^2\times2!\times9!=20\times9!$. 同样考虑，可以算得 $n(B)=C_5^1C_6^1\times2!\times9!=60\times9!$，$n(C)=n(B)+C_6^2\times2!\times9!=60\times9!+30\times9!=90\times9!$ 或 $n(C)=n(\Omega)-n(\overline{C})=11!-20\times9!=90\times9!$ 所求的概率为 $\boldsymbol{P}(A)=\frac{20\times9!}{11!}=\frac{2}{11}$，$\boldsymbol{P}(B)=\frac{60\times9!}{11!}=\frac{6}{11}$，$\boldsymbol{P}(C)=\frac{90\times9!}{11!}=\frac{9}{11}$.

【例 1.6】袋中有 5 只白球，6 只黑球，从中连续逐一取出 3 个球，按两种不同的取球方式：取后放回与取后不放回，计算取出结果顺序为黑球、白球、黑球的概率.

【分析】从 11 个有区别的球中逐一取球，取后放回连取 3 个，则由乘法原理知此时基本事件总数 $n(\Omega)=11\times11\times11=11^3$. 若是取后不放回，那么基本事件总数应为 $11\times10\times9$.

【解】记 A＝“取出 3 球其颜色顺序为黑、白、黑”，若“取后放回”，则基本事件总数 $n(\Omega)=11^3$，A 中基本事件数 $n(A)=6\times5\times6=180$，$\boldsymbol{P}(A)=\frac{180}{1331}$. 若“取后不放回”，则基本事件总数 $n(\Omega)=11\times10\times9=990$，$A$ 中所含的基本事件数 $n(A)=6\times5\times5=150$，$\boldsymbol{P}(A)=\frac{150}{990}=\frac{5}{33}$.

【例 1.7】袋中有 20 个球，其中白球 2 个，黑球 18 个.

(1) 从中随意地逐一取球，取后不放回，求第 8 次取出的球是白球的概率；

(2) 从中随意地逐一取球，取后不放回，直至袋中剩下的球颜色都相同为止. 求最后剩下的全是白球的概率；

(3) 随意把 20 个球分成 4 份，每份 5 个球，求两个白球被分到一起的概率；

(4) 随意把 20 个球分成两份，放入两个袋中，每袋 10 个球. 从两袋中各取一球，求所取两球颜色相同的概率.

【解】(1) 若将试验视为把 20 个不同的球逐一取出排成一行作为一个基本事件，则其总数为 20!. 有利的基本事件为：第 8 个位置放一白球，而余下的 19 个球随意放在其余的 19 个位置上，有利的基本事件数为 $C_2^1\times19!$.

方法一 记 A＝“第 8 次取出的球是白球”，将 20 个不同球的一种全排列作为一个基本事件，则基本事件总数 $n(\Omega)=20!$，$n(A)=C_2^1\times19!=2\times19!$. 于是

$$\boldsymbol{P}(A)=\frac{2\times 19!}{20!}=\frac{1}{10}.$$

若将 20 个球看作是有区别的，我们只关心的是与第 8 次摸球有关的结果，因此将前 8 次逐一取球的结果作为一个基本事件，这是一个有序的结果，基本事件总数为 $n(\Omega)=C_{20}^{8}\times 8!=A_{20}^{8}$. 有利于事件 A 的基本事件是：2 个白球选一个放在第 8 个位置，而后从 19 个球中任取出 7 个放入余下的 7 个位置上，其总数为 $n(A)=C_2^1\cdot C_{19}^{7}\times 7!=C_2^1A_{19}^{7}$.

方法二　从 20 个不同球中选出 8 个的一种全排列作为一个基本事件，则其总数 $n(\Omega)=A_{20}^{8}$，A 中所含基本事件数 $n(A)=C_2^1\cdot A_{19}^{7}$，故得

$$\boldsymbol{P}(A)=\frac{C_2^1A_{19}^{7}}{A_{20}^{8}}=\frac{2}{20}=\frac{1}{10}.$$

如果把 20 个球看作除颜色不同外，其余的则是没有区别的. 仍然把取出的球依次放在一起排成一行，如果把 18 只黑球位置固定下来则其余位置必然是放白球，而黑球位置可以有 C_{20}^{18} 种不同放法，每一种放法都是等可能的，以这样的一种放法作为基本事件，那么基本事件总数为 $n(\Omega)=C_{20}^{18}$，有利于事件 A 的基本事件是，20 个位置中第 8 个位置不许放黑球，因此黑球可以随意放在余下的 19 个位置中的 18 个，故 A 中的基本事件数为 $n(A)=C_{19}^{18}$.

方法三　把白球、黑球看作除颜色不同外是没有区别的，逐一取球依次排成一行，其结果作为一个基本事件，它等价于在 20 个不同位置上选出 18 个放置黑球的一种放法，因此基本事件总数 $n(\Omega)=C_{20}^{18}=C_{20}^{2}$，$A$ 中所含的基本事件数为 $n(A)=C_{19}^{18}=C_{19}^{1}$，所求概率

$$\boldsymbol{P}(A)=\frac{C_{19}^{1}}{C_{20}^{2}}=\frac{2}{20}=\frac{1}{10}.$$

由于我们关心的是第 8 次取出的球，如果将球看为有区别的，那么第 8 次取出的球相当于从 20 个不同元素中任取一个，每一个元素被取到的可能性都一样，以此结果作为一个基本事件，则其总数 $n(\Omega)=C_{20}^{1}=20$，而有利于事件 A 的基本事件总数 $n(A)=C_2^1=2$.

方法四　将 20 个球看为有区别的，从中随意取一个放在第 8 个位置上作为一个基本事件，那么基本事件总数 $n(\Omega)=C_{20}^{1}=20$，事件 A 所含的基本事件数 $n(A)=C_2^1=2$，所求的概率

$$\boldsymbol{P}(A)=\frac{1}{10}.$$

评注　① 本小题我们给出了四种不同的解法，其不同点取决于对试验的样本点、样本空间的选取，而不取决于是用排列方法来计数，还是用组合方法来计数. 计算古典概率问题首先要弄清随机试验，并选取合适的样本空间，这是解题的第一步，也是最为重要的一步.

② 本小题的计算结果与第几次取球无关即“抽签与顺序无关”，实际中有许多问题的结构形式与此相同，例如抓阄、有奖彩票的摸取，将一堆事件分成二部分，从(某一部分)中任取一个等等，我们要计算“抽到的事件满足一定要求”的概率，其解题方法与本题都相类似，从例 1.7 其余几题的解答中，我们将进一步认识到这点.

(2) 记 $A=$“袋中最后剩下的全是白球”，显然，此时试验必须进行到把袋中的 18 个黑球全部取出为止，袋中最后剩下一个或 2 个白球，记 $A_i=$“取出 18 个黑球，袋中剩下

学习随笔

i 个白球”，$i=1,2$，则 $A=A_1+A_2$，且 $A_1A_2=\varnothing$，$\boldsymbol{P}(A)=\boldsymbol{P}(A_1)+\boldsymbol{P}(A_2)$.

方法一 记 $A=$“袋中最后剩下的球全是白球”，$A_i=$“袋中最后剩下 i 个白球”，$i=1,2$，则 $A=A_1+A_2$，$A_1A_2=\varnothing$，$\boldsymbol{P}(A)=\boldsymbol{P}(A_1)+\boldsymbol{P}(A_2)$. 显然，$A_2=$“取出 18 个黑球”，$A_1=$“取出 18 个黑球，1 个白球，而且最后一个取出的是黑球”，如果 20 个球认为是有区别的，将 20 个球的一个全排列作为一个基本事件，则基本事件总数 $n(\Omega)=20!$，$n(A_2)=18!\times 2!$，$n(A_1)=C_2^1C_{18}^1\times 18!$，所求概率为

$$\boldsymbol{P}(A)=\frac{C_2^1C_{18}^1\times 18!}{20!}+\frac{18!\times 2!}{20!}=\frac{1}{10}.$$

设想取球到取完为止，记 $A=$“最后剩下全是白球”，$B=$“最后取出的球是白球”，显然 $A\subset B$；反之，如果最后取出的球是白球（即 B 发生），那么袋中最后剩下同一种颜色的球必包含这最后一球，因而剩下的全是白球（即 A 发生），所以 $B\subset A$，故 $A=B$.

方法二 将球逐一取完，记 $A=$“最后剩下全是白球”，$B=$“最后取出的球是白球”，则 $A=B$，且

$$\boldsymbol{P}(A)=\boldsymbol{P}(B)=\frac{C_2^1\times 19!}{20!}=\frac{1}{10}.$$

(3) 设想 20 个球是有区别的，记 $A=$“2 个白球被分到一起”，随意把 20 个球分成 4 份，每份 5 个球，其任意一种分法当作一个基本事件，由乘法原理知基本事件总数 $n(\Omega)=C_{20}^5\times C_{15}^5\times C_{10}^5\times C_5^5$，$n(A)=C_4^1\times C_2^2\times C_{18}^3\times C_{15}^5\times C_{10}^5\times C_5^5$，故所求的概率为

$$\boldsymbol{P}(A)=\frac{C_4^1\times C_2^2\times C_{18}^3}{C_{20}^5}=\frac{4}{19}.$$

显然，本小题的随机试验等价于随意将 20 个球依次排成一列（例如第一份的球排在最初 5 个位置上，接下来 5 个位置上排的是第二份球，等等），我们只关心二个白球的位置，如果一个白球已先放好，那么另一个白球可以随意放在余下的 19 个位置上，放在任何一个位置的可能性都一样，以此一种放法作为一个基本事件，则其总数 $n(\Omega)=19$，有利事件 A 的放法只有 4 种，故所求概率

$$\boldsymbol{P}(A)=\frac{4}{19}.$$

(4) 题目所述的取球方法虽然复杂，但仔细一想，实际上是从 20 个球中任取 2 个，只考虑 2 个球的颜色是否相同. 记 $A=$“取出两球颜色相同”，$B=$“取出两球全为白球”，$C=$“取出两球全为黑球”，则 $A=B+C$，且

$$\boldsymbol{P}(A)=\boldsymbol{P}(B)+\boldsymbol{P}(C)=\frac{C_2^2}{C_{20}^2}+\frac{C_{18}^2}{C_{20}^2}=\frac{1}{190}+\frac{9\times 17}{190}=\frac{154}{190}=\frac{77}{95}.$$

或

$$\boldsymbol{P}(A)=1-\boldsymbol{P}(\overline{A})=1-\frac{C_2^1C_{18}^1}{C_{20}^2}=1-\frac{2\times 18}{190}=\frac{154}{190}=\frac{77}{95},$$

或记 $B_i=$“第 i 次取出白球”，$C_i=$“第 i 次取出黑球”，$i=1,2$，则 $A=B_1B_2+C_1C_2$，且

$$\boldsymbol{P}(A)=\boldsymbol{P}(B_1)\boldsymbol{P}(B_2|B_1)+\boldsymbol{P}(C_1)\boldsymbol{P}(C_2|C_1)=\frac{2}{20}\times\frac{1}{19}+\frac{18}{20}\times\frac{17}{19}=\frac{154}{190}=\frac{77}{95}.$$

如果按题目所述的取球方法，首先要把 20 个球平分两份，放入两个袋中，而后从两袋

中各取一球，考虑 2 个球的颜色是否相同. 记 A =“取出两球颜色相同”，要计算 $P(A)$. 这是一个“结果”的概率，自然应该将所有的前提情况即两个袋中白球、黑球的个数考虑在内，而后应用全概率公式进行计算. 由于将 20 个球平分两份放入两个袋中，一个袋中的黑、白球数目确定了，那么另一个袋中的黑、白球数也被完全确定下来了. 记 A_i =“第一个袋中有 i 个白球”，$i=0,1,2$，则 $A_0+A_1+A_2=\Omega$，$A_iA_j=\varnothing(i\neq j)$，$A=A_0A+A_1A+A_2A$，故

$$\begin{aligned}\boldsymbol{P}(A)&=\boldsymbol{P}(A_0)\boldsymbol{P}(A|A_0)+\boldsymbol{P}(A_1)\boldsymbol{P}(A|A_1)+\boldsymbol{P}(A_2)\boldsymbol{P}(A|A_2)\\&=\frac{C_2^0C_{18}^{10}}{C_{20}^{10}}\times\frac{10}{10}\times\frac{8}{10}+\frac{C_2^1C_{18}^9}{C_{20}^{10}}\times\\&\quad\left(\frac{1}{10}\times\frac{1}{10}+\frac{9}{10}\times\frac{9}{10}\right)+\frac{C_2^2C_{18}^8}{C_{20}^{10}}\times C_{10}^8\times\frac{10}{10}\\&=\frac{36}{190}+\frac{82}{190}+\frac{36}{190}=\frac{77}{95}.\end{aligned}$$

【例 1.8】从 0～9 十个数字中任取 3 个不同数字，求事件 A_1 =“三个数字中不含 0 和 5”，A_2 =“三个数字中不含 0 或 5”，A_3 =“三个数字中含 0，但不含 5”的概率.

【分析】显然这是一个随机取数的问题，依题意它是一个不放回的取数，至于如何取出这三个数，题目并没有提出要求，我们可以 “一次”取出，也可以“依次”逐一取出，这样可以得到二个不同的样本空间，两种不同的解法. 又由于事件 A_i 均可以用更为简单的事件运算来表示，例如，记 B =“三个数字中不含 0”，C =“三个数字中不含 5”，则 $A_1=BC$，$A_2=B\cup C$，$A_3=C-B=C\overline{B}$，因此我们也可以用概率性质与古典概型来计算相应事件的概率.

【解法一】假设三个数是一次取出，三个不同数的任一无序数组是一个基本事件，那么基本事件总数 $n(\Omega)=C_{10}^3$，事件 A_1 所含的基本事件是除去 0 和 5 后余下 8 个数字中任取三个数的一个无序数组，因此 A_1 所含的基本事件总数 $n(A_1)=C_8^3$，$\boldsymbol{P}(A_1)=\dfrac{C_8^3}{C_{10}^3}=\dfrac{7}{15}$.

同理，$n(A_2)=C_9^3+C_9^3-C_8^3$，或 $n(A_2)=n(\Omega)-n(\overline{A}_2)=C_{10}^3-C_1^1C_1^1C_8^1$，于是

$$\boldsymbol{P}(A_2)=\frac{C_9^3+C_9^3-C_8^3}{C_{10}^3}=\frac{14}{15},\text{或 }1-\frac{C_8^1}{C_{10}^3}=1-\frac{1}{15}=\frac{14}{15}.$$

$$n(A_3)=C_1^1\times C_8^2,\boldsymbol{P}(A_3)=\frac{C_8^2}{C_{10}^3}=\frac{7}{30}.$$

【解法二】假设三个数是依次逐一取出，那么三个不同数的任一有序数组是一个基本事件，由乘法原理知其总数 $n(\Omega)=10\times9\times8$. 由于 A_1 中的基本事件是除去 0，5 后余下 8 个数字中任取三个数的一个有序数字，因此

$$n(A_1)=8\times7\times6,\boldsymbol{P}(A_1)=\frac{8\times7\times6}{10\times9\times8}=\frac{7}{15}.$$

同理，$n(A_2)=n(\Omega)-n(\overline{A}_2)=10\times9\times8-C_3^2\times2!\times C_8^1=10\times9\times8-3\times2\times8$，

$$\boldsymbol{P}(A_2)=1-\frac{3\times2\times8}{10\times9\times8}=1-\frac{1}{15}=\frac{14}{15}.$$

学习随笔

$$n(A_3)=C_3^1\times8\times7=3\times8\times7,\boldsymbol{P}(A_3)=\frac{3\times8\times7}{10\times9\times8}=\frac{7}{30}.$$

【解法三】记 $B=$“三个数字中不含 0”，$C=$“三个数字中不含 5”，则 $A_1=BC,A_2=B\cup C,A_3=C-B$，且

$$\boldsymbol{P}(B)=\frac{C_9^3}{C_{10}^3}=\frac{7}{10},\boldsymbol{P}(C)=\frac{C_9^3}{C_{10}^3}=\frac{7}{10},\boldsymbol{P}(C|B)=\frac{C_8^3}{C_9^3}=\frac{2}{3}.$$

所以

$$\boldsymbol{P}(A_1)=\boldsymbol{P}(BC)=\boldsymbol{P}(B)\boldsymbol{P}(C|B)=\frac{7}{10}\times\frac{2}{3}=\frac{7}{15},$$

$$\boldsymbol{P}(A_2)=\boldsymbol{P}(B\cup C)=\boldsymbol{P}(B)+\boldsymbol{P}(C)-\boldsymbol{P}(BC)=\frac{7}{10}+\frac{7}{10}-\frac{7}{15}=\frac{14}{15},$$

$$\boldsymbol{P}(A_3)=\boldsymbol{P}(C-B)=\boldsymbol{P}(C)-\boldsymbol{P}(BC)=\frac{7}{10}-\frac{7}{15}=\frac{7}{30}.$$

【例 1.9】从 5 双不同的鞋子中任取 4 只，求这 4 只鞋中至少有两只鞋子配成一双的概率.

【分析】设想这 5 双鞋(一共 10 只)是编号的，我们的试验是从 10 个不同数中无放回的取出 4 个，由于取法的不同，(即一次取出还是逐一取出)，样本空间可以不同，(即是无序的样本还是有序的样本)，因而就有不同的解法. 而事件 $A=$“4 只鞋中至少有两只鞋子配成一双”则是事件“4 只鞋恰有两只配成一双”与事件“4 只鞋全部配对”的并，或是事件“4 只鞋中任何两只都不能配成一双”的逆事件，因而 A 中所含的基本事件数又可以用不同的方法计算.

【解法一】记 $A=$“4 只鞋中至少有两只鞋子配成一双”，$B=$“4 只鞋中恰有两只配成一双”，$C=$“4 只鞋恰好配成二双”，则 $A=B\cup C$. 如果从 5 双鞋中一次取出 4 只，把任何一个可能出现的结果作为基本事件，那么基本事件总数 $n(\Omega)=C_{10}^4$，B 中的基本事件，可以设想为先从 5 双鞋中任取一双，再从余下的 4 双鞋中任取两双，然后从这两双中各取一只，依据乘法原理，事件 B 所含的基本事件总数 $n(B)=C_5^1\times C_4^2\times C_2^1\times C_2^1$. 同理，$C$ 中的基本事件数 $n(C)=C_5^2$. 由加法原理知，$n(A)=n(B)+n(C)=C_5^1\times C_4^2\times C_2^1\times C_2^1+C_5^2=130$，故

$$\boldsymbol{P}(A)=\frac{n(A)}{n(\Omega)}=\frac{130}{C_{10}^4}=\frac{130}{210}=\frac{13}{21}.$$

评注　A 中基本事件总数 $n(A)$ 也可以用下面两种不同方法计算：

方法一　A 中的基本事件，可以设想为先从 5 双鞋中任取一双，再从余下 8 只鞋中任取 2 只，但此时“4 只鞋配成二双”重复计算了一次，因此 $n(A)=C_5^1\times C_8^2-C_5^2=130$.

方法二　由于 $\overline{A}=$“4 只鞋中任何两只都不能配成一双”，其基本事件可以设想为从 5 双鞋中任取 4 双，然后在这四双中各取一只. 因此 $n(\overline{A})=C_5^4\times C_2^1\times C_2^1\times C_2^1\times C_2^1=80$，$n(A)=n(\Omega)-n(\overline{A})=210-80=130$.

【解法二】记 $A=$“4 只鞋中至少有两只鞋子配成一双”. 如果从 5 双鞋中任取 4 只是逐一取出的，那么基本事件则是从 10 个不同元素中依次取出 4 个排成一行的一种有序结果，则其总数 $n(\Omega)=10\times9\times8\times7$. 而 $\overline{A}=$“4 只鞋中任何两只都不能配成一双”的基本事

件，可以设想先从5双10只鞋中任取一只(共有10种不同取法)，由于不配双，因而第二步应从余下的4双(8只)鞋中任取一只(共有8种不同取法). 同理，第三步应从余下的3双(6只)鞋中任取一只(共有6种不同取法)，最后从余下的2双(4只)鞋中任取一只(共有4种不同取法)，由乘法原理知 $n(\overline{A})=10\times 8\times 6\times 4$，故

$$\boldsymbol{P}(A)=\frac{n(\Omega)-n(\overline{A})}{n(\Omega)}=1-\frac{10\times 8\times 6\times 4}{10\times 9\times 8\times 7}=1-\frac{8}{21}=\frac{13}{21}.$$

【例1.10】将 n 个球随意放入 $N(n\leqslant N)$ 个盒子中，每个盒子可以放任意多个球. 试求下列事件的概率.

(1) 某指定 n 个盒子各有一球；　(2) 恰有 n 个盒子各有一球；

(3) 指定 $k(k\leqslant n)$ 个盒子各有一球；　(4) 某指定一个盒子中恰有 $k(k\leqslant n)$ 个球.

【分析与解答】用 A_i 表示第 i 个问题所叙述的事件. 设想 n 个球，N 个盒子是可分辨的(例如编号)，n 个球随意放入 N 个盒子的一种放法对应着一个基本事件，由于每个球都有 N 种不同的放置方法，因此 n 个球有 N^n 种不同的放置方法，即基本事件总数为 N^n.

(1) $A_1=$"某指定 n 个盒子各有一球"，所含的基本事件是 n 个不同球的一种排列，故

$$n(A_1)=n!,\quad \boldsymbol{P}(A_1)=\frac{n!}{N^n}.$$

(2) $A_2=$"恰有 n 个盒子各有球"，其基本事件可想为先从 N 个盒中选出 n 个(共有 C_N^n 种不同选法)，而后在这 n 个盒子中各放一球，因此

$$n(A_2)=C_N^n n!,\boldsymbol{P}(A_2)=\frac{C_N^n n!}{N^n}=\frac{N!}{N^n(N-n)!}.$$

(3) $A_3=$"指定 $k(k\leqslant n)$ 盒子各有一球"，其基本事件可设想为先从 n 个球中选出 k 个球(共有 C_n^k 种不同选法)，再将这 k 个球放入指定的 k 个盒子中，每盒一球(共有 $k!$ 种不同放法)，最后将余下的 $(n-k)$ 个球随意放入其余的 $N-k$ 个盒中，每个球有 $N-k$ 种放置方法，因此共有 $(N-k)^{n-k}$ 种不同的放法，所以

$$n(A_3)=C_n^k k!\ (N-k)^{n-k},\boldsymbol{P}(A_3)=\frac{C_n^k k!\ (N-k)^{n-k}}{N^n}=\frac{n!\ (N-k)^{n-k}}{(n-k)!\ N^n}.$$

(4) $A_4=$"某指定一个盒子中恰有 $k(k\leqslant n)$ 个球"，其基本事件可设想为先从 n 个球中任意选出 k 个球放入指定盒子中(共有 C_n^k 种不同选法)，而余下的 $n-k$ 个球可随意放入其余的 $N-1$ 个盒子中，共有 $(N-1)^{n-k}$ 种不同的放置方法，因此

$$n(A_4)=C_n^k(N-1)^{n-k},\boldsymbol{P}(A_4)=\frac{C_n^k(N-1)^{n-k}}{N^n}=C_n^k\left(\frac{1}{N}\right)^k\left(1-\frac{1}{N}\right)^{n-k}.$$

若事件 $A=$"球落入指定的盒子中"，则对任一球而言，$\boldsymbol{P}(A)=\frac{1}{N}$. 又记 n 个球落入指定的盒子中的个数为 X，由于球落入那一个盒子彼此是相互独立的，因此 X 等价于 n 次独立试验事件 A 发生的次数. 所以

$$\boldsymbol{P}(A_4)=\boldsymbol{P}\{X=k\}=C_n^k\left(\frac{1}{N}\right)^k\left(1-\frac{1}{N}\right)^{n-k}.$$

学习随笔

评注 实际中有许多问题的结构形式与分球入盒问题相同，例如生日问题（n 个人的生日的可能情况，相当于 n 个球放入 365 个盒子中的可能情况）；住房分配问题（n 个人被分配到 N 个房间中去）；乘客下车问题（n 名乘客在 N 个车站下车的各种可能情况）等等，它们的求解都可以归结为将"n 个球等可能地投放到 N 个盒子中"来考虑.

【例 1.11】(1) N 个人随机地排成一行，求甲、乙两人相邻的概率是多少？甲、乙、丙三人中无二人相邻的概率是多少？甲、乙两人之间恰有 k 个人的概率是多少？

(2) N 个人随机地排成一圈，求甲、乙两人相邻的概率是多少？

【分析与解答】(1) N 个人随机地排成一行，任意一个全排列就是一个基本事件，故基本事件总数为 $N!$. 记 A = "甲、乙两人相邻"，则有利 A 的基本事件可设想为甲、乙合并为一，先将 $N-1$ 个人进行全排列（其总数为 $(N-1)!$），而后甲、乙再交换位置（共有 2 种方法），因此

$$n(A)=(N-1)!\times 2!,\quad \boldsymbol{P}(A)=\frac{2\times(N-1)!}{N!}=\frac{2}{N}.$$

记 B = "甲、乙、丙三人中无二人相邻"，显然，有利 B 的基本事件是甲、乙、丙之间必有他人夹在其中，可以设想首先将其余的 $N-3$ 个人进行排列，再从每一种排列的 $N-2$ 个空档中（$N-3$ 个人之间有 $N-4$ 个空档，加上首、尾两个，总共有 $N-2$ 个空档）选出 3 个放置甲、乙、丙（共有 C_{N-2}^3 种不同放法），最后甲、乙、丙再交换顺序（共有 $3!$ 种不同的顺序），因此

$$n(B)=(N-3)!\,C_{N-2}^3\times 3!,$$

$$\boldsymbol{P}(B)=\frac{(N-3)!\,C_{N-2}^3\times 3!}{N!}=\frac{(N-3)(N-4)}{N(N-1)}.$$

记 C = "甲、乙两人之间恰有 k 个人"，则 C 中的基本事件，可以设想为先从 $N-2$ 人中选取 k 个人，与甲、乙一起当作一人，与余下的 $N-k-2$ 人一起（共有 $N-k-1$ 人）进行排列，共有 $(N-k-1)!$ 种不同排法，甲、乙之间的 k 个人又有 $k!$ 种不同排法，而甲、乙两人交换位置有 2 种排法，因此

$$n(C)=C_{N-2}^k\times k!\times 2!\times(N-k-1)!=2\times(N-k-1)\times(N-2)!,$$

$$\boldsymbol{P}(C)=\frac{2\times(N-k-1)\times(N-2)!}{N!}=\frac{2(N-k-1)}{N(N-1)}.$$

(2) 如果我们把 N 个不同元素的一种环形排列作为一个基本事件，那么基本事件的总数计算就要用到相异元素环形排列数的结果，显然，这是我们所不希望用的方法. 如果换一个角度考虑，设想在圆周上有 N 个位置，我们只关心甲、乙所占的位置是否相邻，因此可先让甲先占好一个位置，而让乙在余下的 $N-1$ 个位置上任选一个，这样，基本事件总数为 $N-1$ 个，有利事件是乙选中与甲相邻的 2 个位置中的 1 个，即有利事件数为 2，故所求的概率为 $\dfrac{2}{N-1}$.

如果用相异元素环形排列数来计算，其结果完全一样. 事实上，由于 N 个不同元素的环形排列无首尾区分，不同的环形排列仅有相邻元素的差异而无位置的区分，然而对于线形排列而言，它有首尾之分，因此不仅要考虑相邻元素，而且要考虑其位置. 由此可知每一个环形排列对应着 N 个线性排列，N 个不同元素的环形排列数为 $\dfrac{N!}{N}=(N-1)!$. 甲、乙

相邻的环形排列,可设想为先将甲、乙当作一人,$N-1$ 个人的环形排列数为 $(N-2)!$,又甲、乙可交换位置,因此有利的基本事件数为 $2\times(N-2)!$,所求的概率为 $\frac{2\times(N-2)!}{(N-1)!}=\frac{2}{N-1}$.

评注　从古典概率计算的例题(例 1.5 至例 1.11)中,我们可以发现,计算古典概率关键是对随机试验基本事件的分析,进而构造等可能概型的样本空间,它应该满足两个条件:

① 样本空间是有限集,每个样本点(基本事件)是等可能的;

② 所考虑的事件可表示为样本空间的子集.

在满足这两个条件的基础上,样本空间应取的尽可能的简单,以减少计算量.此外,将一个复杂的计数问题分解成若干步,并应用乘法原理算得最终结果,这是我们常用的一种简便的计数方法.在计数时不要过多地追求排列组合的技巧,而应着重对事件概念的理解和分析.

【例 1.12】(会面问题)两人相约 7 点到 8 点在某地会见,先到者等候另一人 20 分钟,过时就可离去,试求这两人能会面的概率.

【分析与解答】以 x,y 分别表示两人到达的时刻,则两人到达的可能结果是区域 $\Omega=\{(x,y):0\leqslant x\leqslant 60,0\leqslant y\leqslant 60\}$ 中的一个点,即样本空间为 Ω.随机事件 $A=$"两人能会面"发生的充要条件是 $|x-y|\leqslant 20$,因此 A 的相应子区域为 $A_\Omega=\{(x,y):|x-y|\leqslant 20,(x,y)\in\Omega\}$,如图 1-2 所示,所求的概率

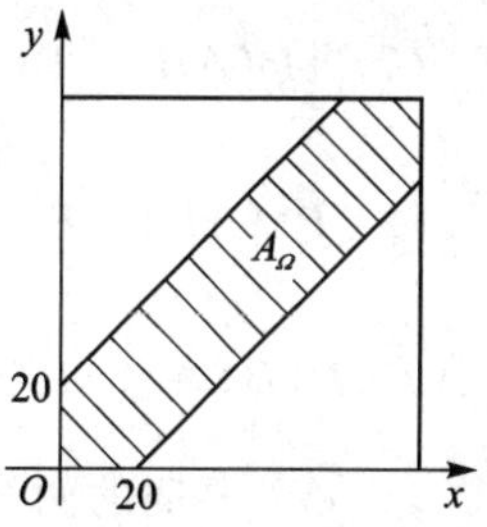

图 1-2

$$\boldsymbol{P}(A)=\frac{A_\Omega \text{ 的面积}}{\Omega \text{ 的面积}}=\frac{60^2-40^2}{60^2}=\frac{5}{9}.$$

【例 1.13】从(0,1)中随机地取出两个数.

(1) 求两数之和小于 1.2 的概率;

(2) 求两数之和小于 1,且两数之积大于 0.09 的概率.

【解】从(0,1)中随机取出的两个数分别记为 x,y,则 (x,y) 与正方形区域 $\Omega=\{(x,y):0<x<1,0<y<1\}$ 内的点一一对应,故 Ω 为样本空间.

(1) 事件 $A=$"两数之和小于 1.2"="$x+y<1.2$"等价于取出的两个数 $(x,y)\in A_\Omega=\{(x,y):x+y<1.2,(x,y)\in\Omega\}$,所以由几何概率得

$$\boldsymbol{P}(A)=\frac{A_\Omega \text{ 的面积}}{\Omega \text{ 的面积}}=1-\frac{1}{2}\times 0.8\times 0.8=0.68.$$

(2) 事件 $B=$"{两数之和小于 1,且两数之积大于 0.09}="$x+y<1,xy>0.09$"等价于取出的两数 $(x,y)\in B_\Omega=\{(x,y):x+y<1,xy>0.09,(x,y)\in\Omega\}$,曲线 $xy=0.09$ 与 $x+y=1$ 的交点为(0.1,0.9)与(0.9,0.1),如图 1-3 所示,由几何概率得

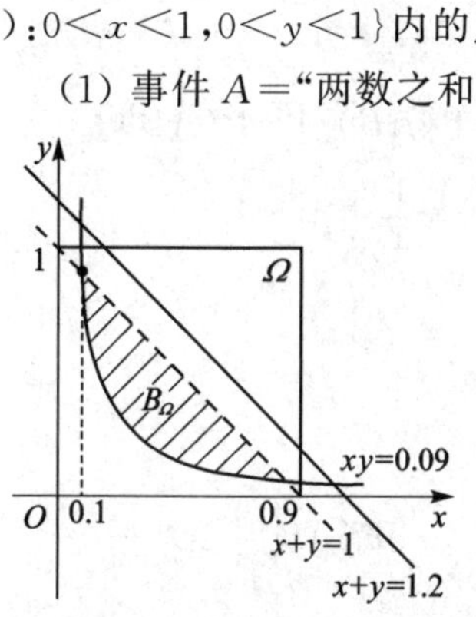

图 1-3

学习随笔

$$P(B)=\frac{B_\Omega \text{ 的面积}}{\Omega \text{ 的面积}}=\int_{0.1}^{0.9}\left(1-x-\frac{0.09}{x}\right)dx$$

$$=\left[x-\frac{x^2}{2}-0.09\ln x\right]_{0.1}^{0.9}=0.278.$$

评注　从上述几何概率计算的例子中，我们可以发现，应用几何概率计算某个事件 A 的概率，其前提条件(或关键是)：

① 如何将随机试验的结果转化为可以用某个可度量区域 Ω 内的随机点的位置来确定，且点落入该区域内的任何位置是等可能的；

② 事件 A 发生等价于随机点落入 Ω 的某个可度量子区域 A_Ω 中.

一旦完成上述的转换，事件 A 的概率即可由公式 $P(A)=\dfrac{A_\Omega \text{ 的度量}}{\Omega \text{ 的度量}}$ 求得.

三、概率的性质

【例 1.14】设 A、B 为任意随机事件，求证：

(1) $|P(AB)-P(A)P(B)|\leqslant\dfrac{1}{4}$；

(2) $P^2(AB)+P^2(\overline{AB})+P^2(\overline{A}B)+P^2(\overline{A}\,\overline{B})\geqslant\dfrac{1}{4}$，等号成立的充分必要条件是 $P(A)=P(B)=\dfrac{1}{2}$，$P(AB)=\dfrac{1}{4}$.

【分析】要证的两个不等式都涉及事件 AB、$A\overline{B}$、$\overline{A}B$、$\overline{AB}$ 与 A、B 概率之间的关系，我们自然想到应用全集分解式($A=AB+A\overline{B}$，$\overline{A}=\overline{A}B+\overline{AB}$，$B=BA+B\overline{A}$)以及概率的性质来证明.

【证明】(1) 由于 $A=AB+A\overline{B}$，$B=BA+B\overline{A}$，所以

$$P(A)=P(AB)+P(A\overline{B}),\quad P(B)=P(BA)+P(B\overline{A}),$$

$$P(A)P(B)=P^2(AB)+P(AB)P(B\overline{A})+P(AB)P(A\overline{B})+P(A\overline{B})P(B\overline{A}),$$

$$\begin{aligned}&P(AB)-P(A)P(B)\\&=P(AB)\{1-[P(AB)+P(B\overline{A})+P(A\overline{B})]\}-P(A\overline{B})P(B\overline{A})\\&=P(AB)[1-P(A\cup B)]-P(A\overline{B})P(B\overline{A}).\end{aligned}$$

由此即得　$P(AB)-P(A)P(B)\leqslant P(AB)[1-P(A\cup B)]\leqslant P(AB)[1-P(AB)]$

$$\leqslant\left[\frac{P(AB)+1-P(AB)}{2}\right]^2=\frac{1}{4}.$$

又　$P(A\cup B)=P(A)+P(B\overline{A})\leqslant 1$，

故　$P(B\overline{A})\leqslant 1-P(A)\leqslant 1-P(A\overline{B})$.

所以

$$P(AB)-P(A)P(B)\geqslant -P(A\overline{B})P(B\overline{A})\geqslant -P(A\overline{B})[1-P(A\overline{B})]\geqslant -\frac{1}{4}.$$

因此有 $-\dfrac{1}{4}\leqslant P(AB)-P(A)P(B)\leqslant\dfrac{1}{4}$，即 $|P(AB)-P(A)P(B)|\leqslant\dfrac{1}{4}$.

学习随笔

(2)由于 $A=AB+A\overline{B}$，$\overline{A}=\overline{A}B+\overline{AB}$，所以

$$\boldsymbol{P}(A)+\boldsymbol{P}(\overline{A})=\boldsymbol{P}(AB)+\boldsymbol{P}(A\overline{B})+\boldsymbol{P}(\overline{A}B)+\boldsymbol{P}(\overline{AB})=1.$$

令 $\boldsymbol{P}(AB)=\frac{1}{4}+a$，$\boldsymbol{P}(A\overline{B})=\frac{1}{4}+b$，$\boldsymbol{P}(\overline{A}B)=\frac{1}{4}+c$，$\boldsymbol{P}(\overline{AB})=\frac{1}{4}+d$，

则 $a+b+c+d=0$，且

$$\boldsymbol{P}^2(AB)+\boldsymbol{P}^2(A\overline{B})+\boldsymbol{P}^2(\overline{A}B)+\boldsymbol{P}^2(\overline{AB})$$

$$=\frac{1}{4}+a^2+b^2+c^2+d^2+\frac{a+b+c+d}{2}=\frac{1}{4}+a^2+b^2+c^2+d^2\geqslant\frac{1}{4}.$$

等号成立充分必要条件是 $a=b=c=d=0$.

$$\Leftrightarrow\quad \boldsymbol{P}(AB)=\boldsymbol{P}(A\overline{B})=\boldsymbol{P}(\overline{A}B)=\boldsymbol{P}(\overline{AB})=\frac{1}{4}$$

$$\Leftrightarrow\quad \boldsymbol{P}(AB)=\frac{1}{4}\text{，且 }\boldsymbol{P}(A)=\boldsymbol{P}(AB)+\boldsymbol{P}(A\overline{B})=\frac{1}{2},\boldsymbol{P}(B)=\boldsymbol{P}(BA)+\boldsymbol{P}(B\overline{A})=\frac{1}{2}$$

$$\Leftrightarrow\quad \boldsymbol{P}(AB)=\frac{1}{4},\quad \boldsymbol{P}(A)=\boldsymbol{P}(B)=\frac{1}{2}.$$

【例 1.15】(1) 设事件 A、B 仅发生一个的概率为 0.3，且 $\boldsymbol{P}(A)+\boldsymbol{P}(B)=0.5$，试求 A、B 至少有一个不发生的概率；

(2) 设 X,Y 为随机变量且 $\boldsymbol{P}\{X\geqslant0,Y\geqslant0\}=\frac{3}{7}$，$\boldsymbol{P}\{X\geqslant0\}=\boldsymbol{P}\{Y\geqslant0\}=\frac{4}{7}$，试求下列事件的概率：

$A=\{\max(X,Y)\geqslant0\}$；

$B=\{\max(X,Y)<0,\min(X,Y)<0\}$；

$C=\{\max(X,Y)\geqslant0,\min(X,Y)<0\}$.

【分析】(1) 首先要将题目中的已知条件及所求事件概率的数量关系用数学符号明确表示出来；其次，由已知等式及概率性质，通过解方程或等量代换即可求得结果.

(2) 首先要分析事件的关系，用简单的事件去表示复杂的事件，或将复杂事件分解为若干个简单事件的某种运算，而后再应用概率性质进行概率计算. 例如，$\{\max(X,Y)\geqslant0\}=\{X\geqslant0\}\cup\{Y\geqslant0\}$，$\{\min(X,Y)\geqslant0\}=\{X\geqslant0\}\cap\{Y\geqslant0\}$，$\{\max(X,Y)<0\}=\{X<0\}\cap\{Y<0\}$，等等.

【解】(1) 由题设知 $\boldsymbol{P}(A\overline{B}+\overline{A}B)=0.3$，即

$$\boldsymbol{P}(A\overline{B})+\boldsymbol{P}(\overline{A}B)=\boldsymbol{P}(A)-\boldsymbol{P}(AB)+\boldsymbol{P}(B)-\boldsymbol{P}(AB)$$
$$=\boldsymbol{P}(A)+\boldsymbol{P}(B)-2\boldsymbol{P}(AB)=0.3,$$

又 $\boldsymbol{P}(A)+\boldsymbol{P}(B)=0.5$，故 $\boldsymbol{P}(AB)=0.1$，所求的概率为

$$\boldsymbol{P}(\overline{A}\cup\overline{B})=\boldsymbol{P}(\overline{AB})=1-\boldsymbol{P}(AB)=0.9.$$

(2) 由于 $A=\{\max(X,Y)\geqslant0\}=\{X\geqslant0\}\cup\{Y\geqslant0\}$，故

$$\boldsymbol{P}(A)=\boldsymbol{P}\{X\geqslant0\}+\boldsymbol{P}\{Y\geqslant0\}-\boldsymbol{P}\{X\geqslant0,Y\geqslant0\}=\frac{4}{7}+\frac{4}{7}-\frac{3}{7}=\frac{5}{7}.$$

$$B=\{\max(X,Y)<0,\min(X,Y)<0\}=\{\max(X,Y)<0\}=\overline{A},$$

故 $\boldsymbol{P}(B)=\boldsymbol{P}(\overline{A})=1-\boldsymbol{P}(A)=\frac{2}{7}$. 由全集分解式知

$$A=\{\max(X,Y)\geqslant 0\}$$
$$=\{\max(X,Y)\geqslant 0,\min(X,Y)<0\}\cup\{\max(X,Y)\geqslant 0,\min(X,Y)\geqslant 0\}$$
$$=C+\{\min(X,Y)\geqslant 0\}=C+\{X\geqslant 0\}\cap\{Y\geqslant 0\},$$

所以

$$\boldsymbol{P}(C)=\boldsymbol{P}(A)-\boldsymbol{P}\{X\geqslant 0,Y\geqslant 0\}=\frac{5}{7}-\frac{3}{7}=\frac{2}{7}.$$

【例 1.16】试求:掷 n 颗骰子,得最小的点数为 2 的概率.

【分析】我们可以用古典概率计算事件 $A=$“最小的点数为 2”的概率(见【解法一】).如果我们对事件 A 作进一步分析,可以发现事件 A 可以表示为两个事件的差.若记 $B=$“最小的点数$\geqslant 2$”,$C=$“最小的点数$\geqslant 3$”,则 $A=B-C$ 且 $C\subset B$,故 $\boldsymbol{P}(A)=\boldsymbol{P}(B-C)=\boldsymbol{P}(B)-\boldsymbol{P}(C)$.事件 B(即点数 1 不出现),事件 C(即点数 1,2 都不出现)的概率 $\boldsymbol{P}(B)$、$\boldsymbol{P}(C)$是容易计算的.

【解法一】(古典概率法).记 $A=$“掷 n 颗骰子,最小点数为 2”.设想 n 个骰子是有区别的,每一次掷得的结果是一个有序排列的 n 位数即为一个基本事件,其总数为 $6\times 6\times\cdots\times 6=6^n$,且每一个基本事件发生的可能性都一样.事件 A 所含的基本事件是从 2～6 中可重复取出 n 个数,且数 2 至少取一次.显然它等价于从 2～6 中可重复取出 n 个数,扣除不含 2 的那些基本事件(即先从 3～6 中可重复取出 n 个数),故有利于 A 的基本事件总数为 5^n-4^n,$\boldsymbol{P}(A)=\dfrac{5^n-4^n}{6^n}$.

【解法二】(概率性质法).记 $A=$“掷 n 颗骰子,最小点数为 2”,$B=$“掷 n 颗骰子,最小点数$\geqslant 2$”,$C=$“掷 n 颗骰子,最小点数$\geqslant 3$”,则 $C\subset B$,$A=B-C$.事件 B 即点数 1 不出现,故 $\boldsymbol{P}(B)=\dfrac{5^n}{6^n}$,事件 C 即点数 1,2 都不出现,故 $\boldsymbol{P}(C)=\dfrac{4^n}{6^n}$,所以 $\boldsymbol{P}(A)=\boldsymbol{P}(B)-\boldsymbol{P}(C)=\dfrac{5^n-4^n}{6^n}$.

评注　解法一、解法二从实质上说是同一种解法,是从两种不同角度对事件 A 作分析的结果.解法二简洁明了,具有更大的灵活性.

四、条件概率及其三公式的应用

【例 1.17】若 40 件产品中有 3 件废品,

(1) 从中任取两件,试求:已知取出两件中有一件是废品,另一件也是废品的概率 p_1;已知取出两件中有一件不是废品,另一件是废品的概率 p_2;取出两件中至少有一件是废品的概率 p_3;

(2) 从中先后取出两件,试求:已知取出两件中第一件是废品,第二件也是废品的概率 q_1,已知取出两件中有一件是废品,另一件也是废品的概率 q_2;取出两件中至少有一件是废品的概率 q_3;第二次才取到废品的概率 q_4.

【分析】这是求随机事件的概率,首先要分析随机试验是什么,要求的是什么事件的概率.设想 40 件产品是可分辨的,“从中任取两件”可以是一次取两件,也可以认为是先后取两件(取后不放回).前者将两个无序数组作为一个基本事件,基本事件总数为 C_{40}^2;后

学习随笔

者则应将两个有序数组作为一个基本事件，基本事件总数为 40×39. 要计算事件的概率，首先要按题目要求引入适当记号表示相应的事件. 要分清：是无条件事件，还是条件事件，还是同时发生的两个事件；而后应用某种概型的相应计算概率公式或概率性质计算出所要求的概率.

【解】(1) 设想任取两件是一次取出，则基本事件总数为 C_{40}^2，若记 A_i＝"取出两件中恰有 i 件废品"，B_i＝"取出两件中恰有 i 件不是废品"$(i=0,1,2)$，A＝"取出两件产品中有一件废品"＝"取出两件产品中至少有一件废品"，B＝"取出两件产品中有一件不是废品"＝"取出两件产品中至少有一件不是废品"，则 $A=A_1B_1+A_2\supset A_2$，$B=B_1A_1+B_2$，且

$$p_1=\boldsymbol{P}(A_2\mid A)=\frac{\boldsymbol{P}(AA_2)}{\boldsymbol{P}(A)}=\frac{\boldsymbol{P}(A_2)}{\boldsymbol{P}(A)}=\frac{\boldsymbol{P}(A_2)}{\boldsymbol{P}(A_1B_1+A_2)}$$

$$=\frac{C_3^2/C_{40}^2}{C_3^1C_{37}^1+C_3^2/C_{40}^2}=\frac{3}{3\times 37+3}=\frac{1}{38},$$

$$p_2=\boldsymbol{P}(A_1\mid B)=\frac{\boldsymbol{P}(A_1B)}{\boldsymbol{P}(B)}=\frac{\boldsymbol{P}(A_1B_1)}{\boldsymbol{P}(A_1B_1+B_2)}$$

$$=\frac{C_3^1C_{37}^1/C_{40}^2}{C_3^1C_{37}^1+C_{37}^2/C_{40}^2}=\frac{3\times 37}{3\times 37+37\times 18}=\frac{1}{7},$$

$$p_3=\boldsymbol{P}(A)=\frac{C_3^1C_{37}^1+C_3^2}{C_{40}^2}=\frac{3\times 37+3}{20\times 39}=\frac{19}{130}.$$

(2) 由于试验是"先后取出两件"，故基本事件总数为 40×39. 记 C_i＝"第 i 次取出产品为废品"$i=1,2$，则 $q_1=\boldsymbol{P}(C_2\mid C_1)=\dfrac{2}{39}$，或

$$q_1=\boldsymbol{P}(C_2\mid C_1)=\frac{\boldsymbol{P}(C_1C_2)}{\boldsymbol{P}(C_1)}=\frac{\boldsymbol{P}(C_1C_2)}{\boldsymbol{P}(C_1C_2)+\boldsymbol{P}(C_1\overline{C}_2)}$$

$$=\frac{3\times 2/40\times 39}{3\times 2/40\times 39+3\times 37/40\times 39}=\frac{2}{39}.$$

记 A＝"取出两件中有一件是废品"＝"取出两件产品至少有一件废品"，则 $A=C_1\overline{C}_2+\overline{C}_1C_2+C_1C_2$，且

$$q_2=\boldsymbol{P}(C_1C_2\mid A)=\frac{\boldsymbol{P}(C_1C_2A)}{\boldsymbol{P}(A)}=\frac{\boldsymbol{P}(C_1C_2)}{\boldsymbol{P}(A)}$$

$$=\frac{3\times 2/40\times 39}{3\times 37/40\times 39+37\times 3/40\times 39+3\times 2/40\times 39}=\frac{1}{38},$$

$$q_3=\boldsymbol{P}(A)=\boldsymbol{P}(C_1\overline{C}_2+\overline{C}_1C_2+C_1C_2)=\boldsymbol{P}(C_1\overline{C}_2)+\boldsymbol{P}(\overline{C}_1C_2)+\boldsymbol{P}(C_1C_2)$$

$$=\frac{C_3^1C_{37}^1}{40\times 39}+\frac{C_{37}^1C_3^1}{40\times 39}+\frac{C_3^1C_2^1}{40\times 39}=\frac{19}{130},$$

$$q_4=\boldsymbol{P}(\overline{C}_1C_2)=\boldsymbol{P}(\overline{C}_1)\boldsymbol{P}(C_2\mid\overline{C}_1)=\frac{37}{40}\times\frac{3}{39}=\frac{37}{520}.$$

评注　$q_2=p_1$，$q_3=p_3$，这说明"任取两件"可以设想是一次取出，也可以设想为依次取出，在不同的样本空间，计算相应事件的概率其结果都是一样的.

学习随笔

【例 1.18】掷三颗骰子.

(1) 已知所得三个点数都不一样,求其中包含有 1 点的概率 p_1;

(2) 已知所得三个点数成等差数列,求其中包含有 1 点的概率 p_2.

【分析】设想三颗骰子是可分辨的,把掷得三个点数的一组有序数组作为一个基本事件,则基本事件总数为 $6\times6\times6=216$. 显然所求的概率都是条件概率,计算条件概率可以在原来的样本空间中进行,也可以在缩小的样本空间中进行,因而有两种不同的计算方法.

【解】(1) 将依次掷三颗骰子所得点数(一组有序数组)作为基本事件,则其总数为 $6^3=216$. 记 $A=$"所得三个点数都不一样",$B=$"所得点数中含有 1 点",所求的概率 $p_1=\boldsymbol{P}(B|A)=\dfrac{\boldsymbol{P}(AB)}{\boldsymbol{P}(A)}$. 显然,$A$ 的有利事件数为 $6\times5\times4$. 对 AB 的有利基本事件,可设想为 1 点已取好,再从其余的 5 个点数中取 2 个,然后将 3 个点数作排列,因此 AB 的有利基本事件数为 $C_1^1C_5^2\times3!$,故

$$p_1=\frac{C_1^1C_5^2\times3!\ /6^3}{6\times5\times4/6^3}=\frac{1}{2}.$$

若将 A 已发生作为前提条件,则可在缩小的样本空间中计算条件概率. 此时,从 6 个点数中取 3 个,每种取法作为一个基本事件,基本事件总数为 $C_6^3=20$(若"有序"则为 $6\times5\times4=120$),考虑"含有 1 点"的有利事件时,认为 1 点已取定,只需从其余 5 个点数中取 2 个,因此,有利事件数为 $C_5^2=10$(若"有序",则为 $C_1^1C_5^2\times3!=60$),所求的概率为 $p_1=\dfrac{10}{20}=\dfrac{1}{2}\left(\text{或}\dfrac{60}{120}=\dfrac{1}{2}\right)$.

(2)将掷三颗骰子所得点数(一组有序数组)作为基本事件,其总数为 $6^3=216$. 记 $C=$"所得三个点数成等差数列",$D=$"所得点数中含有 1 点",所求的概率 $p_2=\boldsymbol{P}(D|C)=\dfrac{\boldsymbol{P}(CD)}{\boldsymbol{P}(C)}$. 由列举法可求得事件 C、D 所含的基本事件数,事实上,"三点数成等差数列",公差为零的有 6 个,公差为 1 的有 $4\times3!=24$ 个,公差为 2 的有 $2\times3!=12$ 个,因此 C 的有利事件数为 $6+24+12=42$,其中含有 1 点的有 $1+2\times3!=13$ 个,故 $p_2=\dfrac{13/6^3}{42/6^3}=\dfrac{13}{42}$.

【例 1.19】(1) 袋中有黑、白球各一个,每次从袋中任取一球,取出的球不放回,但需再放入一个白球,求第 n 次取到白球的概率;

(2) 已知甲袋中装有 8 只黑球,乙袋中装有 8 只白球、4 只黑球. 从乙中任取一球放入甲中,然后从甲中任取一球放入乙中,称为一次交换. 求经过 8 次交换后,甲有 8 个白球的概率.

【分析】题目中的随机试验都是进行若干次满足某个条件的"交换",要计算"交换"后某个事件的概率. 每次"交换"都改变了原来的状况,为反映这些变化,用一些与"交换"次数有关的简单事件表示较为复杂的事件,是解答这类题目的关键.

【解】(1) 记 $A_i=$"第 i 次取到白球"$(i=1,2,\cdots,n)$,欲求 $\boldsymbol{P}(A_n)$. $A_n=$"第 n 次取到白球"必与前 $n-1$ 次交换结果有关,如果直接求其概率就必须对前 $n-1$ 次情况作分析,然而,注意到袋中仅有一个黑球,$\overline{A}_n$ 表示第 n 次取到黑球,为此前 $n-1$ 次都必须取到白

球,即 $\overline{A}_n = A_1 A_2 \cdots A_{n-1} \overline{A}_n$,因此有

$$\boldsymbol{P}(\overline{A}_n) = \boldsymbol{P}(A_1 A_2 \cdots A_{n-1} \overline{A}_n) = \boldsymbol{P}(A_1)\boldsymbol{P}(A_2 \mid A_1)\boldsymbol{P}(A_3 \mid A_1 A_2)\cdots\boldsymbol{P}(\overline{A}_n \mid A_1 \cdots A_{n-1})$$
$$= \frac{1}{2} \times \cdots \times \frac{1}{2} \times \frac{1}{2} = \frac{1}{2^n},$$

所以　$\boldsymbol{P}(A_n) = 1 - \dfrac{1}{2^n}.$

(2) 记 A =“经过 8 次交换后,甲中有 8 个白球”. 显然,A 的发生充要条件是任何一次交换都必须是:从乙中取一白球放入甲中,然后从甲中取一黑球放入乙中. 若 A_i =“在第 i 次交换中,从乙中取一白球放入甲中,然后从甲中取一黑球放入乙中”($i = 1, 2, \cdots, 8$),则 $A = A_1 A_2 \cdots A_8$,且

$$\boldsymbol{P}(A) = \boldsymbol{P}(A_1 A_2 \cdots A_8) = \boldsymbol{P}(A_1)\boldsymbol{P}(A_2 \mid A_1)\cdots\boldsymbol{P}(A_8 \mid A_1 \cdots A_7)$$
$$= \left(\frac{8}{12} \times \frac{8}{9}\right) \times \left(\frac{7}{12} \times \frac{7}{9}\right) \times \left(\frac{6}{12} \times \frac{6}{9}\right) \times \cdots \times \left(\frac{1}{12} \times \frac{1}{9}\right) = \frac{(8!)^2}{98^8}.$$

【例 1.20】15 人排队购买电影票,其中 9 人仅持有 5 元的纸币,6 个人仅持有 10 元的纸币. 如果每张电影票价为 5 元,每人只买一张电影票,售票处开始售票时无零钱可找,试求在买票过程中没有一个人等候找钱的概率.

【分析】显然,在买票过程中没有一个人等候找钱,等价于任何一个持 10 元纸币的观众都不需要等候找钱,等价于在购票队伍中,仅持 10 元纸币的观众前面至少有一个持 5 元纸币的观众. 因此我们首先认为 9 个持 5 元纸币的观众已占好位置,而后让持 10 元纸币的观众逐个插入其中某个适当位置,以保证在买票过程中没有一个人等候找钱.

【解】记 A =“在买票过程中没有一个人等候找钱”,A_i =“第 i 个持有 10 元纸币的观众 a_i 无需等候找钱”($i = 1, 2, \cdots, 6$),则 $A = A_1 A_2 \cdots A_6$. 而 A_1 发生等价于 9 个持 5 元纸币的观众(b_j, $1 \leqslant j \leqslant q$)已占好位置(共有 10 个空档),$a_1$ 必须在某个 b_j 后面,不应排在第一个空档,因此 $\boldsymbol{P}(A_1) = \dfrac{9}{10}$. 在 A_1 发生的条件下(即 a_1 在某个 b_j 后面),将 $b_j a_1$ 从排列中剔除(相当于 b_j 的 5 元钱应找给 a_1),这样余下持 5 元纸币的 8 个人其排列有 9 个空档,A_2 发生等价于 a_2 必须在某 $b_k (k \neq j)$ 后面,不应排在第一空档,共有 8 种选择法,故 $\boldsymbol{P}(A_2 \mid A_1) = \dfrac{8}{9}$.

同理可知,$\boldsymbol{P}(A_3 \mid A_1 A_2) = \dfrac{7}{8}, \cdots, \boldsymbol{P}(A_6 \mid A_1 \cdots A_5) = \dfrac{4}{5}$.

所以

$$\boldsymbol{P}(A) = \boldsymbol{P}(A_1 A_2 \cdots A_6) = \boldsymbol{P}(A_1)\boldsymbol{P}(A_2 \mid A_1)\cdots\boldsymbol{P}(A_6 \mid A_1 \cdots A_5)$$
$$= \frac{9}{10} \times \frac{8}{9} \times \frac{7}{8} \cdots \frac{4}{5} = \frac{4}{10} = \frac{2}{5}.$$

【例 1.21】甲袋中有 3 个白球 2 个黑球,乙袋中有 4 个白球 4 个黑球,今从甲袋中任取 2 球放入乙袋,再从乙袋中任取一球,求该球是白球的概率 p;若已知从乙袋中取出的球是白球,求从甲袋中取出的球是一白一黑的概率 q.

【分析】显然 A="从乙袋中取一球是白球"的概率 p 与其前提条件——从甲袋中取出的 2 球颜色有关. 我们自然想到将 A 对"前提"条件的所有可能情况作全集分解,应用全概率公式求得 $p=\boldsymbol{P}(A)$;至于概率 q 则是计算"结果 A"已发生的条件下,某"前提"条件发生的概率,应用 Bayes 公式,由"结果"追溯"原因".

【解】记 A="从乙袋中取出的一球为白球",B_i="从甲袋中取出的 2 球中恰有 i 个白球",$i=0,1,2$,则 $B_0+B_1+B_2=\Omega$,$A=AB_0+AB_1+AB_2$. 由全概率公式得

$$p=\boldsymbol{P}(A)=\sum_{i=0}^{2}\boldsymbol{P}(B_i)\boldsymbol{P}(A\mid B_i)=\frac{C_2^2}{C_5^2}\times\frac{4}{10}+\frac{C_3^1C_2^1}{C_5^2}\times\frac{5}{10}+\frac{C_3^2}{C_5^2}\times\frac{6}{10}=\frac{13}{25}=0.52.$$

$$q=\boldsymbol{P}(B_1\mid A)=\frac{\boldsymbol{P}(AB_1)}{\boldsymbol{P}(A)}=\frac{\boldsymbol{P}(B_1)\boldsymbol{P}(A\mid B_1)}{\sum_{i=0}^{2}\boldsymbol{P}(B_i)\boldsymbol{P}(A\mid B_i)}=\frac{15}{26}.$$

【例 1.22】每箱产品有 10 件,其中次品数从 0 到 2 是等可能的,开箱检验时,从中任取一件,如果检验结果为次品,则认为该箱产品不合格而拒收. 由于检验误差,一件正品被误判为次品的概率为 2%,一件次品被误判为正品的概率为 10%. 试求:检验一箱产品能通过验收的概率.

【分析与解答】记 A="检验一箱能通过验收",依题意,A 发生等价于"从该箱任取一件产品检验结果为正品",若记 B="从该箱任取一件产品为正品",则 $B+\overline{B}=\Omega$,$A=AB+A\overline{B}$,由全概率公式得

$$\begin{aligned}\boldsymbol{P}(A)&=\boldsymbol{P}(B)\boldsymbol{P}(A\mid B)+\boldsymbol{P}(\overline{B})\boldsymbol{P}(A\mid B)=0.98\boldsymbol{P}(B)+[1-\boldsymbol{P}(B)]\times 0.1\\&=0.1+0.88\boldsymbol{P}(B).\end{aligned}$$

事件 B 发生的概率取决于该箱中的次品数,如果 B_i="该箱有 i 件次品"($i=0,1,2$),则 $\boldsymbol{P}(B_i)=\dfrac{1}{3}$,$B=\bigcup\limits_{i=0}^{2}BB_i$,$\boldsymbol{P}(B)=\sum\limits_{i=0}^{2}\boldsymbol{P}(B_i)\boldsymbol{P}(B\mid B_i)=\dfrac{1}{3}\left(1+\dfrac{9}{10}+\dfrac{8}{10}\right)=0.9$,所以

$$\boldsymbol{P}(A)=0.1+0.88\times 0.9=0.892.$$

【例 1.23】甲、乙、丙三人进行比赛. 规定甲、乙两人先比一场,胜者与丙比,依次循环,直至有一人连胜两场为止,连胜两场者为比赛的优胜者. 假定每场比赛双方取胜的概率均为 $\dfrac{1}{2}$,求甲、乙、丙成为比赛优胜者的概率.

【分析】最容易想到的是将甲、乙、丙能成为比赛优胜者的所有可能情况都一一列出,而后应用概率性质计算出最终结果. 例如:

甲取胜=(甲甲+乙丙甲甲)+(甲丙乙甲甲+乙丙甲乙丙甲甲)+…

丙取胜=(甲丙丙+乙丙丙)+(甲丙乙甲丙丙+乙丙甲乙丙丙)+…

或者是将每一场比赛的所有可能结果考虑在内,而后应用全概率公式求得甲(或乙)成为比赛优胜者的概率.

【解法一】以 A、B、C 分别表示甲、乙、丙获得比赛优胜者的事件,A_i="第 i 场比赛 A 取胜",B_i="第 i 场赛 B 取胜",C_i="第 i 场比赛 C 取胜",$i=1,2,3,\cdots$;i 表示总的比赛场次,则

学习随笔

$$A=(A_1A_2+B_1C_2A_3A_4)+(A_1C_2B_3A_4A_5+B_1C_2A_3B_4C_5A_6A_7)+\cdots$$

$$\begin{aligned}\boldsymbol{P}(A)&=\left(\frac{1}{2}\right)^2+\left(\frac{1}{2}\right)^4+\left(\frac{1}{2}\right)^5+\left(\frac{1}{2}\right)^7+\left(\frac{1}{2}\right)^8+\left(\frac{1}{2}\right)^{10}+\cdots\\&=\left[\left(\frac{1}{2}\right)^2+\left(\frac{1}{2}\right)^5+\left(\frac{1}{2}\right)^8+\cdots\right]+\left[\left(\frac{1}{2}\right)^4+\left(\frac{1}{2}\right)^7+\left(\frac{1}{2}\right)^{10}+\cdots\right]\\&=\frac{\left(\frac{1}{2}\right)^2}{1-\left(\frac{1}{2}\right)^3}+\frac{\left(\frac{1}{2}\right)^4}{1-\left(\frac{1}{2}\right)^3}=\frac{5}{14}.\end{aligned}$$

由于甲、乙所处的地位是对称的，因而 $\boldsymbol{P}(B)=\frac{5}{14}$. 又

$$C=(A_1C_2C_3+B_1C_2C_3)+(A_1C_2B_3A_4C_5C_6+B_1C_2A_3B_4C_5C_6)+\cdots,$$

故

$$\boldsymbol{P}(C)=2\times\left(\frac{1}{2}\right)^3+2\times\left(\frac{1}{2}\right)^6+2\times\left(\frac{1}{2}\right)^9+\cdots=2\times\frac{\left(\frac{1}{2}\right)^3}{1-\left(\frac{1}{2}\right)^3}=\frac{2}{7}.$$

【解法二】以 A、B、C 分别表示甲、乙、丙获得比赛优胜者事件，记 D＝“第一场比赛甲取胜”，$\overline{D}$＝“第一场比赛甲输”，则 $D+\overline{D}=\Omega$.

$$\boldsymbol{P}(A)=\boldsymbol{P}(D)\boldsymbol{P}(A|D)+\boldsymbol{P}(\overline{D})\boldsymbol{P}(A|\overline{D})=\frac{1}{2}\boldsymbol{P}(A|D)+\frac{1}{2}\boldsymbol{P}(A|\overline{D})=\frac{1}{2}a+\frac{1}{2}b,$$

其中 $a=\boldsymbol{P}(A|D)$，$b=\boldsymbol{P}(A|\overline{D})$.

事件“$A|D$”表示“在甲取胜一场条件下甲成为优胜者”，显然，它等价于“下一场比赛甲取胜”或者“下一场比赛甲输了，以后比赛成为优胜者”，因此 $a=\frac{1}{2}+\frac{1}{2}b$；而事件“$A|\overline{D}$”表示“在甲输的条件下甲成为优胜者”，它等价于“下一场比赛丙取胜，而后甲取胜，最终甲成为优胜者”，因此 $b=\frac{1}{2}\times\frac{1}{2}\times a$，故 $a=\frac{1}{2}+\frac{1}{2}\times\frac{1}{4}a$，$a=\frac{4}{7}$，$b=\frac{1}{7}$，从而

$$\boldsymbol{P}(A)=\frac{1}{2}a+\frac{1}{2}b=\frac{5}{14}.$$

注意到甲、乙所处地位是对称的，因而有 $\boldsymbol{P}(B)=\frac{5}{14}$. 丙要成为优胜者即事件 C 发生，等价于丙胜第二场，而后成为优胜者，因而有

$$\boldsymbol{P}(C)=\frac{1}{2}\times a=\frac{1}{2}\times\frac{4}{7}=\frac{2}{7}.$$

评注　甲、乙、丙都不成为优胜者，比赛无限制地进行下去的概率是零，因此

$$\boldsymbol{P}(A)+\boldsymbol{P}(B)+\boldsymbol{P}(C)=1,$$

$$\boldsymbol{P}(C)=1-2\boldsymbol{P}(A)=1-\frac{5}{7}=\frac{2}{7}.$$

五、独立性与独立试验序列概型

【例1.24】(1) A、B 为事件，$0<\boldsymbol{P}(A)<1$，$0<\boldsymbol{P}(B)<1$，如果 A、B 互不相容或 A 包

学习随笔

含 B，则 A、B 必不相互独立；

(2) 设 $\boldsymbol{P}(A)=0$ 或 1，则 A 与任意事件 B 相互独立.

【证明】(1) 设 A、B 互不相容，即 $AB=\varnothing$，由于 $0<\boldsymbol{P}(A)<1,0<\boldsymbol{P}(B)<1$，故 $\boldsymbol{P}(AB)=0\neq\boldsymbol{P}(A)\boldsymbol{P}(B)$，即 A、B 不相互独立. 如果 $B\subset A$，则 $AB=B$，又 $0<\boldsymbol{P}(A)<1$，$0<\boldsymbol{P}(B)<1$，故 $\boldsymbol{P}(AB)=\boldsymbol{P}(B)\neq\boldsymbol{P}(A)\boldsymbol{P}(B)$，即 A、B 不相互独立.

(2) 设 $\boldsymbol{P}(A)=0$，则由 $AB\subset A$ 知 $\boldsymbol{P}(AB)=0$，故 $\boldsymbol{P}(AB)=0=\boldsymbol{P}(A)=\boldsymbol{P}(A)\cdot\boldsymbol{P}(B)$，$A$ 与 B 相互独立. 若 $\boldsymbol{P}(A)=1$，则 $\boldsymbol{P}(\overline{A})=0$，由上述证明知，$\overline{A}$ 与 B 独立，从而知 A 与 B 相互独立. 或根据全集分解式：$B=AB+\overline{A}B$ 得 $\boldsymbol{P}(B)=\boldsymbol{P}(AB)$，故 $\boldsymbol{P}(AB)=\boldsymbol{P}(B)=\boldsymbol{P}(B)\cdot\boldsymbol{P}(A)$，即 A 与 B 相互独立.

【例 1.25】求证：随机事件 A、B、C 相互独立 $\Leftrightarrow$ A、B、C 两两独立，且 A 与 BC 独立 $\Leftrightarrow$ A、B、C 两两独立，且 A 与 $B-C$ 独立 $\Leftrightarrow$ A、B、C 两两独立，且 A 与 $B\cup C$ 独立.

【分析】要证明事件相互独立只能通过定义证明，而定义中的所有等式都是"乘积的概率等于各自概率相乘"，因此证明这类题目的关键是

(1) 将事件表示为乘积形式；

(2) 应用定理：事件组相互独立的充要条件是，将其部分事件改为各自的对立事件所得的事件组相互独立.

【证法一】设事件 A、B、C 两两独立，则

A、B、C 相互独立 $\Leftrightarrow \boldsymbol{P}(ABC)=\boldsymbol{P}(A)\boldsymbol{P}(B)\boldsymbol{P}(C)=\boldsymbol{P}(A)\boldsymbol{P}(BC)$

$\Leftrightarrow$ A 与 BC 独立

$\Leftrightarrow \boldsymbol{P}(\overline{ABC})=\boldsymbol{P}(AB)-\boldsymbol{P}(ABC)=\boldsymbol{P}(AB)-\boldsymbol{P}(A)\boldsymbol{P}(BC)$

$=\boldsymbol{P}(A)\boldsymbol{P}(\overline{BC})$，$A$ 与 $\overline{BC}$ 独立，即 A 与 $B-C$ 独立

$\Leftrightarrow \boldsymbol{P}(\overline{ABC})=\boldsymbol{P}(\overline{AC})-\boldsymbol{P}(\overline{AC}B)=\boldsymbol{P}(A)[\boldsymbol{P}(\overline{C})-\boldsymbol{P}(\overline{C}B)]$

$=\boldsymbol{P}(A)\boldsymbol{P}(\overline{BC})$，$A$ 与 $\overline{BC}=(\overline{B\cup C})$ 独立

$\Leftrightarrow$ A 与 $B\cup C$ 独立.

【证法二】设事件 A、B、C 两两独立，则 A、B、C 相互独立 $\Leftrightarrow\boldsymbol{P}(ABC)=\boldsymbol{P}(A)\boldsymbol{P}(B)\boldsymbol{P}(C)=\boldsymbol{P}(A)\boldsymbol{P}(BC)\Leftrightarrow A$ 与 BC 独立.

设 A、B、C 两两独立，则

A 与 $B-C$ 独立 $\Leftrightarrow \boldsymbol{P}[A(B-C)]=\boldsymbol{P}(A)\boldsymbol{P}(B-C)$

$\Leftrightarrow \boldsymbol{P}(AB\overline{C})=\boldsymbol{P}(AB-C)=\boldsymbol{P}(AB)-\boldsymbol{P}(ABC)=\boldsymbol{P}(A)[\boldsymbol{P}(B)-\boldsymbol{P}(BC)]$

$=\boldsymbol{P}(A)\boldsymbol{P}(B)-\boldsymbol{P}(A)\boldsymbol{P}(BC)$

$\Leftrightarrow \boldsymbol{P}(ABC)=\boldsymbol{P}(A)\boldsymbol{P}(BC)=\boldsymbol{P}(A)\boldsymbol{P}(B)\boldsymbol{P}(C)$

$\Leftrightarrow$ A、B、C 相互独立.

设 A、B、C 两两独立，则

A 与 $B\cup C$ 独立 $\Leftrightarrow \boldsymbol{P}[A(B\cup C)]=\boldsymbol{P}(A)\boldsymbol{P}(B\cup C)$

$\Leftrightarrow \boldsymbol{P}(AB\cup AC)=\boldsymbol{P}(A)\boldsymbol{P}(B\cup C)$

$\Leftrightarrow \boldsymbol{P}(AB)+\boldsymbol{P}(AC)-\boldsymbol{P}(ABC)=\boldsymbol{P}(A)[\boldsymbol{P}(B)+\boldsymbol{P}(C)-\boldsymbol{P}(BC)]$

$\Leftrightarrow \boldsymbol{P}(ABC)=\boldsymbol{P}(A)\boldsymbol{P}(BC)=\boldsymbol{P}(A)\boldsymbol{P}(B)\boldsymbol{P}(C)$

$\Leftrightarrow$ A、B、C 相互独立.

评注　在该题中，是将事件表示为乘积形式，从而证明相互独立或相互不独立. 否则计算量将会增大，如本题的证法二.

学习随笔

【例 1.26】设事件 A、B 独立，事件 C 满足条件 $AB\subset C,\overline{A}\,\overline{B}\subset\overline{C}$，证明：$\boldsymbol{P}(AC)\geqslant\boldsymbol{P}(A)\boldsymbol{P}(C)$.

【分析】首先要将事件 A、B、C 关系分析清楚，由于 $AB\subset C,\overline{AB}=\overline{A\cup B}\subset\overline{C}$，故 $AB\subset C\subset A\cup B$；其次考虑要证明的不等式中仅含有事件 A、C，而没有事件 B，为借助于 A、B 关系，自然考虑全集分解式 $AC=ACB+AC\overline{B}$.

【证明】由于 $AB\subset C,\overline{AB}\subset\overline{C}$，故 $AB\subset C\subset A\cup B$. 又 $AC=ACB+AC\overline{B}$，由吸收律知 $ABC=AB$，而 $\overline{B}C\subset(A\cup B)\overline{B}=A\overline{B}$，故 $A\overline{B}\cap\overline{B}C=A\overline{B}C=\overline{B}C$，所以 $AC=AB+B$ $\overline{C}$，于是

$$\begin{aligned}\boldsymbol{P}(AC)&=\boldsymbol{P}(AB)+\boldsymbol{P}(\overline{B}C)\geqslant\boldsymbol{P}(A)\boldsymbol{P}(B)+\boldsymbol{P}(A)\boldsymbol{P}(\overline{B}C)\\&\geqslant\boldsymbol{P}(A)\boldsymbol{P}(BC)+\boldsymbol{P}(A)\boldsymbol{P}(\overline{B}C)=\boldsymbol{P}(A)[\boldsymbol{P}(BC)+\boldsymbol{P}(\overline{B}C)]\\&=\boldsymbol{P}(A)\boldsymbol{P}(C).\end{aligned}$$

【例 1.27】如果构成系统的第 i 个元件能正常工作的概率为 $p_i(0<p_i<1$，p_i 又称为该元件的可靠性)，各个元件是否正常工作是相互独立的，试计算图 1-4(a)、(b)所示二个系统正常工作的概率(即系统的可靠性).

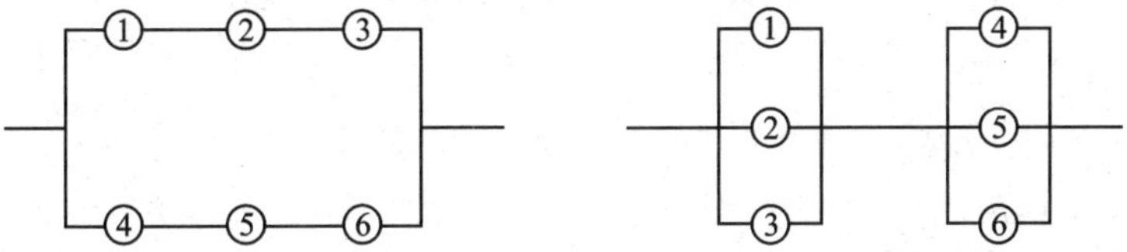

(系统一)　　(系统二)

(a)　　(b)

图 1-4

【分析】首先要写出系统正常工作的等价性条件，而后应用概率性质及独立性假设即可求得概率.

【解】记 A="系统一正常工作"，B="系统二正常工作"，A_i="第 i 个元件正常工作"($1\leqslant i\leqslant 6$)，则　$\boldsymbol{P}(A_i)=p_i$，且 $A_1,A_2,\cdots,A_6$ 相互独立. 由于 A 发生$\Leftrightarrow A_1$、A_2、A_3 同时发生或 A_4、A_5、A_6 同时发生，故

$$\begin{aligned}\boldsymbol{P}(A)&=\boldsymbol{P}(A_1A_2A_3\cup A_4A_5A_6)=\boldsymbol{P}(A_1A_2A_3)+\boldsymbol{P}(A_4A_5A_6)-\boldsymbol{P}(A_1A_2\cdots A_6)\\&=p_1p_2p_3+p_4p_5p_6-\prod_{i=1}^{6}p_i.\end{aligned}$$

或者

$$\begin{aligned}\boldsymbol{P}(A)&=\boldsymbol{P}(A_1A_2A_3\cup A_4A_5A_6)=1-\boldsymbol{P}(\overline{A_1A_2A_3\cup A_4A_5A_6})\\&=1-\boldsymbol{P}(\overline{A_1A_2A_3}\cap\overline{A_4A_5A_6})=1-\boldsymbol{P}(\overline{A_1A_2A_3})\boldsymbol{P}(\overline{A_4A_5A_6})\\&=1-[1-\boldsymbol{P}(A_1A_2A_3)][1-\boldsymbol{P}(A_4A_5A_6)]\\&=1-(1-p_1p_2p_3)(1-p_4p_5p_6).\end{aligned}$$

又事件 B 发生$\Leftrightarrow A_1$、A_2、A_3 至少有一个发生且 A_4、A_5、A_6 也至少有一个发生$\Leftrightarrow(A_1\cup A_2\cup A_3)(A_4\cup A_5\cup A_6)$发生，故

学习随笔

$$\begin{aligned}\boldsymbol{P}(B)&=\boldsymbol{P}(A_1\cup A_2\cup A_3)(A_4\cup A_5\cup A_6)\\&=\boldsymbol{P}(A_1\cup A_2\cup A_3)\boldsymbol{P}(A_4\cup A_5\cup A_6)\\&=[1-\boldsymbol{P}(\overline{A_1\cup A_2\cup A_3})][1-\boldsymbol{P}(\overline{A_4\cup A_5\cup A_6})]\\&=[1-\boldsymbol{P}(\overline{A_1}\,\overline{A_2}\,\overline{A_3})][1-\boldsymbol{P}(\overline{A_4}\,\overline{A_5}\,\overline{A_6})]\\&=\left[1-\prod_{i=1}^{3}(1-p_i)\right]\left[1-\prod_{i=4}^{6}(1-p_i)\right].\end{aligned}$$

【例 1.28】一个系统是由 n 个元件组成，只有在半数以上元件正常工作时系统才能正常工作.假设每个元件正常工作的概率为 $p(0<p<1)$，各元件是否正常工作是相互独立的.问 p 取何值，3 个元件构成的系统比由 5 个元件构成的系统正常工作的概率更大.

【解】设系统由 n 个元件组成，其中正常工作的元件数为 X，则系统正常工作的概率为 $\boldsymbol{P}\{X>\frac{n}{2}\}$，其中 $\boldsymbol{P}\{X=k\}=C_n^k p^k(1-p)^{n-k}(0\leqslant k\leqslant n)$.若用 X_1, X_2 分别表示由 3 个元件与 5 个元件构成的系统中正常工作的元件个数，依题意，

$$\boldsymbol{P}\{X_1>\frac{3}{2}\}>\boldsymbol{P}\{X_2>\frac{5}{2}\},$$

即

$$\boldsymbol{P}\{X_1=2\}+\boldsymbol{P}\{X_1=3\}>\boldsymbol{P}\{X_2=3\}+\boldsymbol{P}\{X_2=4\}+\boldsymbol{P}\{X_2=5\},$$

$$C_3^2p^2(1-p)+p^3>C_5^2p^3(1-p)^2+C_5^4p^4(1-p)+p^5,$$

$$3(1-p)+p>10p(1-p)^2+5p^2(1-p)+p^3,$$

$$6p^3-15p^2+12p-3=3(2p^3-5p^2+4p-1)=3(p-1)(2p^2-3p+1)<0.$$

由于 $0<p<1$，故 p 应使

$$2p^2-2p+1=(2p-1)(p-1)>0，即\ 2p-1<0, p<\frac{1}{2}.$$

【例 1.29】做一系列独立试验，每次试验成功的概率均为 p.

(1) 求 4 次失败在 3 次成功之前的概率；

(2) 求第 n 次试验时得到第 k 次成功的概率；

(3) 求在成功 n 次之前至少失败 m 次的概率.

【分析】首先要分析清楚要计算概率的相应事件是什么，如何将其表示；其次要记住：n 重伯努利试验中，"成功"次数+"失败"次数$=n$.

【解】(1) 事件"4 次失败在 3 次成功之前"等价于"进行 7 次试验，前 6 次试验中成功 2 次，第 7 次试验成功".记 $A=$"4 次失败在 3 次成功之前"，$B=$"6 次试验中失败 4 次"$=$"6 次试验成功 2 次"，$C=$"第 7 次验成功"，则 $A=BC$.由于试验是相互独立的，故

$$\boldsymbol{P}(A)=\boldsymbol{P}(BC)=\boldsymbol{P}(B)\boldsymbol{P}(C)=C_6^2p^2(1-p)^4\cdot p=C_6^2p^3(1-p)^4.$$

(2) 记 $A=$"第 n 次试验时得到第 k 次成功"，$B=$"前 $n-1$ 次试验，成功 $k-1$ 次"，$C=$"第 n 次试验成功"，则

$$\boldsymbol{P}(A)=\boldsymbol{P}(BC)=\boldsymbol{P}(B)\boldsymbol{P}(C)=C_{n-1}^{k-1}p^{k-1}(1-p)^{n-k}\cdot p=C_{n-1}^{k-1}p^k(1-p)^{n-k}.$$

(3) 记 $A=$"在成功 n 次之前至少失败 m 次"，$A_k=$"在成功 n 次之前失败 k 次"$=$"第 $n+k$ 次试验时得到第 n 次成功"，则 $A=\bigcup\limits_{k=m}^{\infty}A_k$，$A_iA_j=\varnothing(i\neq j)$，且由(2)知 $\boldsymbol{P}(A_k)=$

$C_{n+k-1}^{n-1}p^n(1-p)^k=C_{n+k-1}^{k}p^n(1-p)^k$，故

$$P(A)=\sum_{k=m}^{\infty}P(A_k)=\sum_{k=m}^{\infty}C_{n+k-1}^{n-1}p^n(1-p)^k.$$

评注　一个随机试验可能有多个结果，但我们只关心其中某一个结果，把这个结果看作“成功”，其他的结果都看作“失败”，这样就能把独立重复试验的问题归结为伯努利概型（二项分布概型），就能计算成功次数的概率. 这正是伯努利概型（二项分布）常被应用的原因，在以后我们将会进一步认识到这种转换在计算概率时的作用.

【例 1.30】在区间 $(0,1)$ 中任取 10 个数，求其中三个数在 $\left(0,\frac{1}{4}\right)$ 之中，四个数在 $\left(\frac{1}{4},\frac{2}{3}\right)$ 之中，三个数在 $\left(\frac{2}{3},1\right)$ 之中的概率.

【分析】在 $(0,1)$ 中任取 10 个数，等价于向区间 $(0,1)$ 随机投 10 个点，由几何概型可求得点落入 $(a,b)\subset(0,1)$ 的概率为 $b-a$；再由点落入各子区域是相互独立的，即可求得相应事件的概率.

【解】在 $(0,1)$ 中任取一个数，该数在 $\left(0,\frac{1}{4}\right)$ 中的概率为 $\frac{1}{4}$；在 $\left(\frac{1}{4},\frac{2}{3}\right)$ 中的概率为 $\frac{2}{3}-\frac{1}{4}=\frac{5}{12}$；在 $\left(\frac{2}{3},1\right)$ 中的概率为 $\frac{1}{3}$. 由独立性知所求的概率为

$$C_{10}^{3}\times\frac{1}{4}\times\frac{1}{4}\times\frac{1}{4}\times C_7^4\times\left(\frac{5}{12}\right)^4\times C_3^3\times\left(\frac{1}{3}\right)^3=\frac{10!}{3!\ 4!\ 3!}\left(\frac{1}{4}\right)^3\left(\frac{5}{12}\right)^4\left(\frac{1}{3}\right)^3.$$

【例 1.31】某厂生产的每台仪器以概率 0.70 可以直接出厂，以概率 0.30 需要进一步调试. 经调试后以概率 0.80 可以出厂，以概率 0.20 定为不合格品不能出厂. 现该厂生产了 n 台仪器（$n\geqslant 2$），假设各台仪器的生产过程是相互独立，求：(1) n 台仪器全部能出厂的概率 α；(2) 其中恰好有两台不能出厂的概率 β；(3) 其中至少有两台不能出厂的概率 θ.

【分析】我们关心的是事件“n 台仪器中能够出厂 k 台”的概率. 若记 $A=$“仪器能够出厂”，则所求的概率即为“n 次独立重复试验事件 A 发生 k 次”的概率，如果知道了 $P(A)$，那么由伯努利概型即可求得相应的概率.

【解】记 $A=$“仪器能够出厂”，$B=$“仪器无需调试”，则

$$A=AB+A\overline{B},$$

$$P(A)=P(AB)+P(A\overline{B})=P(AB)+P(\overline{B})P(A\mid\overline{B})=0.70+0.30\times0.80=0.94.$$

即一台仪器能出厂的概率 $p=0.94$. 设 n 台仪器中能出厂的台数为 X，则 X 为 n 次独立试验事件 A 发生的次数，由伯努利概型知

$$P\{X=k\}=C_n^k p^k(1-p)^{n-k}.$$

故　(1) $\alpha=P\{X=n\}=C_n^n p^n(1-p)^{n-n}=0,94^n$；

(2) $\beta=P\{X=n-2\}=C_n^{n-2}p^{n-2}(1-p)^2=C_n^2(0.06)^2(0.94)^{n-2}$；

(3) $\theta=P\{X\leqslant n-2\}=1-P\{X=n\}-P\{X=n-1\}$

$=1-0.94^n-C_n^{n-1}p^{n-1}(1-p)=1-0.94^n-n(0.06)0.94^{n-1}$.

【例 1.32】甲、乙两人下棋，每进行一盘，胜者得一分. 在一盘比赛中，甲胜的概率为 α，乙胜的概率为 $\beta(\alpha+\beta=1)$. 比赛进行到有一人比对方多 2 分为止，多得 2 分者为优胜

学习随笔

者.(1) 求甲获胜的概率;(2) 求乙获胜的概率;(3) 对甲来说,整个比赛获胜的可能性大,还是一盘获胜的可能性大.

【分析】此题与【例 1.23】相似,将甲、乙能成为比赛优胜者的所有可能情况都一一列出,而后应用各盘比赛胜负是相互独立的及概率性质计算各自获胜的概率;或者将二盘比赛定为一轮,在一轮比赛中甲得分的所有可能结果考虑在内,应用全概率公式求得甲、乙获胜的概率.

【解法一】(1) 记 $A=$“甲获胜”,$A_i=$“第 i 盘比赛甲获胜”,$B_i=$“第 i 盘比赛乙获胜”,i 为总的比赛次数,$i=1,2,\cdots$. 由比赛规则知甲(或乙)获胜,比赛必须进行偶数次,并且

$$A=A_1A_2+(A_1B_2A_3A_4+B_1A_2A_3A_4)+(A_1B_2A_3B_4A_5A_6+A_1B_2B_3A_4A_5A_6+B_1A_2B_3A_4A_5A_6+B_1A_2A_3B_4A_5A_6)+\cdots$$

由于“甲在第 $2m$ 次比赛后获胜”($m=1,2,\cdots$)等价于“甲一定在第 $2m-1$ 次,第 $2m$ 次比赛获胜,而在前面 $2m-2=2(m-1)$ 次比赛中,甲、乙得分相同,并且比赛过程没有一方超过另一方 2 分或 2 分以上”,若以两盘比赛为一轮,那么在前 $m-1$ 轮比赛中,每轮比赛甲、乙都各得 1 分,甲可先得也可后得,因此

$$\begin{aligned}&\boldsymbol{P}\{\text{甲在第 }2m\text{ 次比赛后获胜}\}\\&=\underbrace{(\alpha\beta+\beta\alpha)(\alpha\beta+\beta\alpha)\cdots(\alpha\beta+\beta\alpha)}_{(m-1)\text{个括号}}\alpha\cdot\alpha=(2\alpha\beta)^{m-1}\alpha^2.\end{aligned}$$

所以 $\boldsymbol{P}(A)=\alpha^2+(2\alpha\beta)\alpha^2+(2\alpha\beta)^2\alpha^2+\cdots=\dfrac{\alpha^2}{1-2\alpha\beta}$.

$\left(\text{由于 }\alpha+\beta=1,\alpha>0,\beta>0,\sqrt{\alpha\beta}\leqslant\left(\dfrac{\alpha+\beta}{2}\right)^2=\dfrac{1}{4},2\alpha\beta\leqslant\dfrac{1}{2}<1.\right)$

(2) 由“对称性”知 $B=$“乙获胜”的概率 $\boldsymbol{P}(B)=\dfrac{\beta^2}{1-2\alpha\beta}$.

(3) 由于

$$\begin{aligned}\alpha-\frac{\alpha^2}{1-2\alpha\beta}&=\frac{\alpha-2\alpha^2\beta-\alpha^2}{1-2\alpha\beta}=\frac{\alpha(1-\alpha)-2\alpha^2\beta}{1-2\alpha\beta}=\frac{\alpha\beta(1-2\alpha)}{1-2\alpha\beta}\\&=\frac{\alpha\beta(\beta-\alpha)}{1-2\alpha\beta},\end{aligned}$$

故当 $\alpha>\beta$ 时,$\alpha-\dfrac{\alpha^2}{1-2\alpha\beta}<0$,即对甲来说,整个比赛获胜的可能性大于一盘比赛获胜的可能性. 若 $\alpha<\beta$,则结论相反.

【解法二】以二盘比赛为一轮,记 $A=$“甲获胜”,$A_i=$“在一轮比赛中甲得 i 分”($i=0,1,2$),则 $\bigcup\limits_{i=0}^{2}A_i=\Omega$,$A_iA_j=\varnothing$,$A=\sum\limits_{i=0}^{2}A_iA$,且

$$\boldsymbol{P}(A\,|\,A_0)=0,\boldsymbol{P}(A\,|\,A_2)=1,\quad \boldsymbol{P}(A\,|\,A_1)=\boldsymbol{P}(A).$$

故由全概率公式得

$$\begin{aligned}\boldsymbol{P}(A)&=\sum_{i=0}^{2}\boldsymbol{P}(A_iA)=\sum_{i=0}^{2}\boldsymbol{P}(A_i)\boldsymbol{P}(A\,|\,A_i)\\&=\boldsymbol{P}(A_1)\boldsymbol{P}(A\,|\,A_1)+\boldsymbol{P}(A_2)\boldsymbol{P}(A\,|\,A_2)=2\alpha\beta\boldsymbol{P}(A)+\alpha^2.\end{aligned}$$

所以 $\boldsymbol{P}(A)=\dfrac{\alpha^2}{1-2\alpha\beta}$,其余计算同【解法一】.

学习随笔

评注　① 类似问题我们都给出了两种解法，显然解法二简洁明了，它是基于对随机试验作充分分析，找到决定事件的关键点才得到的．联想其他问题的解答，会进一步认识到，对随机试验、随机事件的认识与分析，是正确、简明解答概率问题的基础．

② 由于$\boldsymbol{P}(A)=\dfrac{\alpha^2}{1-2\alpha\beta}$，$\boldsymbol{P}(B)=\dfrac{\beta^2}{1-2\alpha\beta}$，$\alpha+\beta=1$，故$\boldsymbol{P}(A\cup B)=\boldsymbol{P}(A)+\boldsymbol{P}(B)$ $=\dfrac{\alpha^2+\beta^2}{1-2\alpha\beta}=\dfrac{(\alpha+\beta)^2-2\alpha\beta}{1-2\alpha\beta}=1$，它表明甲、乙至少有一人取胜的概率是1，即甲、乙不分胜负，比赛永远进行下去的概率是0，我们也可以用下面的方法来证明这个事实：

记$C=$“甲、乙不分胜负，比赛永远进行下去”，则事件C等价于“每一轮比赛都是甲、乙各得一分”．若记$D_i=$“第i轮比赛甲、乙各得一分”$(i=1,2,\cdots)$，$C_k=$“比赛进行k轮甲、乙不分胜负”$(k=1,2,\cdots)$．则$\boldsymbol{P}(D_i)=\alpha\beta+\beta\alpha=2\alpha\beta$，$C_n=D_1D_2\cdots D_n$，$D_i$相互独立，于是

$$\boldsymbol{P}(C_n)=\boldsymbol{P}\left(\bigcap_{i=1}^{n}D_i\right)=\prod_{i=1}^{n}\boldsymbol{P}(D_i)=(2\alpha\beta)^n,$$

由于$C_k\supset C_{k+1}$，$C=\bigcap\limits_{n=1}^{\infty}C_n$，根据概率上连续性，得

$$\boldsymbol{P}(C)=\boldsymbol{P}\left(\bigcap_{n=1}^{\infty}C_n\right)=\lim_{n\to\infty}\boldsymbol{P}(C_n)=\lim_{n\to\infty}(2\alpha\beta)^n=0,$$

即比赛永远进行下去的概率是0．

学习随笔

第 2 章 随机变量及其分布

§2.1 知识点及重要结论归纳总结

一、随机变量及其分布函数

1. 随机变量的定义

设随机试验 E 的样本空间为 $\Omega=\{\omega\}$，如果对每一个 $\omega\in\Omega$，都有唯一的实数 $X(\omega)$ 与之对应，并且对任意实数 x，$\{\omega:X(\omega)\leqslant x\}$ 是随机事件，则称定义在 Ω 上的实单值函数 $X(\omega)$ 为随机变量. 简记为随机变量 X. 一般用大写字母 $X,Y,Z\cdots$ 或希腊字母 $\xi,\eta,\zeta\cdots$ 来表示随机变量.

2. 随机变量的分布函数

(1) 分布函数的定义

设 X 是随机变量，x 是任意的实数，称函数

$$F(x)\triangleq \boldsymbol{P}\{X\leqslant x\}\quad (x\in R)$$

为随机变量 X 的分布函数，或称 X 服从分布 $F(x)$，记为 $X\sim F(x)$.

在这里我们通过含有变量 x 的随机事件 $\{X\leqslant x\}$ 的概率来定义分布函数的，因此分布函数是一组随机事件的概率. 概率的性质以及事件的关系与运算等都成为讨论分布函数性质、求分布函数及研究其关系的依据和基础；反之，又可以通过分布函数计算由随机变量取值范围表示的随机事件的概率.

(2) 分布函数的性质

① $F(x)$ 是 x 的单调不减函数，即 $\forall x_1<x_2$，有 $F(x_1)\leqslant F(x_2)$；

② $F(x)$ 是 x 的右连续函数，$\forall x_0\in R$，有

$$\lim_{x\to x_0^+}F(x)\triangleq F(x_0+0)=F(x_0);$$

③ $F(-\infty)\triangleq\lim\limits_{x\to-\infty}F(x)=0$，　$F(+\infty)\triangleq\lim\limits_{x\to+\infty}F(x)=1$.

【证明】① $\forall x_1<x_2$，则 $\{X\leqslant x_1\}\subset\{X\leqslant x_2\}$，故 $\boldsymbol{P}\{X\leqslant x_1\}\leqslant\boldsymbol{P}\{X\leqslant x_2\}$，即 $F(x_1)\leqslant F(x_2)$.

② $\forall x_0\in R$，令 $A_n=\left\{X\leqslant x_0+\dfrac{1}{n}\right\}$，$n=1,2,\cdots$，则 $A_1\supset A_2\supset\cdots$，$\bigcap\limits_{n=1}^{\infty}A_n=\{X\leqslant x_0\}$，由概率上连续性得

$$\boldsymbol{P}\{X\leqslant x_0\}=\boldsymbol{P}(\bigcap_{n=1}^{\infty}A_n)=\lim_{n\to\infty}\boldsymbol{P}(A_n)=\lim_{n\to\infty}\boldsymbol{P}\left\{X\leqslant x_0+\frac{1}{n}\right\}=\lim_{n\to\infty}F\left(x_0+\frac{1}{n}\right).$$

由于 $F(x)$ 是单调不减的有界函数，因此有

$$F(x_0)=\lim_{n\to\infty}F\left(x_0+\frac{1}{n}\right)\triangleq F(x_0+0).$$

③ 令 $A_n=\{X\leqslant -n\}, n=1,2,\cdots$，则 $A_1\supset A_2\supset\cdots$，$\bigcap\limits_{n=1}^{\infty}A_n=\varnothing$，由概率上连续性得

$$\boldsymbol{P}(\varnothing)=\boldsymbol{P}\left(\bigcap_{n=1}^{\infty}A_n\right)=\lim_{n\to\infty}\boldsymbol{P}(A_n)=\lim_{n\to\infty}\boldsymbol{P}\{X\leqslant -n\}=\lim_{n\to\infty}F(-n),$$

即

$$F(-\infty)=\lim_{n\to-\infty}F(x)=0.$$

再令 $B_n=\{X\leqslant n\}, n=1,2,\cdots$，则 $B_1\subset B_2\subset\cdots$，$\bigcup\limits_{n=1}^{\infty}B_n=\Omega$，由概率下连续性得

$$\boldsymbol{P}(\Omega)=\boldsymbol{P}\left(\bigcup_{n=1}^{\infty}B_n\right)=\lim_{n\to\infty}\boldsymbol{P}(B_n)=\lim_{n\to\infty}\boldsymbol{P}\{X\leqslant n\}=\lim_{n\to\infty}F(n),$$

即

$$F(+\infty)=\lim_{n\to+\infty}F(x)=1.$$

评注　性质①，②，③不仅是分布函数的必要条件，而且还是充分条件；又分布函数是事件的概率，因此 $0\leqslant F(x)\leqslant 1$，即 $F(x)$ 是有界函数. $\forall x_0\in R$，考虑事件列 $A_n=\left\{X\leqslant x_0-\dfrac{1}{n}\right\}, n=1,2,\cdots$，则 $A_1\subset A_2\subset\cdots$ 且 $\bigcup\limits_{n=1}^{\infty}A_n=\{X<x_0\}$，由概率的下连续性得

$$\boldsymbol{P}\{X<x_0\}=\boldsymbol{P}\left\{\bigcup_{n=1}^{\infty}A_n\right\}=\lim_{n\to\infty}\boldsymbol{P}(A_n)=\lim_{n\to\infty}\boldsymbol{P}\left\{X\leqslant x_0-\frac{1}{n}\right\}$$

$$=\lim_{n\to\infty}F\left(x_0-\frac{1}{n}\right)=F(x_0-0).$$

由于 $F(x)=F(x+0)=\boldsymbol{P}\{X\leqslant x\}$，$F(x-0)=\boldsymbol{P}\{X<x\}$，而 $\boldsymbol{P}\{X\leqslant x\}=\boldsymbol{P}\{X<x\}$ 并非对一切 x 都成立，即 $F(x)=F(x+0)=F(x-0)$ 并非对一切 x 都成立，所以 $F(x)$ 不一定是连续函数.

(3) 用分布函数 $F(x)$ 表示随机事件的概率

对任意实数 $-\infty<a<b<\infty$，有

① $\boldsymbol{P}\{X\leqslant a\}=F(a)$；

$\boldsymbol{P}\{X<a\}=F(a-0)$；

$\boldsymbol{P}\{X>a\}=1-\boldsymbol{P}\{X\leqslant a\}=1-F(a)$；

$\boldsymbol{P}\{X\geqslant a\}=1-\boldsymbol{P}\{X<a\}=1-F(a-0)$.

② $\boldsymbol{P}\{X=a\}=\boldsymbol{P}\{X\leqslant a\}-\boldsymbol{P}\{X<a\}=F(a)-F(a-0)$，由此可知：

分布函数 $F(x)$ 在点 $x=a$ 连续 $\Leftrightarrow F(a+0)=F(a-0)=F(a)$

$$\Leftrightarrow \boldsymbol{P}\{X=a\}=0.$$

③ $\boldsymbol{P}\{a<X\leqslant b\}=F(b)-F(a)$；

$\boldsymbol{P}\{a\leqslant X\leqslant b\}=F(b)-F(a-0)$；

$\boldsymbol{P}\{a<X<b\}=F(b-0)-F(a)$；

$\boldsymbol{P}\{a\leqslant X<b\}=F(b-0)-F(a-0)$.

二、离散型随机变量及其概率分布

1. 定义

如果随机变量 X 只可能取有限个或可列个值，则称 X 为离散型随机变量. 如果 X 的

学习随笔

取值集合为$\{x_i,i=1,2,\cdots\}$，记$p_i=\boldsymbol{P}(X_i)\triangleq\boldsymbol{P}\{X=x_i\},i=1,2,\cdots$，则称$\{p_i,i=1,2,\cdots\}$为离散型随机变量$X$的分布列或概率分布，或概率函数（点概率函数），简称为X的分布，记为$X\sim\boldsymbol{P}(x_i)$或

$$X\sim\begin{pmatrix}x_1 & x_2 & \cdots & x_k & \cdots\\ p_1 & p_2 & \cdots & p_k & \cdots\end{pmatrix}.$$

2. 概率分布的性质

$\{\boldsymbol{P}(x_i):i=1,2,\cdots\}$是离散型随机变量概率分布的充要条件是

① $\boldsymbol{P}(x_i)>0,i=1,2,\cdots$；

② $\sum\limits_i\boldsymbol{P}(x_i)=1$.

3. 概率分布与分布函数

设离散型随机变量X的概率分布为$p_i=\boldsymbol{P}\{X=x_i\}$，则$X$的分布函数

$$F(x)=\boldsymbol{P}\{X\leqslant x\}=\sum_{x_i\leqslant x}\boldsymbol{P}\{X=x_i\}=\sum_{x_i\leqslant x}p_i\quad(x\in R),$$

此时称$F(x)$为离散型的.

由于$p_i=\boldsymbol{P}\{X=x_i\}=F(x_i)-F(x_i-0)>0\ (i\geqslant1)$，所以$F(x)$在$x=x_i$处跳跃，其跃度值为$p_i$，但$F(x)$未必是阶梯函数. 虽然$X$取值是可列的，但其值未必能按大小排列，甚至在$R$中处处稠密，例如：$x_i$为全部正有理数，$\boldsymbol{P}\{X=x_i\}=\frac{1}{2^i}$，$\sum\limits_{i=1}^{\infty}\frac{1}{2^i}=1$，其分布函数$F(x)$不是阶梯函数. 如果在任意的$(-\infty,x]$中只含有很多个$x_i$时，则$F(x)$是右连续的阶梯函数. 如果分布函数$F(x)$是阶梯函数，那么相应的随机变量$X$必为离散型随机变量，其概率分布为$F(x)$在间断点$x=x_i$处的跃度：$p_i=F(x_i)-F(x_i-0)(i\geqslant1)$.

给定了概率分布$\{p_i,i\geqslant1\}$，可以求出X取值于实数轴上任一集合B的概率：

$$\boldsymbol{P}\{X\in B\}=\sum_{x_i\in B}\boldsymbol{P}\{X=x_i\}.$$

4. 常见的离散型分布

(1) 两点分布（伯努利分布，0—1分布），$B(1,p)$

如果离散型随机变量X的概率分布为

$$\boldsymbol{P}\{X=k\}=p^kq^{1-k},\quad k=0,1,$$

其中，$0<p<1,q=1-p$，则称X服从参数为p的两点分布，记为$X\sim B(1,p)$.

背景：只有两个可能结果A与$\overline{A}$的随机现象且$\boldsymbol{P}(A)=p$，令$X=\begin{cases}1, & A\text{ 发生},\\ 0, & \overline{A}\text{ 发生},\end{cases}$则$X\sim B(1,p)$.

(2) 二项分布 $B(n,p)$

如果离散型散机变量X的概率分布为

$$\boldsymbol{P}\{X=k\}=\mathrm{C}_n^kp^k(1-p)^{n-k},k=0,1,\cdots,n,$$

其中，$0<p<1$，则称X服从参数为(n,p)的二项分布，记为$X\sim B(n,p)$.

背景：n重伯努利试验中事件A发生的次数为X，则$X\sim B(n,p)$，其中p为每次试

验 A 发生的概率.

性质一　二项分布的最可能值.

设离散型随机变量 X 的分布列为 $p_i=\boldsymbol{P}(x_i)$，如果存在 p_k 使得 $p_k=\boldsymbol{P}(x_k)=\sup(p_1,p_2,\cdots)$，则称 x_k 为此分布的最可能值.

二项分布的最可能值为：

$$\begin{cases}(n+1)p \text{ 与 } (n+1)p-1, & \text{当 } (n+1)p \text{ 为正整数时}, \\ [(n+1)p], & \text{当 } (n+1)p \text{ 不是正整数时}.\end{cases}$$

性质二　二项分布的泊松逼近.

泊松(poisson)定理：如果 $\lim\limits_{n\to\infty}np_n=\lambda>0$，则

$$\lim_{n\to\infty}C_n^k p_n^k(1-p_n)^{n-k}=\frac{\lambda^k}{k!}e^{-\lambda},$$

其中，k 为任一固定的非负整数.

由此可知，当 n 很大，p 很小（一般 $p\leqslant 0.1$），有近似公式

$$C_n^k p^k(1-p)^{n-k}\approx\frac{(np)^k}{k!}e^{-np}.$$

性质三　若 $X\sim B(n,p)$，$Y=n-X$，则 $Y\sim B(n,q)$，其中 $q=1-p$.

(3) 泊松分布 $\boldsymbol{P}(\boldsymbol{\lambda})$

如果离散型随机变量 X 的概率分布为

$$\boldsymbol{P}\{X=k\}=\frac{\lambda^k}{k!}e^{-\lambda}, k=0,1,2,\cdots,(\lambda>0)$$

则称 X 服从参数为 λ 的泊松分布，记为 $X\sim P(\lambda)$.

背景：强度为 λ 的泊松流，在时间间隔为 $(0,t]$ 内，质点出现的个数为 X_t，则 $X_t\sim P(\lambda t)$. 例如，在一个时间间隔内某电话交换台收到的电话呼唤次数；某车站的乘客人数；某放射性物质放射出来的粒子数等.

$$\text{泊松分布最可能值}\begin{cases}\lambda \text{ 与 } \lambda-1, & \text{当 } \lambda \text{ 为正整数时}, \\ [\lambda], & \text{当 } \lambda \text{ 不是正整数时}.\end{cases}$$

(4) 几何分布 $\boldsymbol{G}(\boldsymbol{p})$

如果离散型随机变量 X 的概率分布为

$$\boldsymbol{P}\{X=k\}=q^{k-1}p, k=1,2,\cdots,$$

其中，$0<p<1$，$q=1-p$，则称 X 服从参数为 p 的几何分布，记为 $X\sim G(p)$.

背景：伯努利试验中，事件 A 首次发生所需试验次数为 X，则 $X\sim G(p)$.

(5) 超几何分布 $\boldsymbol{H}(\boldsymbol{N},\boldsymbol{M},\boldsymbol{n})$

如果离散型随机变量 X 的概率分布为

$$\boldsymbol{P}\{X=k\}=\frac{C_M^k C_{N-M}^{n-k}}{C_N^n},\quad k=m,m+1,\cdots,l,$$

其中，N,M,n 为正整数，$m=\max(0,n-(N-M))$，$l=\min(n,M)$，则称 X 服从参数为 N,M,n 的超几何分布，记为 $X\sim H(N,M,n)$.

背景：设有 N 个产品，其中有 M 个次品，现从中不放回的随机取出 n 个，则这 n 个产

学习随笔

品中次品数 $X\sim H(N,M,n)$.

超几何分布的二项分布逼近：如果 $\lim\limits_{N\to\infty}\dfrac{M}{N}=p$，则对一切 $n\geqslant 1,k=0,1,\cdots,n$，有

$$\lim_{N\to\infty}\frac{C_M^k C_{N-M}^{n-k}}{C_N^n}=C_n^k p^k(1-p)^{n-k}.$$

（规定当 $r<s$ 时，$C_r^s=0$）.

当 N 比 n 大得多（例如 $N\geqslant 10n$）时，超几何分布可用二项分布近似，此时取 $p=\dfrac{M}{N}$.

三、连续型随机变量及其概率密度函数

1. 定义

设 $F(x)$ 为随机变量 X 的分布函数，如果存在非负可积函数 $f(x)$，使对任意实数 x，有

$$F(x)=\int_{-\infty}^{x}f(t)\mathrm{d}t\quad(-\infty<x<+\infty),$$

则称 X 为连续型随机变量，$F(x)$ 为连续型分布函数. 其中函数 $f(x)$ 称为 X 的概率密度函数，简称为概率密度，密度函数或分布密度，记为 $X\sim f(x)$.

评注　由实变函数论知，$F(x)$ 是绝对连续的，对几乎所有 x 都有 $F'(x)=f(x)$；概率密度函数不是唯一的，改动有限个值，所得函数仍是密度函数.

2. 概率密度函数的性质

定义在 $(-\infty,+\infty)$ 上可积函数 $f(x)$ 是概率密度函数的充要条件是

① $f(x)\geqslant 0$；

② $\int_{-\infty}^{+\infty}f(x)\mathrm{d}x=1$.

3. 概率密度函数与分布函数

设连续型随机变量 X 的概率密度函数为 $f(x)$，分布函数为 $F(x)$，则

① 对任意实数 c，有 $\boldsymbol{P}\{X=c\}=0$.

【证明】$\boldsymbol{P}\{X=c\}\leqslant\boldsymbol{P}\left\{c-\frac{1}{n}<X\leqslant c+\frac{1}{n}\right\}=F\left(c+\frac{1}{n}\right)-F\left(c-\frac{1}{n}\right)$

$$=\int_{c-\frac{1}{n}}^{c+\frac{1}{n}}f(x)\mathrm{d}x\to 0.\ (n\to\infty)$$

② 分布函数 $F(x)$ 是 x 的连续函数；反之，分布函数是连续函数，其相对应的随机变量未必是连续型随机变量.

③ $\boldsymbol{P}\{a<X\leqslant b\}=\boldsymbol{P}\{a<X<b\}=\boldsymbol{P}\{a\leqslant X<b\}$

$$=\boldsymbol{P}\{a\leqslant X\leqslant b\}=F(b)-F(a)=\int_a^b f(x)\mathrm{d}x.$$

由此可知，X 落在区间内的概率等于该区间之上与密度函数 $f(x)$ 之下曲边梯形的面积. 应用概率的这种几何意义，常常有助于问题的分析和解答.

④ 对实数轴上任一集合 B 有 $\boldsymbol{P}\{X\in B\}=\int_B f(x)\mathrm{d}x$.

学习随笔

⑤ 在 $f(x)$ 的连续点 x_0 处，$F'(x_0)$ 存在，且 $F'(x_0)=f(x_0)$.

⑥ 若 $F'(x)$ 存在且连续，则 X 为连续型随机变量，且 $f(x)=F'(x)$.

⑦ 若 $F(x)$ 为连续函数，除有限个点 $(x_1<x_2<\cdots<x_k)$ 外，$F'(x)$ 存在且连续，则 X 是连续型随机变量，且密度函数

$$f(x)=\begin{cases}0, & x=x_1,x_2,\cdots,x_k,\\ F'(x), & \text{其余}.\end{cases}$$

4. 常见的连续型分布

(1) 均匀分布 $U[a,b]$

如果连续型随机变量 X 的密度函数为

$$f(x)=\begin{cases}\dfrac{1}{b-a}, & a\leqslant x\leqslant b,\\ 0, & \text{其他},\end{cases}\quad(-\infty<a<b<+\infty)$$

则称 X 服从区间 $[a,b]$ 上的均匀分布，记为 $X\sim U[a,b]$. 相应的分布函数为

$$F(x)=\begin{cases}0, & x<a,\\ \dfrac{x-a}{b-a}, & a\leqslant x<b,\\ 1, & b\leqslant x.\end{cases}$$

背景：X 以概率 1 取值于 $[a,b]$，且取 $[a,b]$ 上任何一点都是等可能的，即 X 取值于 $[a,b]$ 中任一子区间的概率与该子区间的长度成正比，而与其位置无关，则 X 服从区间 $[a,b]$ 上的均匀分布.

(2) 指数分布 $E(\lambda)$ 或 $\Gamma(1,\lambda)$

如果连续型随机变量 X 的密度函数为

$$f(x)=\begin{cases}\lambda e^{-\lambda x}, & x>0,\\ 0, & x\leqslant 0,\end{cases}(\lambda>0)$$

则称 X 服从参数为 λ 的指数分布，记为 $X\sim E(\lambda)$ 或 $\Gamma(1,\lambda)$. 相应的分布函数为

$$F(x)=\begin{cases}1-e^{-\lambda x}, & x\geqslant 0,\\ 0, & x<0.\end{cases}$$

背景：到某个特定事件发生所需的等待时间为 X，则 $X\sim E(\lambda)$. 或一些没有明显“衰老”元件的寿命分布.

(3) 正态分布 $N(\mu,\sigma^2)$

如果连续型随机变量 X 的密度函数为

$$f(x;\mu,\sigma^2)=\frac{1}{\sqrt{2\pi}\sigma}e^{-\frac{1}{2}\left(\frac{x-\mu}{\sigma}\right)^2},\quad -\infty<x<\infty,$$

其中，$\mu\in R$，$\sigma>0$，则称 X 服从参数为 (μ,σ^2) 的正态分布，记为 $X\sim N(\mu,\sigma^2)$，也称 X 是一个正态变量.

当 $\mu=0$，$\sigma=1$ 时，即密度函数为

$$\varphi(x)=\frac{1}{\sqrt{2\pi}}e^{-\frac{x^2}{2}},\quad -\infty<x<\infty,$$

学习随笔

则称 X 服从标准正态分布，记为 $X\sim N(0,1)$. 其分布函数

$$\Phi(x)=\frac{1}{\sqrt{2\pi}}\int_{-\infty}^{x}\mathrm{e}^{-\frac{t^2}{2}}\mathrm{d}t$$

称为标准正态分布函数.

背景：如果随机变量 X 决定于大量微小的、独立的随机因素的总和，其中每个随机因素的单独作用微不足道，而且各因素的作用相对均匀，则 X 服从(或近似服从)正态分布.

性质一　密度函数 $f(x;\mu,\sigma^2)$ 图形关于直线 $x=\mu$ 对称，即 $f(\mu-x)=f(\mu+x)$；在 $x=\mu$ 处有唯一最大值 $f(\mu)=\frac{1}{\sqrt{2\pi}\sigma}$；在 $x=\mu\pm\sigma$ 处有两个拐点；x 轴为其水平渐近线.

性质二　标准正态分布的密度函数 $\varphi(x)$ 是偶函数，其图形关于 y 轴对称，在 $x=0$ 处取最大值 $\varphi(0)=\frac{1}{\sqrt{2\pi}}$；在 $x=\pm1$ 处有两个拐点；x 轴为其水平渐近线.

性质三　设 $\Phi(x)$ 为标准正态分布函数，则

① $\Phi(0)=\frac{1}{2}$；$\Phi(-x)=1-\Phi(x)$；

② 若 $X\sim N(\mu,\sigma^2)$，则其分布函数

$$F(x)=\Phi\left(\frac{x-\mu}{\sigma}\right)，即 \boldsymbol{P}\{X\leqslant x\}=\Phi\left(\frac{x-\mu}{\sigma}\right).$$

从而知　$\boldsymbol{P}\{a<X<b\}=\Phi\left(\frac{b-\mu}{\sigma}\right)-\Phi\left(\frac{a-\mu}{\sigma}\right)$，

$F(\mu)=\boldsymbol{P}\{X\leqslant\mu\}=\frac{1}{2}$，

$F(\mu-x)=1-F(\mu+x)$，特别当 $\mu=0$ 时，$F(-x)=1-F(x)$.

其密度函数　$f(x;\mu,\sigma^2)=\frac{1}{\sigma}\varphi\left(\frac{x-\mu}{\sigma}\right)$.

性质四　若 $X\sim N(\mu,\sigma^2)$，则 $Y=aX+b\sim N(a\mu+b,a^2\sigma^2)(a\neq0)$，特别地，$\frac{X-\mu}{\sigma}\sim N(0,1)$.

评注　随机变量除离散型与连续型之外，还有即非离散型又非连续型的随机变量，例如随机变量 X 的分布函数为

$$F(x)=\begin{cases}0, & x<0,\\ \frac{1+x}{2}, & 0\leqslant x<1,\\ 1, & 1\leqslant x.\end{cases}$$

因为 $F(x)$ 不是离散型的，所以 X 不是离散型随机变量；又 $F(x)$ 不是连续函数，因此 X 也不是连续型随机变量. 我们称之为混合型随机变量或称 $F(x)$ 为混合型分布. 此外还有奇异型随机变量，其分布函数 $F(x)$ 是奇异型的，即 $F(x)$ 是 x 的连续函数，且几乎对所有 x 有 $F'(x)=0$.

学习随笔

一般结论为：$F(x)$为分布函数的充要条件是$F(x)=a_1F_1(x)+a_2F_2(x)+a_3F_3(x)$，其中，$a_i\geqslant 0,\sum_{i=1}^{3}a_i=1$，$F_1(x)$为离散型分布函数，$F_2(x)$为连续型分布函数，$F_3(x)$为奇异型的，且分解式是唯一的.

$F_i(x)$是最基本的分布函数，其他的不过是其线性组合，即为混合型的. 我们仅讨论$F_1(x)$、$F_2(x)$及其线性组合情况.

四、随机变量函数的分布

1. 定义

设 X 是随机变量，函数 $y=g(x)$（一般 $g(x)$是 x 的连续函数），则以随机变量 X 作为自变量的函数 $Y=g(X)$也是随机变量（只要 $g(x)$是可测函数），并称为随机变量 X 的函数. 例如：$Y=aX+b$，$Y=X^2+bX+c$，$Y=\sin X$，$Y=|X-a|$，$Y=\begin{cases}X, & X\leqslant 1,\\ 1, & 1<X,\end{cases}$等等.

2. 离散型随机变量函数的分布

设离散型随机变量 X 的概率分布为$\{\boldsymbol{P}(x_i):i\geqslant 1\}$，则随机变量 X 的函数 $Y=g(X)$也是离散型随机变量，其概率分布为

$$Y\sim\begin{pmatrix}g(x_1) & g(x_2) & \cdots & g(x_k) & \cdots\\ p_1 & p_2 & \cdots & p_k & \cdots\end{pmatrix}.$$

在 $g(x_k)$中若有相同的，则合并诸项为一项 $g(x_k)$，并把相应的概率 p_k 相加，作为 Y 取 $g(x_k)$值的概率，即

$$\boldsymbol{P}\{Y=g(x_k)\}=\sum_{\{i:g(x_i)=g(x_k)\}}\boldsymbol{P}\{X=x_i\}.$$

3. 连续型随机变量函数的分布

若 X 为连续型随机变量，其分布函数、密度函数分别为 $F_X(x)$与 $f_X(x)$，随机变量 $Y=g(X)$是 X 的函数. 下面讨论求 Y 的分布函数或分布密度：

(1) 直接法——分布函数法(求分布函数)

由分布函数的定义直接求 Y 的分布函数：

$$F_Y(y)=\boldsymbol{P}\{Y\leqslant y\}=\boldsymbol{P}\{g(X)\leqslant y\}=\int_{\{x:g(x)\leqslant y\}}f_X(x)\mathrm{d}x.$$

这种方法是求随机变量函数分布的最基本方法，比套用定理、公式灵活，能解决更多问题，特别是当 $Y=g(X)$不是连续型随机变量时，我们只能求其分布函数，只能用定义法求之. 用这种方法关键是，由 X 的分布及曲线 $g(x)$的图形，确定自由变量 y 的取值范围，进而在事件“$g(X)\leqslant y$”中解出 X，得到一个与“$g(X)\leqslant y$”等价而用 X 表示的事件，例如$\{X\leqslant g^{-1}(y)\}$（当 $g(x)$有单值反函数时），从而由 X 的分布求出 Y 的分布函数. 在典型例题讲解中会进一步认识这种方法的优点及其解题过程.

(2) 公式法——求密度函数

① 由直接法求得 $Y=g(X)$的分布函数 $F_Y(y)$，如果 $F_Y(y)$连续，且除有限个点外，

学习随笔

$F'_Y(y)$存在且连续,则 Y 的密度函数 $f_Y(y)=F'_Y(y)$.

② 设连续型随机变量 X 的密度函数为 $f_X(x)$,如果 $y=g(x)(-\infty<a<x<b<+\infty)$ 是 x 的严格单调可导函数,则 $Y=g(X)$是连续型随机变量,其密度函数为

$$f_Y(y)=\begin{cases} f_X[h(y)]|h'(y)|, & \alpha<y<\beta, \\ 0, & \text{其他}, \end{cases}$$

其中,$x=h(y)$是函数 $y=g(x)$在(a,b)上反函数,$\alpha=\min(g(a),g(b))$,$\beta=\max(g(a),g(b))$.

当 $y=g(x)$是分段单调连续函数时,将(a,b)分为两两不交区间$(a_k,b_k]$$(k=1,2,\cdots)$,在$(a_k,b_k)$上 $y=g(x)$严格单调可导,则 $Y=g(X)$是连续型随机变量,其密度函数为

$$f_Y(y)=\sum_k f_k(y),$$

其中,$f_k(y)=\begin{cases} f_X[h_k(y)]|h'_k(y)|, & \alpha_k<y<\beta_k, \\ 0, & \text{其他}, \end{cases}$ $x=h_k(y)$是 $y=g(x)$在$(a_k,b_k]$上反函数,$\alpha_k=\min(g(a_k),g(b_k))$,$\beta_k=\max(g(a_k),g(b_k))$.

§2.2 进一步理解基本概念

一、随机变量

随机变量 $X(\omega)$是定义在随机试验样本空间而取值于实轴的一个函数,它与普通的函数不同.首先,它的定义域是样本空间(不同随机试验有不同的样本空间)而非实轴;其次,随机变量 X 的值在试验前是不确定的,只有在试验后才能确定,因而在试验前 X 取值是未知的,可以取实轴上任一点,当然它落在实轴上不同区域上有不同的概率,这是由随机试验的统计规律性决定的.

如果求得随机变量的分布,那么随机试验中任一随机事件的概率也就可以确定,因而随机变量的研究是对整个随机试验的整体刻画,是第一章对随机事件研究的进一步深入,是一个"抽象"的过程.

二、随机变量的分布函数

要全面研究一个随机变量,就要对一切 $B\in R$ 求得它的分布 $\boldsymbol{P}\{X\in B\}$,但由于这是一个集合函数,难以处理,我们希望找到一个等价的实函数,它与 $\boldsymbol{P}\{X\in B\}$等价,便于进行运算.分布函数 $F(x)=\boldsymbol{P}\{X\leqslant x\}$正是这样一个函数,它仅依赖于点 x,是通常的实函数.由于直线上的一般集合 B 总能由半开半闭区间$(a_i,b_i]$通过求积、求和及求逆运算得到.只要对任意 $a_i<b_i$ 求得 $\boldsymbol{P}\{a_i<X\leqslant b_i\}$,那么对任一集合 $B\in R$ 可以利用概率公式求得 $\boldsymbol{P}\{X\in B\}$,而 $\boldsymbol{P}\{X\in(a_i,b_i]\}=F(b_i)-F(a_i)$又可利用分布函数求得.因此,只要对一切 $x\in R$ 求得 X 的分布函数 $F(x)$,它的分布 $\boldsymbol{P}\{X\in B\}$也就完全确定了.

在计算随机变量 X 的分布函数时,要注意到它是对实轴上每一点 x 定义的,在许多情况下(例如离散型随机变量)它是一个分段函数,这时整个分段函数的定义域一定要为$(-\infty,+\infty)$,不同函数表达式相应的定义区域也要一一注明,不要遗漏(参考本章

【例 2.20】等).

此外,通常离散型随机变量的分布函数是指阶梯形函数.这是由于离散型随机变量的取值大小通常是能按大小予以排列.但也有例外,例如:随机变量 X 取值为$(0,1)$上的有理数,即取值为$\frac{m}{n}$,其中 m,n 为正整数,且 $m<n$.从而可以如下排列$\left\{\frac{1}{2},\frac{1}{3},\frac{2}{3},\frac{1}{4},\frac{2}{4},\frac{3}{4},\cdots,\frac{m}{n},\cdots\right\}$,从而 X 取值为可列无穷个点,但不能按大小予以排列.对上述取值分别给予概率如下:

Z	$\frac{1}{2}$	$\frac{1}{3}$	$\frac{2}{3}$	$\cdots$	$\frac{m}{n}$	$\cdots$
	2^{-1}	2^{-2}	2^{-3}	$\cdots$	$2^{-\frac{(n-2)(n-1)}{2}+m}$	$\cdots$

,它是一个离散型概率分布.

但此时,X 的分布函数不再是阶梯函数了.

三、为什么要分别对"离散型"和"连续型"随机变量进行讨论

按照上述分析,要全面研究随机变量 X,只要知道它的分布函数 $F(x)$即可,但由于$F(x)$的解析性质不是很好,例如它可能不是连续函数,通常的求导、积分运算都会发生困难,因此有必要将取值于有限或可列集合的随机变量和取值于区间上的随机变量分别处理,它们各自有一套优于分布函数的处理方法.

对于离散型随机变量 X,只要知道它的概率分布(分布律)$\boldsymbol{P}\{X=a_i\}=p_i$(更直观地列成表格形式),则它的分布函数 $F(x)=\sum\limits_{a_i\leqslant x}p_i$ 和它的分布$\boldsymbol{P}\{X\in B\}=\sum\limits_{a_i\in B}p_i$ 立即可以求得,而且概率分布相当直观.因此对于离散型随机变量,我们可以认为求得它的概率分布即完成了对它的整体研究.

对于连续型随机变量 X,只要知道它的概率密度函数 $f(x)$,那么,它的分布函数 $F(x)=\int_{-\infty}^{x}f(t)\mathrm{d}t$,它的分布 $\boldsymbol{P}\{X\in B\}=\int_B f(x)\mathrm{d}x$ 也立即可求得,而且 $f(x)$的图像相当直观.因此对连续型随机变量,我们可以认为求得它的概率密度函数 $f(x)$即完成了对它的整体研究.

注意　① "连续型随机变量"和"分布函数是连续的随机变量"是不同的,由前者可推出后者,反之不然.因为的确存在随机变量,它的分布函数是连续的,但却不能把 $F(x)$表示为$\int_{-\infty}^{x}f(t)\mathrm{d}t$ 的形式,但本书不对这种随机变量作进一步讨论.

② 在实际运用中还存在既非"连续型"又非"离散型"的随机变量(【例 2.22】),即它的分布函数既不连续又不是阶梯函数,它们大多数可表示为离散型和连续型随机变量的加权和,对此,本书也不作进一步讨论.

③ 在求 X 的概率分布或者概率密度时,常犯的错误有:

➤ X 的值域漏写或者写错.如 $X\sim B(n,p)$,X 的值域应为$\{0,1,\cdots,n\}$,常漏掉 $X=0$ 这一点;又如 $X\sim E(\lambda)$,则它的密度为

$$f(x)=\begin{cases}\lambda\mathrm{e}^{-\lambda x}, & x\geqslant 0,\\ 0, & x<0,\end{cases}$$

学习随笔

而常把($x\geqslant0$)或($x<0$)漏写或不写.

➢ $\sum\limits_{i=1}^{\infty}p_i=1$ 和 $\int_{-\infty}^{+\infty}f(x)\mathrm{d}x=1$ 不满足,甚至有 $f(x)<0$ 的错误.因此在求得概率分布或者密度函数后一定要检验“全部概率的和为1”是否满足,若不满足一定要及时予以纠正(参考本章【例2.1】、【例2.3】).

➢ 为了计算事件 B 的概率 $\boldsymbol{P}\{X\in B\}$,当 X 有概率密度 $f(x)\begin{cases}>0, & x\in G,\\ =0, & x\overline{\in}G\end{cases}$ 时,形式上 $\boldsymbol{P}\{X\in B\}=\int_B f(x)\mathrm{d}x$. 由于在 $\overline{G}$ 处 $f(x)=0$,其积分为0,故实际积分区间为 $B\cap G$,即

$$\boldsymbol{P}\{X\in B\}=\int_{B\cap G}f(x)\mathrm{d}x.$$

四、计算随机变量函数的分布时要注意的问题

在计算随机变量 X 的函数 $Y=g(X)$ 的分布时要注意以下几点:

➢ 正确写出 Y 的取值范围;

➢ 当 X 是离散型随机变量时是十分简单的,而当 Y 是连续型随机变量时通常的做法是先求出 Y 的分布函数 $F(y)=\boldsymbol{P}\{g(X)\leqslant y\}=\boldsymbol{P}\{X\in B_y\}$,其中,$B_y=\{x\,|\,g(x)\leqslant y\}$,此时要注意 x 的积分上、下限的正确选取.

如果 $f(x)$ 仅在 D 大于0时成立,则积分上、下限应由 $B_y\cap D$ 予以确定.然后利用求导公式写出 Y 的密度函数.也可利用公式 $f_Y(y)=\sum\limits_{i=1}^{k}f_X[h_i(y)]\,|h'_i(y)|$,其中,$Y=g(X)$ 的反函数是多值函数,在 X 值域的不同区间 I_i 上有不同的反函数 $h_i(y)$,不要遗漏(参考本章【例2.25】、【例2.26】、【例2.27】).

五、二项分布与超几何分布的直观背景

设口袋中有 N 个产品,其中 M 个为废品,从中抽取 n 个,考虑抽到废品个数 X 的分布.

① 如果抽取方式是有放回型的,即每抽一只后仍放回口袋里,从而继续抽取的样本空间未改变,这时 X 服从二项分布 $B(n,p)$,其中 $p=M/N$.

② 如果抽取的方式是无放回型的,即每抽一只后不再放回口袋之中,从而继续抽取的样本空间发生变化,这时 X 服从超几何分布.

由于超几何分布计算十分繁复,当 N 相当大时$\left(\text{且当 } N\to\infty\text{ 时},\dfrac{M}{N}\to p\right)$,可以用 $B(n,p)$ 来代替.超几何分布在产品抽检时经常用到.

二项分布是概率论中的三个重要分布之一,它还具有良好的性质(如可加性),由于它的广泛应用性,我们要很好掌握.

就二项分布而言,当 n 很大时计算概率 $\boldsymbol{P}\{a<X\leqslant b\}$ 仍十分麻烦,按 p 的大小不同分别可用泊松分布和正态分布来近似计算,详见第5章(参考本章【例2.14】).

由于二项分布是在 n 次伯努利试验中事件 A 发生的次数 X 所服从的分布,在每次试验中,仅考虑事件 A 和 $\overline{A}$ 的发生与否,它有着广泛的应用.事件 A 在不同随机试验中可

以有各种不同的含义.如从废品率为 p 的 n 个产品中放回型抽取,取得的废品数的概率分布;又如每辆汽车车祸概率为 p,在高速公路上有 n 辆汽车行驶,发生车祸的车辆数的概率分布;也可以是车间里有 n 台机床,每台机床的开工率为 p,则在某时刻开工的车床台数的概率分布等都是二项分布 $B(n,p)$.

六、泊松分布

泊松分布在历史上是作为二项分布的近似而引入的.经过多年研究,发现许多随机现象都服从泊松分布.例如,电话交换台中每一瞬时来到的电话呼叫数,高速公路上每天发生的车祸数,放射性物质分裂后落在某一区域内的质点数等,都可用泊松分布来予以刻画.另外,泊松分布是研究随机过程的重要分布之一,有人认为“泊松分布”是构造随机现象的“基本粒子”之一,它也是概率论中三个重要分布之一,具有良好的性质(例如可加性).对于泊松分布的不同 λ,已有专用数表,可供查阅其相关概率(参考本章【例 2.14】).

七、正态分布

正态分布是最重要的连续型分布,也是概率论的三个重要分布之一,它在实践中有着最广泛的应用.例如测量的误差,炮弹落点的位置,农作物产量等,都近似服从正态分布.一般地说,如果影响某一数量指标有许多随机因素,而每个随机因素都不起主要的作用(作用微小)时,那么,这数量指标服从正态分布.

由于有了标准正态分布表 $\Phi(x)$,对于任何正态变量 $X\sim N(\mu,\sigma^2)$,$\boldsymbol{P}\{a<X\leqslant b\}=\Phi\left(\frac{b-\mu}{\sigma}\right)-\Phi\left(\frac{a-\mu}{\sigma}\right)$都可以计算(参考本章【例 2.13】).

正态分布具有很多良好的统计特性(如可加性等),尤其有用的是正态随机向量的线性函数仍服从正态分布,因而只要确定函数的数学期望和方差就能立即写出它的分布,可减少许多计算上的麻烦,因此要牢固地掌握它.

由于数理统计中许多有用的分布都是在正态分布的基础上推导出来的,因而它在理论研究上也具有重要的意义.

对于独立的非正态分布的随机变量,当 n 充分大时,$\sum_{i=1}^{n}X_i$ 的分布可以用正态分布近似(见中心极限定理),因此正态分布对于解决实际课题的概率计算具有重要的意义.

八、指数分布

指数分布也是重要的连续型随机变量分布,常用来作为“寿命”分布的近似.如动物寿命、无线电元器件的寿命、随机服务系统的服务时间等都可视为服从指数分布,它在可靠性理论中有着重要的地位.

指数分布的一个重要性质是“无记忆性”,即

$$\boldsymbol{P}\{X>t+s\mid X>s\}=\boldsymbol{P}\{X>t\}.$$

这是因为

$$\begin{aligned}\boldsymbol{P}\{X>t+s\mid X>s\}&=\boldsymbol{P}\{X>t+s\}/\boldsymbol{P}\{X>s\}=\mathrm{e}^{-\lambda(t+s)}/\mathrm{e}^{-\lambda s}\\&=\mathrm{e}^{-\lambda t}=\boldsymbol{P}\{X>t\}.\end{aligned}$$

它表示如器件寿命为 X,则在它已用了 s 小时后,再使用 t 小时以上的概率与它直接

能使用 t 小时以上的概率是相同的.

指数分布在随机过程中也有着广泛的应用(参考本章【例 2.27】).

§2.3 重难点提示

重点 理解随机变量及其分布(分布函数,概率分布,概率密度函数的总称)的概念与性质,并用于求分布中的未知参数;会求随机变量的分布及用直接法求随机变量函数的分布;掌握重要的分布,会由分布计算用相应随机变量所表示的事件的概率.

难点 由随机试验求相应有关的随机变量或随机变量函数的分布;用随机变量取值范围描述事件及其等价性表示;给出分段的密度函数或分段的随机变量函数 $Y=g(X)$,求其相应的随机变量的分布函数.

几点说明

① 随机变量及其分布的引入,使我们对随机试验有了深入的、本质性的了解.随机变量作为定义在样本空间 Ω 上的可测函数,事件 A 是 Ω 的子集,分布函数既作为事件的概率又作为单调不减、右连续函数,且 $F(-\infty)=0$,$F(+\infty)=1$,这样使我们讨论问题时可借助于更多的数学工具,如微积分,测度论,函数论等等.另一方面,通过数学的推理,数量关系的分析,进一步揭示了随机现象本质的属性及其内在联系,有助于我们对客观规律的了解和应用.

② 随机变量的分布是对随机变量统计规律的完整描述.给出分布求相应随机变量所表示随机事件的概率,这是概率论中常常会遇到的问题,解决这类问题关键是弄清事件和选用正确的公式,要注意以下几点:

- 事件关系的分析,概率性质与分布性质的应用;
- $\boldsymbol{P}\{X=a\}=\boldsymbol{P}\{X\leqslant a\}-\boldsymbol{P}\{X<a\}=F(a)-F(a-0)$;
- 在应用公式 $\boldsymbol{P}\{X\in B\}=\int_{x\in B} f(x)\mathrm{d}x$ 时,要注意当 $f(x)$ 是分段函数时,需对集合 B 作相应的分段处理,而后再代入 $f(x)$ 的各段表达式;
- 常见分布的背景与性质,特别是均匀分布、二项分布与正态分布.均匀分布与二项分布常常是通过等可能概型与独立试验序列概型的随机试验给出的;服从一般正态分布随机变量的有关事件概率的计算总是转换为标准正态分布函数 $\Phi(x)$ 来进行,要掌握好 $\Phi(x)$ 的性质.

③ 求随机变量的分布,是概率论中最基本也是最重要的一个问题.我们所遇到的类型只是其中最简单的:

- 由给定条件求分布中的未知参数.此时常用分布性质及概率与分布的关系,列出未知参数所满足的方程关系,进而求出未知参数.
- 由试验求相应随机变量或随机变量函数的分布,这是最重要也是最难的部分,是计算随机变量数字特征的基础.解答这类问题,首先要考虑随机变量的取值状况,以便决定是离散型还是非离散型.对离散型随机变量在求分列律 $p_k=\boldsymbol{P}\{X=k\}$ 时,要弄清 $\{X=k\}$ 是一个什么样的事件,其直观含义是什么,等价性表示如何等等,而后由事件关系式概率性质计算其概率.连续型随机变量多见于 $Y=g(X)$ 或多维随机变量.

- 给出分布列，密度函数求其分布函数，或给出分布函数求其分布列或密度函数，应用它们之间的关系即可求得. 但要注意以下几点：

➤ 分布函数 $F(x)$，密度函数 $f(x)$ 是定义在 R 上的函数，因此要写出整个数轴的表达式. 还可以通过相应的充要条件来检验，即 $F(x)$ 是单调不减、右连续函数，且 $F(-\infty)=0, F(+\infty)=1$；$f(x)\geqslant 0$，且 $\int_{-\infty}^{+\infty} f(x)\mathrm{d}x=1$.

➤ 对于分段函数的计算. 例如 $f(x)$ 是分段函数，计算 $F(x)=\int_{-\infty}^{x} f(t)\mathrm{d}t$，则应由 $f(t)$ 的分段表达式，来决定 x 从 $-\infty$ 至 $+\infty$ 的分段取值.

- 给出 X 的分布，求随机变量函数 $Y=g(X)$ 的分布函数与密度函数，主要是应用分布函数法，即先由分布函数的定义通过概率的计算求出 Y 的分布函数 $F_Y(y)$，而后再求 $f_Y(y)$.

通过本章学习典型例题分析及各种问题的不同解法，要进一步理解、掌握以下内容：

① 应用分布性质确定分布及分布中的未知参数；

② 分布的不同形式：分布函数、分布列（或分布律）、概率密度函数之间的区别、联系及相互转换；

③ 熟练掌握用随机变量表示事件，并通过其分布计算相应事件的概率，或给出某个事件概率求某个未知参数；

④ 会分析随机试验及应用典型分布的实际背景求随机变量的分布；

⑤ 用直接法或公式法求随机变量 X 的函数 $g(X)$ 的分布.

由于应用随机变量及其分布研究随机试验、计算事件的概率，至使其他数学学科的知识被大量的引用. 确定随机变量的分布也成为概率论的主要中心问题. 我们主要是应用高等数学中的极限、微分、积分和级数的性质及其计算. 很多概率统计问题的计算，最终归结为微积分问题的计算.

§ 2.4　典型题型归纳及解题方法与技巧

一、应用分布的充要条件求分布中的未知参数或确定分布

【例 2.1】求分布中的未知参数 a：

(1) 已知随机变量 $X\sim\begin{pmatrix} 0 & 1 & 2 \\ 1-a^2-2a & 1-5a^2 & a \end{pmatrix}$；

(2) 已知随机变量 X 的密度函数 $f(x)=a\mathrm{e}^{\frac{-|x-\mu|}{\lambda}}$　$(x\in R, \lambda>0, \mu$ 为常数).

【分析】应用分布的充要条件即可求得.

【解】(1) 由题设知 $0<a<1$，且 $(1-a^2-2a)+(1-5a^2)+a=1$，由此解得 $a=\dfrac{1}{3}$.

(2) 由题设知 $a>0$，且 $1=\int_{-\infty}^{+\infty} a\mathrm{e}^{\frac{-|x-\mu|}{\lambda}}\mathrm{d}x$，而

$$\int_{-\infty}^{+\infty} e^{\frac{-|x-\mu|}{\lambda}} dx = \int_{-\infty}^{\mu} e^{\frac{(x-\mu)}{\lambda}} dx + \int_{\mu}^{+\infty} e^{\frac{-(x-\mu)}{\lambda}} dx$$
$$= e^{\frac{-\mu}{\lambda}} \int_{-\infty}^{\mu} e^{x/\lambda} dx + e^{\frac{\mu}{\lambda}} \int_{\mu}^{+\infty} e^{\frac{-x}{\lambda}} dx = 2\lambda,$$

故 $a=\dfrac{1}{2\lambda}$.

【例 2.2】求分布函数 $F(x)$中的未知参数 a,b：

(1) $F(x)=\begin{cases}0, & x\leqslant -1, \\ a+b\arcsin x, & -1<x\leqslant 1, \\ 1, & x>1;\end{cases}$

(2) $F(x)=\begin{cases}0, & x<-1, \\ \dfrac{1}{8}, & x=-1, \\ ax+b, & -1<x<1, \\ 1, & x\geqslant 1,\end{cases}$ 且 $\boldsymbol{P}\{X=1\}=\dfrac{1}{4}$.

【分析】$F(x)$为分布函数$\Leftrightarrow F(x)$是单调不减、右连续函数，且

$$F(-\infty)=0, F(+\infty)=1.$$

【解】(1) 由于 $\arcsin x$ 是单调增函数，因此当 $a>0,b>0$ 时，$F(x)$是单调不减函数，且 $F(-\infty)=0$，$F(+\infty)=1$，故 $F(x)$为分布函数$\Leftrightarrow F(x)$是右连续函数$\Leftrightarrow$ $\begin{cases}F(-1)=F(-1+0), \\ F(1)=F(1+0),\end{cases}$ 即

$$\begin{cases}0=\lim\limits_{x\to -1+0} F(x)=\lim\limits_{x\to -1+0}(a+b\arcsin x)=a+b\arcsin(-1), \\ a+b\arcsin 1=\lim\limits_{x\to 1+0} F(x)=1,\end{cases}$$

$$\begin{cases}a-b\cdot\dfrac{\pi}{2}=0, \\ a+b\cdot\dfrac{\pi}{2}=1\end{cases} \Rightarrow a=\frac{1}{2}, b=\frac{1}{\pi}.$$

(2) 由题设知要使 $F(x)$为分布函数$\Leftrightarrow a>0,b>0$，且 $F(-1)=F(-1+0)$，即

$$\frac{1}{8}=-a+b. \tag{2-1}$$

又 $\boldsymbol{P}\{X=1\}=\dfrac{1}{4}$，即 $F(1)-F(1-0)=\dfrac{1}{4}$，则有

$$1-(a+b)=\frac{1}{4}. \tag{2-2}$$

解式(2-1)与式(2-2)两个方程，即得 $a=\dfrac{5}{16}, b=\dfrac{7}{16}$.

【例 2.3】(1) 已知 $F_i(x)(i=1,2)$为分布函数，$a>0,b>0,c>0$. 为使 $F(x)=aF_1(x)+bF_2(x)$与 $G(x)=cF_1(x)F_2(x)$均为分布函数，试问未知参数 a、b、c 应满足什么条件？

(2) 已知 $f_i(x)(i=1,2)$为概率密度函数，且 $a>0,b>0,c>0$，$\int_{-\infty}^{+\infty} f_1(x)f_2(x)=$

$A>0$，为使 $f(x)=af_1(x)+bf_2(x)$ 与 $g(x)=cf_1(x)f_2(x)$ 均为概率密度函数，试问 a、b、c 应满足什么条件？

【解】(1) 由题设知，$F(x)$、$G(x)$ 均是单调不减、右连续函数，且 $F(-\infty)=0$，$G(-\infty)=0$，因此要使 $F(x)$，$G(x)$ 均为分布函数，只需 $F(+\infty)=1$，$G(+\infty)=1$，即 $a+b=1$，$c=1$.

评注　取 $a=b=\frac{1}{2}$，$F_1(x)=\begin{cases}0, & x<0,\\ 1, & x\geqslant 0,\end{cases}$　$F_2(x)=\begin{cases}0, & x<0,\\ x, & 0\leqslant x<1,\\ 1, & x\geqslant 1,\end{cases}$ 这时

$$F(x)=\frac{1}{2}F_1(x)+\frac{1}{2}F_2(x)=\begin{cases}0, & x<0,\\ \dfrac{1+x}{2}, & 0\leqslant x<1,\\ 1, & x\geqslant 1,\end{cases}$$

$F(x)$ 既不是离散型分布函数，也不是连续型的分布函数.

(2) 由题设知 $f(x)\geqslant 0$，$g(x)\geqslant 0$，因此要使 $f(x)$，$g(x)$ 为密度函数，只需

$$\int_{-\infty}^{+\infty}f(x)\mathrm{d}x=a\int_{-\infty}^{+\infty}f_1(x)\mathrm{d}x+b\int_{-\infty}^{+\infty}f_2(x)\mathrm{d}x=a+b=1,$$

$$\int_{-\infty}^{+\infty}g(x)\mathrm{d}x=c\int_{-\infty}^{+\infty}f_1(x)f_2(x)\mathrm{d}x=Ac=1,\text{即 } c=\frac{1}{A}.$$

评注　$f_1(x)f_2(x)$ 未必是概率密度函数，例如：

$$f_1(x)=\begin{cases}\lambda\mathrm{e}^{-\lambda x}, & x>0,\\ 0, & x\leqslant 0,\end{cases}\qquad f_2(x)=\begin{cases}1, & -1\leqslant x\leqslant 0,\\ 0, & \text{其他}.\end{cases}$$

【例 2.4】设连续函数 $F(x)$ 为分布函数且 $F(0)=0$，求证：函数

$$G(x)=\begin{cases}F(x)-F\left(\dfrac{1}{x}\right), & x\geqslant 1,\\ 0, & x<1\end{cases}$$

是分布函数.

【分析】逐一验证 $G(x)$ 满足分布函数的充要条件.

【证明】① $G(x)$ 是单调不减函数.

设 $x_1<x_2<1$，则 $G(x_1)=G(x_2)=0$；当 $x_1<1\leqslant x_2$ 时，$\frac{1}{x_2}\leqslant 1\leqslant x_2$，$F(x_2)\geqslant F\left(\frac{1}{x_2}\right)$，则

$$G(x_1)=0\leqslant F(x_2)-F\left(\frac{1}{x_2}\right)=G(x_2);$$

当 $1\leqslant x_1<x_2$ 时，$\frac{1}{x_2}<\frac{1}{x_1}$，　$F(x_1)\leqslant F(x_2)$，$F\left(\frac{1}{x_2}\right)\leqslant F\left(\frac{1}{x_1}\right)$，则

$$F(x_1)-F\left(\frac{1}{x_1}\right)\leqslant F(x_2)-F\left(\frac{1}{x_2}\right),\text{即 } G(x_1)\leqslant G(x_2).$$

② $G(x)$ 是右连续函数.

若 $x_0<1$，则 $\lim\limits_{x\to x_0^+<1}G(x)=0=G(x_0)$.

学习随笔

若 $x_0 \geqslant 1$，则 $\lim\limits_{x \to x_0^+ > 1} G(x) = \lim\limits_{x \to x_0^+} F(x) - \lim\limits_{x \to x_0^+} F\left(\frac{1}{x}\right) = F(x_0) - \lim\limits_{\frac{1}{x} \to \frac{1}{x_0} - 0} F\left(\frac{1}{x}\right)$

$$= F(x_0) - F\left(\frac{1}{x_0}\right) = G(x_0).$$

③ $G(-\infty) = 0$，且

$$G(+\infty) = \lim_{x \to +\infty} F(x) - \lim_{x \to +\infty} F\left(\frac{1}{x}\right) = F(+\infty) - \lim_{\frac{1}{x} \to 0^+} F\left(\frac{1}{x}\right) = F(+\infty) - F(0) = 1.$$

二、分布函数、分布律、密度函数之间的关系与转换

【例 2.5】(1) 已知离散型随机变量 X 的概率分布为 $\boldsymbol{P}\{X=1\}=0.2$，$\boldsymbol{P}\{X=2\}=0.3$，$\boldsymbol{P}\{X=3\}=0.5$，求 X 的分布函数；

(2) 已知随机变量 X 的分布函数为

$$F(x) = \begin{cases} 0, & x < -1, \\ 0.4, & -1 \leqslant x < 1, \\ 0.8, & 1 \leqslant x < 3, \\ 1, & x \geqslant 3, \end{cases}$$

且对 X 的每一个可能取值 x_i，有 $\boldsymbol{P}\{X=x_i\}>0$，求 X 的概率分布.

【解】(1) 应用公式 $\boldsymbol{P}\{X \in B\} = \sum\limits_{x_i \in B} \boldsymbol{P}\{X = x_i\}$ 即可求得分布函数：

$$F(x) = \boldsymbol{P}\{X \leqslant x\} = \sum_{x_i \leqslant x} \boldsymbol{P}\{X = x_i\}$$

$$= \begin{cases} 0, & x < 1, \\ \boldsymbol{P}\{X=1\} = 0.2, & 1 \leqslant x < 2, \\ \boldsymbol{P}\{X=1\} + \boldsymbol{P}\{X=2\} = 0.5, & 2 \leqslant x < 3, \\ 1, & x \geqslant 3. \end{cases}$$

(2) 应用公式 $\boldsymbol{P}\{X=a\}=F(a)-F(a-0)$ 即可求得 X 的分布律：

$$\boldsymbol{P}\{X=-1\} = 0.4 - 0 = 0.4,$$
$$\boldsymbol{P}\{X=1\} = 0.8 - 0.4 = 0.4,$$
$$\boldsymbol{P}\{X=3\} = 1 - 0.8 = 0.2.$$

【例 2.6】(1) 设 X 是连续型随机变量，其分布函数为

$$F(x) = \begin{cases} a, & x < 1, \\ bx\ln x + cx + d, & 1 \leqslant x \leqslant \mathrm{e}, \\ d, & x > \mathrm{e}, \end{cases}$$

试确定常数 a、b、c、d，并求其密度函数 $f(x)$；

(2) 已知连续型随机变量 X 的概率函数 $f(x)$，求其表达式中的未知参数及其相应的分布函数 $F(x)$：

① $f_1(x) = A\mathrm{e}^{-|x|}\ (-\infty < x < +\infty)$；

② $f_2(x) = \begin{cases} A\cos x, & |x| \leqslant \dfrac{\pi}{2}, \\ 0, & \text{其他}. \end{cases}$

【解】(1) 由于 $F(x)$ 是连续型随机变量 X 的分布函数，故 $F(x)$ 在 $(-\infty,+\infty)$ 上连续，且 $F(-\infty)=0, F(+\infty)=1$，由此即得：

$$0=F(-\infty)=\lim_{x\to-\infty}F(x)=\lim_{x\to-\infty}a=a,$$

$$1=F(+\infty)+\lim_{x\to+\infty}F(x)=\lim_{x\to+\infty}d=d,$$

$$F(1)=F(1-0),\text{即 } c+d=a,$$

$$F(\mathrm{e})=F(\mathrm{e}+0),\text{即 } b\mathrm{e}+c\mathrm{e}+d=d.$$

解得　$a=0, b=1, c=-1, d=1$.

于是　$f(x)=F'(x)=\begin{cases}\ln x, & 1\leqslant x\leqslant \mathrm{e},\\ 0, & \text{其他}.\end{cases}$

(2) ① 由 $1=\int_{-\infty}^{+\infty}f_1(x)\mathrm{d}x=\int_{-\infty}^{+\infty}A\mathrm{e}^{-|x|}\mathrm{d}x=A\times 2\int_0^{+\infty}\mathrm{e}^{-x}\mathrm{d}x=2A$，得 $A=\frac{1}{2}$，即 $f_1(x)=\frac{1}{2}\mathrm{e}^{-|x|}(-\infty<x<+\infty)$，故相应的分布函数

$$F_1(x)=\int_{-\infty}^{x}f_1(t)\mathrm{d}t=\int_{-\infty}^{x}\frac{1}{2}\mathrm{e}^{-|t|}\mathrm{d}t$$

$$=\begin{cases}\int_{-\infty}^{x}\frac{1}{2}\mathrm{e}^{t}\mathrm{d}t, & x<0,\\ \int_{-\infty}^{0}\frac{1}{2}\mathrm{e}^{t}\mathrm{d}t+\int_{0}^{x}\frac{1}{2}\mathrm{e}^{-t}\mathrm{d}t, & x\geqslant 0\end{cases}=\begin{cases}\frac{1}{2}\mathrm{e}^{x}, & x<0,\\ 1-\frac{1}{2}\mathrm{e}^{-x}, & x\geqslant 0.\end{cases}$$

② 由 $1=\int_{-\infty}^{+\infty}f_2(x)\mathrm{d}x=A\int_{-\pi/2}^{\pi/2}\cos x\,\mathrm{d}x=2A\int_0^{\frac{\pi}{2}}\cos x\,\mathrm{d}x=2A$，得 $A=\frac{1}{2}$，故相应的分布函数

$$F_2(x)=\int_{-\infty}^{x}f_2(t)\mathrm{d}t=\begin{cases}0, & x<-\frac{\pi}{2},\\ \int_{-\frac{\pi}{2}}^{x}\frac{1}{2}\cos t\,\mathrm{d}t, & -\frac{\pi}{2}\leqslant x<\frac{\pi}{2},\\ \int_{-\frac{\pi}{2}}^{\frac{\pi}{2}}\frac{1}{2}\cos t\,\mathrm{d}t, & \frac{\pi}{2}\leqslant x.\end{cases}$$

$$=\begin{cases}0, & x<-\frac{\pi}{2},\\ \frac{1}{2}(1+\sin x), & -\frac{\pi}{2}\leqslant x<\frac{\pi}{2},\\ 1, & x\geqslant\frac{\pi}{2}.\end{cases}$$

三、利用分布计算概率或给出某个概率值求与其有关的未知参数

【例 2.7】(1) 设随机变量 X 的分布函数

$$F(x)=\begin{cases}0, & x<1,\\ \ln x, & 1\leqslant x<\mathrm{e},\\ 1, & x\geqslant \mathrm{e},\end{cases}$$

学习随笔

求 X 的概率密度 $f(x)$ 及概率 $P\{X<2\}$，$P\{0<X\leqslant 3\}$，$P\left\{2<X<\frac{5}{2}\right\}$.

(2) 设随机变量 X 的分布列为 $P\{X=k\}=Ak\ (k=1,2,3,4,5)$，求常数 A 及概率 $P\{X=1$ 或 $X=2\}$，$P\left\{\frac{1}{2}<X<\frac{5}{2}\right\}$；

(3) 设随机变量 X 的密度函数 $f(x)=\begin{cases}Ax, & 1<x<2,\\ B, & 2<x<3,\\ 0, & \text{其他},\end{cases}$ 且 $P\{1<X<2\}=P\{2<X<3\}$，求常数 A、B；X 的分布函数 $F(x)$ 及概率 $P\{2<X<4\}$.

【解】(1) $f(x)=F'(x)=\begin{cases}\dfrac{1}{x}, & 1\leqslant x<\mathrm{e},\\ 0, & \text{其他}.\end{cases}$

$$P\{X<2\}=P\{X\leqslant 2\}=F(2)=\ln 2,$$

$$P\{0<X\leqslant 3\}=F(3)-F(0)=1-0=1,$$

$$\text{或 } P\{0<X\leqslant 3\}=\int_0^3 f(x)\mathrm{d}x=\int_1^{\mathrm{e}}\frac{1}{x}\mathrm{d}x=[\ln x]_1^{\mathrm{e}}=1.$$

$$P\left\{2<x<\frac{5}{2}\right\}=F\left(\frac{5}{2}\right)-F(2)=\ln\frac{5}{2}-\ln 2=\ln\frac{5}{4}.$$

(2) 由 $1=\sum\limits_{k=1}^{5}Ak=A\sum\limits_{k=1}^{5}k=15A$，知 $A=\dfrac{1}{15}$，且

$$P\{X=1\text{ 或 }X=2\}=P\{X=1\}+P\{X=2\}=\frac{1}{15}+\frac{2}{15}=\frac{1}{5},$$

$$P\left\{\frac{1}{2}<X<\frac{5}{2}\right\}=P\{X=1\}+P\{X=2\}=\frac{1}{5}.$$

(3) 由于 $1=\int_{-\infty}^{+\infty}f(x)\mathrm{d}x=\int_1^2 Ax\,\mathrm{d}x+\int_2^3 B\,\mathrm{d}x=\dfrac{3}{2}A+B$，又

$$P\{1<X<2\}=P\{2<X<3\}\text{，即}\int_1^2 f(x)\mathrm{d}x=\int_2^3 f(x)\mathrm{d}x,$$

$$\int_1^2 Ax\,\mathrm{d}x=\int_2^3 B\,\mathrm{d}x,\quad \frac{3}{2}A=B.$$

解得 $A=\dfrac{1}{3}$，$B=\dfrac{1}{2}$；

$$F(x)=\int_{-\infty}^{x}f(t)\mathrm{d}t=\begin{cases}0, & x\leqslant 1,\\ \int_1^x \frac{1}{3}t\,\mathrm{d}t, & 1<x<2,\\ \int_1^2\frac{1}{3}t\,\mathrm{d}t+\int_2^x\frac{1}{2}\mathrm{d}t, & 2\leqslant x<3,\\ \int_1^2\frac{1}{3}t\,\mathrm{d}t+\int_2^3\frac{1}{2}\mathrm{d}t, & x\geqslant 3.\end{cases}$$

学习随笔

$$=\begin{cases}0, & x\leqslant 1,\\ \dfrac{1}{6}(x^2-1), & 1<x<2,\\ \dfrac{1}{2}(x-1), & 2\leqslant x<3,\\ 1, & x\geqslant 3.\end{cases}$$

$$\boldsymbol{P}\{2<X<4\}=F(4)-F(2)=1-\frac{1}{2}(2-1)=\frac{1}{2},$$

或

$$\boldsymbol{P}\{2<X<4\}=\int_2^4 f(x)\mathrm{d}x=\int_2^3\frac{1}{2}\mathrm{d}x=\frac{1}{2}.$$

【例 2.8】(1) 设 $X\sim B(2,p)$，$Y\sim B(3,p)$，已知 $\boldsymbol{P}\{X\geqslant 1\}=\frac{5}{9}$，求 $\boldsymbol{P}\{Y\geqslant 1\}$；

(2) 设 X 服从参数为 λ 的泊松分布，已知 $\boldsymbol{P}\{X=1\}=\boldsymbol{P}\{X=2\}$，求 $\boldsymbol{P}\{X\geqslant 1\}$，$\boldsymbol{P}\{0<X^2<3\}$；

(3) 设 $X\sim N(2,\sigma^2)$，且 $\boldsymbol{P}\{2<X<4\}=0.3$，求 $\boldsymbol{P}\{X<0\}$.

【分析】由已知条件先求出分布中的未知参数，而后再求概率.

【解】(1) 已知 $\boldsymbol{P}\{X=k\}=\mathrm{C}_2^k p^k(1-p)^{2-k}\quad(k=0,1,2)$，

又 $\dfrac{5}{9}=\boldsymbol{P}\{X\geqslant 1\}=1-\boldsymbol{P}\{X=0\}=1-(1-p)^2$，由此解得 $p=\dfrac{1}{3}$.

故 $\boldsymbol{P}\{Y\geqslant 1\}=1-\boldsymbol{P}\{Y=0\}=1-\mathrm{C}_3^0p^0(1-p)^3=1-\dfrac{8}{27}=\dfrac{19}{27}$.

(2) 已知 $X\sim P(\lambda)$，即 $\boldsymbol{P}\{X=k\}=\dfrac{\lambda^k}{k!}\mathrm{e}^{-\lambda}\quad(k=0,1,2,\cdots)$，

又 $\boldsymbol{P}\{X=1\}=\boldsymbol{P}\{X=2\}$，即 $\dfrac{\lambda}{1!}\mathrm{e}^{-\lambda}=\dfrac{\lambda^2}{2!}\mathrm{e}^{-\lambda}$，解得 $\lambda=2$.

故 $\boldsymbol{P}\{X\geqslant 1\}=1-\boldsymbol{P}\{X=0\}=1-\mathrm{e}^{-2}$，　$\boldsymbol{P}\{0<X^2<3\}=\boldsymbol{P}\{X=1\}=2\mathrm{e}^{-2}$.

(3) **方法一**　已知 $X\sim N(2,\sigma^2)$，故

$$0.3=\boldsymbol{P}\{2<X<4\}=\Phi\left(\frac{4-2}{\sigma}\right)-\Phi\left(\frac{2-2}{\sigma}\right)=\Phi\left(\frac{2}{\sigma}\right)-0.5.$$

所以 $\Phi\left(\dfrac{2}{\sigma}\right)=0.8$，　$\boldsymbol{P}\{X<0\}=\Phi\left(\dfrac{0-2}{\sigma}\right)=\Phi\left(\dfrac{-2}{\sigma}\right)=1-\Phi\left(\dfrac{2}{\sigma}\right)=0.2$.

方法二　由于 $X\sim N(2,\sigma^2)$，故其密度函数 $f(x)$ 的图形是关于 $x=2$ 对称的(见图 2-1)，由概率的几何意义(密度函数曲线下的曲边梯形面积)，即可求得

$$\begin{aligned}\boldsymbol{P}\{X<0\}&=\boldsymbol{P}\{X>4\}\\&=\frac{1}{2}-\boldsymbol{P}\{2<X<4\}\\&=0.5-0.3=0.2.\end{aligned}$$

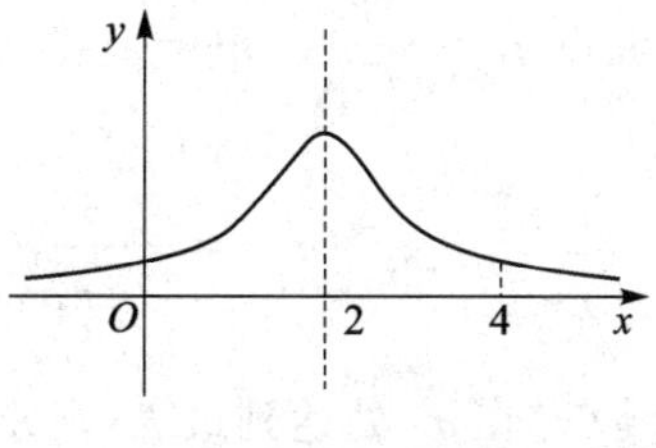

图 2-1

学习随笔

评注　这种解题思路在解答具有密度函数问题时常常被用到，特别是具有对称性的密度函数，例如正态分布，t 分布，等等.

【例 2.9】设随机变量 X 的密度函数为

$$f(x)=\begin{cases}4x^3, & 0<x<1,\\ 0, & \text{其他},\end{cases}$$

(1) 求常数 b，使 $\boldsymbol{P}\{X>b\}=0.05$；

(2) 求常数 a，使 $\boldsymbol{P}\{X>a\}=\boldsymbol{P}\{X<a\}$.

【解】(1) 由 $0.05=\boldsymbol{P}\{X>b\}=\int_b^{+\infty}f(x)\mathrm{d}x=\int_b^1 4x^3\mathrm{d}x=[x^4]_b^1=1-b^4$，$b^4=0.95$，解得 $b=\sqrt[4]{0.95}$.

(2) 由 $\boldsymbol{P}\{X>a\}=\boldsymbol{P}\{X<a\}$，即$\int_a^{+\infty}f(x)\mathrm{d}x=\int_{-\infty}^a f(x)\mathrm{d}x$，$\int_a^1 4x^3\mathrm{d}x=\int_0^a 4x^3\mathrm{d}x$，$1-a^4=a^4$，解得 $a=\sqrt[4]{0.5}$.

【例 2.10】(1) 已知 $X\sim N(108,9)$，求常数 a，使 $\boldsymbol{P}\{X<a\}=0.9$；常数 b，使 $\boldsymbol{P}\{|X-b|>b\}=0.01$；

(2) 已知 $X\sim N(0,\sigma^2)$且 X 落入区间(1,3)的概率最大，求 σ.

【解】(1) 由 $0.9=\boldsymbol{P}\{X<a\}=\Phi\left(\dfrac{a-108}{3}\right)$，查表得

$$\frac{a-108}{3}=1.28\text{，故 } a=111.84.$$

由 $\boldsymbol{P}\{|X-b|>b\}=\boldsymbol{P}\{X-b>b\}+\boldsymbol{P}\{X-b<-b\}=\boldsymbol{P}\{X>2b\}+\boldsymbol{P}\{X<0\}$

$$=1-\Phi\left(\frac{2b-108}{3}\right)+\Phi\left(\frac{0-108}{3}\right)=1-\Phi\left(\frac{2b-108}{3}\right)=0.01,$$

即　$\Phi\left(\dfrac{2b-108}{3}\right)=0.99$，查表得$\dfrac{2b-108}{3}=2.33$. 故 $b=57.5$.

(2) 依题意，σ 应使 $\boldsymbol{P}\{1<X<3\}=\Phi\left(\dfrac{3}{\sigma}\right)-\Phi\left(\dfrac{1}{\sigma}\right)\overset{\text{记}}{=\!=}g(\sigma)$达到最大，令

$$g'(\sigma)=-\frac{3}{\sigma^2}\Phi'\left(\frac{3}{\sigma}\right)+\frac{1}{\sigma^2}\Phi'\left(\frac{1}{\sigma}\right)$$

$$=\frac{-3}{\sigma^2}\cdot\frac{1}{\sqrt{2\pi}}\mathrm{e}^{-\frac{1}{2}\frac{9}{\sigma^2}}+\frac{1}{\sigma^2}\frac{1}{\sqrt{2\pi}}\mathrm{e}^{-\frac{1}{2}\frac{1}{\sigma^2}}=\frac{1}{\sqrt{2\pi}\sigma^2}\mathrm{e}^{-\frac{1}{2\sigma^2}}\left(1-3\mathrm{e}^{-\frac{4}{\sigma^2}}\right)=0,$$

解得驻点 $\sigma_0=\dfrac{2}{\sqrt{\ln 3}}$. 由于

$$g''(\sigma_0)=\frac{1}{\sqrt{2\pi}\sigma_0^2}\mathrm{e}^{-\frac{1}{2\sigma_0^2}}\frac{(-24)}{\sigma_0^3}\mathrm{e}^{-\frac{4}{\sigma_0^2}}=\frac{-24}{\sqrt{2\pi}\sigma_0^5}\mathrm{e}^{-\frac{9}{2\sigma_0^2}}<0,$$

所以 $g(\sigma)$在 σ_0 处达到最大，所求 $\sigma=\dfrac{2}{\sqrt{\ln 3}}$.

【例 2.11】设随机变量 X 的概率密度为

$$f(x)=\begin{cases}\dfrac{1}{3}, & 0\leqslant x\leqslant 1,\\ \dfrac{2}{9}, & 3\leqslant x\leqslant 6,\\ 0, & \text{其他},\end{cases}$$

若 k 使得 $\boldsymbol{P}\{X\geqslant k\}=\dfrac{2}{3}$,求 k 的取值范围.

【分析】显然要通过已知条件 $\dfrac{2}{3}=\boldsymbol{P}\{X\geqslant k\}=\int_k^{+\infty}f(x)\mathrm{d}x$,求得 k 的取值范围. 等式右边积分可通过其几何意义来确定 k 的取值范围,或通过计算来确定.

【解法一】由于 $\int_0^1 f(x)\mathrm{d}x=\dfrac{1}{3}$,$\int_3^6 f(x)\mathrm{d}x=\int_3^6\dfrac{2}{9}\mathrm{d}x=\dfrac{2}{3}$,而 $\dfrac{2}{3}=\int_k^{+\infty}f(x)\mathrm{d}x$ 则表示在 $[k,+\infty)$ 间曲边为 $f(x)$ 的梯形面积是 $\dfrac{2}{3}$(见图 2-2),由此即可确定 k 的取值范围为 $[1,3]$.

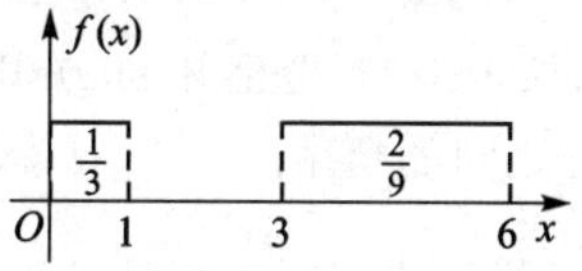

图 2-2

【解法二】由于 $\boldsymbol{P}\{X\geqslant k\}=\int_k^{+\infty}f(x)\mathrm{d}x$,故

当 $k<0$ 时,$\int_k^{+\infty}f(x)\mathrm{d}x=1$;

当 $0\leqslant k<1$ 时 $\int_k^{+\infty}f(x)\mathrm{d}x=\int_k^1\dfrac{1}{3}\mathrm{d}x+\int_3^6\dfrac{2}{9}\mathrm{d}x=\dfrac{1-k}{3}+\dfrac{2}{3}$;

当 $1\leqslant k\leqslant 3$ 时,$\int_k^{+\infty}f(x)\mathrm{d}x=\int_3^6\dfrac{2}{9}\mathrm{d}x=\dfrac{2}{3}$;

当 $3<k<6$ 时,$\int_k^{+\infty}f(x)\mathrm{d}x=\int_k^6\dfrac{2}{9}\mathrm{d}x=\dfrac{2(6-k)}{9}$;

当 $k\geqslant 6$ 时,$\int_k^{+\infty}f(x)\mathrm{d}x=0$,

因此,k 的取值范围为 $[1,3]$.

【例 2.12】(1) 已知随机变量 ξ 在 $[0,5]$ 上服从均匀分布,试求方程 $4x^2+4\xi x+\xi+2=0$ 有实根的概率;

(2) 已知随机变量 ξ 服从正态分布 $N(\mu,\sigma^2)$,且方程 $x^2+x+\xi=0$ 有实根的概率为 $\dfrac{1}{2}$,求未知参数 μ.

【解】(1) 方程 $4x^2+4\xi x+\xi+2=0$ 有实根 $\Leftrightarrow$ 判别式 $\Delta=16\xi^2-16(\xi+2)=16(\xi^2-\xi-2)=16(\xi-2)(\xi+1)\geqslant 0\Leftrightarrow \xi\geqslant 2$ 或 $\xi\leqslant -1$. 依题设 ξ 的密度函数为

$$f(\xi)=\begin{cases}\dfrac{1}{5}, & 0\leqslant \xi\leqslant 5,\\ 0, & \text{其他},\end{cases}$$

故所求的概率为 $\boldsymbol{P}\{\xi\geqslant 2\}+\boldsymbol{P}\{\xi\leqslant -1\}=\int_2^{+\infty}f(x)\mathrm{d}x+\int_{-\infty}^{-1}f(x)\mathrm{d}x=\int_2^5\dfrac{1}{5}\mathrm{d}x=\dfrac{3}{5}$.

学习随笔

(2) 方程 $x^2+x+\xi=0$ 有实根⇔判别式 $\Delta=1-4\xi\geqslant 0\Leftrightarrow\xi\leqslant\frac{1}{4}$.

依题意 $P\{\xi\leqslant\frac{1}{4}\}=\frac{1}{2}$,即 $\Phi\left(\frac{\frac{1}{4}-\mu}{\sigma}\right)=\frac{1}{2}$. 故 μ 应使得 $\frac{1}{4}-\mu=0$,即 $\mu=\frac{1}{4}$.

【例 2.13】(1) 已知 $X\sim N(60,9)$,求分点 x_1,x_2,x_3,x_4,使得 X 落入 $(-\infty,x_1)$,(x_1,x_2),(x_2,x_3),(x_3,x_4),$(x_4,+\infty)$ 内的概率之比为 5∶20∶50∶20∶5.

(2) 某次抽样调查结果表明:考生外语成绩(百分制)近似服从正态分布 $N(\mu,\sigma^2)$,平均成绩为 72 分.

① 如果 $\sigma^2=100$,规定 90 分以上为"优秀",那么"优秀"考生大致占总人数百分之几?②如果 σ 未知,但已知 96 分以上的占考生总数的 2.3%,试求考生的外语成绩在 60 分至 84 分之间的概率.

【解】(1) 依题意,$P\{X<x_1\}=\frac{5}{5+20+50+20+5}=0.05$.

即 $\Phi\left(\frac{x_1-60}{3}\right)=0.05$, $\Phi\left(\frac{60-x_1}{3}\right)=0.95$,查表得

$$\frac{60-x_1}{3}=1.65,x_1=60-3\times 1.65=55.05;$$

又 $P\{x_1<X<x_2\}=\Phi\left(\frac{x_2-60}{3}\right)-\Phi\left(\frac{x_1-60}{3}\right)$

$$=\Phi\left(\frac{x_2-60}{3}\right)-0.05=\frac{20}{100}=0.2,$$

即 $\Phi\left(\frac{x_2-60}{3}\right)=0.25$,$\Phi\left(\frac{60-x_2}{3}\right)=0.75$,查表得

$$\frac{60-x_2}{3}=0.67,x_2=57.99;$$

又 $P\{x_2<X<x_3\}=\Phi\left(\frac{x_3-60}{3}\right)-\Phi\left(\frac{x_2-60}{3}\right)=\Phi\left(\frac{x_3-60}{3}\right)-0.25=\frac{50}{100}=0.5$,

即 $\Phi\left(\frac{x_3-60}{3}\right)=0.75$,查表得

$$\frac{x_3-60}{3}=0.67,x_3=62.01.$$

又 $P\{x_3<X<x_4\}=\Phi\left(\frac{x_4-60}{3}\right)-\Phi\left(\frac{x_3-60}{3}\right)=\Phi\left(\frac{x_4-60}{3}\right)-0.75=\frac{20}{100}=0.2$,

即 $\Phi\left(\frac{x_4-60}{3}\right)=0.95$,查表得

$$\frac{x_4-60}{3}=1.65,x_4=64.95.$$

(2) ①已知外语成绩 $X\sim N(72,100)$,则

$$P\{X>90\}=1-P\{X\leqslant 90\}=1-\Phi\left(\frac{90-72}{10}\right)$$

$$=1-\Phi(1.8)=1-0.9641=0.036=3.6\%,$$

即外语成绩为“优秀”的考生大致占总数的 3.6%.

② 已知 $X\sim N(72,\sigma^2)$，且

$$\boldsymbol{P}\{X>96\}=1-\boldsymbol{P}\{X<96\}=1-\Phi\left(\frac{96-72}{\sigma}\right)=1-\Phi\left(\frac{24}{\sigma}\right)=1.000,$$

即 $\Phi\left(\frac{24}{\sigma}\right)=0.977$，查表得 $\frac{24}{\sigma}=2$，因此 $\sigma=12$. 所求得概率

$$\boldsymbol{P}\{60<X<84\}=\Phi\left(\frac{84-72}{12}\right)-\Phi\left(\frac{60-72}{12}\right)=\Phi(1)-\Phi(-1)$$

$$=2\Phi(1)-1=2\times 0.841-1=0.682.$$

【例 2.14】假设测量的随机误差 $X\sim N(0,10^2)$，试求在 100 次独立重复测量中，至少有三次测量误差的绝对值大于 19.6 的概率 α，并利用泊松分布求出 α 的近似值（$e^{-5}=0.007$）.

【分析与解答】若记 A=“至少有三次测量误差的绝对值大于 19.6”，则 $\alpha=\boldsymbol{P}(A)$. 为了计算 α，需要对 A 作进一步分析，事件 A 是事件 B=“测量误差 X 的绝对值大于 19.6”$=\{|X|>19.6\}$在 100 次独立测量中至少发生三次. 因此，如果记 Y=“100 次独立重复测量中，事件 B=“$\{|X|>19.6\}$发生的次数”，则

$$\alpha=\boldsymbol{P}(A)=\boldsymbol{P}\{Y\geqslant 3\}=1-\boldsymbol{P}\{Y<3\}，其中\ Y\sim B(100,p).$$

$$p=\boldsymbol{P}(B)=\boldsymbol{P}\{|X|>19.6\}=1-\boldsymbol{P}\{-19.6\leqslant X\leqslant 19.6\}$$

$$=1-\left[\Phi\left(\frac{19.6}{10}\right)-\Phi\left(\frac{-19.6}{10}\right)\right]$$

$$=2[1-\Phi(1.96)]=2\times 0.025=0.05,$$

因此所求的概率 $\alpha=1-\boldsymbol{P}\{Y<3\}=1-\boldsymbol{P}\{Y=0\}-\boldsymbol{P}\{Y=1\}-\boldsymbol{P}\{Y=2\}$

$$=1-0.95^{100}-100\times 0.05\times 0.95^{99}-\frac{100\times 99}{2}\times 0.05^2\times 0.95^{98}.$$

由泊松定理知，Y 近似服从参数 $\lambda=np=5$ 的泊松分布，所以 α 的近似值为

$$\alpha\approx 1-e^{-\lambda}-\lambda e^{-\lambda}-\frac{\lambda^2}{2}e^{-\lambda}=1-e^{-\lambda}\left(1+\lambda+\frac{\lambda^2}{2}\right)=1-e^{-5}\left(1+5+\frac{25}{2}\right)$$

$$=1-0.007\times 18.5=0.87.$$

【例 2.15】假设一厂家生产的每台仪器，以概率 0.70 可以直接出厂，以概率 0.30 需进一步调试，经调试后以概率 0.80 可以出厂，以概率 0.20 定为不合格品不能出厂，现该厂生产了 $n(n\geqslant 2)$ 台仪器（假设各仪器的生产过程是相互独立），求 n 台仪器中恰好有两台不能出厂的概率 β.

【分析与解答】我们关心的事件 A=“n 台仪器中恰好有两台不能出厂”发生的概率，如果记 X 为 n 台仪器中可以出厂的仪器数，则事件 $A=\{X=n-2\}$，$\beta=\boldsymbol{P}(A)=\boldsymbol{P}\{X=n-2\}$. 为计算 β 需要知道 X 的分布. 由于各仪器生产过程是相互独立的，因此，如果记 B=“仪器可以出厂”，那么由独立试验序列概型知 $X\sim B(n,p)$，其中 $p=\boldsymbol{P}(B)$.

如果记 C=“仪器需进一步调试”，则 $C+\overline{C}=\Omega$，由全概率公式得 $B=BC+B\overline{C}$，则

$$p=\boldsymbol{P}(B)=\boldsymbol{P}(BC)+\boldsymbol{P}(B\overline{C})=\boldsymbol{P}(C)\boldsymbol{P}(B|C)+\boldsymbol{P}(\overline{C})\boldsymbol{P}(B|\overline{C})$$

$$=0.3\times 0.8+0.7\times 1=0.94,$$

学习随笔

所以 $\beta=\boldsymbol{P}\{X=n-2\}=C_n^{n-2}0.94^{n-2}(0.06)^2$.

评注 在例 2.14、例 2.15 中,所关心的事件总是与某个事件发生的次数 X 有关,这时常常考虑独立试验序列概型,由此确定 X 是服从二项分布的,近而可以计算出与 X 取值有关的事件的概率,这在解文字应用题时会经常遇到.此外,应该注意到,只要用随机变量取值来表示事件计算其概率,就必须知道该随机变量的分布.反之,知道概率求与之有关的某个未知参数,也是如此.

【例 2.16】现有 90 台同类型的设备,各台设备的工作是相互独立的,发生故障的概率都是 0.01,设一台设备的故障可由一名维修工人处理.

(1) 问至少需要配备多少名维修工人,才能保证设备发生故障但不能及时维修的概率小于 0.01?

(2) 现配备 3 名维修工人,采用二种不同的维护方法:一种是由 3 人分开维护,每人负责 30 台;另一种是由 3 人共同维护 90 台,试比较两种方法在设备发生故障时不能及时维修的概率(利用泊松分布求出近似值).

【分析与解答】(1) 设需要配备 N 名维修工人,记事件 $A=$“设备发生故障不能及时维修”,则 N 应使 $\boldsymbol{P}(A)\leqslant 0.01$.显然,事件 A 与 90 台设备在同一时刻发生故障的台数 X 有关,依题意 $X\sim B(90,0.01)$,且 $A=\{X>N\}$,故 N 应使 $\boldsymbol{P}\{X>N\}\leqslant 0.01$.由于 90 较大,且 $\lambda=np=90\times 0.01=0.9$,由泊松定理知

$$\boldsymbol{P}\{X>N\}=\sum_{k=N+1}^{\infty}C_{90}^{k}p_k(1-p)^{90-k}\approx\sum_{k=N+1}^{\infty}\frac{\lambda^k}{k!}e^{-\lambda}=\sum_{k=N+1}^{\infty}\frac{0.9^k}{k!}e^{-0.9}\leqslant 0.01,$$

查泊松分布表知,当 $N+1\geqslant 5$ 即 $N\geqslant 4$ 时上式成立,因此至少需要配备 4 名维修工人.

(2) 记 $A=$“90 台设备发生故障不能及时维修”,$A_i=$“第 i 个人负责的 30 台设备发生故障不能及时维修”$(i=1,2,3)$,则 $A=A_1\cup A_2\cup A_3$.若用 X_i 表示第 i 个人负责的 30 台设备在同一时刻发生故障的台数,则 $X_i\sim B(30,0.01)$,$\lambda=np=30\times 0.01=0.3$,由泊松定理知

$$\boldsymbol{P}(A_i)=\boldsymbol{P}\{X_i\geqslant 2\}\approx\sum_{k=2}^{\infty}\frac{0.3^k}{k!}e^{-0.3}=0.0369,(i=1,2,3).$$

因此,第一种维护方法所求的概率

$$\begin{aligned}\boldsymbol{P}(A)&=\boldsymbol{P}(A_1\cup A_2\cup A_3)=1-\boldsymbol{P}(\overline{A}_1\overline{A}_2\overline{A}_3)=1-\boldsymbol{P}(\overline{A}_1)\boldsymbol{P}(\overline{A}_2)\boldsymbol{P}(\overline{A}_3)\\&=1-(1-0.0369)^3=1-0.9631^3=1-0.8933=0.1067.\end{aligned}$$

记 X 为 90 台设备在同一时刻发生故障的台数,则 $X\sim B(90,0.01)$,$\lambda=np=90\times 0.01=0.9$,因此,第二种维护方法所求的概率为

$$\boldsymbol{P}(A)=\boldsymbol{P}\{X\geqslant 4\}\approx\sum_{k=4}^{\infty}\frac{0.9^k}{k!}e^{-0.9}=0.0135.$$

由于 $0.0135<0.1067$,故共同负责维护比分块负责维护效率要高.

四、求随机变量 X 及其函数 g(X)的概率分布

1. 给出随机试验或某种条件,求与其相关的随机变量的分布

【例 2.17】抛掷一枚不均匀的硬币,出现正面的概率为 $p(0<p<1)$,以 X 表示一直掷到正、反面都出现时所需要投掷次数,试求 X 的分布律.

学习随笔

【解】$\{X=k\}=\{$前 $k-1$ 次投掷出现反面，第 k 次投掷出现正面$\}\cup\{$前 $k-1$ 次投掷出现正面，第 k 次投掷出现反面$\}(k=2,3,\cdots)$，故 X 的分布律为

$$\boldsymbol{P}\{X=k\}=q^{k-1}p+p^{k-1}q，其中，q=1-p,k=2,3,\cdots.$$

【例 2.18】从数集$\{1,2,3,4,5\}$中任意取出三个数 X_1,X_2,X_3，试求：

(1) $X=\max(X_1,X_2,X_3)$的分布律及 $\boldsymbol{P}\{X\leqslant 4\}$；

(2) $Y=\min(X_1,X_2,X_3)$的分布律及 $\boldsymbol{P}\{Y>3\}$.

【解】(1) $X=\max(X_1,X_2,X_3)$可能取的值为 3,4,5，从 5 个数中任意取出三个数共有 $C_5^3=10$ 种不同取法，由列举法及乘法原理容易计算出

$$\boldsymbol{P}\{X=3\}=\frac{1}{10},\boldsymbol{P}\{X=4\}=\frac{C_1^1C_3^2}{C_5^3}=\frac{3}{10},\boldsymbol{P}\{X=5\}=\frac{C_1^1C_4^2}{C_5^3}=\frac{6}{10},$$

故 $X\sim\begin{pmatrix}3 & 4 & 5\\ \frac{1}{10} & \frac{3}{10} & \frac{6}{10}\end{pmatrix}$，并且 $\boldsymbol{P}\{X\leqslant 4\}=1-\boldsymbol{P}\{X=5\}=1-\frac{6}{10}=\frac{4}{10}=0.4$.

(2) 类似于(1)，知 $Y=\min(X_1,X_2,X_3)$可能取值为 1,2,3，并且

$$\boldsymbol{P}\{Y=1\}=\frac{C_1^1C_4^2}{C_5^3}=\frac{6}{10},\quad \boldsymbol{P}\{Y=2\}=\frac{C_1^1C_3^2}{C_5^3}=\frac{3}{10},\quad \boldsymbol{P}\{Y=3\}=\frac{1}{C_5^3}=\frac{1}{10}.$$

故 $Y\sim\begin{pmatrix}1 & 2 & 3\\ \frac{6}{10} & \frac{3}{10} & \frac{1}{10}\end{pmatrix}$，$\boldsymbol{P}\{Y>3\}=0$.

【例 2.19】假设从一个放射源放射出的粒子数 X，在长度为 t 的时间间隔内服从参数为 λt 的泊松分布，一计数设备对任一放射出的粒子被记录下来的概率为 p，求在时间间隔 t 内被记录下的粒子数 Y_t 的概率分布.

【解】假设在 t 间隔内，放射出粒子数 X 为 k 个，则 $Y_t\sim B(k,p)$，即

$$\boldsymbol{P}\{Y_t=m\mid X=k\}=C_k^m p^m(1-p)^{k-m}\quad (m=0,1,\cdots,k).$$

又 $\bigcup\limits_{k=0}^{\infty}\{X=k\}=\Omega,\boldsymbol{P}\{X=k\}=\frac{(\lambda t)^k}{k!}e^{-\lambda t}\quad (k=0,1,2,\cdots)$，所以

$$\begin{aligned}\boldsymbol{P}\{Y_t=m\}&=\bigcup_{k=0}^{\infty}\boldsymbol{P}\{Y_t=m,X=k\}=\bigcup_{k=0}^{\infty}\boldsymbol{P}\{X=k\}\boldsymbol{P}\{Y_t=m\mid X=k\}\\&=\bigcup_{k=m}^{\infty}\boldsymbol{P}\{X=k\}\boldsymbol{P}\{Y_t=m\mid X=k\}=\bigcup_{k=m}^{\infty}\frac{(\lambda t)^k}{k!}e^{-\lambda t}C_k^m p^m(1-p)^{k-m}\\&=p^m e^{-\lambda t}\bigcup_{k=m}^{\infty}\frac{(\lambda t)^k}{k!}\frac{k!}{m!(k-m)!}(1-p)^{k-m}\\&\xlongequal{令 l=k-m}p^m e^{-\lambda t}\bigcup_{l=0}^{\infty}\frac{(\lambda t)^{l+m}}{m!}\cdot\frac{1}{l!}(1-p)^l\\&=\frac{p^m}{m!}(\lambda t)^m\cdot e^{-\lambda t}\bigcup_{l=0}^{\infty}\frac{(\lambda t)^l(1-p)^l}{l!}\cdot e^{-\lambda t(1-p)}\cdot e^{-\lambda t(1-p)}\\&=\frac{(p\lambda t)^m}{m!}e^{-\lambda tp}\bigcup_{l=0}^{\infty}\frac{[\lambda t(1-p)]^l}{l!}e^{-\lambda t(1-p)}=\frac{(\lambda tp)^m}{m!}e^{-\lambda tp}(m=0,1,\cdots),\end{aligned}$$

即 $Y_t\sim P(\lambda tp)$.

【例 2.20】盒中装有白球、黑球各一个，从中任取一球，若取到白球则在$[0,1)$上任取

学习随笔

一数 X，若取到黑球则在$[2,3)$上任取数 X，求随机变量 X 的分布函数 $F(x)$.

【解】记 A＝“取到白球”，$\overline{A}$＝“取到黑球”，则 $\boldsymbol{P}(A)=\boldsymbol{P}(\overline{A})=\dfrac{1}{2}$，依题意，在 A 发生条件下，X 在$[0,1)$上服从均匀分布，在 $\overline{A}$ 发生条件下，X 在$[2,3)$上服从均匀分布，故 X 的条件分布函数为

$$\boldsymbol{P}\{X \leqslant x | A\}=\begin{cases}0, & x<0, \\ x, & 0 \leqslant x<1, \\ 1, & x \geqslant 1,\end{cases} \boldsymbol{P}\{X \leqslant x | \overline{A}\}=\begin{cases}0, & x<2, \\ x-2, & 2 \leqslant x<3, \\ 1, & x \geqslant 3.\end{cases}$$

又 $A \cup \overline{A}=\Omega$，故

$$\begin{aligned} F(x) &=\boldsymbol{P}\{X \leqslant x\}=\boldsymbol{P}\{X \leqslant x, A\}+\boldsymbol{P}\{X \leqslant x, \overline{A}\} \\ &=\boldsymbol{P}(A) \boldsymbol{P}\{X \leqslant x | A\}+\boldsymbol{P}(\overline{A}) \boldsymbol{P}\{X \leqslant x | \overline{A}\} \\ &=\frac{1}{2}[\boldsymbol{P}\{X \leqslant x | A\}+\boldsymbol{P}\{X \leqslant x | \overline{A}\}] \\ &=\begin{cases}0, & x<0, \\ \dfrac{x}{2}, & 0 \leqslant x<1, \\ \dfrac{1}{2}, & 1 \leqslant x<2, \\ \dfrac{1}{2}(1+x-2)=\dfrac{x-1}{2}, & 2 \leqslant x<3, \\ 1, & x \geqslant 3.\end{cases} \end{aligned}$$

【例 2.21】在直线$(-\infty,+\infty)$上随机掷点，已知随机点落入 $H_1=(-\infty,0)$，$H_2=[0,1]$，$H_3=(1,+\infty)$的概率分别为 0.2，0.5 和 0.3，并且随机点在$[0,1]$上服从均匀分布. 假设随机点落入$(-\infty,0)$得 0 分，落入$(1,+\infty)$得 1 分，落入区间$[0,1]$的点 x 得 x 分，以 X 表示得分值，求 X 的分布函数.

【解】以 $H_i(i=1,2,3)$表示“随机点落入区域 H_i”的事件，依题意，$\boldsymbol{P}(H_1)=0.2$，$\boldsymbol{P}(H_2)=0.5$，$\boldsymbol{P}(H_3)=0.3$. 且 $H_1 \cup H_2 \cup H_3=\Omega$，所以

$$\{X \leqslant x\}=\{X \leqslant x, H_1\} \cup\{X \leqslant x, H_2\} \cup\{X \leqslant x, H_3\}.$$

故 X 的分布函数为

$$\begin{aligned} F(x) &=\boldsymbol{P}\{X \leqslant x\} \\ &=\boldsymbol{P}(H_1) \boldsymbol{P}\{X \leqslant x | H_1\}+\boldsymbol{P}(H_2) \boldsymbol{P}\{X \leqslant x | H_2\}+\boldsymbol{P}(H_3) \boldsymbol{P}\{X \leqslant x | H_3\}. \end{aligned}$$

而

$$\boldsymbol{P}\{X \leqslant x | H_1\}=\begin{cases}0, & x<0, \\ 1, & x \geqslant 0,\end{cases}$$

$$\boldsymbol{P}\{X \leqslant x | H_2\}=\begin{cases}0, & x<0, \\ x, & 0 \leqslant x<1, \\ 1, & x \geqslant 1,\end{cases}$$

$$\boldsymbol{P}\{X \leqslant x | H_3\}=\begin{cases}0, & x<1, \\ 1, & x \geqslant 1.\end{cases}$$

所以 $F(x)=0.2 \cdot \boldsymbol{P}\{X \leqslant x | H_1\}+0.5 \boldsymbol{P}\{X \leqslant x | H_2\}+0.3 \boldsymbol{P}\{X \leqslant x | H_3\}$

$$=\begin{cases}0, & x<0,\\ 0.2+0.5x, & 0\leqslant x<1,\\ 0.2+0.5+0.3=1, & x\geqslant 1.\end{cases}$$

【例 2.22】假设随机变量 X 的绝对值不大于 1，$\boldsymbol{P}\{X=-1\}=\frac{1}{8}$，$\boldsymbol{P}\{X=1\}=\frac{1}{4}$. 在事件$\{-1<X<1\}$出现的条件下，$X$ 在$(-1,1)$内任一子区间上取值的条件概率与该子区间长度成正比，试求：(1) X 的分布函数；(2) X 取负值的概率.

【解】(1) 由题设知 $1=\boldsymbol{P}\{|X|\leqslant 1\}=\boldsymbol{P}\{X=-1\}+\boldsymbol{P}\{-1<X<1\}+\boldsymbol{P}\{X=1\}$

$$=\frac{1}{8}+\boldsymbol{P}\{-1<X<1\}+\frac{1}{4},$$

故　$\boldsymbol{P}\{-1<X<1\}=1-\frac{1}{8}-\frac{1}{4}=\frac{5}{8}$.

当 $x<-1$ 时，$F(x)=\boldsymbol{P}\{X\leqslant x\}=0$. 又当 $A=\{-1<X<1\}$发生时，X 在$(-1,1)$上服从均匀分布，即 $\forall x\in(-1,1)$，有

$$\boldsymbol{P}\{-1<X\leqslant x\,|\,A\}=\frac{1}{2}(x+1).$$

故当 $-1\leqslant x<1$ 时，

$$\begin{aligned}F(x)&=\boldsymbol{P}\{X\leqslant x\}=\boldsymbol{P}\{X<-1\}+\boldsymbol{P}\{X=-1\}+\boldsymbol{P}\{-1<X\leqslant x\}\\&=\frac{1}{8}+\boldsymbol{P}\{-1<X\leqslant x,A\}+\boldsymbol{P}\{-1<X\leqslant x,\overline{A}\}\\&=\frac{1}{8}+\boldsymbol{P}\{-1<X<1\}\boldsymbol{P}\{-1<X\leqslant x\,|\,A\}\\&=\frac{1}{8}+\frac{5}{8}\times\frac{1}{2}(x+1)=\frac{1}{16}(5x+7).\end{aligned}$$

当 $x\geqslant 1$ 时，

$$\begin{aligned}F(x)&=\boldsymbol{P}\{X\leqslant x\}\\&=\boldsymbol{P}\{X<-1\}+\boldsymbol{P}\{X=-1\}+\boldsymbol{P}\{-1<X<1\}+\\&\quad\ \boldsymbol{P}\{X=1\}+\boldsymbol{P}\{1<X\leqslant x\}=1,\end{aligned}$$

所以　$F(x)=\begin{cases}0, & x<-1,\\ \frac{1}{16}(5x+7), & -1\leqslant x<1,\\ 1, & x\geqslant 1.\end{cases}$

(2) $\boldsymbol{P}\{X<0\}=\boldsymbol{P}\{X\leqslant 0\}-\boldsymbol{P}\{X=0\}=F(0)-0=\frac{7}{16}$.

【例 2.23】假设一设备开机后无故障工作的时间 X 服从指数分布，平均无故障工作的时间($\boldsymbol{E}X$)为 5 小时. 设备定时开机，出现故障时自动关机，而在无故障的情况下工作 2 小时便关机，试求该设备每次开机无故障工作时间 Y 的分布函数 $F(y)$.

【解】由题设知 $Y=\begin{cases}2, & X\geqslant 2,\\ X, & X<2\end{cases}=\min(X,2)$，其中

$$X\sim f(x)=\begin{cases}\lambda e^{-\lambda x}, & x>0,\\ 0, & x\leqslant 0,\end{cases}\quad \boldsymbol{E}X=\frac{1}{\lambda}=5,\lambda=\frac{1}{5}.$$

学习随笔

所以 Y 的分布函数

$$F(y)=\boldsymbol{P}\{Y\leqslant y\}=\boldsymbol{P}\{\min(X,2)\leqslant y\}$$
$$=1-\boldsymbol{P}\{\min(X,2)>y\}=1-\boldsymbol{P}\{X>y,2>y\}.$$

当 $y\geqslant 2$ 时，$F(y)=1-0=1$；

当 $0\leqslant y<2$ 时，

$$F(y)=1-\boldsymbol{P}\{X>y\}=\boldsymbol{P}\{X\leqslant y\}=\int_0^y\lambda e^{-\lambda x}dx=1-e^{-\lambda y}=1-e^{-\frac{y}{5}};$$

当 $y<0$ 时，$F(y)=1-\boldsymbol{P}\{X>y\}=\boldsymbol{P}\{X\leqslant y\}=\int_{-\infty}^y f(x)dx=0.$

故 $F(y)=\begin{cases}0, & y<0,\\ 1-e^{-y/5}, & 0\leqslant y<2,\\ 1, & y\geqslant 2.\end{cases}$

2. 由随机变量 X 的分布求其函数的分布

【例 2.24】已知离散型随机变量 X 的分布列为

$$\begin{pmatrix}-2 & -1 & 0 & 1 & 3\\ \frac{1}{5} & \frac{1}{6} & \frac{1}{5} & \frac{1}{15} & a\end{pmatrix},$$

(1) 试确定常数 a；

(2) 求 $Y=X^2+2$ 的分布律.

【解】(1) 由 $\frac{1}{5}+\frac{1}{6}+\frac{1}{5}+\frac{1}{15}+a=1$，求得 $a=\frac{11}{30}$.

(2) $Y=X^2+2\sim\begin{pmatrix}6 & 3 & 2 & 3 & 11\\ \frac{1}{5} & \frac{1}{6} & \frac{1}{5} & \frac{1}{15} & \frac{1}{30}\end{pmatrix}$，即 $Y=X^2+2\sim\begin{pmatrix}6 & 3 & 2 & 11\\ \frac{1}{5} & \frac{7}{30} & \frac{1}{5} & \frac{11}{30}\end{pmatrix}$.

【例 2.25】假设 $X\sim N(0,1)$，

(1) 求 $Y=aX+b(a\neq 0)$ 的概率密度；

(2) 求 $Y=e^X$ 的概率密度；

(3) 求 $Y=|X|$ 的概率密度函数.

【解】(1) $F(y)=\boldsymbol{P}\{Y\leqslant y\}=\boldsymbol{P}\{aX+b\leqslant y\}=\boldsymbol{P}\{aX\leqslant y-b\}$.

若 $a>0$，$F(y)=\boldsymbol{P}\{X\leqslant\frac{y-b}{a}\}=\Phi\left(\frac{y-b}{a}\right)$，

$$f(y)=F'(y)=\frac{1}{a}\Phi'\left(\frac{y-b}{a}\right)=\frac{1}{\sqrt{2\pi}a}e^{-\frac{1}{2}(\frac{y-b}{a})^2}.$$

若 $a<0$，$F(y)=\boldsymbol{P}\{X\geqslant\frac{y-b}{a}\}=1-\boldsymbol{P}\{X\leqslant\frac{y-b}{a}\}=1-\Phi\left(\frac{y-b}{a}\right)$，

$$f(y)=F'(y)=-\frac{1}{a}\Phi'\left(\frac{y-b}{a}\right)=\frac{1}{\sqrt{2\pi}|a|}e^{-\frac{1}{2}(\frac{y-b}{a})^2}.$$

即 $Y=aX+b\sim N(b,a^2)$.

(2) $F(y)=\boldsymbol{P}\{Y\leqslant y\}=\boldsymbol{P}\{e^X\leqslant y\}$，如图 2-3 所示.

当 $y<0$，$F(y)=0$；

当 $y>0$，$F(y)=\boldsymbol{P}\{X\leqslant \ln y\}=\Phi(\ln y)$.

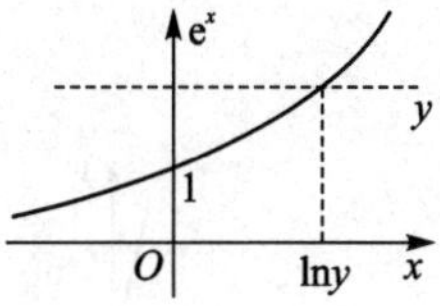

图 2－3

即　$F(y)=\begin{cases}0, & y<0,\\ \Phi(\ln y), & y\geqslant 0.\end{cases}$

$$f(y)=\begin{cases}0, & y<0,\\ \dfrac{1}{y}\Phi'(\ln y), & y\geqslant 0\end{cases}$$

$$=\begin{cases}0, & y<0,\\ \dfrac{1}{y}\dfrac{1}{\sqrt{2\pi}}e^{-\frac{1}{2}(\ln y)^2}, & y\geqslant 0.\end{cases}$$

(3) $F(y)=\boldsymbol{P}\{Y\leqslant y\}=\boldsymbol{P}\{|X|\leqslant y\}$.

当 $y<0$ 时，$F(y)=0$；

当 $y>0$，$F(y)=\boldsymbol{P}\{-y\leqslant X\leqslant y\}=\Phi(y)-\Phi(-y)=2\Phi(y)-1$，

即　$F(y)=\begin{cases}0, & y<0,\\ 2\Phi(y)-1, & y\geqslant 0.\end{cases}$

$$f(y)=F'(y)=\begin{cases}0, & y<0,\\ 2\Phi'(y), & y\geqslant 0\end{cases}=\begin{cases}0, & y<0,\\ \sqrt{\dfrac{2}{\pi}}e^{-\frac{1}{2}y^2}, & y\geqslant 0.\end{cases}$$

【例 2.26】设随机变量 X 在(0,1)上服从均匀分布，

(1) 求 $Y=X^2-4X+1$ 的分布函数；

(2) 求 $Y=-2\ln X$ 的密度函数.

【解】(1) 已知

$$X\sim f(x)=\begin{cases}1, & 0<x<1,\\ 0, & \text{其他}.\end{cases}$$

$$F(y)=\boldsymbol{P}\{Y\leqslant y\}=\boldsymbol{P}\{X^2-4X+1\leqslant y\}.$$

由 $z=x^2-4x+1$ 图象(见图 2－4)知，

当 $y<-2$ 时，$F(y)=0$；

当 $-2\leqslant y<1$ 时，$F(y)=\boldsymbol{P}\{X^2-4X+1\leqslant y\}$

$$=\boldsymbol{P}\{2-\sqrt{3+y}<X<1\}=\int_{2-\sqrt{3+y}}^{1}\mathrm{d}x=\sqrt{3+y}-1;$$

当 $y\geqslant 1$ 时，$F(y)=1$，故

$$F(y)=\begin{cases}0, & y<-2,\\ \sqrt{3+y}-1, & -2\leqslant y<1,\\ 1, & y\geqslant 1.\end{cases}$$

(2) 如图 2－5 所示，$F(y)=\boldsymbol{P}\{Y\leqslant y\}=\boldsymbol{P}\{-2\ln X\leqslant y\}$

$$=\boldsymbol{P}\left\{\ln X\geqslant -\frac{y}{2}\right\}=\boldsymbol{P}\{X\geqslant e^{-\frac{y}{2}}\}=\int_{e^{-\frac{y}{2}}}^{+\infty}f(x)\mathrm{d}x.$$

当 $y\leqslant 0$，$e^{-\frac{y}{2}}\geqslant 1$，$F(y)=0$；

当 $y>0$，$e^{-\frac{y}{2}}<1$，$F(y)=1-e^{-\frac{y}{2}}$，

学习随笔

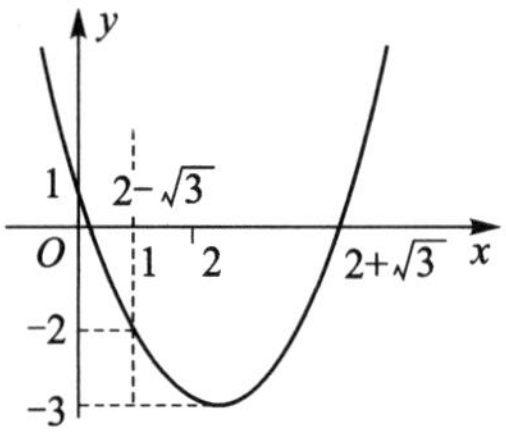

图 2-4

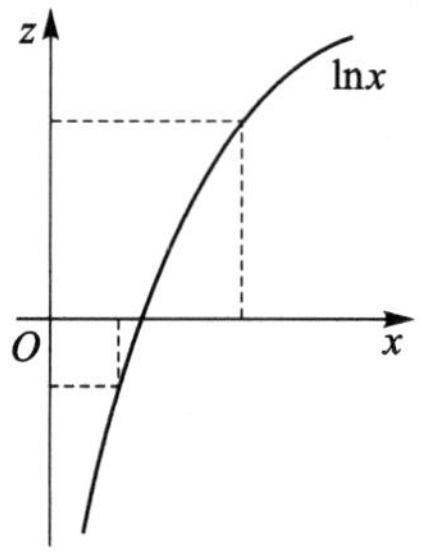

图 2-5

故 $F(y)=\begin{cases}0, & y\leqslant 0,\\ 1-e^{-\frac{y}{2}}, & y>0.\end{cases}$

从而 $f(y)=F'(y)=\begin{cases}0, & y\leqslant 0,\\ \dfrac{1}{2}e^{-\frac{y}{2}}, & y>0.\end{cases}$

【例 2.27】设随机变量 X 服从参数 $\lambda=2$ 的指数分布,求证:$Y=1-e^{-2X}$ 在[0,1]上服从均匀分布.

【证明】由题设知

$$X\sim f(x)=\begin{cases}2e^{-2x}, & x>0,\\ 0, & x\leqslant 0,\end{cases}$$

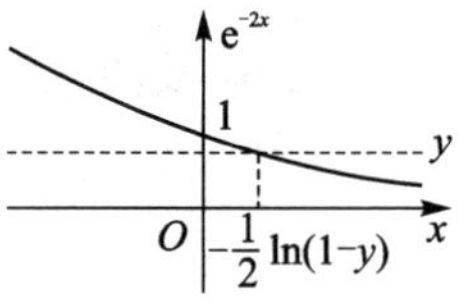

图 2-6

Y 的分布函数 $F(y)=\boldsymbol{P}\{Y\leqslant y\}=\boldsymbol{P}\{1-e^{-2X}\leqslant y\}$

$=\boldsymbol{P}\{e^{-2X}\geqslant 1-y\}$.(见图 2-6)

若 $1-y\leqslant 0$,即 $y\geqslant 1$,$F(y)=1$;

若 $0<1-y\leqslant 1$,即 $0\leqslant y<1$,

$$F(y)=\boldsymbol{P}\{e^{-2X}\geqslant 1-y\}=\boldsymbol{P}\{X\leqslant -\frac{1}{2}\ln(1-y)\}$$

$$=\int_0^{-\frac{1}{2}\ln(1-y)}2e^{-2x}\,dx=-e^{-2x}\Big|_0^{-\frac{1}{2}\ln(1-y)}=1-(1-y)=y;$$

若 $1<1-y$,即 $y<0$,$F(y)=\boldsymbol{P}\{X\leqslant -\dfrac{1}{2}\ln(1-y)\}=\displaystyle\int_{-\infty}^{-\frac{1}{2}\ln(1-y)}f(x)\,dx=0$(因为 $\ln(1-y)>0$),所以 Y 的分布函数为

$$F(y)=\begin{cases}0, & y<0,\\ y, & 0\leqslant y<1,\\ 1, & y\geqslant 1,\end{cases}$$即 Y 在[0,1]上服从均匀分布.

第3章　多维随机变量及其分布

§3.1　知识点及重要结论归纳总结

一、二维随机变量及其分布

1. n 维随机变量的定义

设随机试验 E 的样本空间为 $\Omega=\{\omega\}$，$X_i=X_i(\omega)(i=1,2,\cdots,n)$ 是定义在 Ω 上的随机变量，称 n 个随机变量的整体 $X=(X_1,\cdots,X_n)$ 为 n 维随机变量（或 n 维随机向量）. 本章主要讨论 $n=2$ 时的二维随机变量 (X_1,X_2)，而 n 维随机变量则在数理统计中要遇到.

① 由定义可知，n 维随机变量是定义在 Ω 上取值于 n 维空间 R^n 的向量函数；每一个分量 X_i 都是随机变量，称为随机向量 X 的第 i 个分量. 二维随机变量可以看成平面上的"随机点"，三维随机变量可以看成空间中的"随机点".

② 二维随机变量 (X_1,X_2) 的性质不仅与 X_1 及 X_2 有关，而且还依赖于 X_1 与 X_2 之间的相互关系. 因此研究多维随机变量时，除了逐个研究其分量 X_i 的性质外，还须将 $(X_1,\cdots,X_n)$ 作为一个整体来研究.

2. 二维随机变量的分布函数、边缘分布函数与条件分布函数

(1) 定　义

设 $X=(X_1,X_2,\cdots,X_n)$ 是 n 维随机变量，称为 R^n 上的 n 元函数.

$F(x_1,x_2,\cdots,x_n)\triangleq \boldsymbol{P}\{X_1\leqslant x_1,X_2\leqslant x_2,\cdots,X_n\leqslant x_n\}$，$(x_1,x_2,\cdots,x_n)\in R^n$ 为 n 维随机变量 $(X_1,X_2,\cdots,X_n)$ 的联合分布函数，简称为分布函数. 特别是二维随机变量 (X,Y) 的分布函数为

$$F(x,y)\triangleq \boldsymbol{P}\{X\leqslant x,Y\leqslant y\},(x,y)\in R^2,$$

$F(x,y)$ 是事件 $A=\{X\leqslant x\}$ 与 $B=\{Y\leqslant y\}$ 同时发生的概率.

设 (X,Y) 为二维随机变量，其联合分布函数为 $F(x,y)$，随机变量 X 与 Y 的分布函数 $F_X(x)$ 与 $F_Y(y)$ 分别称为二维随机变量 (X,Y) 关于 X 和关于 Y 的边缘分布函数，或称为 $F(x,y)$ 的边缘分布函数. 由概率的连续性，知

$$\begin{aligned}F_X(x)&=\boldsymbol{P}\{X\leqslant x\}=\boldsymbol{P}\{X\leqslant x,\bigcup_{n=1}^{\infty}(Y\leqslant n)\}\\&=\lim_{n\to\infty}\boldsymbol{P}\{X\leqslant x,Y\leqslant n\}=\lim_{n\to\infty}F(x,n)=F(x,+\infty).\end{aligned}$$

同理　$F_Y(y)=\boldsymbol{P}\{Y\leqslant y\}=F(+\infty,y)$.

设 (X,Y) 为二维随机变量，其联合分布函数为 $F(x,y)$，给定 y 及 $\varepsilon>0$，如果 $\boldsymbol{P}\{y-\varepsilon<Y\leqslant y+\varepsilon\}>0$，则称

$$\boldsymbol{P}\{X\leqslant x\,|\,y-\varepsilon<Y\leqslant y+\varepsilon\}$$

学习随笔

$$=\frac{P\{X\leqslant x,y-\varepsilon<Y\leqslant y+\varepsilon\}}{P\{y-\varepsilon<Y\leqslant y+\varepsilon\}}$$

$$=\frac{P\{X\leqslant x,Y\leqslant y+\varepsilon\}-P\{X\leqslant x,Y\leqslant y-\varepsilon\}}{P\{Y\leqslant y+\varepsilon\}-P\{Y\leqslant y-\varepsilon\}}$$

$$=\frac{F(x,y+\varepsilon)-F(x,y-\varepsilon)}{F_Y(y+\varepsilon)-F_Y(y-\varepsilon)}\quad(x\in R)$$

为“在给出条件$\{y-\varepsilon<Y\leqslant y+\varepsilon\}$下”随机变量 X 的条件分布函数.

如果对任意实数 x，

$$F_{X|Y}(x|y)\triangleq P\{X\leqslant x|Y=y\}\triangleq\lim_{\varepsilon\to0+}P\{X\leqslant x|y-\varepsilon<Y\leqslant y+\varepsilon\}$$

存在，则称此极限为“在条件 $Y=y$ 下”X 的条件分布函数.

同理可定义在条件 $X=x$ 下 Y 的条件分布函数

$$F_{Y|X}(y|x)\triangleq P\{Y\leqslant y|X\leqslant x\}\triangleq\lim_{\varepsilon\to0+}P\{Y\leqslant y\mid x-\varepsilon<X\leqslant x+\varepsilon\},y\in R.$$

(2) 二维随机变量(X,Y)联合分布函数$F(x,y)$的性质

① $F(x,y)$是每个变量 x 或 y 单调不减函数，即对任意固定 y，当 $x_1<x_2$ 时，有 $F(x_1,y)\leqslant F(x_2,y)$；对任意固定 x，当 $y_1<y_2$ 时，有 $F(x,y_1)\leqslant F(x,y_2)$.

② $F(x,y)$是每个变量 x 或 y 右连续函数，即

$$\lim_{x\to x_0+}F(x,y)\triangleq F(x_0+0,y)=F(x_0,y),\ \lim_{x\to y_0+}F(x,y)\triangleq F(x,y_0+0)=F(x,y_0).$$

③ $\lim\limits_{x\to-\infty}F(x,y)\triangleq F(-\infty,y)=0$,

$\lim\limits_{y\to-\infty}F(x,y)\triangleq F(x,-\infty)=0$,

$\lim\limits_{\substack{x\to+\infty\\y\to+\infty}}F(x,y)\triangleq F(+\infty,+\infty)=1.$

④ 对任意 $x_1\leqslant x_2,y_1\leqslant y_2$，有

$$F(x_2,y_2)-F(x_2,y_1)-F(x_1,y_2)+F(x_1,y_1)\geqslant0.$$

前三个性质的证明与一维随机变量的类似，而性质④的证明，由概率加法公式及联合分布函数的定义即得：

$$\begin{aligned}&0\leqslant P\{x_1<X\leqslant x_2,y_1<Y\leqslant y_2\}\\&=P\{X\leqslant x_2,y_1<Y\leqslant y_2\}-P\{X\leqslant x_1,y_1<Y\leqslant y_2\}\\&=P\{X\leqslant x_2,Y\leqslant y_2\}-P\{X\leqslant x_2,Y\leqslant y_1\}-\\&\quad[P\{X\leqslant x_1,Y\leqslant y_2\}-P\{X\leqslant x_1,Y\leqslant y_1\}]\\&=F(x_2,y_2)-F(x_2,y_1)-F(x_1,y_2)+F(x_1,y_1).\end{aligned}$$

上述四个性质不仅是联合分布函数 $F(x,y)$的必要条件，而且也是充分条件，即任意一个具有上述四个性质的二元函数，必定可以作为某个二维随机变量的联合分布函数.

二、二维离散型随机变量及其概率分布

1. 定　义

如果二维随机变量(X,Y)的所有可能取的值是有限的或可列的，则称(X,Y)为二维离散型随机变量. 如果(X,Y)所有可能取的值为(x_i,y_j)，$i=1,2,\cdots;j=1,2,\cdots$，记

$$p_{ij}\triangleq P\{X=x_i,Y=y_j\},i,j=1,2,\cdots,$$

学习随笔

则称$\{p_{ij},i,j=1,2,\cdots\}$为二维离散型随机变量$(X,Y)$的联合概率分布，或称随机变量 X 与 Y 的联合分布律，简称为联合分布，记为$(X,Y)\sim p(x_i,y_j)$或$(X,Y)\sim p_{ij}$.

与一维情形相似，人们也常常把二维离散型随机变量的联合分布写成表格形式(见表 3-1)。

表 3-1

X \ Y	y_1	…	y_j	…
x_1	p_{11}	…	p_{1j}	…
⋮	⋮		⋮	
x_i	p_{i1}	…	p_{ij}	…
⋮	⋮		⋮	

2. 联合概率分布性质

① $p_{ij}\geqslant 0$；

② $\sum_i\sum_j p_{ij}=1$.

3. 联合概率分布与联合分布函数的边缘分布与条件分布

设二维离散型随机变量(X,Y)的联合分布为$\{p_{ij},i,j=1,2,\cdots\}$，则其联合分布函数为

$$F(x,y)=\boldsymbol{P}\{X\leqslant x,Y\leqslant y\}=\sum_{x_i\leqslant x}\sum_{y_j\leqslant y}p_{ij},$$

边缘分布函数为

$$F_X(x)=F(x,+\infty)=\sum_{x_i\leqslant x}\sum_j p_{ij},\quad F_Y(y)=F(+\infty,y)=\sum_i\sum_{y_j\leqslant y}p_{ij},$$

显然当(X,Y)为二维离散型随机变量时，其分量 X 和 Y 也是离散型的，且由全概率公式知 X 的边缘分布为

$$p_{i\cdot}=\boldsymbol{P}\{X=x_i\}=\sum_j\boldsymbol{P}\{X=x_i,Y=y_j\}=\sum_j p_{ij},i=1,2,\cdots;$$

Y 的边缘分布为

$$p_{\cdot j}=\boldsymbol{P}\{Y=y_j\}=\sum_i\boldsymbol{P}\{X=x_i,Y=y_j\}=\sum_i p_{ij},j=1,2,\cdots.$$

对于固定的 j，如果 $p_{\cdot j}=\boldsymbol{P}\{Y=y_j\}>0$，则称

$$\boldsymbol{P}_{X|Y}(x_i|y_j)\triangleq\boldsymbol{P}\{X=x_i|Y=y_j\}=\frac{\boldsymbol{P}\{X=x_i,Y=y_j\}}{\boldsymbol{P}\{Y=y_j\}}=\frac{p_{ij}}{p_{\cdot j}},i=1,2,\cdots$$

为在 $Y=y_j$ 条件下随机变量 X 的条件分布.

同样对于固定的 i，如果 $p_{i\cdot}=\boldsymbol{P}\{X=x_i\}>0$，则称

$$\boldsymbol{P}_{Y|X}(y_j|x_i)\triangleq\boldsymbol{P}\{Y=y_j|X=x_i\}=\frac{p_{ij}}{p_{i\cdot}},j=1,2,\cdots$$

为在 $X=x_i$ 条件下随机变量 Y 的条件分布.

容易验证条件分布是一个概率分布，即

学习随笔

$$P_{X|Y}(x_i|y_j) \geqslant 0, \quad \sum_i P_{X|Y}(x_i|y_j)=1.$$

由上可知，联合分布决定边缘分布和条件分布，反之，未必成立，即由边缘分布或条件分布不能唯一决定联合分布，不同的联合分布可能有相同的边缘分布. 与一维情况相似，设 G 是平面上的一个区域，随机点 (X,Y) 落在 G 内的概率为

$$P\{(X,Y)\in G\}=\sum_{(x_i,y_j)\in G} p_{ij}.$$

4. 两个常见的离散型随机变量的分布

(1) 二维两点分布

如果二维随机变量 (X,Y) 的联合分布为

X \ Y	0	1
0	$1-p$	0
1	0	p

$(0<p<1)$，

则称 (X,Y) 服从二维两点分布. 此时，显然有

$$X\sim\begin{pmatrix}0 & 1\\ 1-p & p\end{pmatrix}, \quad Y\sim\begin{pmatrix}0 & 1\\ 1-p & p\end{pmatrix},$$

即边缘分布都是一维两点分布.

(2) 多项分布

如果

$$P\{X_1=k_1,X_2=k_2,\cdots,X_r=k_r\}=\frac{n!}{k_1!\cdots k_r!}p_1^{k_1}\cdots p_r^{k_r},$$

其中，$k_1,\cdots,k_r$ 为非负整数，$\sum\limits_{i=1}^{r}k_i=n$，$\sum\limits_{i=1}^{r}p_i=1$.
称 r 维随机变量 $(X_1,X_2,\cdots,X_r)$ 服从参数为 $(n;p_1,\cdots,p_r)$ 的多项分布。

当 $r=2$ 时，多项分布就是二项分布，即在 n 重伯努利试验中，事件 A 发生次数为 X_1，$\overline{A}$ 发生次数为 X_2，则有

$$P\{X_1=k_1,X_2=k_2\}=\frac{n!}{k_1!\ k_2!}p_1^{k_1}p_2^{k_2}=C_n^{k_1}p_1^{k_1}(1-p_1)^{n-k},$$

其中 $k_1+k_2=n$，$p_1+p_2=1$.

背景 多项分布是二项分布推广，是伯努利试验的推广. 设试验 E 有 r 种可能结果 $A_1,A_2,\cdots,A_r$，每次试验 A_i 发生概率 $P(A_i)=p_i>0$，$\sum\limits_{i=1}^{r}p_i=1$，将试验 E 独立地重复 n 次，以 X_i 表示 n 次试验中 A_i 出现的次数，则 $(X_1,X_2,\cdots,X_r)$ 服从参数为 $(n;p_1,\cdots,p_r)$ 的多项分布.

三、二维连续型随机变量及其概率密度函数

1. 定 义

设 $F(x_1,x_2,\cdots,x_n)$ 为 n 维随机变量 $(X_1,X_2,\cdots,X_n)$ 的分布函数，如果存在非负可

学习随笔

积函数 $f(x_1,x_2,\cdots,x_n)$，对任意实数 $x_1,x_2,\cdots,x_n$ 有

$$F(x_1,x_2,\cdots,x_n)=\int_{-\infty}^{x_1}\int_{-\infty}^{x_2}\cdots\int_{-\infty}^{x_n}f(u_1,u_2,\cdots,u_n)\mathrm{d}u_1\mathrm{d}u_2\cdots\mathrm{d}u_n,$$

则称 $(X_1,X_2,\cdots,X_n)$ 为 n 维连续型随机变量，称 $f(x_1,x_2,\cdots,x_n)$ 为 $(X_1,X_2,\cdots,X_n)$ 的联合概率密度函数，简称为联合密度函数，记为 $(X_1,X_2,\cdots,X_n)\sim f(x_1,x_2,\cdots,x_n)$.

对于二维随机变量 (X,Y) 的分布函数 $F(x,y)$，如果存在非负可积函数 $f(x,y)$，使得对任意实数 x,y 有

$$F(x,y)=\int_{-\infty}^{x}\int_{-\infty}^{y}f(u,v)\mathrm{d}u\mathrm{d}v,$$

则称 (X,Y) 是二维连续型随机变量，$f(x,y)$ 称为 (X,Y) 的联合概率密度函数，记为 $(X,Y)\sim f(x,y)$.

2. 联合概率密度函数 $f(x,y)$ 的性质

① $f(x,y)\geqslant 0$；

② $\int_{-\infty}^{+\infty}\int_{-\infty}^{+\infty}f(x,y)\mathrm{d}x\mathrm{d}y=1$.

反之，任意一个具有上述两个性质的二元函数，必定可以作为某个二维随机变量的联合密度函数.

3. 联合密度函数与分布函数、边缘密度函数、条件密度函数

设 (X,Y) 的分布函数为 $F(x,y)$，密度函数为 $f(x,y)$，则

① 对平面上的任意一条曲线 L，有 $\boldsymbol{P}\{(x,y)\in L\}=0$.

② 分布函数 $F(x,y)$ 是 (x,y) 的二元连续函数.

③ 对平面上的任一可度量区域 G，随机点 (X,Y) 落在 G 内的概率

$$\boldsymbol{P}\{(X,Y)\in G\}=\iint_G f(x,y)\mathrm{d}x\mathrm{d}y,$$

它表明：(X,Y) 落入 G 的概率等于以 G 为底，以曲面 $z=f(x,y)$ 为顶的曲顶柱体体积.

④ 在 $f(x,y)$ 的连续点处有 $\dfrac{\partial^2 F(x,y)}{\partial x\partial y}=f(x,y)$.

⑤ 与一维类似，如果 (X,Y) 的联合分布函数 $F(x,y)$ 连续，且除去有限个 x 以及 y 外，$\dfrac{\partial^2 F(x,y)}{\partial x\partial y}$ 存在且连续，则 (X,Y) 是连续型的，且 $\dfrac{\partial^2 F}{\partial x\partial y}$ 就是 (X,Y) 的一个联合密度函数.

⑥ 设 $(X,Y)\sim f(x,y)$，由于

$$F_X(x)=F(x,+\infty)=\int_{-\infty}^{x}\left[\int_{-\infty}^{+\infty}f(u,v)\mathrm{d}v\right]\mathrm{d}u,$$

故 X 是一个连续型随机变量，其密度函数为

$$f_X(x)=\int_{-\infty}^{+\infty}f(x,y)\mathrm{d}y.$$

同理可知 Y 也是一个连续型随机变量，其密度函数为

$$f_Y(y)=\int_{-\infty}^{+\infty}f(x,y)\mathrm{d}x.$$

学习随笔

分别称 $f_X(x)$,$f_Y(y)$为(X,Y)关于 X 和关于 Y 的边缘分布密度,或边缘密度函数.

⑦ 设(X,Y)的分布函数为 $F(x,y)$,密度函数为 $f(x,y)$,如果 $f(x,y)$连续,边缘密度函数 $f_Y(y)$连续,且 $f_Y(y)>0$,则有

$$F_{X|Y}(x|y)=\int_{-\infty}^{x}\frac{f(u,y)}{f_Y(y)}\mathrm{d}u,$$

称$\frac{f(x,y)}{f_Y(y)}$为在条件 $Y=y$ 下 X 的条件密度函数,并记为 $f_{X|Y}(x|y)$,即

$$f_{X|Y}(x|y)=\frac{f(x,y)}{f_Y(y)}\quad(-\infty<x<\infty).$$

同理,在一定条件下有

$$F_{Y|X}(y|x)=\int_{-\infty}^{y}\frac{f(x,v)}{f_X(x)}\mathrm{d}v\quad(f_X(x)>0),$$

称 $f_{Y|X}(y|x)\triangleq\frac{f(x,y)}{f_X(x)}\quad(-\infty<y<\infty)$为在条件 $X=x$ 下 Y 的条件密度函数.

由上讨论知,若 $f_X(x)>0$,$f_Y(y)>0$,则有密度乘法公式

$$f(x,y)=f_X(x)\cdot f_{Y|X}(y|x)=f_Y(y)f_{X|Y}(x|y).$$

4. 两个常见的二维连续型随机变量的分布

(1) 二维均匀分布

如果二维连续型随机变量(X,Y)的联合密度函数为

$$f(x,y)=\begin{cases}\frac{1}{S_D}, & (x,y)\in D,\\ 0, & \text{其他},\end{cases}$$

其中,D 是平面上一个可度量的区域,S_D 为区域 D 的面积,则称(X,Y)服从区域 D 上的均匀分布.

(2) 二维正态分布

如果二维连续型随机变量(X,Y)的联合密度函数为

$$f(x,y)=\frac{1}{2\pi\sigma_1\sigma_2\sqrt{1-\rho^2}}\exp\left\{\frac{-1}{2(1-\rho^2)}\left[\left(\frac{x-\mu_1}{\sigma_1}\right)^2-2\rho\frac{x-\mu_1}{\sigma_1}\frac{y-\mu_2}{\sigma_2}+\left(\frac{y-\mu_2}{\sigma_2}\right)^2\right]\right\},$$

其中,$\mu_1\in R$,$\mu_2\in R$,$\sigma_1>0$,$\sigma_2>0$,$|\rho|<1$,则称(X,Y)服从参数为 $\mu_1,\mu_2,\sigma_1^2,\sigma_2^2,\rho$ 的二维正态分布,记为$(X,Y)\sim N(\mu_1,\mu_2;\sigma_1^2,\sigma_2^2;\rho)$.

【定理 3.1】二维正态分布的边缘分布、条件分布均为正态分布,即设$(X,Y)\sim N(\mu_1,\mu_2;\sigma_1^2,\sigma_2^2;\rho)$,则

① $X\sim N(\mu_1,\sigma_1^2)$,$Y\sim N(\mu_2,\sigma_2^2)$;

② 在 $Y=y$ 给定条件下,$X\sim N\left(\mu_1+\rho\frac{\sigma_1}{\sigma_2}(y-\mu_2),\sigma_1^2(1-\rho^2)\right)$;

在 $X=x$ 给定条件下,$Y\sim N\left(\mu_2+\rho\frac{\sigma_2}{\sigma_1}(x-\mu_1),\sigma_2^2(1-\rho^2)\right)$,即条件密度函数

$$f_{X|Y}(x|y)=\frac{1}{\sqrt{2\pi}\sigma_1\sqrt{1-\rho^2}}\cdot\exp\left\{-\frac{\left[x-\left(\mu_1+\rho\frac{\sigma_1}{\sigma_2}(y-\mu_2)\right)\right]^2}{2\sigma_1^2(1-\rho^2)}\right\},$$

$$f_{Y|X}(y|x)=\frac{1}{\sqrt{2\pi}\sigma_2\sqrt{1-\rho^2}}\cdot\exp\left\{-\frac{\left[y-\left(\mu_2+\rho\frac{\sigma_2}{\sigma_1}(x-\mu_1)\right)\right]^2}{2\sigma_2^2(1-\rho^2)}\right\}.$$

四、随机变量的相互独立性

1. 定　义

设随机变量 X 与 Y 的分布函数分别为 $F_X(x)$ 与 $F_Y(y)$，其联合分布函数为 $F(x,y)$. 如果对任意实数 x,y，有

$$F(x,y)=F_X(x)\cdot F_Y(y),$$

则称 X 与 Y 是相互独立的(即$\{X\leqslant x\}$与$\{Y\leqslant y\}$相互独立)，否则称 X 与 Y 不相互独立.

设 n 个随机变量 $X_1,X_2,\cdots,X_n$，其分布函数为 $F_{X_i}(x_i)(i=1,2,\cdots,n)$，联合分布函数为 $F(x_1,x_2,\cdots,x_n)$. 如果对任意实数 $x_1,x_2,\cdots,x_n$，有

$$F(x_1,x_2,\cdots,x_n)=F_{X_1}(x_1)\cdot F_{X_2}(x_2)\cdots F_{X_n}(x_n),$$

则称 $X_1,X_2,\cdots,X_n$ 是相互独立的.

设$\{X_n,n\geqslant 2\}$是随机变量序列，如果其中任意 n 个($n\geqslant 2$)随机变量都是相互独立的，则称$\{X_n,n\geqslant 2\}$是相互独立的.

设 $X=(X_1,X_2,\cdots,X_n)$和 $Y=(Y_1,Y_2,\cdots,Y_m)$是任意两个多维随机变量，对任意$(x_1,x_2,\cdots,x_n)\in R^n$，$(y_1,y_2,\cdots,y_m)\in R^m$，称函数

$$F(x_1,x_2,\cdots,x_n;y_1,y_2,\cdots,y_m)\triangleq \boldsymbol{P}\{X_1\leqslant x_1,\cdots,X_n\leqslant x_n;Y_1\leqslant y_1,\cdots,Y_m\leqslant y_m\}$$

为 X 与 Y 的联合分布函数. 如果

$$F(x_1,\cdots,x_n;y_1,\cdots,y_m)=F_X(x_1,\cdots,x_n)\cdot F_Y(y_1,\cdots,y_m),$$

则称 X 与 Y 相互独立，其中 F_X,F_Y 分别为 n 维随机变量 X 与 m 维随机变量 Y 的分布函数.

2. 相互独立的充要条件

① n 个随机变量 $X_1,X_2,\cdots,X_n$ 相互独立$\Leftrightarrow$对任意 n 个实数 $x_1,x_2,\cdots,x_n$，事件$\{X_1\leqslant x_1\},\{X_2\leqslant x_2\},\cdots,\{X_n\leqslant x_n\}$相互独立.

② n 个离散型随机变量 $X_1,X_2,\cdots,X_n$ 相互独立$\Leftrightarrow$对任意 $x_i\in J_i(i=1,2,\cdots,n)$，有

$$\boldsymbol{P}\{X_1=x_1,\cdots,X_n=x_n\}=\boldsymbol{P}\{X_1=x_1\}\cdots\boldsymbol{P}\{X_n=x_n\},$$

其中 J_i 为 X_i 的一切可能取值的集合.

若$(X,Y)\sim p_{ij}$，则 X 与 Y 相互独立$\Leftrightarrow\boldsymbol{P}\{X=x_i,Y=y_j\}=\boldsymbol{P}\{X=x_i\}\cdot\boldsymbol{P}\{Y=y_j\}$，即 $p_{ij}=p_{i\cdot}\cdot p_{\cdot j}\quad(i,j=1,2,\cdots)$.

③ n 个连续型随机变量 $X_1,X_2,\cdots,X_n$ 相互独立$\Leftrightarrow f(x_1,x_2,\cdots,x_n)=f_{X_1}(x_1)\cdots f_{X_n}(x_n)$，$-\infty<x_1,\cdots,x_n<+\infty$，其中 $f(x_1,\cdots,x_n)$为其联合密度，$f_{X_i}(x_i)$为边缘密度.

学习随笔

若$(X,Y)\sim f(x,y)$,则 X 与 Y 相互独立$\Leftrightarrow f(x,y)=f_X(x)\cdot f_Y(y)$,$-\infty<x,y<+\infty$.

④ 若$(X,Y)\sim N(\mu_1,\mu_2;\sigma_1^2,\sigma_2^2;\rho)$,则 X 与 Y 相互独立$\Leftrightarrow\rho=0$.

3. 相互独立的性质

① 设 $X_1,X_2,\cdots,X_n$ 相互独立,则对任意 k 个$(2\leqslant k\leqslant n)$随机变量 $X_{i_1},X_{i_2},\cdots,X_{i_k}$ 也是相互独立的.

② 如果随机变量 X 与 Y 相互独立,则其条件分布(密度)等于相应的边缘分布(密度),即

若$(X,Y)\sim p_{ij}$,X 与 Y 独立,则

$$\boldsymbol{P}_{X|Y}(x_i|y_j)=p_{i\cdot},i=1,2,\cdots(p_{\cdot j}>0),$$

$$\boldsymbol{P}_{Y|X}(y_j|x_i)=p_{\cdot j},j=1,2,\cdots(p_{i\cdot}>0).$$

若$(X,Y)\sim f(x,y)$,则

$$f_{X|Y}(x|y)=f_X(x),-\infty<x<+\infty,(f_Y(y)>0),$$

$$f_{Y|X}(y|x)=f_Y(y),-\infty<y<+\infty,(f_X(x)>0).$$

③ 若 $X_1,X_2,\cdots,X_n$ 相互独立,$g_1(x),\cdots,g_n(x)$都是一元连续函数(可测函数即可),则 $g_1(X_1),\cdots,g_n(X_n)$也是相互独立的.

一般的有,若 $X_{11},\cdots,X_{1t_1},X_{21},\cdots,X_{2t_2},\cdots,X_{n1},\cdots,X_{nt_n}$ 相互独立,$g_i(1\leqslant i\leqslant n)$为 t_i 元连续函数,则 $g_1(X_{11},\cdots,X_{1t_1}),g_2(X_{21},\cdots,X_{2t_2}),\cdots,g_n(X_{n1},\cdots,X_{nt_n})$也是相互独立的.

评注 ① 此性质是相互独立的必要条件并不一定充分;

② 即使由相同的随机变量构成的不同函数也可能相互独立.

五、两个随机变量的函数的分布

1. 问题的一般提法与求解

设二维随机变量(X,Y)的联合分布函数为 $F(x,y)$,联合密度函数为 $f(x,y)$(或联合分布律为 p_{ij}),又

$$U=g_1(X,Y),\quad V=g_2(X,Y),$$

其中 $g_i(x,y)$是二元连续函数,我们的问题是:

① 求 U 或 V 的分布函数,密度函数(或概率分布);

② 求(U,V)联合分布函数,联合密度函数(或联合分布律).

【求解】首先,由分布函数定义,通过计算概率求出分布函数,而后再求密度函数.具体解法如下:

① 求 U 或 V 分布:

$$F_U(u)=\boldsymbol{P}\{U\leqslant u\}=\boldsymbol{P}\{g_1(X,Y)\leqslant u\}=\boldsymbol{P}\{(X,Y)\in D\},$$

其中,$D=\{(x,y):g_1(x,y)\leqslant u\}$.

当$(X,Y)\sim f(x,y)$时,

$$F_U(u)=\boldsymbol{P}\{(X,Y)\in D\}=\iint\limits_{(x,y)\in D}f(x,y)\mathrm{d}x\mathrm{d}y,$$

学习随笔

当 $(X,Y)\sim p_{ij}$ 时，$F_U(u)=\boldsymbol{P}\{(X,Y)\in D\}=\sum\limits_{(x_i,y_j)\in D} p_{ij}$.

此时 $U=g_1(X,Y)$ 也是离散型随机变量，取值为 $g_1(x_i,y_j)(i,j=1,2,\cdots)$，其概率分布为

$$\boldsymbol{P}\{U=g_1(x_i,y_j)\}=p_{ij}.$$

若不同 (x_i,y_j) 中有相同的 $g(x_k,y_l)$，则合并这些项为一项 $g(x_k,y_l)$，并把相应的概率 p_{ij} 相加作为 u 取 $g(x_k,y_l)$ 值的概率，即

$$\boldsymbol{P}\{U=g(x_k,y_l)\}=\sum_{i,j:g(x_i,y_j)=g(x_k,y_l)} p_{ij}.$$

② 求 (U,V) 联合分布：

$$F_{U,V}(u,v)=\boldsymbol{P}\{g_1(X,Y)\leqslant u,g_2(X,Y)\leqslant v\}=\boldsymbol{P}\{(X,Y)\in D\},$$

其中，$D=\{(x,y):g_1(x,y)\leqslant u,g_2(x,y)\leqslant v\}$.

当 $(X,Y)\sim f(x,y)$ 时，$F_{U,V}(u,v)=\iint\limits_D f(x,y)\mathrm{d}x\,\mathrm{d}y$.

当 $(X,Y)\sim p_{ij}$ 时，$F(u,v)=\sum\limits_{(x_i,y_j)\in D} p_{ij}$.

显然，求 $U=g_1(X,Y)$ 分布时，也可通过 (U,V) 联合分布来求. 此时，令 $V=X$，先求出 $(U,V)=(g_1(X,Y),X)$ 的联合分布函数或联合密度 $f(u,v)$，则 U 的分布函数与密度函数分别为

$$F_U(u)=F(u,+\infty),\quad f_U(u)=\int_{-\infty}^{+\infty} f(u,v)\mathrm{d}v.$$

综上分析，表面上看来问题已经解决了，然而计算二重积分（或二重和式）往往并不容易，原因在于 D 的形式比较复杂有时不易求得，况且当 $f(x,y)$ 是分段函数时，又增加了计算的困难. 我们仅讨论几种重要的、简单的情况.

2. X 与 Y 的和、商、积与极值的分布

(1) 和的分布

设 $(X,Y)\sim f(x,y)$，则 $Z=X+Y$ 的密度函数为

$$f_Z(z)=\int_{-\infty}^{+\infty} f(x,z-x)\mathrm{d}x=\int_{-\infty}^{+\infty} f(z-y,y)\mathrm{d}y.$$

当 X 与 Y 独立时，有卷积公式

$$f_Z(z)=f_X*f_Y=\int_{-\infty}^{+\infty} f_X(x)f_Y(z-x)\mathrm{d}x=\int_{-\infty}^{+\infty} f_X(z-y)\cdot f_Y(y)\mathrm{d}y.$$

注意：被积函数变元之和 $x+(z-x)=(z-y)+y=z$.

(2) 商的分布

设 $(X,Y)\sim f(x,y)$，则 $Z=\dfrac{X}{Y}$ 的密度函数为

$$f_Z(z)=\int_{-\infty}^{+\infty} |y|f(yz,y)\mathrm{d}y.$$

当 X 与 Y 独立时，有

$$f_Z(z)=\int_{-\infty}^{+\infty} |y|f_X(yz)f_Y(y)\mathrm{d}y.$$

学习随笔

注意：商 $Z=\frac{X}{Y}$，被积函数第一变元为 yz，第二变元为 y，其商为 $\frac{yz}{y}=z$.

(3) 积的分布

设 $(X,Y)\sim f(x,y)$，则 $Z=XY$ 的密度函数为

$$f_Z(z)=\int_{-\infty}^{+\infty}\frac{1}{|x|}f\left(x,\frac{z}{x}\right)\mathrm{d}x=\int_{-\infty}^{+\infty}\frac{1}{|y|}f\left(\frac{z}{y},y\right)\mathrm{d}y.$$

当 X 与 Y 独立时，有

$$f_Z(z)=\int_{-\infty}^{+\infty}\frac{1}{|x|}f_X(x)f_Y\left(\frac{z}{x}\right)\mathrm{d}x=\int_{-\infty}^{+\infty}\frac{1}{|y|}f_X\left(\frac{z}{y}\right)f_Y(y)\mathrm{d}y.$$

注意：被积函数变元之积 $x\cdot\frac{z}{x}=\frac{z}{y}\cdot y=z$.

(4) 极值分布

设 $(X,Y)\sim F(x,y)$，则 $Z=\max(X,Y)$ 分布函数为 $F_{\max}(z)=F(z,z)$.

当 X 与 Y 独立时，$F_{\max}(z)=F_X(z)\cdot F_Y(z)$.

$Z=\min(X,Y)$ 的分布函数为

$$\begin{aligned}F_{\min}(z)&=F(z,+\infty)+F(+\infty,z)-F(z,z)\\&=F_X(z)+F_Y(z)-F(z,z).\end{aligned}$$

当 X 与 Y 独立时，

$$\begin{aligned}F_{\min}(z)&=F_X(z)+F_Y(z)-F_X(z)F_Y(z)\\&=1-[1-F_X(z)][1-F_Y(z)].\end{aligned}$$

上述结果容易推广到 n 个相互独立随机变量 $X_1,X_2,\cdots,X_n$ 情况，即

$$F_{\max}(z)=F_{X_1}(z)F_{X_2}(z)\cdots F_{X_n}(z),$$

$$F_{\min}(z)=1-[1-F_{X_1}(z)][1-F_{X_2}(z)]\cdots[1-F_{X_n}(z)].$$

特别地，当 $X_1,X_2,\cdots,X_n$ 相互独立且有相同的分布函数 $F(x)$ 或密度函数 $f(x)$ 时，则

$$F_{\max}(z)=[F(z)]^n;\quad f_{\max}(z)=n[F(z)]^{n-1}f(z).$$

$$F_{\min}(z)=1-[1-F(z)]^n;\quad f_{\min}(z)=n[1-F(z)]^{n-1}f(z).$$

3. 一般性的 2→2 结果

【定理 3.2】(密度函数变换公式)

设 (X,Y) 联合密度函数为 $f(x,y)$ 且在区域 A（可以是全平面）上满足 $\boldsymbol{P}\{(X,Y)\in A\}=1$，若对于函数 $\begin{cases}u=g_1(x,y),\\v=g_2(x,y),\end{cases}$ $(x,y)\in A$ 满足：

① 在 A 中存在唯一反函数 $\begin{cases}x=x(u,v),\\y=y(u,v),\end{cases}$ $(u,v)\in G$，其中 G 为 (u,v) 的值域；

② 在 G 上 x,y 有连续的一阶偏导数，且雅可比行列式

$$J=\begin{vmatrix}\frac{\partial x}{\partial u}&\frac{\partial x}{\partial v}\\\frac{\partial y}{\partial u}&\frac{\partial y}{\partial v}\end{vmatrix}\neq 0,$$

则 $\begin{cases}U=g_1(X,Y),\\V=g_2(X,Y),\end{cases}$ 有联合密度函数

$$f_{U,V}(u,v)=\begin{cases}f(x(u,v),y(u,v))\cdot|J|, & (u,v)\in G,\\0, & \text{其他}.\end{cases}$$

4. 分布的可加性

设 n 个随机变量 $X_1,X_2,\cdots,X_n$ 相互独立,则

① 当 $X_i\sim B(n_i,p)$ 时,$\sum\limits_{i=1}^{n}X_i\sim B\left(\sum\limits_{i=1}^{n}n_i,p\right)$;

② 当 $X_i\sim P(\lambda_i)$ 时,$\sum\limits_{i=1}^{n}X_i\sim P\left(\sum\limits_{i=1}^{n}\lambda_i\right)$;

③ 当 $X_i\sim N(\mu_i,\sigma_i^2)$ 时,$\sum\limits_{i=1}^{n}X_i\sim N\left(\sum\limits_{i=1}^{n}\mu_i,\sum\limits_{i=1}^{n}\sigma_i^2\right)$;

④ 当 $X_i\sim\chi^2(n_i)$ 时,$\sum\limits_{i=1}^{n}X_i\sim\chi^2\left(\sum\limits_{i=1}^{n}n_i\right)$.

其中,χ^2 分布在数理统计部分是要经常遇到的.

六、n 维正态分布

1. 定　义

如果 n 维随机变量 $X=(X_1,\cdots,X_n)^{\mathrm T}$ 的联合密度函数为

$$f(x_1,x_2,\cdots,x_n)=\frac{1}{(2\pi)^{\frac{n}{2}}\left|\sum\right|^{\frac{1}{2}}}\mathrm e^{-\frac{1}{2}(x-\mu)^{\mathrm T}\sum^{-1}(x-\mu)},$$

则称 $(X_1,\cdots,X_n)^{\mathrm T}$ 服从 n 维正态分布,记为 $X\sim N(\mu,\sum)$ 或 $(X_1,\cdots,X_n)^{\mathrm T}\sim N(\mu,\sum)$. 其中,$x=(x_1,\cdots,x_n)^{\mathrm T}$,$\mu=(\mu_1,\cdots,\mu_n)^{\mathrm T}$ 均为 n 维列向量,$\sum$ 为 n 阶正定对称矩阵. 服从 n 维正态分布的随机向量也称为 n 维正态变量.

当 $n=2$ 时,$\mu=(\mu_1,\mu_2)^{\mathrm T}$,$\sum=\begin{bmatrix}\sigma_1^2 & \rho\sigma_1\sigma_2\\ \rho\sigma_1\sigma_2 & \sigma_2^2\end{bmatrix}$.

2. 性　质

我们不加证明地给出 n 维正态分布主要性质,这些性质在数理统计中讨论抽样分布时要用到的.

① n 维正态变量的任一子向量也是正态变量.

② n 维正态变量 $X_1,X_2,\cdots,X_n$ 相互独立 $\Leftrightarrow X_1,X_2,\cdots,X_n$ 两两不相关 $\Leftrightarrow \mathrm{Cov}(X_i,X_j)=0$ (一切 $i\neq j$).

③ $(X_1,X_2,\cdots,X_n)^{\mathrm T}\sim N(\mu,\sum)\Leftrightarrow X_1,X_2,\cdots,X_n$ 任意线性组合 $\sum\limits_{i=1}^{n}a_iX_i$ 服从一维正态分布.

④ 正态变量经过线性变换还是正态变量.

若 $X=(X_1,X_2,\cdots,X_n)^{\mathrm T}\sim N\left(\mu,\sum\right)$,则

学习随笔

$$Y=(Y_1,Y_2,\cdots,Y_m)^{\mathrm T}=\boldsymbol{A}X\sim N(\boldsymbol{A}\mu,\boldsymbol{A}\sum\boldsymbol{A}^{\mathrm T}),$$

其中，$\boldsymbol{A}$ 为 $m\times n$ 阶矩阵($1\leqslant m\leqslant n$)，秩$(\boldsymbol{A})=m$.

特别地，存在一个正交矩阵 $\boldsymbol{B}$ 使 $Y=\boldsymbol{B}X$，$Y_1,Y_2,\cdots,Y_m$ 相互独立.

§3.2 进一步理解基本概念

一、为什么要讨论二维随机变量

如果由随机试验 E 的结果 ω 相应地可建立两个随机变量，例如同时观察人的身高 X 和体重 Y，那么(X,Y)称为二维随机变量. 如果仅研究人的身高 X，则按第 2 章的方法即可. 但是要研究身高 X 和 Y 之间的关系，必须要对(X,Y)的联合分布进行深入的研究. 若我们知道 X 与 Y 的联合分布，则 X 和 Y 的边缘分布可以确定；反之，知道 X 和 Y 的边缘分布并不能确定它们的联合分布. 如二维正态分布 $N(\mu_1,\mu_2;\sigma_1^2,\sigma_2^2;\rho)$对于不同的 ρ 有共同的边缘分布 $N(\mu_1,\sigma_1^2)$和 $N(\mu_2,\sigma_2^2)$，只有对(X,Y)的联合分布进行深入研究，才能建立它们之间的联系，如 X 和 Y 的相关系数、Y 关于 X 的回归等都是二维随机变量的研究重点.

要了解(X,Y)的联合分布，只须对任一集合 $B\in R^2$ 求得 $\boldsymbol{P}\{(X,Y)\in B\}$，即$(X,Y)$的分布.

二、二维随机变量的分布函数

要全面研究二维随机变量(X,Y)，就应对一切 $B\in R^2$ 求得(X,Y)的分布 $\boldsymbol{P}\{(X,Y)\in B\}$，但这是一个集合函数，难以处理. 由于任一 B 可以通过矩形区域的积、和、逆运算求得，而矩形区域可由区域$\{X\leqslant x,Y\leqslant y\}$表示，即$\{a_1<X\leqslant b_1,a_2<Y\leqslant b_2\}=\{X\leqslant b_1,Y\leqslant b_2\}-\{X\leqslant a_1,X\leqslant b_2\}-\{X\leqslant b_1,X\leqslant a_2\}\cup\{X\leqslant a_1,Y\leqslant a_2\}$，从而对一切 x 与 y 知道了 $F(x,y)=\boldsymbol{P}\{X\leqslant x,Y\leqslant y\}$即求得了它的分布函数，则对任一 $B\in R^2$，$\boldsymbol{P}\{(X,Y)\in B\}$可确定.

注意到 $F(x,y)$是对一切$(x,y)\in R^2$ 定义的，因而对每一(x,y)都要讨论到，当(x,y)属于不同区域，它有不同的表达式时，这些区域不要遗漏(参考本章【例 3.17】).

基于与一维随机变量相同的理由，我们也把多维随机变量分成离散型和连续型分别予以讨论. 此时用它们的联合概率分布或联合概率密度函数刻画它们的分布时显得更直观、方便，因此，研究多维随机变量时总是求它们的联合概率分布或联合概率密度函数.

三、二维随机变量的联合概率分布或者联合概率密度

通常计算二维离散型随机变量的概率分布时，总会给出某个随机试验. 此时首先应确定(X,Y)的值域，即联合概率分布表格中的第一行、第一列，然后按古典概型或已知分布分别正确计算相应的 p_{ij}，最后应检验 $\sum\limits_j\sum\limits_i p_{ij}$ 是否为 1. 如果全部概率和为 1，则一般来说求得的概率分布是正确的. 在计算最后一个 p_{ij} 时不要轻易地用 1 减去其余概率之和进行计算，这样往往无法确定前面的 p_{ij} 有否错误.

在写出二维连续型随机变量的概率密度时，由于它通常是分段函数，即

$$f(x,y)\begin{cases}>0, & (x,y)\in D,\\ =0, & \text{其他},\end{cases}$$

因此(X,Y)的值域 D 的正确标出是十分重要的，同时，还须检验

$$\iint_{R^2} f(x,y)\,\mathrm{d}x\,\mathrm{d}y=\iint_D f(x,y)\,\mathrm{d}x\,\mathrm{d}y=1$$

是否成立. 此时，由于当$(x,y)\in\overline{D}$ 时为 0，故实际积分区域为 D. 在计算边缘分布、条件分布或者 $Z=g(X,Y)$的分布以及 $\boldsymbol{P}\{(X,Y)\in A\}$时，都要以 D 为基准计算.

四、计算边缘分布和条件分布时要注意的事项

设二维离散型随机变量(X,Y)具有概率分布式（见 §3.1 之二、），并用联立表格表示. 在求 X 的边缘概率分布时只须注意到

$$\boldsymbol{P}\{X=a_i\}=\boldsymbol{P}\{X=a_i,-\infty<Y<\infty\}=\sum_j p_{ij},$$

从而在联立表格中只须固定 a_i，把该行的所有 p_{ij} 相加即得 $p_{i\cdot}$. 为在 $Y=b_j$ 条件下 X 的条件分布，此时关心的仅是联立表格中 $Y=b_j$ 这一列，而 X 的值域仍为$\{a_1,\cdots,a_i,\cdots\}$. 由于该列概率的和为 $p_{\cdot j}\neq 1$，只须把该列每一概率 p_{ij} 除以 $p_{\cdot j}$，就得到了在 $Y=b_j$ 条件下 X 的条件概率分布，即

X \ Y	b_1	$\cdots$	b_j	$\cdots$	
a_1	p_{11}	$\cdots$	p_{1j}	$\cdots$	$p_{1\cdot}$
$\vdots$	$\vdots$		$\vdots$		$\vdots$
a_i	p_{i1}	$\cdots$	p_{ij}	$\cdots$	$p_{i\cdot}$
$\vdots$	$\vdots$		$\vdots$		$\vdots$
	$p_{\cdot 1}$	$\cdots$	$p_{\cdot j}$	$\cdots$	

边缘分布为

X	a_1	$\cdots$	a_i	$\cdots$
P_r	$p_{1\cdot}$	$\cdots$	$p_{i\cdot}$	$\cdots$

Y	b_1	$\cdots$	b_j	$\cdots$
P_r	$p_{\cdot 1}$	$\cdots$	$p_{\cdot j}$	$\cdots$

在 $Y=b_j$ 时，X 条件分布为

X	a_1	$\cdots$	a_i	$\cdots$
P_r	$\dfrac{p_{1j}}{p_{\cdot j}}$	$\cdots$	$\dfrac{p_{ij}}{p_{\cdot j}}$	$\cdots$

在 $X=a_i$ 时，Y 条件分布为

Y	b_1	$\cdots$	b_j	$\cdots$
P_r	$\dfrac{p_{i1}}{p_{i\cdot}}$	$\cdots$	$\dfrac{p_{ij}}{p_{i\cdot}}$	$\cdots$

设二维连续型随机变量(X,Y)有联合密度函数$f(x,y)$. 要求X的边缘密度，只须把$f(x,y)$关于y积分，即$f_X(x)=\int_{-\infty}^{+\infty}f(x,y)\mathrm{d}y$. 在求$Y=y$时$X$的条件密度时，首先注意到它仅对使$f_Y(y)>0$的$y$才有定义，而$X$的值域仍为$(-\infty,+\infty)$；当$Y=y$固定时，$\int_{-\infty}^{+\infty}f(x,y)\mathrm{d}x\neq 1$，如果将$f(x,y)$除上$f_Y(y)$，那么它满足密度函数的要求. 所以在$Y=y$给定时$(f_Y(y)>0)$，$X$的条件密度为

$$f_{X|Y}(x|y)=f(x,y)/f_Y(y).$$

边缘分布和条件分布的计算公式似乎很简单，但在运算中会产生不少问题. 这是因为$f(x,y)>0$的范围可能是R^2中某一区域D. 在$\int_{-\infty}^{+\infty}f(x,y)\mathrm{d}y$的计算中，实际积分区间为$D_x=\{y\,|\,(x,y)\in D\}$，即$D$在$X=x$的截线上的区域，由此定出积分上下限，而它们是$x$的函数. 而条件概率密度$f_{Y|X}(y|x)$仅对$f_X(x)>0$的$x$点才有定义. 此时$Y$的取值范围正是$D_x$，因而此时$f_{Y|X}(y|x)$是一分段函数，即

$$f_{Y|X}(y|x)=\begin{cases}f(x,y)/f_X(x), & y\in D_x,\\ 0, & y\notin D_x\end{cases}\quad (f_X(x)>0).$$

在具体写出时，y的取值范围及满足$f_X(x)>0$的X取值范围都要明确表明，否则会出错(参考本章【例 3.5】).

五、计算随机变量的函数$Z=g(X,Y)$的分布

当(X,Y)有概率分布

$X\backslash Y$	b_1	$\cdots$	b_j	$\cdots$
a_1	p_{11}	$\cdots$	p_{1j}	$\cdots$
$\vdots$				
a_i	p_{i1}	$\cdots$	p_{ij}	$\cdots$

时，$Z=g(X,Y)$一定是离散型随机变量. 为了求得Z的概率分布，可将相应于$X=a_i$，$Y=b_j$的$Z=g(a_i,b_j)$标在p_{ij}的左上方，并由此确定Z的值域，并将有相同函数值的p_{ij}予以相加即可.

当(X,Y)有联合概率密度$f(x,y)$时，若$Z=g(X,Y)$是连续型随机变量，则可求得它的概率密度. 但由于$f(x,y)$通常是分段函数，在计算$F_Z(z)$时，利用公式

$$F_Z(z)=\iint\limits_{D_z}f(x,y)\mathrm{d}x\mathrm{d}y,$$

其中，$D_z=\{(x,y)\,|\,g(x,y)\leqslant z\}$，但实际积分区间并不是$D_z$，而是$D_z\cap D=\{(x,y)\,|\,f(x,y)>0\}$. 因此正确的积分限应由此而定. 另外，还要注意：

① 应首先确定z的值域，这样$F_Z(z)$不会写错；

② 对于不同的z，往往$D_z\cap D=\{(x,y)\,|\,f(x,y)>0\}$的区域也是不同的，因而要按$z$的值域进行分段计算，这往往是一个难点. 在写出$F_Z(z)$时，由于$F_Z(z)$是分段函数，不

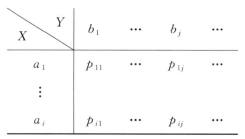

同的定义区段要正确标明.

六、计算概率 $P\{(X,Y)\in A\}$ 时的注意事项

当 (X,Y) 是离散型随机变量时，利用 $P\{(X,Y)\in A\}=\sum\limits_{(a_i,b_j)\in A}\sum p_{ij}$ 即可.

当 (X,Y) 是连续型随机变量时，$P\{(X,Y)\in A\}=\iint\limits_A f(x,y)\mathrm{d}x\,\mathrm{d}y$. 似乎很简单，计算上却有一定难度. 因为 $f(x,y)>0$ 的范围是 R^2 某一区域 D，积分实际是在 $D\cap A$ 区域上进行的. 这时必须正确定出二重积分的上下限才能保证计算不出差错(参考本章【例 3.2】).

七、随机变量独立性与随机事件独立性的差异

随机变量 X 和 Y 独立，意味着对任意集合 A 和 B 有

$$P\{X\in A,Y\in B\}=P\{X\in A\}P\{Y\in B\}$$

成立，即事件 $\{X\in A\}$ 和 $\{Y\in B\}$ 是相互独立的. 由于 A,B 的任意性，它比通常事件的独立性要求更高，相当于两个随机试验的独立性.

此外，若 $f(x,y)\begin{cases}>0, & (x,y)\in G,\\ =0, & \text{其他},\end{cases}$ 则当 G 不是 $\{a\leqslant x\leqslant b,c\leqslant y\leqslant d\}$ 的形式时，X 与 Y 一定是不独立的，这是由于 X 的边缘密度 $f_X(x)>0$ 的范围为 $[a,b]$，而 $f_Y(y)>0$ 的范围为 $[c,d]$. 故当 (x,y) 属于 $[a,b]\times[c,d]-G$ 时 $f_X(x)f_Y(y)>0$，而 $f(x,y)=0$，故 X,Y 是不独立的. 但当 G 为 $\{a\leqslant x\leqslant b,c\leqslant y\leqslant d\}$ 时还须检查 $f(x,y)=f_X(x)f_Y(y)$ 才能确定 X 和 Y 的独立性.

另外，随机变量组 $\{X_1,\cdots,X_n\}$ 的相互独立性与 $(X_1,\cdots,X_n)$ 的两两独立性是有区别的. $\{X_1,\cdots,X_n\}$ 相互独立性即意味着对 R 中的任意集合 $A_1,\cdots,A_n$，事件组 $\{X_i\in A_i\}$ $(i=1,\cdots,n)$ 是相互独立的，而 $(X_1,\cdots,X_n)$ 是两两独立的，即指事件组 $\{X_i\in A_i\}(i=1,\cdots,n)$ 是两两独立的.

八、卷积公式应用中要注意的事项

当随机变量 X,Y 相互独立且有密度函数 $f_X(x)$ 和 $f_Y(y)$ 时，随机变量 $Z=X+Y$ 的密度公式为

$$f_Z(z)=\int_{-\infty}^{+\infty}f_X(x)f_Y(z-x)\mathrm{d}x,$$

公式应用中有许多细节要当心. 首先它要对一切 z 予以讨论，可能 z 要分成几个区间分别处理，它们有不同的表达形式；其次，上述积分区域形式上为 $(-\infty,+\infty)$，实质上是在使 $f_X(x)f_Y(z-x)>0$ 的区域上积分. 因此积分区域实质上是 $\{x\mid f_X(x)>0\}$ 与 $\{x\mid f_Y(z-x)>0\}$ 的交集，积分上、下限也应由此而定. 注意到 z 不同，积分的上下限也不同，因此，在求 $Z=(X+Y)$ 的密度函数时应十分仔细.

另外，求 $f_Z(z)$ 也可以先通过求分布函数 $F_Z(z)=P\{X+Y\leqslant z\}$，然后再求导解得，但此时也有同样的问题，对于不同的 z，积分区域应是 $\{(x,y)\mid x+y\leqslant z\}$ 和 $\{(x,y)\mid$

学习随笔

$f_X(x)f_Y(y)>0\}$的交集.因此,z 也要分成几个不同区间进行讨论(参考本章【例 3.9】、【例 3.12】).

更一般地,若随机变量 X,Y 相互独立且有密度函数 $f_X(x)$, $f_Y(y)$,则 $Z=aX+bY$ 的密度函数的公式为

$$f_Z(z)=\int_{-\infty}^{+\infty}f_X(x)\cdot\frac{1}{|b|}f_Y\left(\frac{z-ax}{b}\right)\mathrm{d}x$$

或

$$f_Z(z)=\int_{-\infty}^{+\infty}\frac{1}{|a|}f_X\left(\frac{z-by}{a}\right)f_Y(y)\mathrm{d}y.$$

九、关于“可加性”定理

如果独立随机变量 X 和 Y 服从的参数分布族是相同的,那么,当 $Z=X+Y$ 服从的分布也属于该参数分布族,且参数值为 X 和 Y 相应的参数之和,则称该分布族具有可加性.已知二项分布、泊松分布、正态分布及 χ^2 分布(Γ-分布)均具有可加性.知道这一结论会给我们带来许多方便,例如 $X\sim N(\mu_1,\sigma_1^2)$,$Y\sim N(\mu_2,\sigma_2^2)$且 X 和 Y 独立,那么,$Z=(X+Y)\sim N(\mu_1+\mu_2,\sigma_1^2+\sigma_2^2)$,如果按卷积公式计算密度函数就要花费不少功夫.因此,在做练习时对于上述分布应尽可能利用可加性定理.

十、$\max(X_1,\cdots,X_n)$和$\min(X_1,\cdots,X_n)$的直观含义

$U=\max(X_1,\cdots,X_n)$和 $V=\min(X_1,\cdots,X_n)$与通常的函数关系不一样,往往较难理解,但它们有很常用的实际背景,因而它们的分布计算公式很有用.

如果由若干零件(独立工作)串联成电路系统,而每个零件的寿命 X_i 都是随机变量,那么,该系统的寿命 Y 与零件组中最短的寿命一致,即 $Y=V=\min(X_1,\cdots,X_n)$(参考本章【例 3.18】).

如果由若干零件(独立工作)并联成电路系统,则该系统的寿命 Z 与零件组最长的寿命一致,即 $Z=U=\max(X_1,\cdots,X_n)$.

由于普通电路往往是多组并联、串联电路相互混合连接,知道了 U,V 的分布就可寻求一般电路的寿命.

十一、二维均匀分布

在“几何概型”中我们曾提到“坐标法”,实际上,平面上几何概率问题中的坐标(X,Y)正是服从样本空间 Ω 上的二维均匀分布.

从密度表达形式来看,似乎二维均匀分布比较简单,事实上由于 Ω 的任意性,有时它的计算并不容易.此时(X,Y)落在平面上任一集合 B 的概率为

$$\boldsymbol{P}\{(X,Y)\in B\}=(\Omega\cap B)\text{ 的面积 }/\Omega\text{ 的面积},$$

它的边缘分布一般不再是一维均匀分布.但它的条件分布仍是一维均匀分布,即当 $Y=y$ 时(此时 Ω 在 $Y=y$ 的截线段 $\Omega_y=\{x\mid(x,y)\in G\}$的长度不为零,参考【例 3.15】)有

$$f_{X|Y}(x\mid y)=\begin{cases}1/\Omega_y\text{ 的长度}, & x\in\Omega_y,\\0, & x\,\overline{\in}\,\Omega_y.\end{cases}$$

十二、二维正态分布

如果二维随机变量$(X,Y)\sim N(\mu_1,\mu_2;\sigma_1^2,\sigma_2^2;\rho)$，则它的边缘分布和条件分布仍然都是正态的，而且对于不同的ρ(即$\mu_1,\mu_2,\sigma_1^2,\sigma_2^2$保持不变)，$(X,Y)$的二维分布是不相同的，然而它们有相同的边缘分布，即$X\sim N(\mu_1,\sigma_1^2)$，$Y\sim N(\mu_2,\sigma_2^2)$；它们之间通常不独立，只有当且仅当$\rho=0$时，$X$与$Y$才相互独立. 这说明仅知道两个随机变量的边缘分布是无法决定它们的联合分布的.

另外还有一个重要的性质，即服从多维正态分布的诸随机变量的线性组合仍然服从正态分布. 由于仍为正态分布，只要计算出它的期望方差，就可以求得相应的分布密度.

为了便于记忆二维正态分布的密度，只须将X,Y标准化，即$X^*=\dfrac{X-\mu_1}{\sigma_1}$，$Y^*=\dfrac{Y-\mu_2}{\sigma_2}$，那么$(X^*,Y^*)\sim N(0,0;1,1;\rho)$，即$(X^*,Y^*)$的密度为

$$\frac{1}{2\pi\sqrt{1-\rho^2}}\exp\left\{-\frac{1}{2(1-\rho^2)}(x^{*2}-2\rho x^*y^*+y^{*2})\right\}.$$

§3.3　重难点提示

重点　二维随机变量及其分布(联合分布、边缘分布、条件分布)和相互独立的概念、关系性质和求法(或判别)；由(X,Y)的联合分布求其函数的分布或联合分布，特别是求$X+Y$，$\dfrac{X}{Y}$，XY，$\max(X,Y)$，$\min(X,Y)$的分布，以及计算概率$\boldsymbol{P}\{(X,Y)\in D\}$；二维($n$维)正态分布、均匀分布的定义及性质.

难点　求二维随机变量函数的分布或联合分布：若$(X,Y)\sim f(x,y)$，则应用公式$\boldsymbol{P}\{(X,Y)\in D\}=\iint\limits_D f(x,y)\mathrm{d}x\mathrm{d}y$计算概率或求联合分布.

几点说明

① 本章概念、公式较多，要记住这些公式(只要知道其确切含义是不难办到的)，它们是计算的基础，一些题目也大多是套用公式. 要掌握分布函数、分布律、密度函数性质及其之间的关系，它常常用于确定分布中未知参数，或解决相互转换运算.

② 随机变量相互独立性是概率论中一个重要概念，它们都是通过分布之间的关系来定义或判定的，并用这些关系来解答问题；这点与事件相互独立性有点不同，后者多是由试验独立性的判定而知道其结果——事件相互独立，再运用事件之间独立性所蕴含的概率关系来解答问题.

如果要证明X与Y相互独立，要对一切(x,y)或(i,j)都有

$$F(x,y)=F_X(x)\cdot F_Y(y)\text{ 或 }f(x,y)=f_X(x)f_Y(y)\text{ 或 }p_{ij}=p_{i\cdot}\times p_{\cdot j}.$$

如果要否定独立性，则仅需对某个(x_0,y_0)或(i_0,j_0)有

$$F(x_0,y_0)\neq F_X(x_0)F_Y(y_0)\text{ 或 }f(x_0,y_0)\neq f_X(x_0)f_Y(y_0)\text{ 或 }p_{i_0j_0}\neq p_{i_0\cdot}\times p_{\cdot j_0}.$$

③ 如果$(X,Y)\sim f(x,y)$或$(X,Y)\sim p_{ij}$，则公式

学习随笔

$$F(x,y)=\begin{cases}\sum\limits_{x_i\leqslant x}\sum\limits_{y_j\leqslant y}p_{ij},\\ \int_{-\infty}^{x}\int_{-\infty}^{y}f(u,v)\mathrm{d}u\mathrm{d}v,\end{cases}\quad 与 \quad \boldsymbol{P}\{(X,Y)\in D\}=\begin{cases}\sum\limits_{(x_i,y_j)\in D}p_{ij},\\ \iint\limits_{D}f(xy)\mathrm{d}x\mathrm{d}y,\end{cases}$$

是求联合分布函数或求 $g_1(X,Y)$与 $g_2(X,Y)$联合分布、计算概率的主要依据. 此时要确定(画出)被积函数 $f(x,y)\neq 0$ 的区域 G 及积分区域 D(D 经常又与参数 x,y 有关),那么二重积分(二重求和)应在 GD 上进行,对不同的 x,y 要分开讨论,并将二重积分(二重求和)化为累次积分(累次求和),即可计算出最终结果.

如果$\begin{cases}U=g_1(X,Y),\\ V=g_2(X,Y)\end{cases}$满足定理条件,则可直接应用密度变换公式求出$(U,V)$的联合密度函数.

§3.4 典型题型归纳及解题方法与技巧

一、二维随机变量分布的性质及计算与之有关的事件概率

【例 3.1】设二维随机变量(X,Y)的联合分布函数为 $F(x,y)$,试用 $F(x,y)$表示下列概率(画出(X,Y)落入的区域即可求得):

(1) $\boldsymbol{P}\{a<X\leqslant b,c<Y\leqslant d\}$;

(2) $\boldsymbol{P}\{a\leqslant X\leqslant b,Y\leqslant c\}$;

(3) $\boldsymbol{P}\{X=a,Y\leqslant y\}$;

(4) $\boldsymbol{P}\{X\leqslant x\}$.

【解】(1) $\boldsymbol{P}\{a<X\leqslant b,c<Y\leqslant d\}=\boldsymbol{P}\{X\leqslant b,Y\leqslant d\}-\boldsymbol{P}\{X\leqslant b,Y\leqslant c\}-\boldsymbol{P}\{X\leqslant a,Y\leqslant d\}+\boldsymbol{P}\{X\leqslant a,Y\leqslant c\}=F(b,d)-F(b,c)-F(a,d)+F(a,c)$;

(2) $\boldsymbol{P}\{a\leqslant X\leqslant b,Y\leqslant c\}=\boldsymbol{P}\{X\leqslant b,Y\leqslant c\}-\boldsymbol{P}\{X<a,Y\leqslant c\}=F(b,c)-F(a-0,c)$;

(3) $\boldsymbol{P}\{X=a,Y\leqslant y\}=\boldsymbol{P}\{X\leqslant a,Y\leqslant y\}-\boldsymbol{P}\{X<a,Y\leqslant y\}=F(a,y)-F(a-0,y)$;

(4) $\boldsymbol{P}\{X\leqslant x\}=\boldsymbol{P}\{X\leqslant x,Y<+\infty\}=F(x,+\infty)$.

【例 3.2】计算下列概率 $\boldsymbol{P}\{X+Y\geqslant 1\}$:

(1) 如果(X,Y)在 $D=\{(x,y)\mid 0\leqslant x\leqslant 1,0\leqslant y\leqslant 2\}$上服从均匀分布;

(2) 如果(X,Y)的密度函数为 $f(x,y)=\begin{cases}\mathrm{e}^{-y}, & 0<x<y,\\ 0, & 其他.\end{cases}$

【分析与解答】显然要应用公式

$$\boldsymbol{P}\{(X,Y)\in D\}=\iint\limits_{D}f(x,y)\mathrm{d}x\mathrm{d}y.$$

为计算右边积分,首先要画出 $f(x,y)$非零的定义域 G,再画出积分区域 D,最后在 GD 上计算积分.

(1) 积分区域如图 3-1 所示. 已知

$$f(x,y)=\begin{cases}\dfrac{1}{2}, & 0\leqslant x\leqslant 1,0\leqslant y\leqslant 2,\\ 0, & 其他,\end{cases}$$

故　$$\boldsymbol{P}\{X+Y\geqslant 1\}=\iint\limits_{x+y\geqslant 1}f(x,y)\mathrm{d}x\mathrm{d}y=\int_0^1\mathrm{d}x\int_{1-x}^2\frac{1}{2}\mathrm{d}y=\frac{1}{2}\int_0^1(1+x)\mathrm{d}x=\frac{1}{2}\left(1+\frac{1}{2}\right)=\frac{3}{4}.$$

(2) 积分区域如图 3-2 所示.

$$\boldsymbol{P}\{X+Y\geqslant 1\}=\iint\limits_{x+y\geqslant 1}f(x,y)\mathrm{d}x\mathrm{d}y=\int_0^{\frac{1}{2}}\mathrm{d}x\int_{1-x}^{+\infty}\mathrm{e}^{-y}\mathrm{d}y+\int_{\frac{1}{2}}^{+\infty}\mathrm{d}x\int_x^{+\infty}\mathrm{e}^{-y}\mathrm{d}y=\int_0^{\frac{1}{2}}\mathrm{e}^{x-1}\mathrm{d}x+\int_{\frac{1}{2}}^{+\infty}\mathrm{e}^{-x}\mathrm{d}x=\left[\mathrm{e}^{x-1}\right]_0^{\frac{1}{2}}-\left[\mathrm{e}^{-x}\right]_{\frac{1}{2}}^{\infty}=2\mathrm{e}^{-\frac{1}{2}}-\mathrm{e}^{-1}.$$

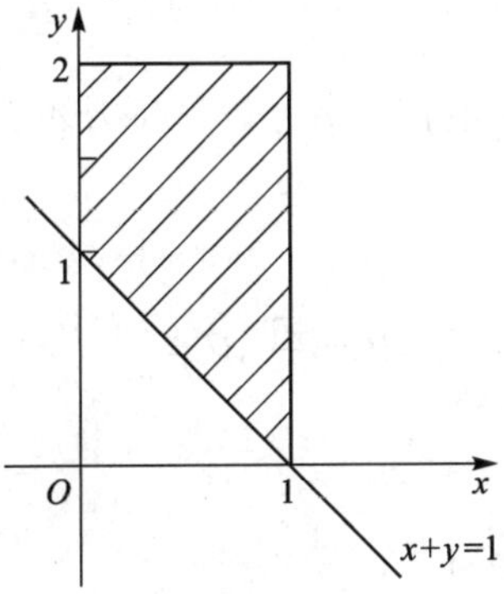

图 3-1

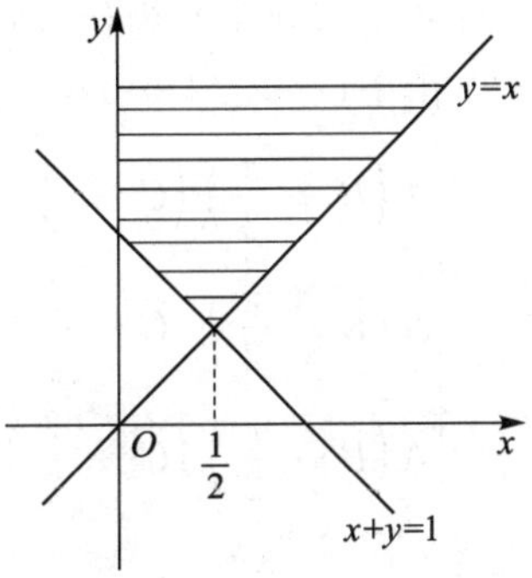

图 3-2

或者

$$\boldsymbol{P}\{X+Y\geqslant 1\}=1-\boldsymbol{P}\{X+Y\leqslant 1\}=1-\iint\limits_{x+y\leqslant 1}f(x,y)\mathrm{d}x\mathrm{d}y=1-\int_0^{\frac{1}{2}}\mathrm{d}x\int_x^{1-x}\mathrm{e}^{-y}\mathrm{d}y=1-(1+\mathrm{e}^{-1}-2\mathrm{e}^{-\frac{1}{2}})=2\mathrm{e}^{-\frac{1}{2}}-\mathrm{e}^{-1}.$$

【例 3.3】已知随机变量 X、Y 相互独立且有相同的密度函数 $f(x)$，其中 $f(x)$ 是 x 的连续函数，试计算概率 $\boldsymbol{P}\{X>Y\}$.

【解】由于 X 与 Y 相互独立且有相同密度函数 $f(x)$，所以 (X,Y) 的联合密度 $g(x,y)=f(x)f(y)$. 如果 X 的分布函数为 $F(x)$，积分区域如图 3-3 所示，则

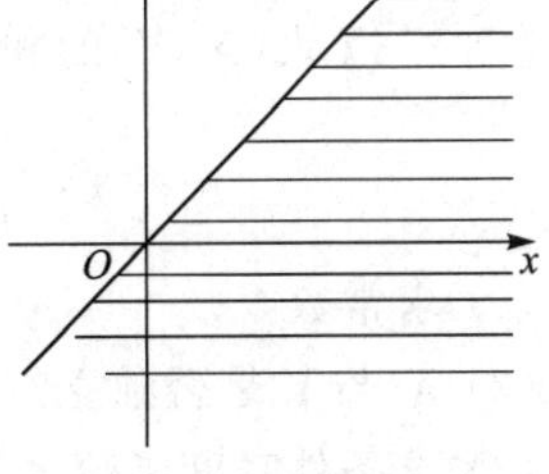

图 3-3

学习随笔

$$P\{X>Y\}=\iint_{x>y} f(x)f(y)\mathrm{d}x\mathrm{d}y$$
$$=\int_{-\infty}^{+\infty} f(x)\mathrm{d}x\int_{-\infty}^{x} f(y)\mathrm{d}y$$
$$=\int_{-\infty}^{+\infty} f(x)F(x)\mathrm{d}x$$
$$=\int_{-\infty}^{+\infty} F(x)\mathrm{d}F(x)=\frac{1}{2}F^2(x)\Big|_{-\infty}^{+\infty}=\frac{1}{2}.$$

二、联合分布函数、密度函数、条件分布、边缘分布之间的转换及独立性讨论

【例 3.4】设(X,Y)联合分布函数为

$$F(x,y)=A\left(B+\arctan\frac{x}{2}\right)\left(C+\arctan\frac{y}{3}\right),-\infty<x,y<+\infty,$$

(1) 求常数A,B,C；

(2) 求联合密度函数$f(x,y)$；

(3) X与Y是否独立？为什么？

【解】(1) 由$F(+\infty,+\infty)=1,F(+\infty,-\infty)=0,F(-\infty,+\infty)=0$得

$$\begin{cases}A\left(B+\dfrac{\pi}{2}\right)\left(C+\dfrac{\pi}{2}\right)=1,\\ A\left(B+\dfrac{\pi}{2}\right)\left(C-\dfrac{\pi}{2}\right)=0,\\ A\left(B-\dfrac{\pi}{2}\right)\left(C+\dfrac{\pi}{2}\right)=0\end{cases}\Rightarrow A=\frac{1}{\pi^2},B=\frac{\pi}{2},C=\frac{\pi}{2}.$$

(2) $$f(x,y)=\frac{\partial^2F(x,y)}{\partial x\partial y}=A\frac{\frac{1}{2}}{1+\left(\frac{x}{2}\right)^2}\cdot\frac{\frac{1}{3}}{1+\left(\frac{y}{3}\right)^2}=\frac{6}{\pi^2(4+x^2)(9+y^2)}.$$

(3) 由于$$F_X(x)=F(x,+\infty)=A\left(B+\arctan\frac{x}{2}\right)\left(C+\frac{\pi}{2}\right)=\frac{1}{\pi}\left(\frac{\pi}{2}+\arctan\frac{x}{2}\right),$$

$$F_Y(y)=F(+\infty,y)=A\left(B+\frac{\pi}{2}\right)\left(C+\arctan\frac{y}{3}\right)=\frac{1}{\pi}\left(\frac{\pi}{2}+\arctan\frac{y}{3}\right),$$

$$F(x,y)=F_X(x)F_Y(y),$$

故X与Y相互独立.

【例 3.5】设(X,Y)的联合密度函数为

$$f(x,y)=\begin{cases}Cx\mathrm{e}^{-y}, & 0<x<y<+\infty,\\ 0, & \text{其他},\end{cases}$$

(1) 求常数C；

(2) X与Y是否独立？为什么？

(3) 求条件密度函数$f_{X|Y}(x|y),f_{Y|X}(y|x)$；

(4) 求联合分布函数$F(x,y)$.

【解】(1) 积分区域如图 3－4 所示.

$$1=\int_{-\infty}^{+\infty}\int_{-\infty}^{+\infty}f(x,y)\mathrm{d}x\mathrm{d}y$$
$$=\int_{0}^{+\infty}\mathrm{d}x\int_{x}^{+\infty}Cx\mathrm{e}^{-y}\mathrm{d}y$$
$$=C\int_{0}^{+\infty}x\mathrm{e}^{-x}\mathrm{d}x=C,$$

故　$C=1$.

(2) 由于 $f_X(x)=\int_{-\infty}^{+\infty}f(x,y)\mathrm{d}y=\begin{cases}0, & x\leqslant 0,\\ \int_{x}^{+\infty}x\mathrm{e}^{-y}\mathrm{d}y=x\mathrm{e}^{-x}, & x>0,\end{cases}$

$$f_Y(y)=\int_{-\infty}^{+\infty}f(x,y)\mathrm{d}x=\begin{cases}0, & y\leqslant 0,\\ \int_{0}^{y}x\mathrm{e}^{-y}\mathrm{d}x=\dfrac{1}{2}y^2\mathrm{e}^{-y}, & y>0,\end{cases}$$

显然 $f_X(x)\cdot f_Y(y)\neq f(x,y)$,所以 X 与 Y 不独立.

(3) $f_Y(y)>0$ 时,

$$f_{X|Y}(x|y)=\frac{f(x,y)}{f_Y(y)}=\begin{cases}\dfrac{x\mathrm{e}^{-y}}{\dfrac{1}{2}y^2\mathrm{e}^{-y}}=\dfrac{2x}{y^2}, & 0<x<y,\\ 0, & \text{其他};\end{cases}$$

$f_X(x)>0$ 时,

$$f_{Y|X}(y|x)=\frac{f(x,y)}{f_X(x)}=\begin{cases}\dfrac{x\mathrm{e}^{-y}}{x\mathrm{e}^{-x}}=\mathrm{e}^{x-y}, & 0<x<y,\\ 0, & \text{其他}.\end{cases}$$

(4) 积分区域如图 3－5 所示,$F(x,y)=\int_{-\infty}^{x}\mathrm{d}u\int_{-\infty}^{y}f(u,v)\mathrm{d}v$.

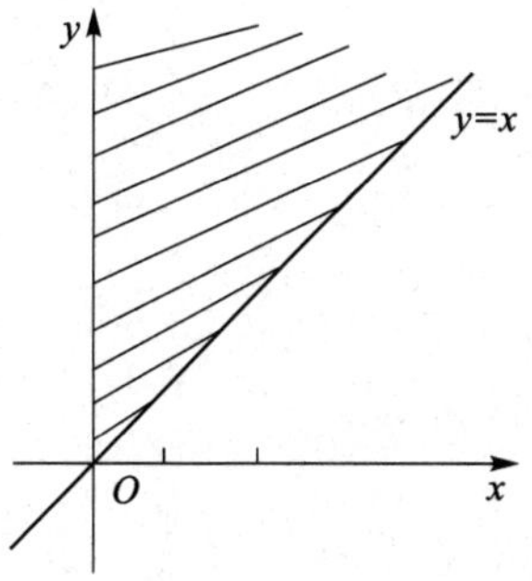

图 3－4

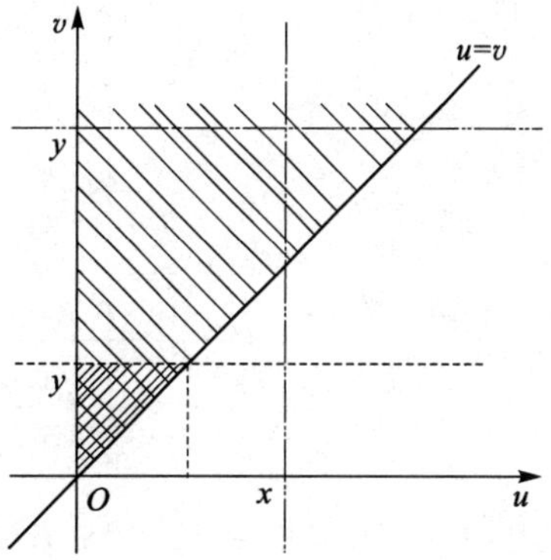

图 3－5

当 $x\leqslant 0$ 或 $y\leqslant 0$ 时,$F(x,y)=0$;

当 $0<y\leqslant x$ 时,

学习随笔

$$
\begin{aligned}
F(x,y) &= \int_0^y \mathrm{d}u \int_u^y u\mathrm{e}^{-v}\mathrm{d}v \\
&= \int_0^y u(\mathrm{e}^{-u}-\mathrm{e}^{-y})\mathrm{d}u \\
&= 1-\left(\frac{1}{2}y^2+y+1\right)\mathrm{e}^{-y};
\end{aligned}
$$

当 $0<x<y$ 时，

$$
\begin{aligned}
F(x,y) &= \int_0^x \mathrm{d}u \int_u^y u\mathrm{e}^{-v}\mathrm{d}v \\
&= \int_0^x u(\mathrm{e}^{-u}-\mathrm{e}^{-y})\mathrm{d}u \\
&= 1-(x+1)\mathrm{e}^{-x}-\frac{1}{2}x^2\mathrm{e}^{-y}
\end{aligned}
$$

所以 $F(x,y)=\begin{cases}0, & x\leqslant 0 \text{ 或 } y\leqslant 0,\\ 1-\left(\frac{1}{2}y^2+y+1\right)\mathrm{e}^{-y}, & 0<y\leqslant x,\\ 1-(x+1)\mathrm{e}^{-x}-\frac{1}{2}x^2\mathrm{e}^{-y}, & 0<x<y.\end{cases}$

【例 3.6】已知随机变量 X_1 和 X_2 的概率分布为

$$
X_1\sim\begin{pmatrix}-1, & 0, & 1\\ \frac{1}{4}, & \frac{1}{2}, & \frac{1}{4}\end{pmatrix},\quad X_2\sim\begin{pmatrix}0, & 1\\ \frac{1}{2}, & \frac{1}{2}\end{pmatrix},
$$

且 $\boldsymbol{P}\{X_1X_2=0\}=1$，问 X_1 与 X_2 是否独立？为什么？

【分析与解答】首先要求出 X_1 与 X_2 的联合分布，由题设 $\boldsymbol{P}\{X_1X_2=0\}=1$，知 $\boldsymbol{P}\{X_1X_2\neq 0\}=0$，从而有 $\boldsymbol{P}\{X_1=-1,X_2=1\}=\boldsymbol{P}\{X_1=1,X_2=1\}=0$. 于是由边缘分布与联合分布的关系，即可求出 (X_1,X_2) 的联合分布，即

X_2 \ X_1	-1	0	1	
0	$\frac{1}{4}$	0	$\frac{1}{4}$	$\frac{1}{2}$
1	0	$\frac{1}{2}$	0	$\frac{1}{2}$
	$\frac{1}{4}$	$\frac{1}{2}$	$\frac{1}{4}$	

由于 $\boldsymbol{P}\{X_1=-1,X_2=1\}=0\neq\boldsymbol{P}\{X_1=-1\}\cdot\boldsymbol{P}\{X_2=1\}=\frac{1}{4}\times\frac{1}{2}=\frac{1}{8}$，故 X_1 与 X_2 不独立.

【例 3.7】设 (X,Y) 的密度函数为 $f(x,y)$，证明：X 与 Y 相互独立的充要条件是 $f(x,y)$ 为可分离变量，即 $f(x,y)=g(x)\cdot h(y)$，并回答 $g(x)$，$h(y)$ 与边缘密度函数 $f_X(x)$，$f_Y(y)$ 有什么关系？

【证明】设 X 与 Y 相互独立，则 $f(x,y)=f_X(x)\cdot f_Y(y)$，即 $f(x,y)$ 为可分离变

量;反之,若 $f(x,y)=g(x)h(y)$,令 $c=\int_{-\infty}^{+\infty}g(x)\mathrm{d}x$,$d=\int_{-\infty}^{+\infty}h(y)\mathrm{d}y$,则由

$$\int_{-\infty}^{+\infty}\int_{-\infty}^{+\infty}f(xy)\mathrm{d}x\mathrm{d}y=\int_{-\infty}^{+\infty}g(x)\mathrm{d}x\int_{-\infty}^{+\infty}h(y)\mathrm{d}y=cd=1,$$

$$f_X(x)=\int_{-\infty}^{+\infty}f(x,y)\mathrm{d}y=\int_{-\infty}^{+\infty}g(x)h(y)\mathrm{d}y=g(x)\int_{-\infty}^{+\infty}h(y)\mathrm{d}y=dg(x),$$

$$f_Y(y)=\int_{-\infty}^{+\infty}f(x,y)\mathrm{d}x=ch(y),$$

得　$f_X(x)f_Y(y)=dg(x)\cdot ch(y)=g(x)h(y)=f(x,y)$.

所以 X 与 Y 独立,且 $g(x)$与 $f_X(x)$,$h(y)$与 $f_Y(y)$仅差一个常数因子.

三、已知(X,Y)的联合分布,求 $Z=g(X,Y)$的分布

【例 3.8】设二维随机变量(X,Y)的概率密度为

$$f(x,y)=\begin{cases}2\mathrm{e}^{-(x+2y)}, & x>0,y>0,\\ 0, & \text{其他},\end{cases}$$

求随机变量 $Z=X+2Y$ 的分布函数.

【解】积分区域如图 3-6 所示.

$$F_Z(z)=\boldsymbol{P}\{Z\leqslant z\}=\boldsymbol{P}\{X+2Y\leqslant z\}=\iint\limits_{x+2y\leqslant z}f(x,y)\mathrm{d}x\mathrm{d}y.$$

当 $z\leqslant 0$ 时,$F_Z(z)=0$;

当 $z>0$ 时,

$$\begin{aligned}F_Z(z)&=\int_0^z\mathrm{d}x\int_0^{\frac{1}{2}(z-x)}2\mathrm{e}^{-(x+2y)}\mathrm{d}y\\&=\int_0^z\mathrm{e}^{-x}\mathrm{d}x\int_0^{\frac{1}{2}(z-x)}2\mathrm{e}^{-2y}\mathrm{d}y\\&=\int_0^z\mathrm{e}^{-x}(1-\mathrm{e}^{x-z})\mathrm{d}x\\&=\int_0^z(\mathrm{e}^{-x}-\mathrm{e}^{-z})\mathrm{d}x=1-\mathrm{e}^{-z}-z\mathrm{e}^{-z}.\end{aligned}$$

故所求的分布函数为 $F_Z(z)=\begin{cases}0, & z\leqslant 0,\\ 1-\mathrm{e}^{-z}-z\mathrm{e}^{-z}, & z>0.\end{cases}$

【例 3.9】设二维随机变量(X,Y)在矩形区域 $G=\{(x,y)\mid 0\leqslant x\leqslant 2,0\leqslant y\leqslant 1\}$上服从均匀分布,试求边长为 X 和 Y 的矩形面积 S 的概率密度 $f(s)$.

【解】$S=XY$,求 $F(s)$,$f(s)$,如图 3-7 所示.依题设知

$$(X,Y)\sim f(x,y)=\begin{cases}\dfrac{1}{2}, & 0\leqslant x\leqslant 2,0\leqslant y\leqslant 1,\\ 0, & \text{其他},\end{cases}$$

故　$F_S(s)=\boldsymbol{P}\{XY\leqslant s\}=\iint\limits_{xy\leqslant s}f(x,y)\mathrm{d}x\mathrm{d}y.$

学习随笔

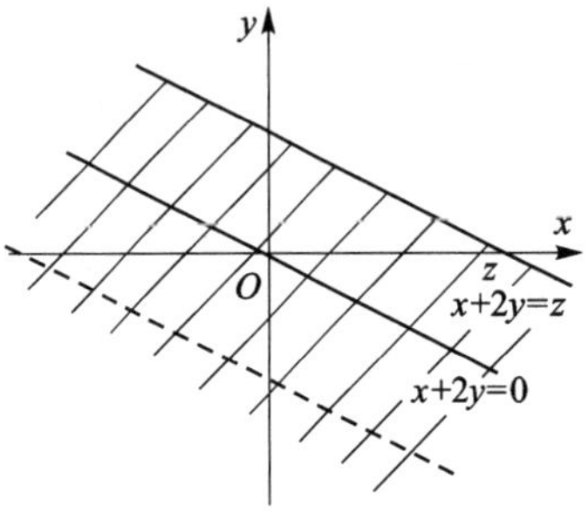

图 3-6

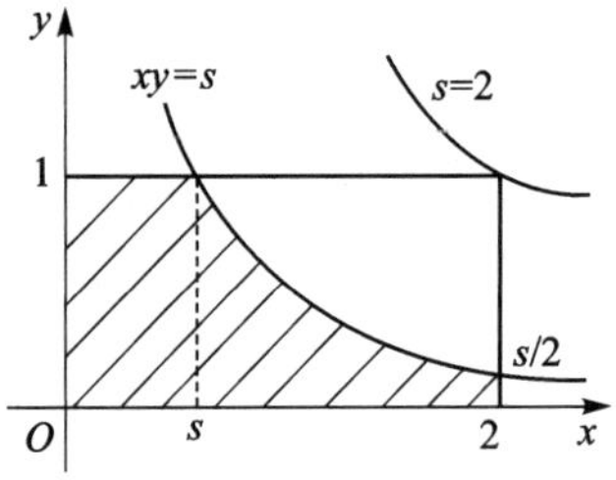

图 3-7

当 $S\leqslant 0$ 时，$F_S(s)=0$；

当 $S\geqslant 2$ 时，$F_S(s)=\iint\limits_{xy\leqslant s} f(x,y)\mathrm{d}x\mathrm{d}y=\iint\limits_{G} f(xy)\mathrm{d}x\mathrm{d}y=1$；

当 $0<S<2$ 时，$F_S(s)=\iint\limits_{xy\leqslant s} f(x,y)\mathrm{d}x\mathrm{d}y=\int_0^s\mathrm{d}x\int_0^1\frac{1}{2}\mathrm{d}y+\int_s^2\mathrm{d}x\int_0^{\frac{s}{x}}\frac{1}{2}\mathrm{d}y$

$$=\frac{s}{2}+\int_s^2\frac{1}{2}\frac{s}{x}\mathrm{d}x=\frac{s}{2}(1+[\ln x]_s^2)=\frac{s}{2}(1+\ln 2-\ln s).$$

故 S 的分布函数

$$F_S(s)=\begin{cases}0, & s\leqslant 0,\\ \frac{s}{2}(1+\ln 2-\ln s), & 0<s<2,\\ 1, & 2\leqslant s.\end{cases}$$

所求的密度函数

$$f_S(s)=F'_S(s)=\begin{cases}\frac{1}{2}(\ln 2-\ln s), & 0<s<2,\\ 0, & \text{其他}.\end{cases}$$

【例 3.10】设随机变量 X 与 Y 独立，$X\sim N(0,1)$，Y 在$[0,1]$上服从均匀分布，求$Z=\frac{X}{Y}$的密度函数.

【解】已知$X\sim f_X(x)=\frac{1}{\sqrt{2\pi}}\mathrm{e}^{-\frac{1}{2}x^2}$，$Y\sim f_Y(y)=\begin{cases}1, & 0\leqslant y\leqslant 1,\\ 0, & \text{其他},\end{cases}$

由相互独立随机变量商的密度函数公式

$$f_Z(z)=\int_{-\infty}^{+\infty}|y|f_X(yz)f_Y(y)\mathrm{d}y$$

可得 $f_Z(z)=\int_0^1|y|\frac{1}{\sqrt{2\pi}}\mathrm{e}^{-\frac{1}{2}(yz)^2}\mathrm{d}y=\frac{1}{\sqrt{2\pi}}\int_0^1 y\mathrm{e}^{-\frac{1}{2}y^2z^2}\mathrm{d}y$.

当 $z=0$ 时，$f_Z(0)=\frac{1}{\sqrt{2\pi}}\int_0^1 y\mathrm{d}y=\frac{1}{2\sqrt{2\pi}}$；

当 $z\neq 0$ 时，$f_Z(z)=\frac{1}{\sqrt{2\pi}}\left[-\frac{1}{z^2}\mathrm{e}^{-\frac{1}{2}y^2z^2}\right]_0^1=\frac{1}{\sqrt{2\pi}z^2}(1-\mathrm{e}^{-\frac{1}{2}y^2})$.

因此有 $f_Z(z)=\begin{cases}\dfrac{1}{2\sqrt{2\pi}}, & z=0,\\ \dfrac{1}{\sqrt{2\pi}z^2}(1-e^{-\frac{1}{2}y^2}), & z\neq 0.\end{cases}$

【例 3.11】假设随机变量 X 与 Y 相互独立，X 在 $[0,1]$ 上服从均匀分布，Y 的分布函数为 $F_Y(y)$，令 $Z=\begin{cases}Y, & X\leqslant\dfrac{1}{2},\\ X, & X>\dfrac{1}{2},\end{cases}$ 求 Z 的分布函数 $F_Z(z)$.

【解】

$$\begin{aligned}F_Z(z)&=\boldsymbol{P}\{Z\leqslant z\}=\boldsymbol{P}\left\{Z\leqslant z,X\leqslant\frac{1}{2}\right\}+\boldsymbol{P}\left\{Z\leqslant z,X>\frac{1}{2}\right\}\\&=\boldsymbol{P}\left\{Y\leqslant z,X\leqslant\frac{1}{2}\right\}+\boldsymbol{P}\left\{X\leqslant z,X>\frac{1}{2}\right\}\\&=\boldsymbol{P}\{Y\leqslant z\}\boldsymbol{P}\left\{X\leqslant\frac{1}{2}\right\}+\boldsymbol{P}\left\{X\leqslant z,X>\frac{1}{2}\right\}\\&=\frac{1}{2}F_Y(z)+\boldsymbol{P}\left\{X\leqslant z,X>\frac{1}{2}\right\}\\&=\begin{cases}\dfrac{1}{2}F_Y(z), & z<\dfrac{1}{2},\\ \dfrac{1}{2}F_Y(z)+\boldsymbol{P}\left\{\dfrac{1}{2}<X\leqslant z\right\}, & \dfrac{1}{2}\leqslant z<1,\\ \dfrac{1}{2}F_Y(z)+\boldsymbol{P}\left\{\dfrac{1}{2}<X<1\right\}, & 1\leqslant z\end{cases}\\&=\begin{cases}\dfrac{1}{2}F_Y(z), & z<\dfrac{1}{2},\\ \dfrac{1}{2}F_Y(z)+z-\dfrac{1}{2}, & \dfrac{1}{2}\leqslant z<1,\\ \dfrac{1}{2}F_Y(z)+\dfrac{1}{2}, & 1\leqslant z.\end{cases}\end{aligned}$$

【例 3.12】设随机变量 X 的密度函数为 $f(x)$，$\boldsymbol{P}\{Y=a\}=p$，$\boldsymbol{P}\{Y=b\}=1-p(0<p<1)$，$X$ 与 Y 相互独立，求 $Z=X+Y$ 的分布函数 $F_Z(z)$、密度函数 $f_Z(z)$.

【解】

$$\begin{aligned}F_Z(z)&=\boldsymbol{P}\{X+Y\leqslant z\}\\&=\boldsymbol{P}\{X+Y\leqslant z,Y=a\}+\boldsymbol{P}\{X+Y\leqslant z,Y=b\}\\&=\boldsymbol{P}\{X\leqslant z-a,Y=a\}+\boldsymbol{P}\{X\leqslant z-b,Y=b\}\\&=\boldsymbol{P}\{Y=a\}\boldsymbol{P}\{X\leqslant z-a\}+\boldsymbol{P}\{Y=b\}\boldsymbol{P}\{X\leqslant z-b\}\\&=p\int_{-\infty}^{z-a}f(x)\mathrm{d}x+(1-p)\int_{-\infty}^{z-b}f(x)\mathrm{d}x,\end{aligned}$$

于是　$f_Z(z)=F'_Z(z)=pf(z-a)+(1-p)f(z-b)$.

【例 3.13】已知一台仪器有二个元件，每个元件工作状态是相互独立的，且使用寿命分别服从参数为 $\lambda_i(i=1,2)$ 的指数分布. 试按下面三种不同情况分别求出仪器使用寿命 X 的分布函数 $F(x)$.

(1)（串联系统）二个元件同时工作，只要一个元件损坏，仪器便停止工作；

学习随笔

(2) (并联系统)二个元件同时工作,当二个元件全部损坏时,仪器才停止工作;

(3) (备用系统)首先由一个元件工作,当其损坏时另一个元件立即接替工作,直至损坏,仪器才停止工作.

【解】记第 i 个元件使用寿命为 $X_i \sim f_i(x)=\begin{cases}\lambda_i e^{-\lambda_i x}, & x>0,\\ 0, & x\leqslant 0,\end{cases}$ 则

$$F_i(x)=\int_{-\infty}^{x} f_i(t)\,\mathrm{d}t=\begin{cases}1-e^{-\lambda_i x}, & x>0,\\ 0, & x\leqslant 0.\end{cases}$$

(1) $X=\min(X_1,X_2)$,

$$\begin{aligned}F(x)&=\boldsymbol{P}\{\min(X_1,X_2)\leqslant x\}=1-\boldsymbol{P}\{\min(X_1,X_2)>x\}\\&=1-\boldsymbol{P}\{X_1>x\}\boldsymbol{P}\{X_2>x\}\\&=1-[1-\boldsymbol{P}(X_1\leqslant x)][1-\boldsymbol{P}\{X_2\leqslant x\}]\\&=1-[1-F_1(x)][1-F_2(x)]\\&=\begin{cases}0, & x<0,\\ 1-e^{-(\lambda_1+\lambda_2)x}, & x\geqslant 0.\end{cases}\end{aligned}$$

(2) $X=\max(X_1,X_2)$,

$$\begin{aligned}F(x)&=\boldsymbol{P}\{\max(X_1,X_2)\leqslant x\}=\boldsymbol{P}\{X_1\leqslant x,X_2\leqslant x\}\\&=\boldsymbol{P}\{X_1\leqslant x\}\cdot\boldsymbol{P}\{X_2\leqslant x\}\\&=\begin{cases}0, & x\leqslant 0,\\ (1-e^{-\lambda_1 x})(1-e^{-\lambda_2 x}), & x>0.\end{cases}\end{aligned}$$

(3) $X=X_1+X_2$,

$$(X_1,X_2)\sim f(x_1,x_2)=\begin{cases}\lambda_1\lambda_2 e^{-(\lambda_1 x_1+\lambda_2 x_2)}, & x_1>0,x_2>0,\\ 0, & \text{其他},\end{cases}$$

$$F(x)=\boldsymbol{P}\{X_1+X_2\leqslant x\}=\iint\limits_{x_1+x_2\leqslant x} f(x_1,x_2)\,\mathrm{d}x_1\mathrm{d}x_2.$$

积分区域如图 3-8 所示.

当 $x\leqslant 0$ 时,$F(x)=0$;

当 $x>0$ 时,

$$\begin{aligned}F(x)&=\int_0^x \mathrm{d}x_1\int_0^{x-x_1}\lambda_1\lambda_2 e^{-\lambda_1 x_1-\lambda_2 x_2}\,\mathrm{d}x_2\\&=\lambda_1\int_0^x e^{-\lambda_1 x_1}(-e^{-\lambda_2 x_2})\Big|_0^{x-x_1}\mathrm{d}x\\&=\lambda_1\int_0^x e^{-\lambda_1 x_1}(1-e^{-x_2 x+\lambda_2 x})\,\mathrm{d}x_1\\&=\Big[-e^{-\lambda_1 x_1}\Big]_0^x-\lambda_1\int_0^x e^{-\lambda_2 x}e^{(\lambda_2-\lambda_1)x_1}\,\mathrm{d}x,\\&=1-e^{-\lambda_1 x}-e^{-\lambda_2 x}\left[\frac{\lambda_1}{\lambda_2-\lambda_1}e^{(\lambda_2-\lambda_1)x_1}\right]_0^x\\&=1-e^{-\lambda_1 x}-\frac{\lambda_1}{\lambda_2-\lambda_1}(e^{-\lambda_1 x}-e^{-\lambda_2 x}).\end{aligned}$$

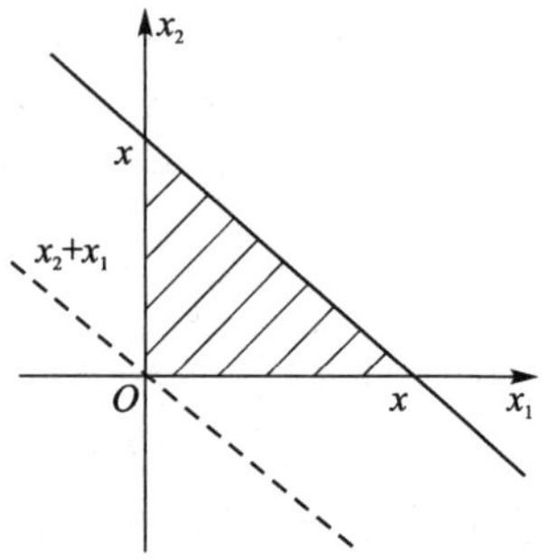

图 3-8

学习随笔

四、求二维随机变量的联合分布

【例 3.14】将三封信随意投入编号为 1,2,3,4 的四个邮筒内,用 X 表示有信邮筒的最小号码,Y 表示第一号邮筒中信的个数,求随机变量 X 的分布列及(X,Y)的联合分布律.

【解】显然 X 可取 1,2,3,4.若记 A_i=“第 i 号邮筒没有信”$(i=1,2,3,4)$,则

$$\boldsymbol{P}\{X=1\}=\boldsymbol{P}(\overline{A}_1)=1-\boldsymbol{P}(A_1)=1-\frac{3^3}{4^3}=1-\frac{27}{64}=\frac{37}{64},$$

$$\boldsymbol{P}\{X=2\}=\boldsymbol{P}(A_1\overline{A}_2)=\boldsymbol{P}(A_1)-\boldsymbol{P}(A_1A_2)=\frac{3^3}{4^3}-\frac{2^3}{4^3}=\frac{27-8}{64}=\frac{19}{64},$$

$$\boldsymbol{P}\{X=3\}=\boldsymbol{P}(A_1A_2\overline{A}_3)=\boldsymbol{P}(A_1A_2)-\boldsymbol{P}(A_1A_2A_3)=\frac{2^3}{4^3}-\frac{1}{4^3}=\frac{7}{64},$$

$$\boldsymbol{P}\{X=4\}=\boldsymbol{P}(A_1A_2A_3\overline{A}_4)=\frac{1}{64}.\quad\left(\text{注：}\frac{37}{64}+\frac{19}{64}+\frac{7}{64}+\frac{1}{64}=1\right)$$

而 Y 可取 0,1,2,3,则

$$\boldsymbol{P}\{Y=0\}=\boldsymbol{P}(A_1)=\frac{3^3}{4^3}=\frac{27}{64},$$

$$\boldsymbol{P}\{Y=1\}=\frac{C_3^1\times 3^2}{4^3}=\frac{27}{64},$$

$$\boldsymbol{P}\{Y=2\}=\frac{C_3^2\times 3}{4^3}=\frac{9}{64},$$

$$\boldsymbol{P}\{Y=3\}=\frac{1}{64}.\left(\text{注：}\frac{27+27+9+1}{64}=1\right)$$

又由于　$\boldsymbol{P}\{Y=0,X=1\}=\boldsymbol{P}\{Y=0\}\boldsymbol{P}\{X=1|Y=0\}=0,$

$\boldsymbol{P}\{Y=1,X=i\}=0,i=2,3,4,$

$\boldsymbol{P}\{Y=2,X=i\}=0.i=2,3,4,$

$\boldsymbol{P}\{Y=3,X=i\}=0,i=2,3,4,$

因此,由边缘分布与联合分布的关系可求出(X,Y)的联合分布律:

$Y \backslash X$	1	2	3	4	
0	0	$\frac{19}{64}$	$\frac{7}{64}$	$\frac{1}{64}$	$\frac{27}{64}$
1	$\frac{27}{64}$	0	0	0	$\frac{27}{64}$
2	$\frac{9}{64}$	0	0	0	$\frac{9}{64}$
3	$\frac{1}{64}$	0	0	0	$\frac{1}{64}$
	$\frac{37}{64}$	$\frac{19}{64}$	$\frac{7}{64}$	$\frac{1}{64}$	

学习随笔

【例 3.15】设随机变量 X 与 Y 相互独立，且都在$[0,1]$上服从均匀分布，

(1) 试求：$Z=|X-Y|$的分布函数$F_Z(z)$与密度函数$f_Z(z)$；

(2) 设$U=X+Y,V=X-Y$，求(U,V)联合密度函数；

(3) 求(U,V)关于U和关于V的边缘密度函数；

(4) 求U与V相关系数.

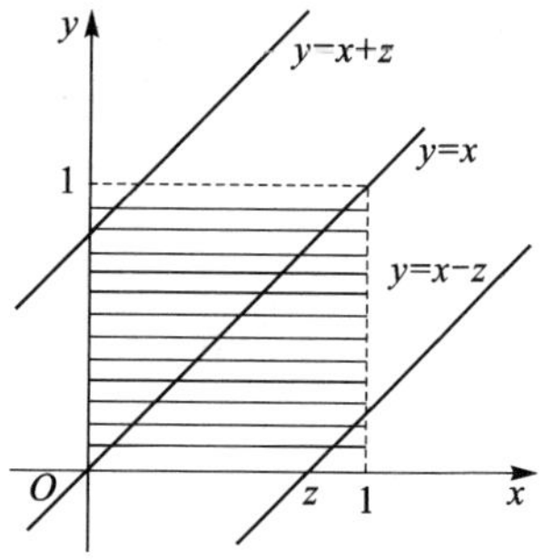

图 3-9

【解】(1) 积分区域如图 3-9 所示.

$$F_Z(z)=P\{|X-Y|\leqslant z\}=\begin{cases}0, & z\leqslant 0,\\ P\{-z\leqslant X-Y\leqslant z\}, & z\geqslant 0\end{cases}=\iint\limits_{|x-y|\leqslant z} f(x,y)\mathrm{d}x\mathrm{d}y.$$

由题设知 $f(x,y)=f_X(x)f_Y(y)=\begin{cases}1, & 0\leqslant x\leqslant 1,0\leqslant y\leqslant 1,\\ 0, & 其他.\end{cases}$

当 $z\geqslant 1$，$F_Z(z)=1$；

当 $0<z<1$ 时，

$$F_Z(z)=\iint\limits_{|x-y|\leqslant z}\mathrm{d}x\mathrm{d}y=\iint\limits_{|x-y|\leqslant z}\mathrm{d}x\mathrm{d}y=1-2\times\frac{1}{2}\times(1-z)^2=1-(1-z)^2.$$

综上得

$$F_Z(z)=\begin{cases}0, & z\leqslant 0,\\ 1-(1-z)^2, & 0<z<1,\\ 1 & z\geqslant 1;\end{cases}\quad f_Z(z)=\begin{cases}2(1-z), & 0<z<1,\\ 0, & 其他.\end{cases}$$

(2) $\begin{cases}u=x+y,\\ v=x-y,\end{cases}\Rightarrow\begin{cases}x=\dfrac{u+v}{2},\\ y=\dfrac{u-v}{2}.\end{cases}$

$$J=\begin{vmatrix}\dfrac{\partial x}{\partial u} & \dfrac{\partial x}{\partial v}\\ \dfrac{\partial y}{\partial u} & \dfrac{\partial y}{\partial v}\end{vmatrix}=\begin{vmatrix}\dfrac{1}{2} & \dfrac{1}{2}\\ \dfrac{1}{2} & -\dfrac{1}{2}\end{vmatrix}=-\frac{1}{2},|J|=\frac{1}{2}.$$

于是(U,V)联合密度函数

$$f(u,v)=\begin{cases}f_{X,Y}\left(\dfrac{u+v}{2},\dfrac{u-v}{2}\right)|J|, & 0\leqslant\dfrac{u+v}{2}\leqslant 1,0\leqslant\dfrac{u-v}{2}\leqslant 1,\\ 0, & 其他,\end{cases}$$

$$=\begin{cases}\dfrac{1}{2}, & 0\leqslant u+v\leqslant 2,0\leqslant u-v\leqslant 2,\\ 0, & 其他.\end{cases}$$

(3) 积分区域如图 3-10 所示.

学习随笔

$$f_U(u)=\int_{-\infty}^{+\infty}f(u,v)\mathrm{d}v$$

$$=\begin{cases}\int_{-u}^{u}\frac{1}{2}\mathrm{d}v=u, & 0\leqslant u<1,\\ \int_{u-2}^{2-u}\frac{1}{2}\mathrm{d}v=2-u, & 1\leqslant u<2,\\ 0, & \text{其他};\end{cases}$$

$$f_V(v)=\int_{-\infty}^{+\infty}f(uv)\mathrm{d}u$$

$$=\begin{cases}\int_{-v}^{v+2}\frac{1}{2}\mathrm{d}u=v+1, & -1\leqslant v<0,\\ \int_{v}^{2-v}\frac{1}{2}\mathrm{d}u=1-v, & 0\leqslant v<1,\\ 0, & \text{其他}.\end{cases}$$

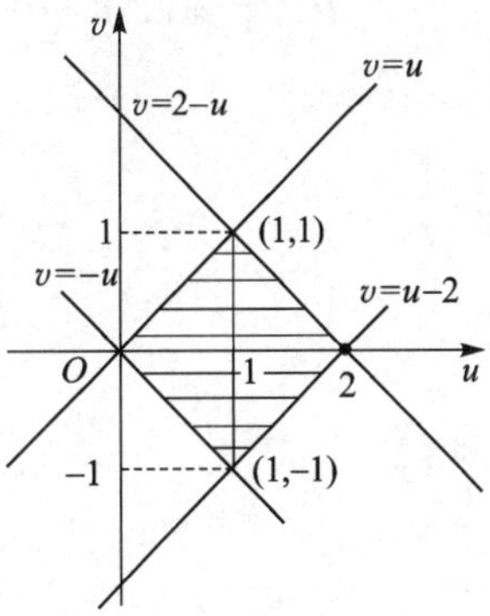

图 3－10

(4) $\mathrm{Cov}(U,V)=\mathrm{Cov}(X+Y,X-Y)=\boldsymbol{D}X-\boldsymbol{D}Y=0$,故 $\rho_{UV}=0$.

又 $f_{UV}(uv)\neq f_U(u)f_V(v)$,故 U,V 不相关且不独立.

【例 3.16】设随机变量 X 密度函数 $f(x)=\dfrac{A}{\mathrm{e}^x+\mathrm{e}^{-x}}(x\in R)$,对 X 作两次独立观察,其值分别为 X_1,X_2,令 $Y_i=\begin{cases}1, & X_i\leqslant 1,\\ 0, & X_i>1.\end{cases}(i=1,2)$

(1) 计算常数 A 及概率 $\boldsymbol{P}\{X_1<0,X_2<1\}$;

(2) 求随机变量 Y_1 与 Y_2 的联合分布.

【解】(1) $1=\int_{-\infty}^{+\infty}\dfrac{A}{\mathrm{e}^x+\mathrm{e}^{-x}}\mathrm{d}x=A\int_{-\infty}^{+\infty}\dfrac{\mathrm{e}^x}{\mathrm{e}^{2x}+1}\mathrm{d}x$

$$=A\int_{-\infty}^{+\infty}\frac{\mathrm{de}^x}{(\mathrm{e}^x)^2+1}=A[\arctan\mathrm{e}^x]\big|_{-\infty}^{+\infty}=A\left(\frac{\pi}{2}-0\right)$$

$\Rightarrow\quad A=\dfrac{2}{\pi}.$

由于 X_1,X_2 独立,故

$$\begin{aligned}\boldsymbol{P}\{X_1<0,X_2<1\}&=\boldsymbol{P}\{X_1<0\}\cdot\boldsymbol{P}\{X_2<1\}\\&=A\int_{-\infty}^{0}\frac{\mathrm{d}x}{\mathrm{e}^x+\mathrm{e}^{-x}}\cdot A\int_{-\infty}^{1}\frac{\mathrm{d}x}{\mathrm{e}^x+\mathrm{e}^{-x}}\\&=A^2[\arctan\mathrm{e}^x]_{-\infty}^{0}\cdot[\arctan\mathrm{e}^x]_{-\infty}^{1}\\&=A^2\left(\frac{\pi}{4}\right)\cdot\arctan\mathrm{e}=\frac{1}{\pi}\arctan\mathrm{e}.\end{aligned}$$

(2) 由于 Y_1,Y_2 均为离散型随机变量,且可取值为 1,0,故联合分布为

$$\begin{aligned}\boldsymbol{P}\{Y_1=1,Y_2=1\}&=\boldsymbol{P}\{X_1\leqslant 1,X_2\leqslant 1\}\\&=\left(\frac{2}{\pi}\int_{-\infty}^{1}\frac{\mathrm{d}x}{\mathrm{e}^x+\mathrm{e}^{-x}}\right)^2=\frac{4}{\pi^2}(\arctan\mathrm{e})^2,\end{aligned}$$

学习随笔

$$\begin{aligned}P\{Y_1=1,Y_2=0\}&=P\{Y_1=0,Y_2=1\}\\&=P\{X_1\leqslant 1,X_2>1\}=P\{X_1\leqslant 1\}\cdot P\{X_2>1\}\\&=\frac{2}{\pi}\arctan e\left(1-\frac{2}{\pi}\arctan e\right),\end{aligned}$$

$$\begin{aligned}P\{Y_1=0,Y_2=0\}&=P\{X_1>1\}\cdot P\{X_2>1\}\\&=\left(\frac{2}{\pi}\int_1^{+\infty}\frac{dx}{e^x+e^{-x}}\right)^2=\left(\frac{2}{\pi}\arctan e^x\Big|_1^{+\infty}\right)^2\\&=\left(1-\frac{2}{\pi}\arctan e\right)^2.\end{aligned}$$

【例 3.17】设 $X_1,X_2,\cdots,X_n$ 相互独立,且都在$[0,1]$上服从均匀分布,$Y=\max(X_1,X_2,\cdots,X_n)$,试求$(X_1,Y)$的联合分布函数 $F(x,y)$.

【解】
$$\begin{aligned}F(x,y)&=P\{X_1\leqslant x,Y\leqslant y\}\\&=P\{X_1\leqslant x,\max(X_1,\cdots,X_n)\leqslant y\}\\&=P\{X_1\leqslant x,X_1\leqslant y,X_2\leqslant y,\cdots,X_n\leqslant y\}\\&=\begin{cases}P\{X_1\leqslant x,X_2\leqslant y,\cdots,X_n\leqslant y\}=F(x)\cdot F^{n-1}(y), & x\leqslant y,\\ P\{X_1\leqslant y,X_2\leqslant y,\cdots,X_n\leqslant y\}=F^n(y), & x>y,\end{cases}\end{aligned}$$

其中,$F(t)$为$[0,1]$上服从均匀分布随机变量的分布函数,积分区域如图 3-11 所示,即

$$F(t)=\int_{-\infty}^t f(x)dx=\begin{cases}0, & t<0,\\ t, & 0\leqslant t\leqslant 1,\\ 1, & t>1.\end{cases}$$

所以

$$F(x,y)=\begin{cases}0, & x<0\text{ 或 }y<0,\\ xy^{n-1}, & 0<x\leqslant y<1,\\ x, & 0<x<1,y\geqslant 1,\\ y^n, & 0<y<x<1,\\ y^n, & x\geqslant 1,0<y<1,\\ 1, & 1<y\leqslant x,\\ 1, & 1\leqslant x<y.\end{cases}$$

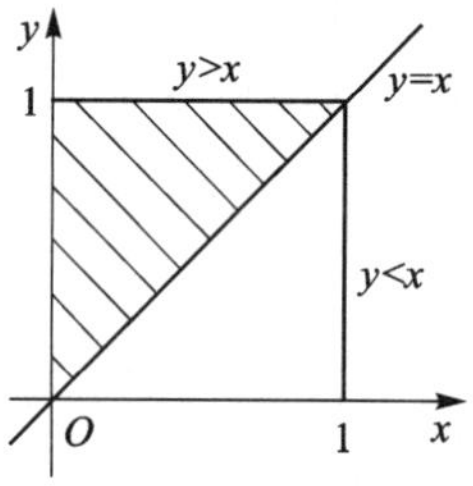

图 3-11

【例 3.18】设随机变量 X_1 与 X_2 相互独立且都服从正态分布 $N(\mu,\sigma^2)$,记 $Y_1=\min(X_1,X_2)$,$Y_2=\max(X_1,X_2)$,试求:

(1) Y_1 与 Y_2 的密度函数 $f_1(x)$与 $f_2(x)$; (2) Y_2+Y_1 的密度函数 $f_3(x)$;

(3) Y_2-Y_1 的密度函数 $f_4(x)$; (4) (Y_1,Y_2)的联合密度函数 $f(x,y)$.

【解】记 $N(\mu,\sigma^2)$的分布函数为 $F(x)$,密度函数为

$$f(x)=\frac{1}{\sqrt{2\pi}\sigma}e^{-\frac{1}{2}\left(\frac{x-\mu}{\sigma}\right)^2}.$$

(1) 由于 X_1 与 X_2 相互独立,故

$$F_1(x)=\boldsymbol{P}\{\min(X_1,X_2)\leqslant x\}=1-[1-F(x)]^2,$$

$$f_1(x)=F_1'(x)=2[1-F(x)]f(x)=\frac{2}{\sqrt{2\pi}\sigma}\mathrm{e}^{-\frac{1}{2}(\frac{x-\mu}{\sigma})^2}\cdot\frac{1}{\sqrt{2\pi}\sigma}\int_x^{+\infty}\mathrm{e}^{-\frac{1}{2}(\frac{t-\mu}{\sigma})^2}\mathrm{d}t$$

$$=\frac{1}{\pi\sigma^2}\mathrm{e}^{-\frac{1}{2}(\frac{x-\mu}{\sigma})^2}\int_x^{+\infty}\mathrm{e}^{-\frac{1}{2}(\frac{t-\mu}{\sigma})^2}\mathrm{d}t,$$

$$F_2(x)=F^2(x),$$

$$f_2(x)=2F(x)f(x)=\frac{1}{\pi\sigma^2}\mathrm{e}^{-\frac{1}{2}(\frac{x-\mu}{\sigma})^2}\int_{-\infty}^{x}\mathrm{e}^{-\frac{1}{2}(\frac{t-\mu}{\sigma})^2}\mathrm{d}t.$$

(2) 由于 $Y_1=\min(X_1,X_2)=\frac{X_1+X_2-|X_1-X_2|}{2}$，$Y_2=\max(X_1,X_2)=\frac{X_1+X_2+|X_1-X_2|}{2}$，故 $Y_2+Y_1=X_1+X_2\sim N(2\mu,2\sigma^2)$，其密度函数为

$$f_3(x)=\frac{1}{\sqrt{2\pi}\cdot\sqrt{2}\sigma}\mathrm{e}^{-\frac{1}{2}(\frac{x-2\mu}{\sqrt{2}\sigma})^2}=\frac{1}{2\sigma\sqrt{\pi}}\mathrm{e}^{-\frac{1}{2}(\frac{x-2\mu}{\sqrt{2}\sigma})^2}.$$

(3) $Y_2-Y_1=|X_1-X_2|\xlongequal{\text{记}}|X|$，　$X=X_1-X_2\sim N(0,2\sigma^2)$，$Y_2-Y_1$ 分布函数

$$F_4(x)=\boldsymbol{P}\{|X|\leqslant x\}=\begin{cases}0, & x<0,\\ \boldsymbol{P}\{-x\leqslant X\leqslant x\}, & x\geqslant 0\end{cases}$$

$$=\Phi\left(\frac{x}{\sqrt{2}\sigma}\right)-\Phi\left(\frac{-x}{\sqrt{2}\sigma}\right)=2\Phi\left(\frac{x}{\sqrt{2}\sigma}\right)-1.$$

$$f_4(x)=F'_4(x)=\begin{cases}0, & x<0,\\ \frac{2}{\sqrt{2}\sigma}\Phi'\left(\frac{x}{\sqrt{2}\sigma}\right), & x\geqslant 0\end{cases}$$

$$=\frac{2}{\sqrt{2}\sigma}\cdot\frac{1}{\sqrt{2\pi}}\mathrm{e}^{-\frac{1}{2}(\frac{x}{\sqrt{2}\sigma})^2}=\frac{1}{\sigma\sqrt{\pi}}\mathrm{e}^{-\frac{x^2}{4\sigma^2}}.$$

(4) 由于 $\boldsymbol{P}(A)=\boldsymbol{P}(AB)+\boldsymbol{P}(A\overline{B})$，故 $\boldsymbol{P}(AB)=\boldsymbol{P}(A)-\boldsymbol{P}(A\overline{B})$. 因此，$Y_1$ 与 Y_2 的联合分布函数为

$$\begin{aligned}F(x,y)&=\boldsymbol{P}\{\min(X_1,X_2)\leqslant x,\max(X_1,X_2)\leqslant y\}\\&=\boldsymbol{P}\{\max(X_1,X_2)\leqslant y\}-\boldsymbol{P}\{\max(X_1,X_2)\leqslant y,\min(X_1,X_2)>x\}\\&=F^2(y)-\boldsymbol{P}\{X_1\leqslant y,X_2\leqslant y,X_1>x,X_2>x\}\\&=\begin{cases}F^2(y), & x\geqslant y,\\ F^2(y)-\boldsymbol{P}\{x<X_1\leqslant y,x<X_2\leqslant y\}, & x<y,\end{cases}\\&=F^2(y)-[F(y)-F(x)]^2.\end{aligned}$$

$$f(x,y)=\begin{cases}0, & x\geqslant y,\\ 2f(x)f(y)=\frac{1}{\pi\sigma^2}\mathrm{e}^{-\frac{1}{2}[(\frac{x-\mu}{\sigma})^2+(\frac{y-\mu}{\sigma})^2]}, & x<y.\end{cases}$$

学习随笔

第 4 章　随机变量的数字特征

§4.1　知识点及重要结论归纳总结

一、随机变量的数学期望(Expectation)

1. 定　义

设 X 是随机变量，Y 是 X 的函数：$Y=g(X)$（$g(x)$是连续函数）.

① 如果 X 是离散型随机变量，其分布律为 $p_i=\boldsymbol{P}\{X=x_i\}$，$i=1,2,\cdots$，若级数 $\sum\limits_{i=1}^{\infty}x_i\boldsymbol{P}\{X=x_i\}$ 绝对收敛，则称级数 $\sum\limits_{i=1}^{\infty}x_i\boldsymbol{P}\{X=x_i\}$ 的和为随机变量 X 的**数学期望**，记为 $\boldsymbol{E}X$，即

$$\boldsymbol{E}X=\sum_{i=1}^{\infty}x_i\boldsymbol{P}\{X=x_i\},$$

否则，即 $\sum\limits_{i=1}^{\infty}|x_i|\boldsymbol{P}\{X=x_i\}=\infty$ 时，则称 X 的数学期望不存在.

若 $\sum\limits_{i=1}^{\infty}g(x_i)\boldsymbol{P}\{X=x_i\}$ 绝对收敛，则定义

$$\boldsymbol{E}Y=\boldsymbol{E}g(X)\triangleq\sum_{i=1}^{\infty}g(x_i)\boldsymbol{P}\{X=x_i\}.$$

② 如果 X 是连续型随机变量，其概率密度函数为 $f(x)$，若积分 $\int_{-\infty}^{+\infty}xf(x)\mathrm{d}x$ 绝对收敛，则称积分 $\int_{-\infty}^{+\infty}xf(x)\mathrm{d}x$ 的值为随机变量 X 的数学期望，记为 $\boldsymbol{E}(X)$，即

$$\boldsymbol{E}X=\int_{-\infty}^{+\infty}xf(x)\mathrm{d}x,$$

否则，即 $\int_{-\infty}^{+\infty}|x|f(x)\mathrm{d}x=\infty$ 时，则称 X 的数学期望不存在.

若 $\int_{-\infty}^{+\infty}g(x)f(x)\mathrm{d}x$ 绝对收敛，则定义

$$\boldsymbol{E}Y=\boldsymbol{E}g(X)=\int_{-\infty}^{+\infty}g(x)f(x)\mathrm{d}x.$$

③ 数学期望又称为概率平均值，常常简称为期望或均值，记为 $\boldsymbol{E}(X)$ 或 $\boldsymbol{E}X$.

评注　数学期望、方差、相关系数等都是随机变量某种特征的数值标志，因而称之为随机变量的数字特征. 数学期望是描述随机变量平均取值状况特征的指标，它刻画随机变量一切可能值的集中位置.

2. 性　质

① 设 X,Y 为随机变量，则对任意常数 a,b,c，有

$$E(aX+bY+c)=aEX+bEY+c.$$

特别地，$Ec=c$，$E(aX)=aEX$，$E(X\pm Y)=EX\pm EY$.

一般地，$E\left(\sum_{i=1}^{n}a_iX_i+a_0\right)=\sum_{i=1}^{n}a_iEX_i+a_0$.

② 设 X 与 Y 是两个相互独立的随机变量，则有

$$E(XY)=EX\cdot EY,\quad Eg_1(X)g_2(Y)=Eg_1(X)\cdot Eg_2(Y).$$

一般地，设 $X_1,X_2,\cdots,X_n$ 是相互独立的随机变量，则

$$E\left(\prod_{i=1}^{n}X_i\right)=\prod_{i=1}^{n}EX_i,\quad E\left(\prod_{i=1}^{n}g(X_i)\right)=\prod_{i=1}^{n}Eg(X_i),$$

其中 $g_i(x)(i=1,2,\cdots,n)$ 为 x 的连续函数.

③ 若 $X\geqslant 0$，则 $EX\geqslant 0$；若 $X\leqslant Y$，则 $EX\leqslant EY$；

$$|EX|\leqslant E|X|.$$

④ **许瓦兹(Schwarz)不等式.**

如果 EX^2，EY^2 存在，则

$$|EXY|^2\leqslant EX^2\cdot EY^2.$$

二、随机变量的方差(Variance)

1. 定　义

设 X 是随机变量，如果 $E(X-EX)^2$ 存在，则称 $E(X-EX)^2$ 为 X 的**方差**，记为 DX 或 $Var(X)$，即

$$DX=Var(X)\triangleq E(X-EX)^2=EX^2-(EX)^2,$$

称 $\sqrt{DX}$ 为 X 的**标准差**或**均方差**.

评注　方差 DX 是描述随机变量 X“分散程度”特征的指标，它刻画随机变量 X 取值对其均值 $E(X)$ 的偏离程度.

2. 性　质

① $DX\geqslant 0$ 即 $EX^2\geqslant(EX)^2$；$D(c)=0$（c 为常数）.

$$DX=0\Leftrightarrow P\{X=EX\}=1.$$

② $D(aX+b)=a^2DX$（a,b 为任意常数）.

③ $$D\left(\sum_{i=1}^{n}a_iX_i\right)=\sum_{i=1}^{n}\sum_{j=1}^{n}a_ia_jE(X_i-EX_i)(X_j-EX_j)$$
$$=\sum_{i=1}^{n}a_i^2DX_i+2\sum_{1\leqslant i<j\leqslant n}a_ia_jE(X_i-EX_i)(X_j-EX_j),$$

其中，a_i 为任意实数.

④ 如果 X 与 Y 独立，则

$$D(aX+bY)=a^2DX+b^2DY,$$
$$D(XY)=DXDY+DX(EY)^2+DY(EX)^2\geqslant DX\cdot DY.$$

一般地，如果 $X_1,X_2,\cdots,X_n$ 两两相互独立，$g_i(x)$ 为 x 连续函数，则

$$D\left(\sum_{i=1}^{n}a_iX_i\right)=\sum_{i=1}^{n}a_i^2DX_i,\quad D\left(\sum_{i=1}^{n}a_ig(X_i)\right)=\sum_{i=1}^{n}a_i^2Dg(X_i),$$

学习随笔

其中，a_i 为任意实数.

⑤ 对一切实数 C，有 $\boldsymbol{D}X=\boldsymbol{E}(X-\boldsymbol{E}X)^2\leqslant\boldsymbol{E}(X-C)^2$.

⑥ 设 X 为随机变量，$\boldsymbol{D}X>0$ 存在，则称随机变量

$$X^*\triangleq\frac{X-\boldsymbol{E}X}{\sqrt{\boldsymbol{D}X}}$$

为 X 的**标准化随机变量**，此时 $\boldsymbol{E}X^*=0,\boldsymbol{D}X^*=1$.

⑦ 切比雪夫(Chebyshev)不等式.

若随机变量 X 的方差 $\boldsymbol{D}X$ 存在，则对任意 $\varepsilon>0$，有

$$\boldsymbol{P}\{|X-\boldsymbol{E}X|\geqslant\varepsilon\}\leqslant\frac{\boldsymbol{D}X}{\varepsilon^2}, \text{或 } \boldsymbol{P}\{|X-\boldsymbol{E}X|<\varepsilon\}\geqslant1-\frac{\boldsymbol{D}X}{\varepsilon^2}.$$

评注 上述不等式称为切比雪夫不等式，作为一个理论工具，它有着广泛的应用：

① 在随机变量 X 的分布未知的情况下，只要 $\boldsymbol{D}X$ 存在，那么切比雪夫不等式就给出了事件$\{|X-\boldsymbol{E}X|<\varepsilon\}$概率的一种估计方法.

② 从切比雪夫不等式可以看出，当方差 $\boldsymbol{D}X$ 愈小时，事件$\{|X-\boldsymbol{E}X|<\varepsilon\}$的概率愈大，这表明方差是刻画随机变量与其期望值离散程度的一个度量.

特别有，$\boldsymbol{D}X=0\Leftrightarrow\boldsymbol{P}\{X=\boldsymbol{E}X\}=1$. 充分性已证，下证必要性.

若 $\boldsymbol{D}X=0$，由切比雪夫不等式知，对任意 $\varepsilon>0$，有 $\boldsymbol{P}\{|X-\boldsymbol{E}X|\geqslant\varepsilon\}=0$，所以

$$\boldsymbol{P}\{|X-\boldsymbol{E}X|\neq0\}=\boldsymbol{P}\left\{\bigcup_{n=1}^{\infty}\left[|X-\boldsymbol{E}X|\geqslant\frac{1}{n}\right]\right\}$$

$$\leqslant\sum_{n=1}^{\infty}\left\{|X-\boldsymbol{E}X|\geqslant\frac{1}{n}\right\}=0.$$

故 $\boldsymbol{P}\{|X-\boldsymbol{E}X|=0\}=1$，从而有 $\boldsymbol{P}\{X=\boldsymbol{E}X\}=1$.

③ 切比雪夫不等式在理论上，例如证明大数定律等也有着重要的应用.

三、多维随机变量的数字特征

1. 多维随机变量的数学期望(均值向量)

设 n 维随机变量 $X=(X_1,X_2,\cdots,X_n)^{\mathrm{T}}$，如果 $\boldsymbol{E}X_i(i=1,2,\cdots,n)$存在，则 X 的数学期望定义为

$$\boldsymbol{E}X\triangleq(\boldsymbol{E}X_1,\boldsymbol{E}X_2,\cdots,\boldsymbol{E}X_n)^{\mathrm{T}}.$$

2. 二个随机变量函数的数学期望

设 X 与 Y 为随机变量，$g(X,Y)$为 X,Y 的函数，则定义

$$\boldsymbol{E}g(X,Y)\triangleq\begin{cases}\sum\limits_{i,j}g(x_i,y_j)p_{ij}, & \text{若}(X,Y)\sim p_{ij},\\ \int_{-\infty}^{+\infty}\int_{-\infty}^{+\infty}g(x,y)f(x,y)\mathrm{d}x\mathrm{d}y, & \text{若}(X,Y)\sim f(x,y),\end{cases}$$

其中，级数或积分要求绝对收敛.

3. 二个随机变量的协方差(Covariance)与相关系数

(1) 定 义

如果随机变量 X 与 Y 的方差 $\boldsymbol{D}X>0,\boldsymbol{D}Y>0$ 存在，则称

$$\mathrm{Cov}(X,Y) \triangleq \boldsymbol{E}(X-\boldsymbol{E}X)(Y-\boldsymbol{E}Y)=\boldsymbol{E}XY-\boldsymbol{E}X\cdot\boldsymbol{E}Y$$

为随机变量 X 与 Y 的**协方差**；并称

$$\rho_{XY} \triangleq \frac{\mathrm{Cov}(X,Y)}{\sqrt{\boldsymbol{D}X}\sqrt{\boldsymbol{D}Y}}$$

为随机变量 X 与 Y 的**相关系数**. 如果 $\rho_{XY}=0$，则称 X 与 Y **不相关**.

评注　相关系数 ρ_{XY} 是描述随机变量 X 与 Y 之间线性相依性，$|\rho_{XY}|$ 大小刻画了 X 与 Y 之间线性相关程度的一种度量. $\rho_{XY}=0$ 即 X 与 Y 不相关，并不意味 X 与 Y 之间不存在相依关系，还可能存在某种非线性函数关系.

(2) 性　质

① 对称性.

$$\mathrm{Cov}(X,Y)=\mathrm{Cov}(Y,X),\ \rho_{XY}=\rho_{YX},$$
$$\mathrm{Cov}(X,X)=\boldsymbol{D}X,\ \rho_{XX}=1.$$

② 线性性.

$$\mathrm{Cov}(X,C)=0,$$
$$\mathrm{Cov}(aX,bY)=ab\mathrm{Cov}(X,Y),$$
$$\mathrm{Cov}(X_1+X_2,Y)=\mathrm{Cov}(X_1,Y)+\mathrm{Cov}(X_2,Y).$$

一般地，$\mathrm{Cov}\left(\sum_{i=1}^{n}a_iX_i,\sum_{j=1}^{m}b_jY_j\right)=\sum_{i=1}^{n}\sum_{j=1}^{m}a_ib_j\mathrm{Cov}(X_i,Y_j)$.

③ $\boldsymbol{D}(X\pm Y)=\boldsymbol{D}X+\boldsymbol{D}Y\pm 2\mathrm{Cov}(X,Y)$.

一般地，$\boldsymbol{D}\left(\sum_{i=1}^{n}a_iX_i\right)=\sum_{i=1}^{n}a_i^2\boldsymbol{D}X_i+2\sum_{1\leqslant i<j\leqslant n}a_ia_j\mathrm{Cov}(X_i,X_j)$.

④ 如果 X 与 Y 相互独立，则 X 与 Y 不相关，反之不然.

X 与 Y 不相关 $\Leftrightarrow\ \rho_{XY}=0$

$\Leftrightarrow\ \mathrm{Cov}(X,Y)=0$

$\Leftrightarrow\ \boldsymbol{E}XY=\boldsymbol{E}X\cdot\boldsymbol{E}Y$

$\Leftrightarrow\ \boldsymbol{D}(X\pm Y)=\boldsymbol{D}X+\boldsymbol{D}Y$.

一般地，如果 $X_1,X_2,\cdots,X_n$ 两两不相关，则 $\boldsymbol{D}\left(\sum_{i=1}^{n}a_iX_i\right)=\sum_{i=1}^{n}a_i^2\boldsymbol{D}X_i$.

⑤ $\mathrm{Cov}(X,Y)\leqslant\sqrt{\boldsymbol{D}X}\cdot\sqrt{\boldsymbol{D}Y}$，$|\rho_{XY}|\leqslant 1$.

⑥ $|\rho_{XY}|=1\Leftrightarrow$ 存在常数 a,b 使 $\boldsymbol{P}\{Y=aX+b\}=1$，且当 $\rho_{XY}=1$ 时，$a=\sqrt{\dfrac{\boldsymbol{D}Y}{\boldsymbol{D}X}}$；当 $\rho_{XY}=-1$ 时，$a=-\sqrt{\dfrac{\boldsymbol{D}Y}{\boldsymbol{D}X}}$，都有 $b=\boldsymbol{E}Y-a\boldsymbol{E}X$.

4. 矩与协方差矩阵

① 设 X 与 Y 为随机变量，如果 $\alpha_k\triangleq\boldsymbol{E}(X^k)\quad(k=1,2,\cdots)$ 存在，则称 α_k 为 X 的 k 阶**原点矩**；

如果 $\beta_k\triangleq\boldsymbol{E}(X-\boldsymbol{E}X)^k\quad(k=1,2,\cdots)$ 存在，则称 β_k 为 X 的 k 阶**中心矩**；

如果 $\boldsymbol{E}(X^kY^l)\quad(k,l=1,2,\cdots)$ 存在，则称之为 X 与 Y 的 $k+l$ 阶**混合矩**；

学习随笔

如果 $E(X-EX)^k(Y-EY)^l\quad(k,l=1,2,\cdots)$存在，则称之为 X 与 Y 的 $k+l$ 阶混合中心矩.

显然 $\alpha_1=EX,\beta_1=0,\beta_2=DX$，$X$ 与 Y 的 1+1 阶混合中心矩为 $\mathrm{Cov}(X,Y)$.

② 设 $X=(X_1,X_2,\cdots,X_n)^{\mathrm T}$ 为 n 维随机变量，如果 $DX_i(i=1,2,\cdots,n)$存在，则称矩阵

$$\boldsymbol{\Sigma}=[\mathrm{Cov}(X_i,X_j)]_{n\times n}$$

为随机向量 **X** 的**协方差矩阵**，简称为**协差阵**或**方差阵**.

由于 $\mathrm{Cov}(X_i,X_j)=\mathrm{Cov}(X_j,X_i)$，故 $\boldsymbol{\Sigma}$ 为 n 阶对称阵. 又

$$\boldsymbol{\Sigma}=E[(X_i-EX_i)(X_j-EX_j)]=E\begin{bmatrix}X_1-EX_1\\ \vdots\\ X_n-EX_n\end{bmatrix}(X_1-EX_1,\cdots,X_n-EX_n)$$

$$=E(X-EX)(X-EX)^{\mathrm T},$$

故 $\boldsymbol{\Sigma}$ 是非负定矩阵.

四、常见分布的数字特征(表 4-1)

表 4-1

名　称	期　望	方　差
两点分布 $X\sim B(1,p)$	$EX=p$	$DX=pq\quad(q=1-p)$
二项分布 $X\sim B(n,p)$	$EX=np$	$DX=npq$
泊松分布 $X\sim P(\lambda)$	$EX=\lambda$	$DX=\lambda$
几何分布 $X\sim G(p)$	$EX=\dfrac{1}{p}$	$DX=\dfrac{1-p}{p^2}=\dfrac{q}{p^2}$
超几何分布 $X\sim H(N,M,n)$	$EX=n\dfrac{M}{N}$	$DX=\dfrac{nM(N-M)(N-n)}{N^2(N-1)}$
均匀分布 $X\sim U[a,b]$	$EX=\dfrac{a+b}{2}$	$DX=\dfrac{(b-a)^2}{12}$
指数分布 $X\sim E(\lambda)$	$EX=\dfrac{1}{\lambda}$	$DX=\dfrac{1}{\lambda^2}$
正态分布 $X\sim N(\mu,\sigma^2)$	$EX=\mu$	$DX=\sigma^2$
χ^2 分布 $X\sim\chi^2(n)$	$EX=n$	$DX=2n$
t 分布 $X\sim t(n)$	$EX=0$	$DX=\dfrac{n}{n-2}\quad(n>2)$

学习随笔

续表 4-1

名 称	期 望	方 差
F 分布 $X \sim F(n_1,n_2)$	$EX=\dfrac{n_2}{n_2-2}$ $(n_2>2)$	$DX=\dfrac{2n_2^2(n_1+n_2-2)}{n_1(n_2-2)^2(n_2-4)} \quad (n_2>4)$
二维两点分布 $\begin{array}{c\|cc} X \backslash Y & 0 & 1 \\ \hline 0 & 1-p & 0 \\ 1 & 0 & p \end{array}$	$EX=EY=p$	$\Sigma=\begin{pmatrix} pq & pq \\ pq & pq \end{pmatrix}, \rho_{XY}=1$
二维均匀分布 $f(x,y)=$ $\dfrac{1}{(b_1-a_1)(b_2-a_2)}$ $a_1 \leqslant x \leqslant b_1$ $a_2 \leqslant y \leqslant b_2$	$EX=\dfrac{a_1+b_1}{2}$ $EY=\dfrac{a_2+b_2}{2}$	$\Sigma=\begin{pmatrix} \dfrac{(b_1-a_1)^2}{12}, & 0 \\ 0, & \dfrac{(b_2-a_2)^2}{12} \end{pmatrix}, \rho_{XY}=0$
二维正态分布 $N(\mu_1,\mu_2;\sigma_1^2,\sigma_2^2;\rho)$	$EX=\mu_1$ $EY=\mu_2$	$\Sigma=\begin{pmatrix} \sigma_1^2 & \rho\sigma_1\sigma_2 \\ \rho\sigma_1\sigma_2 & \sigma_2^2 \end{pmatrix}, \rho_{XY}=\rho$

§4.2 进一步理解基本概念

一、数学期望

先举一个例子,在上海证券市场中每天有几千只股票在交易,每只股票都有不同幅度的震荡,眼花缭乱、为了了解它的总体变化,引入了上证指数、它仅仅只是一个数,但知道了上证指数就大致了解当天大盘总的涨跌行情,对于股民研究股市带来了很大的方便.所以讲,上证指数是股市的“数字特征”.

为了全面刻划随机试验,我们引入了随机变量.如何对两个随机变量进行比较是一个值得考虑的问题.例如,学校校长为了了解 8 个毕业班的数学成绩,在一次考试后要求各班将平均成绩汇报上来,从平均成绩的高低,校长就可对各个班级的学习情况作出一个大致评价.

如果 10 人中有 3 个 80 分、4 个 70 分、3 个 90 分,则平均成绩是 $80\times\dfrac{3}{10}+70\times\dfrac{4}{10}+90\times\dfrac{3}{10}$. 如换一个角度看这个问题,将 10 人成绩放在一起,随机抽取一个成绩,则抽得的成绩 X 是一离散型随机变量,它的概率分布是

$$\begin{array}{c|ccc} X & 70 & 80 & 90 \\ \hline p_r & \dfrac{4}{10} & \dfrac{3}{10} & \dfrac{3}{10} \end{array}.$$

学习随笔

因此,平均成绩从概率角度看正是数学期望,所以数学期望有时也称为“均值”.它反映了随机变量平均取值的大小,它是一个数,而不再是变量,这一点一定要注意.

注意到在数学期望定义中有一个条件 $\sum_{i=1}^{\infty}|a_i|p_i<+\infty$ 以及 $\int_{-\infty}^{+\infty}|x|f(x)\mathrm{d}x<+\infty$. 这是因为在求数学期望 $\boldsymbol{E}X=\sum_{i=1}^{\infty}a_ip_i$ 时,加项的次序应该允许交换而不影响求和结果,但当上述级数为无穷级数时只有当 $\sum_{i=1}^{\infty}|a_i|p_i$ 收敛才能保证求和与加项次序无关,所以这一条件是不可少的,但对于通常随机变量而言,该条件一般都是满足的.

对于连续型随机变量的数学期望定义类似于定积分的引入.设 X 有密度函数 $f(x)$,可用下列离散型随机变量 X_n 趋近于它,即取很密的分点 $x_0<x_1<\cdots<x_n$,则 X 落在 $(x_i,x_{i+1}]$ 的概率近似于 $f(x_i)(x_{i+1}-x_i)$,令 X_n 为取值于 $\{x_0,\cdots,x_n\}$ 且 $\boldsymbol{P}\{X_n=x_i\}=f(x_i)(x_{i+1}-x_i)$.那么 X_n 的数学期望正是

$$\sum_i x_i f(x_i)(x_{i+1}-x_i),$$

并令 $x_0\to-\infty,x_n\to+\infty$,这正是 $\int_{-\infty}^{+\infty}xf(x)\mathrm{d}x$ 的近似和式.

对于随机变量 X 的函数 $Y=g(X)$ 的数学期望当然可以通过先求 Y 的分布再利用它求出数学期望,但这样做不太方便,可以直接从 X 的分布求 $g(X)$ 的数学期望,即

$$\boldsymbol{E}g(X)=\sum_{i=1}^{\infty}g(a_i)p_i \text{ 或 } \boldsymbol{E}g(X)=\int_{-\infty}^{+\infty}g(x)f(x)\mathrm{d}x.$$

的确存在一些随机变量数学期望并不存在,如 X 服从柯西分布,即密度为 $f(x)=[\pi(1+x^2)]^{-1}(-\infty<x<+\infty)$,由于 $\int_{-\infty}^{+\infty}|x|f(x)\mathrm{d}x=\infty$,因此 $\boldsymbol{E}X$ 并不存在.

最后要指出一点,对于属性随机变量,如男女婴儿出生的试验,当令 X(男婴)$=1$,X(女婴)$=0$ 时,得到分布

X	0	1
p_r	0.493	0.507

是有意义的.但它的数学期望 $\boldsymbol{E}X$ 并没有任何意义.因为当令 X 为其他数字时,模型本质未变,但 $\boldsymbol{E}X$ 却变了,对于这一类随机变量的刻划应该用其他方法.

二、方差

数学期望反映了随机变量的主要特征,但只是一个方面,例如两个毕业班级中,高三甲班平均成绩为 70 分,高三乙班平均成绩为 65 分,甲班优于乙班,但在高考中乙班有 5 人考取,而甲班却一个也没有考取.问题出在甲班成绩都集中在 65～75 分之间,而乙班成绩分散且不及格很多,也有相当一批高于 80 分的,如果高考分数线定在 80 分,那么,就会出现上述现象.上例说明研究随机变量取值的分散程度也很重要,而方差正是分散程度的一种量度,方差也是一个数,故也是随机变量 X 的数字特征.

另外,对于二维随机变量 (X,Y),通常先求出 X 和 Y 的边缘分布,然后按边缘分布计算 $\boldsymbol{E}X,\boldsymbol{E}Y,\boldsymbol{D}X,\boldsymbol{D}Y$,这样,不易出错.

学习随笔

三、协方差和相关系数

如果有两个随机变量 X 和 Y，研究它们之间的联系是很有用的. 当 X,Y 独立时有 $\boldsymbol{D}(X+Y)=\boldsymbol{D}X+\boldsymbol{D}Y$. 一般情况下，有 $\boldsymbol{D}(X+Y)=\boldsymbol{D}(X)+\boldsymbol{D}(Y)+2\boldsymbol{E}[(X-\boldsymbol{E}X)(Y-\boldsymbol{E}Y)]$. 又 $\boldsymbol{E}[(X-\boldsymbol{E}X)(Y-\boldsymbol{E}Y)]$反映了 X,Y 不独立的事实，从而把它定义为 X 和 Y 的协方差 $\mathrm{Cov}(X,Y)$. 当 $\boldsymbol{D}(X),\boldsymbol{D}(Y)$不变时，$\mathrm{Cov}(X,Y)$的绝对值越大，$X$ 和 Y 的联系越密切；而当 $\mathrm{Cov}(X,Y)$不变时，$\boldsymbol{D}(X),\boldsymbol{D}(Y)$变大，二者的联系会减弱. 为此我们定义了相关系数

$$\rho(X,Y)=\mathrm{Cov}(X,Y)/\sqrt{(\boldsymbol{D}X)(\boldsymbol{D}Y)},$$

以消除方差的影响. 注意到若将 X,Y 标准化后得到 $X^*=\dfrac{X-\boldsymbol{E}X}{\sqrt{\boldsymbol{D}X}}$，$Y^*=\dfrac{Y-\boldsymbol{E}Y}{\sqrt{\boldsymbol{D}Y}}$，则 $\rho(X,Y)$正是 $\boldsymbol{E}(X^*Y^*)$.

由于$-1\leqslant\rho(X,Y)\leqslant1$，$\rho(X,Y)$绝对值越大，相关性越高；当 $\rho(X,Y)=\pm1$ 时，X 与 Y 之间具有线性关系 $aX+bY+c=0$ 的概率为 1(当 $\rho(X,Y)=1$ 时 $a\cdot b<0$，$\rho(X,Y)=-1$ 时 $a\cdot b>0$). 而 $\rho(X,Y)=0$，反映了 X,Y 在线性关系上极不密切，但不排除 X,Y 有其他联系. 如 $|X|=Y$ 等等(参考本章【例 4.24】)，只有当 X,Y 独立时，X,Y 才真正是“各不相干”.

而当$(X,Y)\sim N(\mu_1,\mu_2;\sigma_1^2,\sigma_2^2;\rho)$时，$\rho(X,Y)=\rho=0$ 等价于 X,Y 相互独立(二者等价的其他例子见本章【例 4.23】).

在前面给出的期望、方差和协方差的许多运算公式都十分有用，要能熟练应用. 例如当$(X,Y)\sim N(\mu_1,\mu_2;\sigma_1^2,\sigma_2^2;\rho)$时，要求 $Z=aX+bY$ 的分布，由于它仍服从正态分布，只须计算出 $\boldsymbol{E}Z=a\mu_1+b\mu_2$，$\boldsymbol{D}Z=\boldsymbol{D}(aX+bY)=a^2\sigma_1^2+b^2\sigma_2^2+2ab\rho\sigma_1\sigma_2$；即知 $Z\sim N(\boldsymbol{E}Z,\boldsymbol{D}Z)$，而不必再用卷积公式计算.

四、数学期望在实际生活中的运用

数学期望在实际生活中有许多应用，例如，商店的进货量与销售量服从某些概率分布，我们常关心的是月平均利润；又如地铁站乘客到达时间服从某概率分布，地铁每 10 min 一班，我们关心的是乘客平均等待时间等等，求解这一类问题的关键在于建立利润 T(等待时间 T)与进货量 X、销售量 Y(乘客到达时间 X)的函数关系，然后利用已知分布计算相应函数的数学期望即可求解. 因此，遇到这类问题时，首先要分析问题中哪个是基本的随机变量，它的分布是什么，再寻找所求变量与上述随机变量的函数关系，至于具体计算数学期望则是不难的，对这类问题应予以高度的重视(参考本章【例 4.32】、【例 4.34】).

五、随机变量函数的数字特征的计算

当(X,Y)有联合概率分布 $\boldsymbol{P}\{X=a_i,Y=b_j\}=p_{ij}$ 时，要计算 $\boldsymbol{E}g(X,Y)$，一般可先求出 $Z=g(X,Y)$的概率分布，然后直接计算 $\boldsymbol{E}Z$；而当(X,Y)有联合概率密度 $f(x,y)$时，则要计算 $\boldsymbol{E}g(X,Y)$时，如果先求 $Z=g(X,Y)$的概率密度往往比较困难，可直接计算

学习随笔

$\boldsymbol{E}g(X,Y)=\iint\limits_{R^2}g(x,y)f(x,y)\mathrm{d}x\,\mathrm{d}y$，这样比较快捷. 但此时要注意，如果 $f(x,y)$ 是分段函数，上述积分的实际区域为 $D=\{(x,y)\mid f(x,y)>0\}$，并由此确定积分的上、下限，至于 $\boldsymbol{D}[g(X,Y)]$ 等等，都可以利用方差性质化为数学期望来运算.

§4.3 重难点提示

重点 数学期望、方差、协方差与相关系数的定义、性质及其计算.

难点 级数求和、积分计算及实际应用题的解答，特别是需要先求分布的问题.

① 我们知道随机变量的分布是全面描述其统计特性及概率性质的. 然而在实际应用中确切的分布常常是不易求得，况且我们又往往只需知道反映它的某种特征的数量指标，但分布又不能明显而集中的表现出来；此外分布中的未知参数又多是其重要的数字特征，有着明显的概率意义. 因此研究随机变量的数字特征成为概率统计中的一个重要内容.

② 随机变量数字特征中最基本的是期望，其他数字特征常常是与之有关，而计算则更多的是计算数学期望. 每个数字特征都是反映随机变量某种特征的数量标志，我们必须从客观上认识它的意义，以便在实际中应用它，或根据需要提出新的数量指标.

数字特征又仅与分布有关，因此不同的随机变量只要有相同的分布，那么它们的期望、方差、矩等等都应是相同的，这使我们计算数字特征可通过同分布的随机变量来求得. 反过来，数字特征相同其分布未必一样.

③ 数字特征的计算主要有两种方法，一种是定义法，一种是性质法. 无论用什么方法，都需要知道分布(可以应用已知的结果)，当分布已知时可直接套用公式，而当分布未知时，则需先求分布. 在期望的定义中要求级数或积分绝对收敛，这是由于 X 的取值顺序不是本质的，因此在期望的定义中就应允许任意改变 x_i 次序而不影响其收敛性及和值，这在数学上要求级数绝对收敛就能满足这一条件，况且绝对收敛又有很多性质也便于数学上的处理.

应用性质法计算，主要是引入等价的或同分布的随机变量，利用数字特征性质将其化简而后求得最终结果；应用定义法计算，常常是将问题归结为级数求和或计算定积分. 因此，函数的幂级数展开式，幂级数在其收敛区间内的性质(如逐项微分，逐项积分)以及 Γ-函数性质，常常要被用到的：

$$\sum_{n=0}^{\infty}\frac{x^n}{n!}=1+x+\frac{x^2}{2!}+\cdots+\frac{x^n}{n!}+\cdots=\mathrm{e}^x;\quad(-\infty<x<\infty)$$

$$\sum_{n=0}^{\infty}x^n=1+x+x^2+\cdots+x^n+\cdots=\frac{1}{1-x};\quad(|x|<1)$$

$$\begin{aligned}\sum_{n=1}^{\infty}nx^{n-1}&=1+2x+3x^2+\cdots+nx^{n-1}+\cdots\\&=\sum_{n=1}^{\infty}(x^n)'=\Big(\sum_{n=1}^{\infty}x^n\Big)'=\frac{1}{(1-x)^2};\quad(|x|<1)\end{aligned}$$

$$\sum_{n=1}^{\infty} n^2 x^{n-1} = 1 + 2^2 x + 3^2 x^2 + \cdots + n^2 x^{n-1} + \cdots$$

$$= \sum_{n=1}^{\infty} n(x^n)' = \left(\sum_{n=1}^{\infty} nx^n\right)' = \left(x\sum_{n=1}^{\infty} nx^{n-1}\right)'$$

$$= \frac{1+x}{(1-x)^3} \quad (|x|<1).$$

$$\Gamma(\alpha) = \int_0^{+\infty} x^{\alpha-1} e^{-x} dx \ (\alpha > 0);$$

$$\Gamma(\alpha+1) = \alpha\Gamma(\alpha);\quad \Gamma(1) = 1;\quad \Gamma(\frac{1}{2}) = \sqrt{\pi};\quad \Gamma(n+1) = n!.$$

有些积分可通过变量替换转化为 Γ- 函数进行计算，例如

$$\int_0^{+\infty} x^{\alpha} e^{-\frac{x^m}{\beta}} dx = \frac{1}{m}\beta^{\frac{\alpha+1}{m}}\Gamma\left(\frac{\alpha+1}{m}\right).\quad \left(令\ t = \frac{x^m}{\beta}\right)$$

④ 应用题往往是将问题归结为求随机变量函数 $g(X,Y)$ 的期望 $\boldsymbol{E}g(X,Y)$ 及其极值. 解答这类问题的关键在于通过变量关系的分析，写出正确的函数关系式，而后正确套用公式并应用微分法求其极值.

⑤ 随机变量 X 与 Y 相互独立和不相关是两个不同的概念. 独立性是概率分布之间的关系，而相关性则是线性相依的关系. 相互独立必不相关，反之不然. 由此可知，相关(即 $\rho_{XY} \neq 0$)必不相互独立，因此两个随机变量 X 与 Y 不可能是既相关又相互独立. 讨论 X 与 Y 相关性与独立性时，我们总是先计算 $\mathrm{Cov}(X,Y) = \boldsymbol{E}XY - \boldsymbol{E}X\boldsymbol{E}Y$，由此断定其相关性：若 $\mathrm{Cov}(X,Y) \neq 0$，则 X 与 Y 相关，此时 X 与 Y 必不独立；若 $\mathrm{Cov}(X,Y) = 0$，则 X 与 Y 不相关，此时 X 与 Y 可能相互独立，也可能不相互独立，需进一步通过联合分布与边缘分布关系来判定.

§4.4　典型题型归纳及解题方法与技巧

一、数字特征的计算

【例 4.1】设随机变量 X 的分布律为 $\boldsymbol{P}\{X=k\} = \frac{1}{2^k}$，$k=1,2,\cdots$，求 $\boldsymbol{E}X$，$\boldsymbol{D}X$.

【解】
$$\boldsymbol{E}X = \sum_{k=1}^{\infty} k\boldsymbol{P}\{X=k\} = \sum_{k=1}^{\infty} k \cdot \frac{1}{2^k} = \frac{1}{2}\sum_{k=1}^{\infty} k\,\frac{1}{2^{k-1}}$$

$$= \frac{1}{2}\left(\sum_{k=1}^{\infty} x^k\right)'_{x=\frac{1}{2}} = \frac{1}{2}\left(\frac{1}{1-x}\right)'\bigg|_{x=\frac{1}{2}} = \frac{1}{2}\,\frac{1}{(1-x)^2}\bigg|_{x=\frac{1}{2}} = \frac{1}{2} \times 4 = 2,$$

$$\boldsymbol{E}X^2 = \sum_{k=1}^{\infty} k^2\boldsymbol{P}\{X=k\} = \sum_{k=1}^{\infty} k^2\,\frac{1}{2^k} = \frac{1}{2}\sum_{k=1}^{\infty} k^2\left(\frac{1}{2}\right)^{k-1}$$

$$= \frac{1}{2}\sum_{k=1}^{\infty} k(x^k)'\bigg|_{x=\frac{1}{2}} = \frac{1}{2}\left(\sum_{k=1}^{\infty} kx^k\right)'\bigg|_{x=\frac{1}{2}} = \frac{1}{2}\left(x\sum_{k=1}^{\infty} kx^{k-1}\right)'\bigg|_{x=\frac{1}{2}}$$

$$= \frac{1}{2}\left[\sum_{k=1}^{\infty} kx^{k-1} + x\left(\sum_{k=1}^{\infty} x^{k-1}\right)'\right]_{x=\frac{1}{2}}$$

学习随笔

$$=\frac{1}{2}\left\{\frac{1}{(1-x)^2}+x\left[\frac{1}{(1-x)^2}\right]'\right\}_{x=\frac{1}{2}}$$

$$=\frac{1}{2}\left[\frac{1}{(1-x)^2}+\frac{2x}{(1-x)^3}\right]_{x=\frac{1}{2}}=\frac{1}{2}\cdot\frac{1+x}{(1-x)^3}\Big|_{x=\frac{1}{2}}=\frac{1}{2}\times\frac{\frac{3}{2}}{\frac{1}{8}}=6,$$

$$DX=EX^2-(EX)^2=6-4=2.$$

【例 4.2】设离散型随机变量 X 的分布列为 $P\left\{X=\frac{(-2)^k}{k}\right\}=\frac{1}{2^k}(k=1,2,\cdots)$，问 EX 是否存在？

【解】因为 $\sum\limits_{k=1}^{\infty}\left|\frac{(-2)^k}{k}\right|\cdot\frac{1}{2^k}=\sum\limits_{k=1}^{\infty}\frac{1}{k}$ 发散，所以 X 的数学期望 EX 不存在.

【例 4.3】从数字 $0,1,\cdots,n$ 中任取两个不同的数字，求这两个数字之差的绝对值的数学期望.

【解】以 X 表示取出两数之差的绝对值，则 X 可以取 $1,2,\cdots,k,\cdots,n$. 由于取两个不同数字的基本事件数为 C_{n+1}^2（不计次序），而 $\{X=k\}$ 的有利事件数由列举法可算得为 $n-k+1$，故

$$P\{X=k\}=\frac{n-k+1}{C_{n+1}^2},$$

$$EX=\sum_{k=1}^{n}k\cdot\frac{n-k+1}{C_{n+1}^2}=\sum_{k=1}^{n}\frac{2k(n-k+1)}{n(n+1)}$$

$$=\frac{2}{n(n+1)}\left[(n+1)\sum_{k=1}^{n}k-\sum_{k=1}^{n}k^2\right]$$

$$=\frac{2}{n(n+1)}\left[(n+1)\cdot\frac{(1+n)n}{2}-\frac{1}{6}n(n+1)(2n+1)\right]=\frac{n+2}{3}.$$

【例 4.4】将 n 只编号为 $1\sim n$ 的球随意放入编号为 $1\sim n$ 的 n 个盒子中，每个盒子只放一球. 如果球号与盒子号相同，则称其为一个配对，试求配对个数 X 的数学期望和方差.

【解】令 $X_i=\begin{cases}1, & \text{第 } i \text{ 号球落入第 } i \text{ 号盒子}, i=1,2\cdots,n,\\ 0, & \text{其他},\end{cases}$ 则

$$X_i\sim\begin{pmatrix}1 & 0\\ \frac{(n-1)!}{n!} & 1-\frac{1}{n}\end{pmatrix},\quad X=\sum_{i=1}^{n}X_i,\quad EX_i=\frac{1}{n},\quad DX_i=\frac{1}{n}\left(1-\frac{1}{n}\right).$$

故 $\quad EX=\sum\limits_{i=1}^{n}EX_i=n\times\frac{1}{n}=1,\quad DX=D\left(\sum\limits_{i=1}^{n}X_i\right)=\sum\limits_{i=1}^{n}DX_i+2\sum\limits_{1\leqslant i<j\leqslant n}\mathrm{Cov}(X_i,X_j).$

由于 $\quad X_iX_j\sim\begin{pmatrix}1 & 0\\ \frac{(n-2)!}{n!} & 1-\frac{1}{n(n-1)}\end{pmatrix}$，故 $\quad EX_iX_j=\frac{1}{n(n-1)}\quad(i\neq j)$，

$$\mathrm{Cov}(X_i,X_j)=EX_iX_j-EX_iEX_j=\frac{1}{n(n-1)}-\frac{1}{n^2}=\frac{1}{n^2(n-1)}.$$

所以　$\boldsymbol{D}X=n\times\frac{1}{n}\left(1-\frac{1}{n}\right)+2\mathrm{C}_n^2\cdot\frac{1}{n^2(n-1)}=1-\frac{1}{n}+\frac{1}{n}=1.$

评注　将一个随机变量分解成若干个随机变量的和，再求该随机变量的数字特征，这是化简数字特征计算的有效途径.

【例 4.5】从 10 双不同的鞋子中任取 8 只，记 8 只鞋中配对的个数为 X，求 $\boldsymbol{E}X$.

【解】令 $X_i=\begin{cases}1, & \text{第 } i \text{ 双鞋被取到}, i=1,2,\cdots,10,\\ 0, & \text{其他},\end{cases}$ 则

$$X=\sum_{i=1}^{10}X_i,\quad X_i\sim\begin{pmatrix}1 & 0\\ \dfrac{\mathrm{C}_2^2\mathrm{C}_{18}^6}{\mathrm{C}_{20}^8} & 1-\dfrac{\mathrm{C}_2^2\mathrm{C}_{18}^6}{\mathrm{C}_{20}^8}\end{pmatrix},\quad \frac{\mathrm{C}_2^2\mathrm{C}_{18}^6}{\mathrm{C}_{20}^8}=\frac{14}{95},$$

$$\boldsymbol{E}X_i=\frac{14}{95},\quad \boldsymbol{E}X=\sum_{i=1}^{10}\boldsymbol{E}X_i=10\times\frac{14}{95}=\frac{28}{19}.$$

【例 4.6】设随机变量 X 服从拉普拉斯分布，即 X 具有密度函数 $f(x)=\frac{1}{2\lambda}\mathrm{e}^{-\frac{|x-\mu|}{\lambda}}$ $(-\infty<x<\infty)$，其中 $\lambda,\mu>0$ 为常数，求 $\boldsymbol{E}X,\boldsymbol{D}X$.

【解】由于被积函数是奇函数，则

$$0=\int_{-\infty}^{+\infty}(x-\mu)\frac{1}{2\lambda}\mathrm{e}^{\frac{-|x-\mu|}{\lambda}}\mathrm{d}x=\int_{-\infty}^{+\infty}x\cdot\frac{1}{2\lambda}\mathrm{e}^{\frac{-|x-\mu|}{\lambda}}\mathrm{d}x-\mu$$

故　$\boldsymbol{E}X=\int_{-\infty}^{+\infty}x\,\frac{1}{2\lambda}\mathrm{e}^{\frac{-|x-\mu|}{\lambda}}\mathrm{d}x=\mu,$

$$\boldsymbol{D}X=\boldsymbol{E}(X-\mu)^2=\int_{-\infty}^{+\infty}(x-\mu)^2\cdot\frac{1}{2\lambda}\mathrm{e}^{\frac{-|x-\mu|}{\lambda}}\mathrm{d}x\quad\left(\text{令}\frac{x-\mu}{\lambda}=t\right)$$

$$=\int_{-\infty}^{+\infty}\frac{\lambda}{2}t^2\mathrm{e}^{-|t|}\lambda\,\mathrm{d}t=\lambda^2\int_0^{+\infty}t^2\mathrm{e}^{-t}\mathrm{d}t=2\lambda^2.$$

注：若 $X\sim E(1)$，则 $\boldsymbol{E}X^2=\int_0^{+\infty}t^2\mathrm{e}^{-t}\mathrm{d}t=\boldsymbol{D}X+\boldsymbol{E}^2X=1+1=2.$

【例 4.7】平面上点 A 的坐标为$(0,a)$，其中 $a>0$，过 A 点的直线 l 与 Y 轴的夹角为 θ，l 交 X 轴于 B 点，已知 θ 在 $\left[0,\frac{\pi}{4}\right]$ 上服从均匀分布，求$\triangle OAB$ 面积的数学期望.

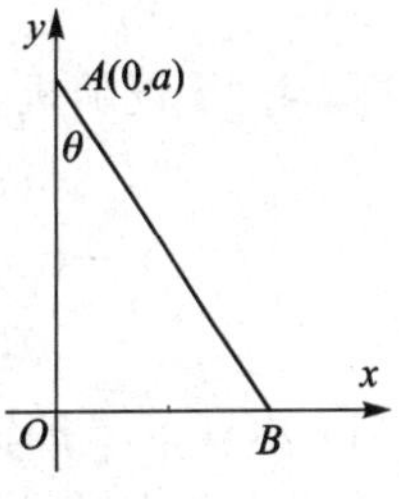

图 4-1

【解】首先要求出$\triangle OAB$ 的面积 S(见图 4-1). 依题意得

$$S=\frac{1}{2}OA\times OB=\frac{1}{2}a.a\tan\theta=\frac{1}{2}a^2\tan\theta,$$

其中，$\theta\sim U\left[0,\frac{\pi}{4}\right]$，其密度函数

$$f(x)=\begin{cases}\dfrac{4}{\pi}, & 0\leqslant x\leqslant\dfrac{\pi}{4},\\ 0, & \text{其他}.\end{cases}$$

故　$ES=\frac{1}{2}a^2\int_0^{\frac{\pi}{4}}\tan\theta\,\frac{4}{\pi}\mathrm{d}\theta=\frac{2a^2}{\pi}\int_0^{\frac{\pi}{4}}\frac{\sin\theta}{\cos\theta}\mathrm{d}\theta=\frac{2a^2}{\pi}[-\ln\cos\theta]_0^{\frac{\pi}{4}}=\frac{a^2}{\pi}\ln 2.$

【例 4.8】设随机变量 $\boldsymbol{X}$ 在区间$[-1,2]$上服从均匀分布，随机变量

学习随笔

$$Y=\begin{cases}1, & X>0,\\ 0, & X=0,\\ -1, & X<0,\end{cases}$$

求 Y 的方差 DY.

【解法一】(定义法)先求出 Y 的分布,再计算 DY. 已知

$$X\sim f(x)=\begin{cases}\dfrac{1}{3}, & -1\leqslant x\leqslant 2,\\ 0, & \text{其他},\end{cases}$$

故 $P\{Y=1\}=P\{X>0\}=\int_0^2\frac{1}{3}dx=\frac{2}{3}$,

$P\{Y=0\}=P\{X=0\}=0$,

$P\{Y=-1\}=P\{X<0\}=\int_{-1}^0\frac{1}{3}dx=\frac{1}{3}$,

所以 $EY=1\times\frac{2}{3}+0\times0+(-1)\times\frac{1}{3}=\frac{1}{3}$,

$EY^2=1^2\times\frac{2}{3}+(-1)^2\times\frac{1}{3}=1$,

$DY=EY^2-(EY)^2=1-\frac{1}{9}=\frac{8}{9}$.

【解法二】(性质法)显然,$Y=g(X)$,故

$$EY=Eg(X)=\int_{-\infty}^{+\infty}g(x)f(x)dx=\int_0^{+\infty}f(x)dx+\int_{-\infty}^0(-1)f(x)dx$$

$$=\int_0^2\frac{1}{3}dx-\int_{-1}^0\frac{1}{3}dx=\frac{2}{3}-\frac{1}{3}=\frac{1}{3}.$$

$$EY^2=Eg^2(X)=\int_{-\infty}^{+\infty}g^2(x)f(x)dx=\int_{-\infty}^{+\infty}f(x)dx=1.$$

所以 $DY=EY^2-(EY)^2=1-\frac{1}{9}=\frac{8}{9}$.

【例 4.9】设随机变量 X 的密度函数为

$$f(x)=\begin{cases}ax, & 0<x<2,\\ cx+b, & 2\leqslant x\leqslant 4,\\ 0, & \text{其他},\end{cases}\quad \text{且 } EX=2, P\{1<X<3\}=\frac{3}{4}.$$

(1) 求 a、b、c 的值; (2) 若 $Y=e^X$,求 EY,DY.

【解】(1) 由题设知

$$1=\int_{-\infty}^{+\infty}f(x)dx=\int_0^2 ax\,dx+\int_2^4(cx+b)dx=2a+6c+2b,$$

$$2=EX=\int_0^2 ax^2dx+\int_2^4 x(cx+b)dx=\frac{8}{3}a+\frac{56}{3}c+6b,$$

$$\frac{3}{4}=P\{1<X<3\}=\int_1^3 f(x)dx=\int_1^2 ax\,dx+\int_2^3(cx+b)dx=\frac{3}{2}a+\frac{5}{2}c+b,$$

故 $\begin{cases} 2a+6c+2b=1, \\ 8a+56c+18b=6, \\ 6a+10c+4b=3 \end{cases} \Rightarrow a=\frac{1}{4}, b=1, c=-\frac{1}{4}.$

(2) $\boldsymbol{E}Y=\boldsymbol{E}\mathrm{e}^X=\int_{-\infty}^{+\infty}\mathrm{e}^x f(x)\mathrm{d}x=\int_0^2 \frac{1}{4}x\mathrm{e}^x\mathrm{d}x+\int_2^4\left(-\frac{1}{4}x+1\right)\mathrm{e}^x\mathrm{d}x=\frac{1}{4}(\mathrm{e}^2-1)^2.$

$$\boldsymbol{E}Y^2=\boldsymbol{E}\mathrm{e}^{2X}=\int_{-\infty}^{+\infty}\mathrm{e}^{2x}f(x)\mathrm{d}x=\int_0^2\frac{1}{4}x\mathrm{e}^{2x}\mathrm{d}x+\int_2^4\left(-\frac{1}{4}x+1\right)\mathrm{e}^{2x}\mathrm{d}x$$

$$=\frac{1}{16}(\mathrm{e}^4-1)^2.$$

$$\boldsymbol{D}Y=\boldsymbol{E}Y^2-(\boldsymbol{E}Y)^2=\frac{1}{16}(\mathrm{e}^4-1)^2-\frac{1}{16}(\mathrm{e}^2-1)^4=\frac{1}{4}\mathrm{e}^2(\mathrm{e}^2-1)^2.$$

【例 4.10】设(X,Y)的分布律为

Y \ X	1	2	3
−1	0.2	0.1	0
0	0.1	0	0.3
1	0.1	0.1	0.1

(1) 求 $\boldsymbol{E}X, \boldsymbol{E}Y$；(2) 设 $Z=(X-Y)^2$，求 $\boldsymbol{E}Z$；(3)设 $Z=Y/X$，求 $\boldsymbol{E}Z$.

【解】(1) 由题设知

$$X\sim\begin{pmatrix}1 & 2 & 3\\ 0.4 & 0.2 & 0.4\end{pmatrix},\quad Y\sim\begin{pmatrix}-1 & 0 & 1\\ 0.3 & 0.4 & 0.3\end{pmatrix},$$

故 $\boldsymbol{E}X=0.4+0.4+1.2=2, \boldsymbol{E}Y=-0.3+0.3=0.$

(2) 由题设知$(X-Y)^2\sim\begin{pmatrix}0 & 1 & 4 & 9\\ 0.1 & 0.1+0.1 & 0.2+0.1 & 0.1+0.3\end{pmatrix}$，

故 $\boldsymbol{E}Z=\boldsymbol{E}(X-Y)^2=0\times0.1+1\times0.2+4\times0.3+9\times0.4=5.$

(3) 由题设知 $Y/X\sim\begin{pmatrix}-1 & -\frac{1}{2} & -\frac{1}{3} & 0 & 1 & \frac{1}{2} & \frac{1}{3}\\ 0.2 & 0.1 & 0 & 0.4 & 0.1 & 0.1 & 0.1\end{pmatrix}$，

故 $\boldsymbol{E}Z=\boldsymbol{E}(Y/X)=-0.2-\frac{0.1}{2}+0.1+\frac{0.1}{2}+\frac{0.1}{3}=-\frac{1}{15}.$

【例 4.11】假设随机变量 U 在区间$[-2,2]$上服从均匀分布，随机变量

$$X=\begin{cases}-1, & 若 U\leqslant -1,\\ 1, & 若 U>-1;\end{cases}\quad Y=\begin{cases}-1, & 若 U\leqslant 1,\\ 1, & 若 U>1.\end{cases}$$

试求：(1) X 与 Y 的联合分布；(2) $\boldsymbol{D}(X+Y)$.

【解】(1) 由题设知，(X,Y)为二维离散型随机变量，有四个可能取值$(-1,-1)$，$(-1,1)$，$(1,-1)$，$(1,1)$，且由

$$U\sim f(x)=\begin{cases}\frac{1}{4}, & -2\leqslant x\leqslant 2,\\ 0, & 其他,\end{cases}$$

学习随笔

可求得相应的概率

$$P\{X=-1,Y=-1\}=P\{U\leqslant -1,U\leqslant 1\}=P\{U\leqslant -1\}=\int_{-2}^{-1}\frac{1}{4}\mathrm{d}x=\frac{1}{4},$$

$$P\{X=-1,Y=1\}=P\{U\leqslant -1,U>1\}=0,$$

$$P\{X=1,Y=-1\}=P\{U>-1,U\leqslant 1\}=P\{-1<U\leqslant 1\}$$

$$=\int_{-1}^{1}\frac{1}{4}\mathrm{d}x=\frac{1}{2},$$

$$P\{X=1,Y=1\}=P\{U>-1,U>1\}=P\{U>1\}=\int_{1}^{2}\frac{1}{4}\mathrm{d}x=\frac{1}{4}.$$

故　所求联合分布为$(X,Y)\sim\begin{pmatrix}(-1,-1) & (-1,1) & (1,-1) & (1,1)\\ \frac{1}{4} & 0 & \frac{1}{2} & \frac{1}{4}\end{pmatrix}$.

(2) 由(1)知$(X+Y)\sim\begin{pmatrix}-2 & 0 & 2\\ \frac{1}{4} & \frac{1}{2} & \frac{1}{4}\end{pmatrix}$，　$(X+Y)^2\sim\begin{pmatrix}0 & 4\\ \frac{1}{2} & \frac{1}{2}\end{pmatrix}$，

故　$E(X+Y)=0,D(X+Y)=E(X+Y)^2=2.$

【例 4.12】 (1) 设随机变量 X 与 Y 相互独立，且都服从正态分布 $N(\mu,\sigma^2)$，试证：$E\max(X,Y)=\mu+\frac{\sigma}{\sqrt{\pi}}$；

(2) 设(X,Y)服从二维正态分布，$EX=EY=0,DX=DY=1$，X 与 Y 的相关系数为 ρ，试证：$E\max(X,Y)=\sqrt{\frac{1-\rho}{\pi}}$.

【证明】(1) 令 $X_1=\frac{X-\mu}{\sigma},X_2=\frac{Y-\mu}{\sigma}$则 X_1 与 X_2 相互独立且都服从 $N(0,1)$分布，由 $X=\sigma X_1+\mu,Y=\sigma X_2+\mu$ 知

$$\max(X,Y)=\max(\mu+\sigma X_1,\mu+\sigma X_2)=\mu+\sigma\max(X_1,X_2),$$

其中，$\max(X_1,X_2)=\frac{X_1+X_2+|X_1-X_2|}{2}$.

故　$E\max(X_1,X_2)=\frac{1}{2}EX_1+\frac{1}{2}EX_2+\frac{1}{2}E|X_1-X_2|=\frac{1}{2}E|X_1-X_2|.$

又 $X_1-X_2\sim N(0,2)$，所以

$$E|X_1-X_2|=\int_{-\infty}^{+\infty}|x|\frac{1}{\sqrt{2\pi}\sqrt{2}}\mathrm{e}^{-\frac{x^2}{4}}\mathrm{d}x=\frac{1}{\sqrt{\pi}}\int_{0}^{+\infty}x\mathrm{e}^{-\frac{x^2}{4}}\mathrm{d}x$$

$$=\frac{1}{\sqrt{\pi}}\left[-2\mathrm{e}^{-\frac{x^2}{4}}\right]_0^{+\infty}=\frac{2}{\sqrt{\pi}}.$$

$$E\max(X_1,X_2)=\frac{1}{\sqrt{\pi}},\quad E\max(X,Y)=\mu+\frac{\sigma}{\sqrt{\pi}}.$$

(2) $\max(X,Y)=\frac{X+Y+|X-Y|}{2}$，　$E\max(X,Y)=\frac{1}{2}E|X-Y|$. 依题设，知

$$D(X-Y)=DX+DY-2\mathrm{Cov}(X,Y)=2-2\rho\sqrt{DX}\sqrt{DY}=2-2\rho,$$

且 $X-Y \sim N(0,2-2\rho)$，所以

$$\boldsymbol{E}|X-Y|=\int_{-\infty}^{+\infty}|x|\frac{1}{\sqrt{2\pi}\sqrt{2(1-\rho)}}\rho^{-\frac{x^2}{4(1-\rho)}}\mathrm{d}x$$

$$=\frac{2}{2\sqrt{\pi(1-\rho)}}\int_0^{+\infty}x\,\mathrm{e}^{-\frac{x^2}{4(1-\rho)}}\mathrm{d}x$$

$$=\frac{1}{\sqrt{\pi(1-\rho)}}2(1-\rho)\left[-\mathrm{e}^{\frac{-x^2}{4(1-\rho)}}\right]_0^{+\infty}=2\sqrt{\frac{1-\rho}{\pi}},$$

$$\boldsymbol{E}\max(X,Y)=\frac{1}{2}\boldsymbol{E}|X-Y|=\sqrt{\frac{1-\rho}{\pi}}.$$

【例 4.13】假设随机变量 (X,Y) 的联合概率密度为

$$f(x,y)=\begin{cases}4xy\mathrm{e}^{-(x^2+y^2)}, & x>0,y>0,\\ 0, & 其他,\end{cases}$$

试求：$Z=\sqrt{X^2+Y^2}$ 的数学期望 $\boldsymbol{E}(\sqrt{X^2+Y^2})$.

【解】$\boldsymbol{E}Z=\boldsymbol{E}(\sqrt{X^2+Y^2})=\int_{-\infty}^{+\infty}\int_{-\infty}^{+\infty}\sqrt{x^2+y^2}f(x,y)\mathrm{d}x\mathrm{d}y$

$$=\int_0^{+\infty}\mathrm{d}x\int_0^{+\infty}\sqrt{x^2+y^2}\,4xy\mathrm{e}^{-(x^2+y^2)}\mathrm{d}y=\int_0^{\frac{\pi}{2}}\mathrm{d}\theta\int_0^{+\infty}\rho^2 4\rho^2\cos\theta\sin\theta\,\mathrm{e}^{-\rho^2}\rho\,\mathrm{d}\rho$$

$$=\int_0^{\frac{\pi}{2}}2\sin2\theta\,\mathrm{d}\theta\int_0^{\infty}\rho^4\mathrm{e}^{-\rho^2}\mathrm{d}\rho=\frac{3}{2}\int_0^{+\infty}\mathrm{e}^{-\rho^2}\mathrm{d}\rho=\frac{3}{4}\sqrt{\pi}.$$

【例 4.14】假设 (X,Y) 在区域 $D=\{(x,y):0\leqslant x\leqslant 1,0\leqslant y\leqslant 2\}$ 上服从均匀分布，$Z=\min(X,Y)$，求 $\boldsymbol{E}Z$.

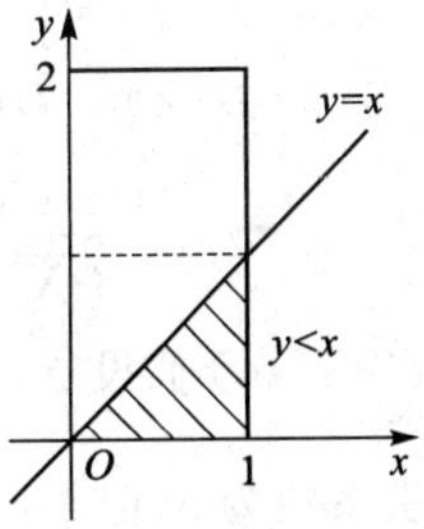

图 4-2

【解】如图 4-2 所示，由题设知

$$(X,Y)\sim f(x,y)=\begin{cases}\dfrac{1}{2}, & 0\leqslant x\leqslant 1,0\leqslant y\leqslant 2,\\ 0, & 其他,\end{cases}$$

所以　$\boldsymbol{E}Z=\boldsymbol{E}\min(X,Y)=\int_{-\infty}^{+\infty}\int_{-\infty}^{+\infty}\min(x,y)f(x,y)\mathrm{d}x\mathrm{d}y$

$$=\int_0^1\mathrm{d}x\int_0^x y\,\frac{1}{2}\mathrm{d}y+\int_0^1\mathrm{d}x\int_x^2 x\,\frac{1}{2}\mathrm{d}y$$

$$=\frac{1}{2}\int_0^1\frac{x^2}{2}\mathrm{d}x+\frac{1}{2}\int_0^1 x(2-x)\mathrm{d}x$$

$$=\frac{1}{2}\int_0^1\left(2x-\frac{x^2}{2}\right)\mathrm{d}x=\frac{5}{12}.$$

【例 4.15】(1) 已知 $X\sim N(0,1)$，$Y=a+bX+cX^2$（a,b,c 均不为零），试求 X 与 Y 的相关系数 ρ；

(2) 设 $X\sim N(0,4)$，Y 服从参数 $\lambda=0.5$ 的指数分布，$Z=X-aY$，已知 $\mathrm{Cov}(X,Y)=-1$，$\mathrm{Cov}(X,Z)=\mathrm{Cov}(Y,Z)$，求常数 a 及 X 与 Z 的相关系数.

【解】(1) $\boldsymbol{E}X=0$，$\boldsymbol{D}X=1$，

学习随笔

$$EX^2=DX+E^2X=1,\quad EX^3=\int_{-\infty}^{+\infty}x^3\frac{1}{\sqrt{2\pi}}e^{-\frac{x^2}{2}}dx=0,$$

$$EX^4=\int_{-\infty}^{+\infty}x^4\frac{1}{\sqrt{2\pi}}e^{-\frac{x^2}{2}}dx=\frac{2}{\sqrt{2\pi}}\int_0^{+\infty}(-x^3)dc^{-\frac{x^2}{2}}$$

$$=\frac{2}{\sqrt{2x}}\int_0^{+\infty}3x^2e^{-\frac{x^2}{2}}dx=\frac{3}{\sqrt{2x}}\int_{-\infty}^{+\infty}x^2e^{-\frac{1}{2}x^2}dx=3.$$

$$EXY=E(aX+bX^2+cX^3)=aEX+bEX^2+CEX^3=b.$$

$$\mathrm{Cov}(X,Y)=EXY-EXEY=b,$$

$$DY=D(a+bX+cX^2)=D(bX+cX^2)$$

$$=b^2DX+c^2DX^2+2bc\mathrm{Cov}(X,X^2)$$

$$=b^2+c^2(EX^4-E^2X^2)+2bc(EX^3-EXEX^2)=b^2+2c^2.$$

$$\rho=\frac{\mathrm{Cov}(X,Y)}{\sqrt{DX}\sqrt{DY}}=\frac{b}{\sqrt{b^2+2c^2}}.$$

(2) 已知 $Z=X-aY,\mathrm{Cov}(X,Y)=-1$,故

$$\mathrm{Cov}(X,Z)=\mathrm{Cov}(X,X-aY)=DX-a\mathrm{Cov}(X,Y)=4+a,$$

$$\mathrm{Cov}(Y,Z)=\mathrm{Cov}(Y,X-aY)=\mathrm{Cov}(X,Y)-aDY$$

$$=-1-\frac{a}{0.5^2}=-1-4a,$$

由题设知 $4+a=-1-4a\Rightarrow a=-1$.

所以 $\mathrm{Cov}(X,Z)=4-1=3$, $DX=4$. 于是

$$D(Z)=D(X+Y)=DX+DY+2\mathrm{Cov}(X,Y)=4+4-2=6,$$

$$\rho=\frac{\mathrm{Cov}(X,Z)}{\sqrt{DX}\sqrt{DZ}}=\frac{3}{2\sqrt{6}}=\frac{\sqrt{6}}{4}.$$

【例 4.16】假设 $X_1,X_2,\cdots,X_{2n}$ 为随机变量满足条件:$EX_i=0,DX_i=1,X_i$ 与 $X_j(i\neq j)$相关系数为 ρ,记 $\xi=\sum\limits_{i=1}^{n}X_i,\eta=\sum\limits_{j=n+1}^{2n}X_j$,求 ξ 与 η 的相关系数 $\rho_{\xi\eta}$.

【解】已知 $\rho=\dfrac{\mathrm{Cov}(X_i,X_j)}{\sqrt{DX_i}\sqrt{DX_j}}=EX_iX_j(i\neq j)$,所以

$$\mathrm{Cov}(\xi,\eta)=\mathrm{Cov}\Big(\sum_{i=1}^{n}X_i\sum_{j=n+1}^{2n}X_j\Big)=\sum_{i=1}^{n}\sum_{j=n+1}^{2n}\mathrm{Cov}(X_i,X_j)=n^2\rho,$$

$$D\xi=D\Big(\sum_{i=1}^{n}X_i\Big)=\sum_{i=1}^{n}DX_i+2\sum_{1\leqslant i<j\leqslant n}\mathrm{Cov}(X_i,X_j)$$

$$=n+2C_n^2\rho=n+n(n-1)\rho.$$

同理 $D\eta=D\Big(\sum\limits_{j=n+1}^{2n}X_i\Big)=n+n(n-1)\rho$. 所以 ξ 与 η 的相关系数

$$\rho_{\xi\eta}=\frac{n^2\rho}{n+n(n-1)\rho}=\frac{n\rho}{1+(n-1)\rho}.$$

【例 4.17】设(X,Y)服从二维正态分布,$EX=\mu_1,DX=\sigma_1^2,EY=\mu_2,DY=\sigma_2^2,\rho_{XY}=$

学习随笔

ρ,记 $\xi=aX+bY,\eta=aX-bY$,证明:如果 ξ 与 η 相互独立,则 a 与 b 应满足关系式 $\frac{a^2}{b^2}=\frac{\sigma_2^2}{\sigma_1^2}$.

【证明】由于(X,Y)为二维正态,因此 $\forall \lambda_1,\lambda_2$,有

$$\lambda_1\xi+\lambda_2\eta=\lambda_1(aX+bY)+\lambda_2(aX-bY)=(a\lambda_1+a\lambda_2)X+(b\lambda_1-b\lambda_2)Y$$

为一维正态变量,所以(ξ,η)也为二维正态变量,于是

$$\begin{aligned}\xi \text{ 与 } \eta \text{ 独立} &\Leftrightarrow \mathrm{Cov}(\xi,\eta)=0\\ &\Leftrightarrow \mathrm{Cov}(aX+bY,aX-bY)=a^2\boldsymbol{D}X-ab\mathrm{Cov}(X,Y)+ab\mathrm{Cov}(X,Y)-b^2\boldsymbol{D}Y\\ &\qquad =a^2\sigma_1^2-b^2\sigma_2^2=0\\ &\Leftrightarrow \frac{a^2}{b^2}=\frac{\sigma_2^2}{\sigma_1^2}.\end{aligned}$$

【例 4.18】将 3 个白球、2 个红球随意放入 4 个盒子中,每个盒子可以放置任意多个球.用 X 表示有一个白球的盒子数,用 Y 表示有一个红球的盒子数,求(X,Y)的联合分布及协方差 $\mathrm{Cov}(X,4X)$.

【解】显然 X 可取 0,1,3,Y 可取 0,2,因此(X,Y)为二维离散型随机变量,又由于每个盒子可以放置任意多个球,因此 X 与 Y 相互独立,因而只要求出 X、Y 的分布,即可求得联合分布进而求得 $\mathrm{Cov}(X,4X)$.由古典概率即可求得

$$\boldsymbol{P}\{X=0\}=\frac{C_4^1 4^2}{4^5}=\frac{1}{16},$$

$$\boldsymbol{P}\{X=3\}=\frac{4\times 3\times 2\times 4^2}{4^5}=\frac{6}{16},$$

$$\boldsymbol{P}\{X=1\}=1-\boldsymbol{P}\{X=0\}-\boldsymbol{P}\{X=3\}=\frac{9}{16},$$

$$\boldsymbol{P}\{Y=0\}=\frac{C_4^1 4^3}{4^5}=\frac{1}{4},\quad \boldsymbol{P}\{Y=1\}=\frac{3}{4},$$

由 X,Y 独立,可求得联合分布

Y \ X	0	1	3	
0	$\frac{1}{64}$	$\frac{9}{64}$	$\frac{6}{64}$	$\frac{1}{4}$
1	$\frac{3}{64}$	$\frac{27}{64}$	$\frac{18}{64}$	$\frac{3}{4}$
	$\frac{1}{16}$	$\frac{9}{16}$	$\frac{6}{16}$	

$$\boldsymbol{E}X=0\times\frac{1}{16}+1\times\frac{9}{16}+3\times\frac{6}{16}=\frac{27}{16},$$

$$\boldsymbol{E}X^2=0\times\frac{1}{16}+1\times\frac{9}{16}+9\times\frac{6}{16}=\frac{63}{16},$$

$$\boldsymbol{D}X=\boldsymbol{E}X^2-(\boldsymbol{E}X)^2=\frac{279}{256},\quad \mathrm{Cov}(X,4X)=4\boldsymbol{D}X=\frac{279}{64}.$$

学习随笔

【例 4.19】设(X,Y)的密度函数为

$$f(x,y)=\begin{cases}Axy, & (x,y)\in D,\\ 0, & (x,y)\overline{\in} D,\end{cases}$$

其中,区域 D 是由两坐标轴与直线 $x+y-1=0$ 所围成的平面区域(见图 4-3).

(1) 求常数 A;

(2) 求 X 与 Y 的相关系数.

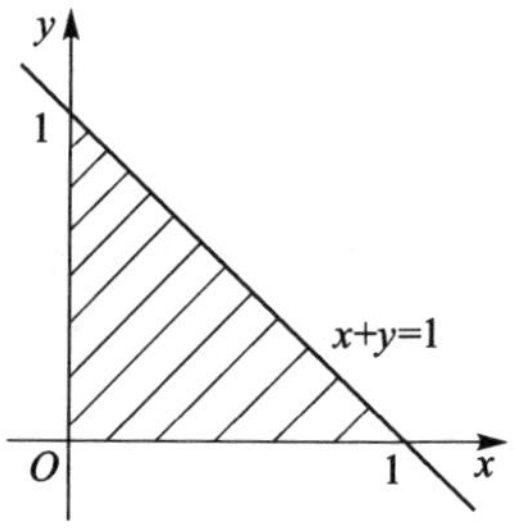

图 4-3

【解】(1) 由 $1=\int_{-\infty}^{+\infty}\int_{-\infty}^{+\infty}f(x,y)\mathrm{d}x\,\mathrm{d}y$

$$=\int_0^1\mathrm{d}x\int_0^{1-x}Axy\,\mathrm{d}y=\frac{A}{24},$$

得 $A=24$.

(2) $\boldsymbol{E}X=24\int_0^1\mathrm{d}x\int_0^{1-x}x\cdot xy\,\mathrm{d}y=\frac{2}{5}$.

由对称性,$\boldsymbol{E}Y=\frac{2}{5}$.

$$\boldsymbol{E}X^2=24\int_0^1\mathrm{d}x\int_0^{1-x}x^2xy\,\mathrm{d}y=\frac{1}{5},\quad \boldsymbol{E}Y^2=\frac{1}{5}.$$

$$\boldsymbol{D}X=\boldsymbol{D}Y=\frac{1}{5}-\frac{4}{25}=\frac{1}{25}.$$

$$\boldsymbol{E}XY=24\int_0^1\mathrm{d}x\int_0^{1-x}x^2y^2\,\mathrm{d}y=\frac{2}{15}.$$

$$\mathrm{Cov}(X,Y)=\boldsymbol{E}XY-\boldsymbol{E}X\boldsymbol{E}Y=\frac{2}{15}-\frac{4}{25}=-\frac{2}{75}.$$

于是相关系数 $\rho=\dfrac{-2/75}{1/25}=-\dfrac{2}{3}$.

【例 4.20】设 X 与 Y 为具有二阶矩的随机变量,若记 $G(a,b)=\boldsymbol{E}[Y-(a+bX)]^2$,求 a,b,使 $G(a,b)$达到最小,并证明 $\min\limits_{(a,b)}G(a,b)=\boldsymbol{D}Y(1-\rho_{XY}^2)$.

【解】$G=\boldsymbol{E}(Y^2-2aY-2bXY+a^2+2abX+b^2X^2)$

$$=\boldsymbol{E}Y^2-2a\boldsymbol{E}Y-2b\boldsymbol{E}XY+a^2+2ab\boldsymbol{E}X+b^2\boldsymbol{E}X^2.$$

令 $\begin{cases}\dfrac{\partial G}{\partial a}=-2\boldsymbol{E}Y+2a+2b\boldsymbol{E}X=0,\\ \dfrac{\partial G}{\partial b}=-2\boldsymbol{E}XY+2a\boldsymbol{E}X+2b\boldsymbol{E}X^2=0,\end{cases}$ 即 $\begin{cases}a+b\boldsymbol{E}X=\boldsymbol{E}Y,\\ a\boldsymbol{E}X+b\boldsymbol{E}X^2=\boldsymbol{E}XY,\end{cases}$

解得 $b=\dfrac{\mathrm{Cov}(X,Y)}{\boldsymbol{D}X}$, $a=\boldsymbol{E}Y-\dfrac{\mathrm{Cov}(X,Y)}{\boldsymbol{D}X}\boldsymbol{E}X$,且

$$\min_{(a,b)}G(a,b)=\boldsymbol{E}\left[Y-\boldsymbol{E}Y+\frac{\mathrm{Cov}(X,Y)}{\boldsymbol{D}X}\boldsymbol{E}X-\frac{\mathrm{Cov}(X,Y)}{\boldsymbol{D}X}X\right]^2$$

$$=\boldsymbol{E}\left[(Y-\boldsymbol{E}Y)-\frac{\mathrm{Cov}(X,Y)}{\boldsymbol{D}X}(X-\boldsymbol{E}X)\right]^2$$

$$=\boldsymbol{E}(Y-\boldsymbol{E}Y)^2-2\frac{\mathrm{Cov}(X,Y)}{\boldsymbol{D}X}\boldsymbol{E}(Y-\boldsymbol{E}Y)(X-\boldsymbol{E}X)+$$

$$\frac{\mathrm{Cov}^2(XY)}{(\boldsymbol{D}X)^2}\boldsymbol{E}(X-\boldsymbol{E}X)^2$$

$$=\boldsymbol{D}Y-\frac{\mathrm{Cov}^2(X,Y)}{\boldsymbol{D}X}=\boldsymbol{D}Y(1-\rho^2).$$

二、相关性讨论

【例 4.21】设随机变量(X,Y)的分布律为

Y \ X	−1	0	1
−1	$\frac{1}{8}$	$\frac{1}{8}$	$\frac{1}{8}$
0	$\frac{1}{8}$	0	$\frac{1}{8}$
1	$\frac{1}{8}$	$\frac{1}{8}$	$\frac{1}{8}$

，

证明：X 与 Y 不相关，但 X 与 Y 不相互独立.

【证明】由题设知 $X\sim\begin{pmatrix}-1 & 0 & 1\\ \frac{3}{8} & \frac{2}{8} & \frac{3}{8}\end{pmatrix}$，$Y\sim\begin{pmatrix}-1 & 0 & 1\\ \frac{3}{8} & \frac{2}{8} & \frac{3}{8}\end{pmatrix}$，$XY\sim\begin{pmatrix}-1 & 0 & 1\\ \frac{2}{8} & \frac{4}{8} & \frac{2}{8}\end{pmatrix}$.

故 $\boldsymbol{E}XY=(-1)\times\frac{2}{8}+1\times\frac{2}{8}=0$，$\boldsymbol{E}X=0$，$\boldsymbol{E}Y=0$.

由于 $\boldsymbol{E}XY=\boldsymbol{E}X\boldsymbol{E}Y$，所以 X 与 Y 不相关. 但是

$$\boldsymbol{P}\{X=-1\}=\boldsymbol{P}\{Y=-1\}=\frac{3}{8}\times\frac{3}{8}\neq\boldsymbol{P}\{X=1,Y=-1\}=\frac{1}{8},$$

所以 X 与 Y 不独立.

【例 4.22】设随机变量 X 的密度函数 $f(x)=\frac{1}{2}\mathrm{e}^{-|x|}(-\infty<x<+\infty)$，证明 X 与 $Y=|X|$ 不相关，且不独立.

【证明】由于 $\boldsymbol{E}X=\int_{-\infty}^{+\infty}x\cdot\frac{1}{2}\mathrm{e}^{-|x|}\,\mathrm{d}x=0$，$\boldsymbol{E}XY=\boldsymbol{E}X|X|=\int_{-\infty}^{+\infty}x|x|\cdot\frac{1}{2}\mathrm{e}^{-|x|}\,\mathrm{d}x=0$，

所以 $\boldsymbol{E}XY=\boldsymbol{E}X\boldsymbol{E}Y$，即 X 与 $Y=|X|$ 不相关.

设 X 与 $Y=|X|$ 独立$\Leftrightarrow\boldsymbol{P}\{X\leqslant x,|X|\leqslant y\}=\boldsymbol{P}\{X\leqslant x\}\boldsymbol{P}\{|X|\leqslant y\}(\forall x,y)$.

取 $x=1,y=1$，则$\{X\leqslant 1,|X|\leqslant 1\}=\{|X|\leqslant 1\}$.

又 $\boldsymbol{P}\{X\leqslant 1\}<1$，所以 $\boldsymbol{P}\{X\leqslant 1,|X|\leqslant 1\}=\boldsymbol{P}\{|X|\leqslant 1\}\neq\boldsymbol{P}\{X\leqslant 1\}\boldsymbol{P}\{|X|\leqslant 1\}$，故 X 与 $Y=|X|$ 不独立.

【例 4.23】设 A、B 为二个随机事件，定义随机变量

$$X=\begin{cases}1, & \text{若 } A \text{ 出现},\\ -1, & \text{若 } A \text{ 不出现},\end{cases}\qquad Y=\begin{cases}1, & \text{若 } B \text{ 出现},\\ -1, & \text{若 } B \text{ 不出现}.\end{cases}$$

证明：X 与 Y 不相关的充分必要条件是 A 与 B 独立.

【证明】由题设知 $X\sim\begin{pmatrix}1 & -1\\ \boldsymbol{P}(A), & 1-\boldsymbol{P}(A)\end{pmatrix}$，$Y\sim\begin{pmatrix}1 & -1\\ \boldsymbol{P}(B), & 1-\boldsymbol{P}(B)\end{pmatrix}$，则

学习随笔

$$XY \sim \begin{pmatrix} 1 & -1 \\ \boldsymbol{P}(AB)+\boldsymbol{P}(\overline{AB}) & 1-\boldsymbol{P}(AB)-\boldsymbol{P}(\overline{AB}) \end{pmatrix},$$

所以 $\boldsymbol{E}X=\boldsymbol{P}(A)-1+\boldsymbol{P}(A)=2\boldsymbol{P}(A)-1, \boldsymbol{E}Y=2\boldsymbol{P}(B)-1,$

$$\begin{aligned}\boldsymbol{E}XY &= 2[\boldsymbol{P}(AB)+\boldsymbol{P}(\overline{AB})]-1=2[\boldsymbol{P}(AB)+1-\boldsymbol{P}(A\cup B)]-1 \\ &= 4\boldsymbol{P}(AB)-2\boldsymbol{P}(A)-2\boldsymbol{P}(B)+1,\end{aligned}$$

因此，X 与 Y 不相关 $\Leftrightarrow \boldsymbol{E}XY=\boldsymbol{E}X\boldsymbol{E}Y$

$$\begin{aligned}&\Leftrightarrow 4\boldsymbol{P}(AB)-2\boldsymbol{P}(A)-2\boldsymbol{P}(B)+1=[2\boldsymbol{P}(A)-1][2\boldsymbol{P}(B)-1] \\ &\qquad =4\boldsymbol{P}(A)\boldsymbol{P}(B)-2\boldsymbol{P}(A)-2\boldsymbol{P}(B)+1 \\ &\Leftrightarrow \boldsymbol{P}(AB)=\boldsymbol{P}(A)\boldsymbol{P}(B)\Leftrightarrow A \text{ 与 } B \text{ 独立}.\end{aligned}$$

【例 4.24】设二维随机变量(X,Y)的密度函数为

$$f(x,y)=\frac{1}{2}[\varphi_1(x,y)+\varphi_2(x,y)],$$

其中，$\varphi_1(x,y)$和$\varphi_2(x,y)$都是二维正态密度函数，且它们对应的二维随机变量的相关系数分别为$\frac{1}{3}$和$-\frac{1}{3}$，它们的边缘密度函数所对应的随机变量的期望都是0，方差都是1.

(1) 求随机变量 X 和 Y 的密度函数 $f_1(x)$和 $f_2(y)$，及 X 和 Y 的相关系数 ρ(可直接利用二维正态密度性质)；

(2) X 与 Y 是否相关？是否独立？为什么？

【解】依题意，设二维正态变量$(\xi_i,\eta_i)\sim\varphi_i(x,y)$，则 $\boldsymbol{E}\xi_1=\boldsymbol{E}\xi_2=0, \boldsymbol{D}\xi_1=\boldsymbol{D}\xi_2=1$；$\rho_{\xi_1\eta_1}=\frac{1}{3}, \rho_{\xi_2\eta_2}=-\frac{1}{3}$. 并且

$$\varphi_1(x,y)=\frac{1}{2\pi\sqrt{1-\frac{1}{9}}}e^{-\frac{1}{2(1-\frac{1}{9})}(x^2-\frac{2}{3}xy+y^2)}=\frac{3}{4\pi\sqrt{2}}e^{-\frac{9}{16}(x^2-\frac{2}{3}xy+y^2)},$$

$$\varphi_2(x,y)=\frac{3}{4\pi\sqrt{2}}e^{-\frac{9}{16}(x^2+\frac{2}{3}xy+y^2)}.$$

又 $\xi_i\sim N(0,1), \eta_i\sim N(0,1)$，所以

$$\begin{aligned}f_1(x) &= \int_{-\infty}^{+\infty}f(x,y)dy=\frac{1}{2}\left[\int_{-\infty}^{+\infty}\varphi_1(x,y)dy+\int_{-\infty}^{+\infty}\varphi_2(x,y)dy\right] \\ &= \frac{1}{2}[f_{\xi_1}(x)+f_{\xi_2}(x)]=\frac{1}{\sqrt{2\pi}}e^{-\frac{x^2}{2}}.\end{aligned}$$

同理，$f_2(y)=\frac{1}{\sqrt{2\pi}}e^{-y^2/2}$， 即 $X\sim N(0,1), Y\sim N(0,1)$，

$$\boldsymbol{E}X=0, \boldsymbol{D}X=1, \boldsymbol{E}Y=0, \boldsymbol{D}Y=1,$$

$$\begin{aligned}\boldsymbol{E}XY &= \int_{-\infty}^{+\infty}\int_{-\infty}^{+\infty}xyf(x,y)dxdy \\ &= \frac{1}{2}\left[\int_{-\infty}^{+\infty}\int_{-\infty}^{+\infty}xy\varphi_1(x,y)dxdy+\int_{-\infty}^{+\infty}\int_{-\infty}^{+\infty}xy\varphi_2(x,y)dxdy\right] \\ &= \frac{1}{2}(\boldsymbol{E}\xi_1\eta_1+\boldsymbol{E}\xi_2\eta_2)=\frac{1}{2}\left(\frac{1}{3}-\frac{1}{3}\right)=0,\end{aligned}$$

所以 X 与 Y 相关系数　$\rho=\dfrac{EXY-EXEY}{\sqrt{DX}\sqrt{DY}}=0.$

故 X 与 Y 不相关，然而 $f(x,y)\neq f_1(x)f_2(y)$，因此 X 与 Y 不独立.

三、切比雪夫不等式及其他与矩有关的不等式

【例 4.25】设随机变量 X 服从$[-1,a]$上均匀分布，如果由切比雪夫不等式得 $P\{|X-1|<\varepsilon\}\geqslant\dfrac{2}{3}$，试求 a 与 ε.

【解】依题设 $EX=\dfrac{a-1}{2}$，$DX=\dfrac{(a+1)^2}{12}$，由切比雪夫不等式

$$P\{|X-EX|<\varepsilon\}\geqslant 1-\frac{DX}{\varepsilon^2},$$

得 $\begin{cases} EX=\dfrac{a-1}{2}=1, \\ 1-\dfrac{(a+1)^2}{12\varepsilon^2}=\dfrac{2}{3} \end{cases}\Rightarrow a=3,\varepsilon=2.$

【例 4.26】假设 $g(x)\geqslant 0$，X 为连续型随机变量，且 $E[g(X)]<\infty$，求证：对任何 $c>0$，$P\{g(X)\geqslant c\}\leqslant\dfrac{1}{c}E[g(X)]$.

【证明】设 X 的密度函数为 $f(x)$，则有

$$\begin{aligned} P\{g(X)\geqslant c\}&=\int\limits_{g(x)\geqslant c} f(x)\mathrm{d}x\leqslant\int\limits_{g(x)\geqslant c}\frac{g(x)}{c}f(x)\mathrm{d}x \\ &\leqslant\frac{1}{c}\int_{-\infty}^{+\infty}g(x)f(x)\mathrm{d}x=\frac{1}{c}E[g(X)]. \end{aligned}$$

【例 4.27】假设每次试验事件 A 发生的概率都为 $p(0<p<1)$，现在进行 1000 次独立重复试验，用事件 A 发生频率估计概率 p，试求这种估计所产生的误差小于 10% 的概率.

【解】假设 1000 次试验中 A 发生的次数为 X，则 $X\sim B(1000,p)$，其中 p 未知，依题意要计算：

$$\begin{aligned} P\left\{\left|\frac{X}{1000}-p\right|<10\%\right\}&=P\{|X-1000p|<100\} \\ &=P\{1000p-100<X<1000p+100\}. \end{aligned}$$

由于 p 未知，因此用 X 精确分布或近似正态分布都无法算出其值，因此我们采用切比雪夫不等式进行估计，得

$$\begin{aligned} &P\left\{\left|\frac{X}{1000}-p\right|<10\%\right\} \\ &=P\{|X-1000p|<100\}=P\{|X-EX|<100\} \\ &\geqslant 1-\frac{DX}{100^2}=1-\frac{1000p(1-p)}{10000} \\ &=1-0.1p(1-p)=0.1p^2-0.1p+1 \end{aligned}$$

学习随笔

$$=0.1(p^2-p+10)\geqslant 0.975.$$

这是因为二次函数 $y=x^2-x+10$，$y'=2x-1$. 当 $x=\frac{1}{2}$ 取最小值，且最小值为 $y\big|_{x=\frac{1}{2}}=0.25-0.5+10=9.75$.

【例 4.28】证明马尔可夫不等式：设随机变量 X 的 $r(r>0)$ 阶矩 $\boldsymbol{E}|X|^r$ 存在，则对任意 $\varepsilon>0$，有

$$\boldsymbol{P}\{|X|\geqslant\varepsilon\}\leqslant\frac{\boldsymbol{E}|X|^r}{\varepsilon^r}.$$（在 X 为连续型随机变量的情况下给出证明）

【证明】设 X 的密度函数为 $f(x)$，则

$$\boldsymbol{P}\{|X|\geqslant\varepsilon\}=\int_{|X|\geqslant\varepsilon}f(x)\mathrm{d}x\leqslant\int_{|X|\geqslant\varepsilon}\frac{|X|^r}{\varepsilon^r}f(x)\mathrm{d}x$$

$$\leqslant\frac{1}{\varepsilon^r}\int_{-\infty}^{+\infty}|X|^rf(x)\mathrm{d}x=\frac{1}{\varepsilon^r}\boldsymbol{E}|X|^r.$$

评注　马尔可夫不等式给出了概率与期望之间的关系，在证明此类问题时，可考虑应用该不等式.

【例 4.29】证明许瓦兹(Schwarz)不等式：设随机变量 X 与 Y 的二阶矩 $\boldsymbol{E}X^2$，$\boldsymbol{E}Y^2$ 存在，则有

$$\boldsymbol{E}(XY)\leqslant\sqrt{\boldsymbol{E}X^2\cdot\boldsymbol{E}Y^2}.$$

【证明】由于 $X^2+Y^2-2|XY|=(|X|-|Y|)^2\geqslant 0$，故 $|XY|\leqslant\frac{X^2+Y^2}{2}$，所以 $\boldsymbol{E}|XY|\leqslant\frac{1}{2}(\boldsymbol{E}X^2+\boldsymbol{E}Y^2)<+\infty$，故 $\boldsymbol{E}(XY)$ 存在. 又对任意实数 t，有

$$0\leqslant\boldsymbol{E}(X+tY)^2=\boldsymbol{E}X^2+2t\boldsymbol{E}(XY)+t^2\boldsymbol{E}Y^2,$$

因此上述关于 t 的二次三项式不可能有两个不同的实根，因而其判别式

$$\Delta=4[\boldsymbol{E}(XY)]^2-4\boldsymbol{E}X^2\boldsymbol{E}Y^2\leqslant 0,$$

即　$[\boldsymbol{E}(XY)]^2\leqslant\boldsymbol{E}X^2\boldsymbol{E}Y^2$，　$\boldsymbol{E}(XY)\leqslant\sqrt{\boldsymbol{E}X^2\cdot\boldsymbol{E}Y^2}$.

【例 4.30】设 X,Y 为两个随机变量，$\boldsymbol{E}X=\boldsymbol{E}Y=0$，$\boldsymbol{D}X=\boldsymbol{D}Y=1$，$\mathrm{Cov}(X,Y)=r$，求证：$\boldsymbol{E}[\max(X^2,Y^2)]\leqslant 1+\sqrt{1-r^2}$.

【证明】(应用许瓦兹不等式)由于 $\max(X^2,Y^2)=\frac{X^2+Y^2+|X^2-Y^2|}{2}$，所以

$$\boldsymbol{E}[\max(X^2,Y^2)]=\boldsymbol{E}\left(\frac{X^2+Y^2+|X^2-Y^2|}{2}\right)$$

$$=\frac{1}{2}(\boldsymbol{E}X^2+\boldsymbol{E}Y^2+\boldsymbol{E}|X^2-Y^2|)$$

$$=\frac{1}{2}(1+1+\boldsymbol{E}|X-Y||X+Y|)$$

$$\leqslant 1+\frac{1}{2}\sqrt{\boldsymbol{E}|X-Y|^2\cdot\boldsymbol{E}|X+Y|^2}$$　（许瓦兹不等式）

$$=1+\frac{1}{2}\sqrt{\boldsymbol{E}(X^2+Y^2-2XY)\boldsymbol{E}(X^2+Y^2+2XY)}$$

$$=1+\frac{1}{2}\sqrt{(2-2\boldsymbol{E}XY)(2+2\boldsymbol{E}XY)}$$

$$=1+\frac{1}{2}\cdot 2\sqrt{(1-r)(1+r)}=1+\sqrt{1-r^2}.$$

四、与数字特征有关的应用问题

注 解答应用题的关键在于：弄清题意，写出变量之间或变量与事件之间的关系式，求出与之相关的随机变量的分布. 余下的问题仅仅是套用公式进行程序性的计算.

【例 4.31】甲、乙、丙三个球队按如下规则进行比赛：由三个队中的任意两队先比赛，胜者再与另一队比赛，直至一队连胜两场为止. 假设每场比赛两队获胜的概率相同，比赛先由甲、乙两队开始，试求平均比赛场数.

【分析与解答】用 A_i, B_i, C_i 分别表示甲、乙、丙各队在第 i 场比赛获胜（i 为比赛总场次），X 为比赛终止场数，则 X 可取 $2,3,4,\cdots$，并且

$$\boldsymbol{P}\{X=2\}=\boldsymbol{P}(A_1A_2)+\boldsymbol{P}(B_1B_2)=\frac{1}{2}\times\frac{1}{2}+\frac{1}{2}\times\frac{1}{2}=\frac{2}{2^2},$$

$$\boldsymbol{P}\{X=3\}=\boldsymbol{P}(A_1C_2C_3)+\boldsymbol{P}(B_1C_2C_3)=\frac{2}{2^3},$$

$$\boldsymbol{P}\{X=4\}=\boldsymbol{P}(A_1C_2B_3B_4)+\boldsymbol{P}(B_1C_2A_3A_4)=\frac{2}{2^4},$$

一般地有 $\boldsymbol{P}\{X=k\}=\frac{2}{2^k}$，所以

$$\boldsymbol{E}X=\sum_{k=2}^{\infty}k\cdot\frac{2}{2^k}=\sum_{k=2}^{\infty}k\cdot\left(\frac{1}{2}\right)^{k-1}=\sum_{k=2}^{\infty}kx^{k-1}\Big|_{x=\frac{1}{2}}$$

$$=\left(\sum_{k=2}^{\infty}x^k\right)'\Big|_{x=\frac{1}{2}}=\frac{2x-x^2}{(1-x)^2}\Big|_{x=\frac{1}{2}}=3.$$

【例 4.32】假设一部机器在 1 天内发生故障的概率为 0.2，机器发生故障时全天停止工作，若 1 周 5 个工作日里无故障，可获利润 10 万元；发生 1 次故障仍可获利润 5 万元；发生 2 次故障所获利润 0 元；发生 3 次或 3 次以上故障就要亏损 2 万元. 求 1 周内期望利润是多少？

【分析与解答】以 X 表示 1 周 5 天内机器发生故障的天数，则 $X\sim B(5,0.2)$. 以 Y 表示一周内所获得的利润，则

$$Y=f(X)=\begin{cases}10, & 若\ X=0,\\ 5, & 若\ X=1,\\ 0, & 若\ X=2,\\ -2, & 若\ X\geqslant 3.\end{cases}$$

$$\boldsymbol{E}Y=10\times\boldsymbol{P}\{X=0\}+5\times\boldsymbol{P}\{X=1\}+0\times\boldsymbol{P}\{X=2\}+(-2)\times\boldsymbol{P}\{X\geqslant 3\},$$

其中

$$\boldsymbol{P}\{X=0\}=0.8^5=0.328,$$

$$\boldsymbol{P}\{X=1\}=C_5^1 0.2\cdot 0.8^4=0.410,$$

学习随笔

$$P\{X=2\}=C_5^2 0.2^2\cdot 0.8^3=0.205,$$
$$P\{X\geqslant 3\}=1-P\{X=0\}-P\{X=1\}-P\{X=2\}=0.057.$$

故 $EY=10\times 0.328+5\times 0.410-2\times 0.057=5.216$(万元).

【例 4.33】商店出售袋装面粉,每袋重量分别为 1,2,…,10(单位:斤),消费者购买不同重量的面粉是等可能的.规定出售面粉时需要复秤.现有 4 个秤砣,可秤重量分别为 1、2、3、5 斤.如果复秤时只使用最少个数的秤砣组合,试求复秤时使用秤砣个数 X 的数学期望.

【分析与解答】由题设知 X 可取 1,2,3.假设消费者购买面粉的重量为 Y,则 $P\{Y=i\}=\frac{1}{10}(i=1,2,\cdots,10)$,并且

$$P\{X=1\}=P\{Y=1\}+P\{Y=2\}+P\{Y=3\}+P\{Y=5\}=\frac{4}{10},$$
$$P\{X=2\}=P\{Y=4\}+P\{Y=6\}+P\{Y=7\}+P\{Y=8\}=\frac{4}{10},$$
$$P\{X=3\}=P\{Y=9\}+P\{Y=10\}=\frac{2}{10},$$

故 $EX=1\times\frac{4}{10}+2\times\frac{4}{10}+3\times\frac{2}{10}=\frac{9}{5}$.

【例 4.34】厂家出售某种商品,每箱 30 件,每箱中次品数从 0 到 2 是等可能的.购买这批商品时,从每箱中任取两件进行检验,如果没有次品就买下该箱商品,此时厂家可获利润 a 万元;如果有次品,就要降价出售,每箱要亏损 b 万元.试求出售 20 箱这种商品,厂家获利的期望值.

【分析与解答】记检验 20 箱这种商品,认定为无次品的箱数为 X,则有次品的箱数为 $20-X$,厂家获得的利润 $Y=g(X)=aX-b(20-X)=(a+b)X-20b$.其期望值 $EY=(a+b)EX-20b$,为求此值,必须知道 X 的分布.显然,$X\sim B(20,p)$,其中 $p=P\{$每箱随意抽出 2 件产品均为正品$\}$.记 $A=$"每箱随意抽出 2 件产品均为正品",$A_i=$"该箱有 i 件次品"$(i=0,1,2)$,则 $P(A_i)=\frac{1}{3}$.又 $A=\sum\limits_{i=0}^{2}AA_i$,故

$$p=P(A)=\sum_{i=0}^{2}P(A_iA)=\sum_{i=0}^{2}P(A_i)P(A\mid A_i)$$
$$=\frac{1}{3}\left(1+\frac{C_{29}^2}{C_{30}^2}+\frac{C_{28}^2}{C_{30}^2}\right)=0.934,$$
$$EX=np=20\times 0.934=18.68.$$

所求的期望 $EY=(a+b)\times 18.68-20b=18.68a-1.32b$.

【例 4.35】游客乘电梯从底层到电视塔顶层观光.电梯于每个整点的第 5 分钟、25 分钟和 55 分钟从底层起行,假设一游客在早八点的第 X 分钟到达底层侯梯处,且 X 在$[0,60]$上服从均匀分布,求该游客等候时间的数学期望.

【解】设游客等候电梯的时间为 Y(单位:分),则

$$Y=g(X)=\begin{cases}5-X, & 0<X\leqslant 5,\\ 25-X, & 5<X\leqslant 25,\\ 55-X, & 25<X\leqslant 55,\\ 60-X+5, & 55<X\leqslant 60,\end{cases}$$

其中，$X\sim f(x)=\begin{cases}\dfrac{1}{60}, & 0\leqslant x\leqslant 60,\\ 0, & \text{其他}.\end{cases}$

所以 $\boldsymbol{E}Y=\boldsymbol{E}g(X)=\int_{-\infty}^{+\infty}g(x)f(x)\mathrm{d}x$

$$=\int_0^5(5-x)\times\frac{1}{60}\mathrm{d}x+\int_5^{25}(25-x)\times\frac{1}{60}\mathrm{d}x+\int_{25}^{55}(55-x)\times\frac{1}{60}\mathrm{d}x+\int_{55}^{60}(60-x+5)\times\frac{1}{60}\mathrm{d}x$$

$$=\frac{1}{60}(12.5+200+450+375)=11.67.$$

【例 4.36】设某种商品每周的需求量 X 是服从区间[10,30]上的均匀分布的随机变量，而经销商进货数量为区间[10,30]中的某一整数，商店每销售一单位商品可获利 500 元；若供大于求则削价处理，每处理一单位商品亏损 100 元；若供不应求，则可从外部调剂供应，此时每 1 单位商品仅获利 300 元. 为使商店所获利润期望值不少于 9280 元，试确定最少进货量.

【分析与解答】设进货数量为 k，则利润为

$$Y=g(X)=\begin{cases}500k+(X-k)300, & k<X\leqslant 30,\\ 500X-(k-X)100, & 10\leqslant X\leqslant k\end{cases}$$

$$=\begin{cases}300X+200k, & k<X\leqslant 30,\\ 600X-100k, & 10\leqslant X\leqslant k,\end{cases}$$

其中，$X\sim f(x)=\begin{cases}\dfrac{1}{20}, & 10\leqslant x\leqslant 30,\\ 0, & \text{其他}.\end{cases}$ 依题意 k 应使 $\boldsymbol{E}Y\geqslant 9280$，而

$$\boldsymbol{E}Y=\boldsymbol{E}g(X)=\int_{-\infty}^{+\infty}g(x)f(x)\mathrm{d}x$$

$$=\int_{10}^{k}(600x-100k)\cdot\frac{1}{20}\mathrm{d}x+\int_k^{30}(300x+200k)\cdot\frac{1}{20}\mathrm{d}x$$

$$=-7.5k^2+350k+5250,$$

故 k 应使 $-7.5k^2+350k+5250\geqslant 9280$，即 $7.5k^2-350k+4030\leqslant 0$，解得

$$20\frac{2}{3}\leqslant k\leqslant 26.$$

故利润期望值不少于 9280 元的最少进货量为 21 单位.

【例 4.37】假设自动线加工的某种零件的内径 X(mm)服从正态分布 $N(\mu,1)$，内径小于 10 或大于 12 的为不合格品，其余为合格品，销售每件合格品获利，销售每件不合格品亏损，已知销售利润 T(元)与销售零件的内径 X 有如下关系：

学习随笔

$$T=\begin{cases}-1, & 若 X<10,\\ 20, & 若 10\leqslant X\leqslant 12,\\ -5, & 若 X>12.\end{cases}$$

问平均内径 μ 取何值时，销售一个零件的平均利润最大？

【分析与解答】由题设知平均利润

$$\begin{aligned}\boldsymbol{E}T&=\boldsymbol{E}g(X)=(-1)\boldsymbol{P}\{X<10\}+20\boldsymbol{P}\{10\leqslant X\leqslant 12\}-5\boldsymbol{P}\{X>12\}\\&=-\Phi(10-\mu)+20\Phi(12-\mu)-20\Phi(10-\mu)-5[1-\Phi(12-\mu)]\\&=25\Phi(12-\mu)-21\Phi(10-\mu)-5.\end{aligned}$$

依题意，μ 应使 $\boldsymbol{E}T$ 达到最大. 为求 μ，令 $\dfrac{\mathrm{d}\boldsymbol{E}T}{\mathrm{d}\mu}=0$，即

$$-25\Phi'(12-\mu)+21\Phi'(10-\mu)=-25\cdot\frac{1}{\sqrt{2\pi}}\mathrm{e}^{-\frac{1}{2}(12-\mu)^2}+21\cdot\frac{1}{\sqrt{2\pi}}\mathrm{e}^{-\frac{1}{2}(10-\mu)^2}=0,$$

亦即 $\mathrm{e}^{\frac{1}{2}[(12-\mu)^2-(10-\mu)^2]}=\dfrac{25}{21}$，$\mathrm{e}^{22-2\mu}=\dfrac{25}{21}$.

由此解得 $\mu=11-\dfrac{1}{2}\ln\dfrac{25}{21}\approx 10.9(\mathrm{mm})$.

【例 4.38】假设引发机器故障的原因有两种，为检查故障是由第一种原因还是由第二种原因引起的，需花费用分别为 c_1 元和 c_2 元. 排除两种原因引起故障的修理费用分别为 r_1 元和 r_2 元. 假设两种原因引发机器故障的概率相应为 $p_i(i=1,2,p_1+p_2=1)$. 问 p_i，c_i，r_i 满足什么条件时，先查第一种原因并进行修理比先查第二种原因并进行修理的平均费用少？

【分析与解答】依题意可知，先查第一种原因并进行修理的费用

$$X_1=\begin{cases}c_1+r_1, & 若故障由第一种原因引发,\\ c_1+c_2+r_2, & 若故障由第二种原因引发,\end{cases}$$

先查第二种原因并进行修理的费用

$$X_2=\begin{cases}c_2+r_2, & 若故障由第二种原因引发,\\ c_2+c_1+r_1, & 若故障由第一种原因引发,\end{cases}$$

所求的 p_i，c_i，r_i，应使 $\boldsymbol{E}X_1<\boldsymbol{E}X_2$，即

$$(c_1+r_1)p_1+(c_1+c_2+r_2)p_2<(c_2+r_2)p_2+(c_2+c_1+r_1)p_1,$$

亦即 $c_1p_2<c_2p_1$.

由于 $p_1+p_2=1$，故上式为 $c_1(1-p_1)<c_2p_1$，由此解得 $p_1>\dfrac{c_1}{c_1+c_2}$.

即当引发机器发生故障的第一种原因的概率 p_1 大于 $\dfrac{c_1}{c_1+c_2}$ 时，先查第一种原因并进行修理的平均费用少.

第 5 章　大数定律及中心极限定理

§5.1　知识点及重要结论归纳总结

一、大数定律

1. 依概率收敛

(1) 定　义

设 X 与 $X_1, X_2, \cdots$ 为一列随机变量，如果对任意的 $\varepsilon > 0$，有

$$\lim_{n\to\infty} \boldsymbol{P}\{|X_n - X| \geqslant \varepsilon\} = 0,$$

则称随机变量序列 $\{X_n, n \geqslant 1\}$ 依概率收敛于随机变量 X，记为

$$\lim_{n\to\infty} X_n = X(p) \text{ 或 } X_n \xrightarrow{p} X (n \to \infty).$$

(2) 性　质

设 $X_n \xrightarrow{p} X, Y_n \xrightarrow{p} Y$，函数 $g(x, y)$ 是二元连续函数，则

$$g(X_n, Y_n) \xrightarrow{p} g(X, Y).$$

一般地，对 m 元连续函数 $g(x_1, x_2, \cdots, x_m)$，上述结论亦成立.

评注　在讨论未知参数估计量是否具有一致性(相合性)时，常常要用到依概率收敛的这一性质和大数定律.

2. 大数定律

定　义

设随机变量序列 $\{X_n, n \geqslant 1\}$ 的数学期望 $\{\boldsymbol{E}X_n, n \geqslant 1\}$ 存在，如果对任意 $\varepsilon > 0$，有

$$\lim_{n\to\infty} \boldsymbol{P}\left\{\left|\frac{1}{n}\sum_{i=1}^{n} X_i - \frac{1}{n}\sum_{i=1}^{n} \boldsymbol{E}X_i\right| \geqslant 0\right\} = 0,$$

即

$$\frac{1}{n}\sum_{i=1}^{n} X_i - \frac{1}{n}\sum_{i=1}^{n} \boldsymbol{E}X_i \xrightarrow{p} 0 \quad (n \to \infty),$$

则称 $\{X_n, n \geqslant 1\}$ 服从(弱)大数定律.

【定理 5.1】(切比雪夫大数定律)假设 $\{X_n, n \geqslant 1\}$ 是相互独立的随机变量序列($\{X_n, n \geqslant 1\}$ 相互独立 $\Leftrightarrow$ 对任意 $n \geqslant 1, X_1, X_2, \cdots, X_n$ 相互独立.)，如果方差 $\boldsymbol{D}(X_k) (k \geqslant 1)$ 存在且一致有上界，即存在常数 c，使 $\boldsymbol{D}(X_k) \leqslant c$ (对一切 $k \geqslant 1$)，则 $\{X_n, n \geqslant 1\}$ 服从大数定律，即对任意 $\varepsilon > 0$，有

$$\lim_{n\to\infty} \boldsymbol{P}\left\{\left|\frac{1}{n}\sum_{i=1}^{n} X_i - \frac{1}{n}\sum_{i=1}^{n} \boldsymbol{E}X_i\right| \geqslant \varepsilon\right\} = 0.$$

学习随笔

学习随笔

【定理 5.2】(伯努利大数定律)假设 μ_n 是 n 重伯努利试验中事件 A 发生的次数,每次试验事件 A 发生的概率为 $p(0<p<1)$,则对任意 $\varepsilon>0$,有

$$\lim_{n\to\infty}\boldsymbol{P}\left\{\left|\frac{\mu_n}{n}-p\right|\geqslant\varepsilon\right\}=0,\quad 即\frac{\mu_n}{n}\xrightarrow{p}p\quad(n\to\infty).$$

【定理 5.3】(辛钦大数定律)假设 $\{X_n,n\geqslant1\}$ 是相互独立、服从同一分布的随机变量序列,且有有限的数学期望 $\boldsymbol{E}X_n=\mu(n\geqslant1)$,则对任意 $\varepsilon>0$,有

$$\lim_{n\to\infty}\boldsymbol{P}\left\{\left|\frac{1}{n}\sum_{i=1}^{n}X_i-\mu\right|\geqslant\varepsilon\right\}=0,\quad 即\frac{1}{n}\sum_{i=1}^{n}X_i\xrightarrow{p}\mu(n\to\infty).$$

评注　大数定律以数学形式表达并证明了在一定条件下,大量重复出现的随机现象的统计规律性.

伯努利大数定律:$\frac{\mu_n}{n}\xrightarrow{p}p$,说明事件 A 发生的频率具有稳定性.在大量独立重复试验中可以用事件 A 发生的频率来近似代替 A 发生的概率.

辛钦大数定律:$\frac{1}{n}\sum_{i=1}^{n}X_i\xrightarrow{p}\mu$,说明在不变条件下大量重复测量平均结果具有稳定性.因此,当 n 充分大时,可以用观测结果 $X_i(1\leqslant i\leqslant n)$ 的算术平均值 $\overline{X}=\frac{1}{n}\sum_{i=1}^{n}X_i$ 近似代替被观测值的真值 μ.

二、中心极限定理

定　义

设 $\{X_n,n\geqslant1\}$ 是相互独立的随机变量序列,且存在有限的数学期望和方差,$\boldsymbol{E}X_n=\mu_n$,$\boldsymbol{D}X_n=\sigma_n^2(n\geqslant1)$,如果对任意 $x\in(-\infty,+\infty)$,一致地有

$$\lim_{n\to\infty}\boldsymbol{P}\left\{\frac{\sum_{k=1}^{n}X_k-\sum_{k=1}^{n}\boldsymbol{E}X_k}{\sqrt{\sum_{k=1}^{n}\boldsymbol{D}X_k}}\leqslant x\right\}=\frac{1}{\sqrt{2\pi}}\int_{-\infty}^{x}\mathrm{e}^{-\frac{1}{2}t^2}\,\mathrm{d}t,$$

则称随机变量序列 $\{X_n\}$ 服从中心极限定理.

评注　设随机变量 X_n、X 分布函数分别为 $F_n(x)$、$F(x)$,如果在 $F(x)$ 的每一连续点 x 上,有 $\lim\limits_{n\to\infty}F_n(x)=F(x)$(即 $F_n(x)$ 弱收敛到 $F(x)$,记为 $F_n(x)\to F(x)(W)$),则称 $\{X_n\}$ 依分布收敛到 X,记为 $X_n\to X(W)$. $\{X_n\}$ 服从中心极限定理,等价于 $\dfrac{\sum_{k=1}^{n}(X_k-\boldsymbol{E}X_k)}{\sqrt{\sum_{k=1}^{n}\boldsymbol{D}X_k}}$ 的分布函数 $F_n(x)\to\Phi(x)(W)$.

【定理 5.4】(列维—林德伯格中心极限定理,亦称为独立同分布中心极限定理)假设 $\{X_n,n\geqslant1\}$ 是相互独立且服从同一分布的随机变量序列,如果存在有限的期望与方差:$\boldsymbol{E}(X_k)=\mu$,$\boldsymbol{D}(X_k)=\sigma^2>0(k\geqslant1)$,则 $\{X_n\}$ 服从中心极限定理.即对任意实数 x,有

$$\lim_{n\to\infty}\boldsymbol{P}\left\{\frac{\sum_{k=1}^{n}X_k-n\mu}{\sqrt{n}\sigma}\leqslant x\right\}=\frac{1}{\sqrt{2\pi}}\int_{-\infty}^{x}\mathrm{e}^{-\frac{1}{2}t^2}\mathrm{d}t.$$

【定理 5.5】(棣莫弗—拉普拉斯中心极限定理,亦称积分极限定理)假设随机变量 $Y_n\sim B(n,p)(n\geqslant 1)$,则对任意实数 x,有

$$\lim_{n\to\infty}\boldsymbol{P}\left\{\frac{Y_n-np}{\sqrt{np(1-p)}}\leqslant x\right\}=\frac{1}{\sqrt{2\pi}}\int_{-\infty}^{x}\mathrm{e}^{-\frac{1}{2}t^2}\mathrm{d}t.$$

评注 这个定理表明二项分布以正态分布为其极限分布. 设 $X\sim B(n,p)$,则当 n 充分大时,可以近似地认为 X 服从正态分布 $N(np,np(1-p))$.

§5.2 进一步理解基本概念

一、关于"切比雪夫不等式"

切比雪夫不等式给出了事件$\{|X-\mu|\leqslant\varepsilon\}$出现概率的下界,即 $\boldsymbol{P}\{|X-\mu|\leqslant\varepsilon\}\geqslant 1-\boldsymbol{D}X/\varepsilon^2$. 其条件是 $\boldsymbol{E}X$,$\boldsymbol{D}X$ 存在,对一切满足该条件的随机变量 X 都适用,因此适用范围很广;但反过来,它的精确度是不高的,例如取 $\varepsilon=3\sigma$,由切比雪夫不等式只能推出 $\boldsymbol{P}\{|X-\mu|\leqslant 3\sigma\}\geqslant\frac{8}{9}$,但如果 $X\sim N(\mu,\sigma^2)$,则有 $\boldsymbol{P}\{|X-\mu|\geqslant 3\sigma\}=\Phi(3)-\Phi(-3)=2\Phi(3)-1=0.9974$. 因此当知道确切分布时应直接计算或查表. 当对随机变量的分布不甚了解,只知其数字特征 μ 和 σ^2 时,用切比雪夫不等式至少能给我们一个概率的下界,这对于理论上研究是很有用的,许多大数定律都是以它为基础推出的(参考本章【例 5.11】).

二、"依概率收敛"与大数定律

在概率的统计定义中曾提及:有 n 次重复试验中,事件 A 发生的频率 $f_n=\frac{n_A}{n}$ 具有一定的稳定性,它在某数 p 的周围波动,且当 n 越大,波动越小,则 p 称为事件 A 的概率. 这里 $n\to\infty$,$\frac{n_A}{n}$ 在 p 周围的波动的含义是不清楚的. 现在利用"依概率收敛"的确切定义,统计定义中的含义可表述为:

$$\frac{n_A}{n}\xrightarrow{p}p.$$

为了理解"依概率收敛"的直观含义,我们可回忆一下数列 $a_n\to\theta$ 的含义即指任给 $\varepsilon>0$,存在 N,当 $n>N$ 时有 $|a_n-\theta|<\varepsilon$ 恒成立. 即只要 n 充分大,a_n 全部落在$(\theta-\varepsilon,\theta+\varepsilon)$之中. 由于我们现在考虑的是随机变量 X_n,而不是数 a_n,而随机变量可取实轴上任一数,因此,我们只能要求当 n 充分大时 X_n 落在$(\theta-\varepsilon,\theta+\varepsilon)$中的概率接近于 1,满足这样要求的 X_n,我们称为 $X_n\xrightarrow{p}\theta$,即对任给 $\varepsilon>0$,有 $\lim\limits_{n\to\infty}\boldsymbol{P}\{|X_n-\theta|\leqslant\varepsilon\}=1$.

作为一例子考虑,若 X_i 独立同分布服从 $N(\theta,1)$,那么有 $\frac{1}{n}\sum_{i=1}^{n}X_i\sim N\left(\theta,\frac{1}{n}\right)$,当

学习随笔

$n\to\infty$，它的方差$\frac{1}{n}$趋于零；如果一个随机变量的方差为0，那么它就以概率1恒为常数θ，因此我们可认为$\frac{1}{n}\sum_{i-1}^{n}X_i\xrightarrow{p}\theta$，通过切比雪夫不等式马上可以得到.更一般的结论可从切比雪夫大数定律得到.

评注　三个大数定律的条件有所不同，切比雪夫大数定律中对X_i的要求不高，只要X_i两两不相关，且方差一致有界，即有$\frac{1}{n}\sum_{i=1}^{n}(X_i-\mu_i)\xrightarrow{p}0$；如在第$i$次伯努利试验中将事件$A$发生的次数视为随机变量$X_i$，即$X_i(A\text{发生})=1$，$X_i(A\text{不发生})=0$，则$X_i$服从0-1分布，即$B(1,p)$；而$n$次伯努利试验中事件$A$发生的次数$n_A=\sum_{i=1}^{n}X_i$，又$\boldsymbol{E}X_i=p$，所以有$\frac{n_A}{n}\xrightarrow{p}p$，这就是伯努利大数定律.辛钦大数定律则要求$X_i$独立、同分布且$\boldsymbol{E}X_i=\mu$，就有

$$\frac{1}{n}\sum_{i=1}^{n}X_i\xrightarrow{p}\mu.$$

它并没有对$\boldsymbol{D}X$是否存在提出要求，但独立同分布的要求比切比雪夫大数定律的要求高.

三、中心极限定理

由大数定律可以知道，对于独立、同分布随机变量序列$\{X_i\}$而言，当$n\to\infty$时，$\frac{1}{n}\sum_{i=1}^{n}X_i\xrightarrow{p}\boldsymbol{E}X$，即

$$\boldsymbol{P}\left\{\left|\frac{1}{n}\sum_{i=1}^{n}X_i-\boldsymbol{E}X\right|\leqslant\varepsilon\right\}\longrightarrow 1,$$

但是如何计算该概率的大小仍未解决.而在实际问题中，这类问题经常出现，如测量某一物体的尺寸，通常总是测量n次后将测得的值相加再除以n作为尺寸的估计，那么它与真值之间的差异在某一范围内的概率是令人感兴趣的.我们所介绍的是最简单但也是最实用的一种情况，即当$\{X_i\}$是独立、同分布的随机变量序列，其方差存在时的有关结论.

从随机变量和的分布计算可知，要计算$\sum_{i=1}^{n}X_i$的分布是如何的困难，从而$\boldsymbol{P}\left\{\left|\frac{1}{n}\sum_{i=1}^{n}X_i-\boldsymbol{E}X\right|\leqslant\varepsilon\right\}$的计算也是不易的，而列维－林德伯格中心极限定理可知，只要X_i独立、同分布，$\boldsymbol{E}X_i=\mu$，$\boldsymbol{D}X_i=\sigma^2$，那么当$n\to\infty$时，$\left(\sum_{i=1}^{n}X_i-n\mu\right)/\sqrt{n}\sigma$渐近服从$N(0,1)$分布，这样

$$\boldsymbol{P}\left\{\left|\frac{1}{n}\sum_{i=1}^{n}X_i-\mu\right|\leqslant\varepsilon\right\}\approx 2\Phi\left(\frac{\sqrt{n}\varepsilon}{\sigma}\right)-1$$

立即可以求得.

当 X_i 独立、同分布且服从 $N(\mu,\sigma^2)$，那么 $\sum_{i=1}^{n}X_i \sim N(n\mu,n\sigma^2)$，所以 $\left(\sum_{i=1}^{n}X_i - n\mu\right)/(\sqrt{n}\sigma)$ 服从 $N(0,1)$分布.

也就是说，只要 n 充分大，独立、同分布的随机变量序列不管服从何种分布，前 n 项和的分布与它服从正态分布的结果是十分接近的. 中心极限定理在实际中有广泛的应用.

对于 $Y_n \sim B(n,p)$，我们知道 $Y_n = X_1 + \cdots + X_n$，其中 X_i 独立、同分布且服从 $B(1,p)$，而 $\boldsymbol{E}X_i = p$，$\boldsymbol{D}(X_i) = pq$. 由上述知道 $\dfrac{Y_n - np}{\sqrt{npq}}$ 渐近服从 $N(0,1)$，所以，棣莫弗－拉普拉斯定理是列维－林德伯格定理的推论！（历史上先有棣莫弗－拉普拉斯定理，然后将 $X_i \sim B(1,p)$ 推广到任一个方差存在的随机变量后才得到列维－林德伯格定理）.

由棣莫弗－拉普拉斯定理可以解决当 $Y \sim B(n,p)$ 时 $\boldsymbol{P}\{a < Y_n \leqslant b\}$ 的概率问题，而在第 2 章中泊松定理也可用来解决同样的问题，那么它们在应用上有否差异？一般地说：当 p 很小，n 很大而 $np = \lambda < 10$ 时用泊松分布较好，而当 p 不是很小，而 n 很大时应用棣莫弗－拉普拉斯定理进行近似计算比较好.

在利用中心极限定理解决实际问题时，关键的一点是能否将 Y 看成 n 个独立、同分布的随机变量 X_i 的和. 如果可以，那么计算 $\boldsymbol{P}\{a < Y \leqslant b\}$ 的概率只须先求出 $\boldsymbol{E}X_i$，$\boldsymbol{D}X_i$ 的值，然后再利用中心极限定理进行计算（参考本章【例 5.14】等）.

§5.3　重难点提示

重点　切比雪夫不等式、大数定律与中心极限定理用以估计或近似计算某些事件的概率.

难点　大数定律、中心极限定理的证明与应用.

本章所介绍的内容，是概率论中理论性较强的一部分，很多定理在教材中都未给出证明，然而它又有着广泛的应用.

① 在讨论未知参数估计量是否具有一致性时，要用到大数定律一些结果；中心极限定理是大样本统计推断的理论基础.

② 当随机变量分布未知而方差存在时，可用切比雪夫不等式估计概率 $\boldsymbol{P}\{|X - \boldsymbol{E}X| < \varepsilon\}$ 或证明依概率收敛. 此时需要根据题意，选择随机变量 X；计算 $\boldsymbol{E}X$ 与 $\boldsymbol{D}X$ 及确定 ε.

③ 中心极限定理是讨论：有限个相互独立随机变量和 $\sum_{i=1}^{n}X_i$，当 $\boldsymbol{D}X_i\,(i \geqslant 1)$ 存在时，其标准化 $\dfrac{\sum_{i=1}^{n}X_i - \boldsymbol{E}\left(\sum_{i=1}^{n}X_i\right)}{\sqrt{\boldsymbol{D}\left(\sum_{i=1}^{n}X_i\right)}}$ 以标准正态分布为其极限分布的条件，即

学习随笔

$$\lim_{n\to\infty}\boldsymbol{P}\left\{\frac{\sum_{i=1}^{n}X_i-\boldsymbol{E}(\sum_{i=1}^{n}X_i)}{\sqrt{\boldsymbol{D}(\sum_{i=1}^{n}X_i)}}\leqslant x\right\}=\Phi(x)$$

成立的条件.

由列维-林德伯格定理可知,只要 X_n 独立、同分布且 $\boldsymbol{E}X_i=\mu,\boldsymbol{D}X_n=\sigma^2$ 存在,则必有

$$\lim_{n\to\infty}\boldsymbol{P}\left\{\frac{\sum_{i=1}^{n}X_i-n\mu}{\sqrt{n}\sigma}\leqslant x\right\}=\Phi(x).$$

评注　定理中的三个条件"独立、同分布、方差存在"缺一不可.如果 $X_i\sim B(1,p)$,则 $\sum_{i=1}^{n}X_i\sim B(n,p)$,此时为棣莫弗—拉普拉斯定理.如果 $X_i(1\leqslant i\leqslant n)$ 独立,同分布,$\boldsymbol{E}X_i=\mu,\boldsymbol{D}X_i=\sigma^2$ 存在,当 n 充分大时,$\sum_{i=1}^{n}X_i$ 近似服从正态分布 $N(n\mu,n\sigma^2)$,由此可近似计算概率

$$\boldsymbol{P}\left\{a<\sum_{i=1}^{n}X_i<b\right\}\approx\Phi\left(\frac{b-n\mu}{\sqrt{n\sigma^2}}\right)-\Phi\left(\frac{a-n\mu}{\sqrt{n\sigma^2}}\right).$$

④ 二项分布概率的计算

设随机变量 $X\sim B(n,p)$,则

➢ 当 n 不太大时($n\leqslant10$),直接计算:

$$\boldsymbol{P}\{X=k\}=\mathrm{C}_n^k p^k(1-p)^{n-k},\quad k=0,1,2,\cdots,n.$$

➢ 当 n 较大且 p 较小($n>10,p<0.1,np\leqslant10$),根据 Poisson 定理,有近似公式

$$\boldsymbol{P}\{X=k\}=\mathrm{C}_n^k p^k(1-p)^{n-k}\approx\frac{\lambda^k}{k!}\mathrm{e}^{-\lambda},$$

其中,$\lambda=np$.

➢ 当 n 较大而 p 不太小时,根据中心极限定理,有近似公式:

$$\boldsymbol{P}\{X=k\}=\boldsymbol{P}\{k-0.5<X<k+0.5\}$$
$$\approx\Phi\left(\frac{k+0.5-np}{\sqrt{npq}}\right)-\Phi\left(\frac{k-0.5-np}{\sqrt{npq}}\right),$$

$$\boldsymbol{P}\{a<X<b\}\approx\Phi\left(\frac{b-np}{\sqrt{npq}}\right)-\Phi\left(\frac{a-np}{\sqrt{npq}}\right)\quad(0\leqslant a<b\leqslant n).$$

⑤ 证明大数定律或中心极限定理是本章的难点,仅要求:

➢ 会用定义、切比雪夫不等式、辛钦大数定律以及 p-收敛的性质,证明 p-收敛.

➢ 应用独立同分布中心极限定理证明一些随机变量其极限分布亦是正态分布.

学习随笔

§5.4　典型题型归纳及解题方法与技巧

一、依概率收敛与大数定律(弱)

如果 $\forall \varepsilon>0$,有

$$\lim_{n\to\infty}\boldsymbol{P}\{|X_n-X|\geqslant\varepsilon\}=0 \quad 或 \quad \lim_{n\to\infty}\boldsymbol{P}\{|X_n-X|<\varepsilon\}=1,$$

称随机变量序列 $\{X_n,n\geqslant1\}$ 依概率收敛于随机变量 X(记为 $\lim\limits_{n\to\infty}X_n=X(p)$ 或 $X_n\xrightarrow{p}X$ $(n\to\infty)$).

如果存在常数列 $\{a_n,n\geqslant1\}$,$\{b_n,n\geqslant1\}$,使

$$\frac{\sum\limits_{i=1}^{n}X_i}{b_n}-a_n\xrightarrow{p}0(n\to\infty),$$

则称 $\{X_n,n\geqslant1\}$ 服从大数定律(弱),也称 $\sum\limits_{i=1}^{n}X_i$ 依概率稳定.

在概率论中常取 $b_n=n$,$a_n=\boldsymbol{E}\left(\dfrac{\sum\limits_{i=1}^{n}X_i}{b_n}\right)=\dfrac{1}{n}\sum\limits_{i=1}^{n}\boldsymbol{E}X_i$,因此我们说 $\{X_n,n\geqslant1\}$ 服从弱大数定律 $\Leftrightarrow \dfrac{1}{n}\sum\limits_{i=1}^{n}X_i-\dfrac{1}{n}\sum\limits_{i=1}^{n}\boldsymbol{E}X_i\xrightarrow{p}0(n\to\infty)$

$$\Leftrightarrow\forall\varepsilon>0,\lim_{n\to\infty}\boldsymbol{P}\left\{\left|\frac{1}{n}\sum_{i=1}^{n}X_i-\frac{1}{n}\sum_{i=1}^{n}\boldsymbol{E}X_i\right|\geqslant\varepsilon\right\}=0.$$

【例 5.1】(依概率收敛极限唯一)如果 $X_n\xrightarrow{p}X$,$Y_n\xrightarrow{p}Y$,则 $\boldsymbol{P}\{X\neq Y\}=0$.

【证明】$\forall\varepsilon>0$,$\{|X-Y|\geqslant\varepsilon\}\subset\{|X-X_n|\geqslant\dfrac{\varepsilon}{2}\}\cup\{X_n-Y|\geqslant\varepsilon/2\}$,所以 $0\leqslant$ $\boldsymbol{P}\{|X-Y|\geqslant\varepsilon\}\leqslant\boldsymbol{P}\{|X-X_n|\geqslant\dfrac{\varepsilon}{2}\}+\boldsymbol{P}\{|X_n-Y|\geqslant\varepsilon/2\}\to0$.

由 ε 的任意性,得 $\boldsymbol{P}\{X\neq Y\}=0$.

【例 5.2】设随机变量序列 $X_n\xrightarrow{p}X$,$Y_n\xrightarrow{p}Y$,证明:

(1) 对任意常数 a,$aX_n\xrightarrow{p}aX$;

(2) $X_n+Y_n\xrightarrow{p}X+Y$.

【证明】(1) $\forall\varepsilon>0$,$\boldsymbol{P}\{|aX_n-a|\geqslant\varepsilon\}=\boldsymbol{P}\left\{|X_n-X|\geqslant\left|\dfrac{\varepsilon}{a}\right|\right\}\to0$,即

$$aX_n\xrightarrow{p}aX.$$

(2) $\forall\varepsilon>0$,$\{|(X_n+Y_n)-(X+Y)|\geqslant\varepsilon\}=\{|(X_n-X)+(Y_n-Y)|\geqslant\varepsilon\}\subset$ $\{|X_n-X|\geqslant\dfrac{\varepsilon}{2}\}\cup\{|Y_n-Y|\geqslant\varepsilon/2\}$,所以

学习随笔

$P\{|(X_n+Y_n)-(X+Y)|\geqslant\varepsilon\}\leqslant P\{|X_n-X|\geqslant\varepsilon/2\}+P\{|Y_n-Y|\geqslant\varepsilon/2\}\to 0.$

即 $X_n+Y_n\xrightarrow{p}X+Y$.

【例 5.3】设 $g(x)(x\in k)$是连续函数,$X_n\xrightarrow{p}X$,证明:$g(X_n)\xrightarrow{p}g(X)$.

【证明】假设 X 的分布函数为 $F(x)$,则 $F(+\infty)=1,F(-\infty)=0$,故对 $\delta>0$,必存在充分大的 $M>0$,使 $P\{|X|\geqslant M\}<\delta/3$. 由于 $X_n\xrightarrow{p}X$,故存在 N_1,当 $n>N_1$ 时,$P\{|X_n-X|\geqslant M\}<\delta/3$. 在$[-2M,2M]$上 $g(x)$一致连续,因而对给定 $\varepsilon>0$,存在 $\varepsilon_1>0$,当 $x_1,x_2\in[-2M,2M]$,只要$|x_1-x_2|<\varepsilon_1$,有$|g(x_1)-g(x_2)|<\varepsilon$.

又 $X_n\xrightarrow{p}X$,故可取 N_2,当 $n>N_2$ 时,$P\{|X_n-X|\geqslant\varepsilon_1\}<\delta/3$.

由于$\{|X|\geqslant 2M\}\cup\{|X_n|\geqslant 2M\}\subset\{|X|\geqslant M\}\cup\{|X|<M,|X_n|\geqslant 2M\}\subset\{|X|\geqslant M\}\cup\{|X_n-X|\geqslant M\}$,故当 $n>\max(N_1,N_2)$,有

$$B=\{|X|\leqslant 2M,|X_n|\leqslant 2M\},|g(X_n)-g(X)|\geqslant\varepsilon\}\subset\{|X_n-X|\geqslant\varepsilon_1\},$$

$$\begin{aligned}A&=\{|g(X_n)-g(X)|\geqslant\varepsilon\}\\&=B\cup\{|X|\geqslant 2M,A\}\cup\{|X_n|\geqslant 2M,A\}\subset\{|X_n-X|\geqslant\varepsilon_1\}\cup\\&\quad\{|X|\geqslant M\}\cup\{|X_n-X|\geqslant M\},\end{aligned}$$

所以 $P\{|g(X_n)-g(X)|\geqslant\varepsilon\}\leqslant\delta$,即 $g(X_n)\xrightarrow{p}g(X)$.

【例 5.4】设$\{X_n,n\geqslant 1\}$相互独立且都服从参数为 1 指数分布,证明:$\min(X_1,\cdots,X_n)\xrightarrow{p}0$,即 $\forall\varepsilon>0$,有$\lim\limits_{n\to\infty}P\{|\min(X_1,\cdots,X_n)|\geqslant\varepsilon\}=0$.

【证明】由于 $X_n\sim f(x)=\begin{cases}e^{-x}, & x>0,\\0, & x\leqslant 0,\end{cases}$且相互独立,所以 $\forall\varepsilon>0$,有

$$\begin{aligned}&P\{|\min(X_1,\cdots,X_n)|\geqslant\varepsilon\}\\&=P\{\min(X_1,\cdots,X_n)\geqslant\varepsilon\}+P\{\min(X_1,\cdots,X_n)\leqslant-\varepsilon\}\\&=P\{X_1\geqslant\varepsilon,\cdots,X_n\geqslant\varepsilon\}+1-P\{\min(X_1,\cdots,X_n)>-\varepsilon\}\\&=\prod_{i=1}^{n}P\{X_i\geqslant\varepsilon\}+1-\prod_{i=1}^{n}P\{X_i>-\varepsilon\}\\&=\left(\int_{\varepsilon}^{+\infty}e^{-x}dx\right)^n+1-\left(\int_{-\varepsilon}^{+\infty}e^{-x}dx\right)^n\\&=\left(-e^{-x}\Big|_{\varepsilon}^{+\infty}\right)^n+1-1=e^{-n\varepsilon}\longrightarrow 0(n\to+\infty).\end{aligned}$$

即 $\min(X_1,\cdots,X_n)\xrightarrow{p}0$.

【例 5.5】假设随机变量序列$\{X_n,n\geqslant 1\}$相互独立且都在$[a,b]$上服从均匀分布,函数 $g(x)$在$[a,b]$上连续,试用辛钦大数定律证明

$$\frac{1}{n}\sum_{i=1}^{n}g(X_i)\xrightarrow{p}\frac{1}{b-a}\int_a^b g(x)dx.$$

【证明】由于$\{X_n,n\geqslant 1\}$相互独立且具有相同的密度函数 $f(x)=\begin{cases}\dfrac{1}{b-a}, & a\leqslant x\leqslant b,\\0, & 其他,\end{cases}$又 $g(x)$连续,故 $Y_n=g(X_n)$相互独立、同分布,且

$$EY_n = Eg(X_n) = \int_a^b g(x) \cdot \frac{1}{b-a}\mathrm{d}x = \frac{1}{b-a}\int_a^b g(x)\mathrm{d}x.$$

由辛钦大数定律知，$\frac{1}{n}\sum_{i=1}^{n} Y_n \xrightarrow{p} EY$，即$\frac{1}{n}\sum_{i=1}^{n} g(X_i) \xrightarrow{p} \frac{1}{b-a}\int_a^b g(x)\mathrm{d}x.$

【例 5.6】设$\{X_n, n\geqslant 1\}$相互独立且都在$[0,1]$上服从均匀分布，证明：

$$\left(\prod_{k=1}^{n} X_k\right)^{\frac{1}{n}} \xrightarrow{p} \mathrm{e}^{-1} (n\to\infty).$$

【证明】由于$Y_n = \left(\prod_{k=1}^{n} X_k\right)^{\frac{1}{n}} = \mathrm{e}^{\frac{1}{n}\ln(\prod_{k=1}^{n} X_k)} = \mathrm{e}^{\frac{1}{n}\sum_{k=1}^{n}\ln X_k}$，令$\xi_k = \ln X_k$，则$\{\xi_k, k\geqslant 1\}$相互独立、同分布，且

$$E\xi_k = \int_{-\infty}^{+\infty} \ln x f(x)\mathrm{d}x = \int_0^1 \ln x\,\mathrm{d}x = x\ln x\Big|_0^1 - \int_0^1 x \cdot \frac{1}{x}\mathrm{d}x = -1,$$

由辛钦大数定律知，$\frac{1}{n}\sum_{k=1}^{\infty}\xi_k \xrightarrow{p} -1$，即$\frac{1}{n}\sum_{k=1}^{\infty}\ln X_k \xrightarrow{p} -1.$

又 e^x 为连续函数，所以 $\mathrm{e}^{\frac{1}{n}\sum_{k=1}^{\infty}\ln X_k} \xrightarrow{p} \mathrm{e}^{-1}$，即 $\left(\prod_{k=1}^{n} X_k\right)^{\frac{1}{n}} \xrightarrow{p} \mathrm{e}^{-1}.$

【例 5.7】将编号为 1 至 n 的 n 个球随意放入编号为 1 至 n 的 n 个盒子中，假设每个盒子只能放一个球，若球与盒子编号相一致的个数为 X_n，证明：

$$\frac{X_n - EX_n}{n} \xrightarrow{p} 0 \quad (n\to\infty).$$

【证明】记 $Y_i = \begin{cases} 1, & \text{第 } i \text{ 号球落入第 } i \text{ 号盒中}, \\ 0, & \text{其他}, \end{cases} (i=1,2,\cdots,n)$，则

$$Y_i \sim \begin{pmatrix} 1, & 0 \\ \frac{1}{n} & 1-\frac{1}{n} \end{pmatrix}, \quad EY_i = \frac{1}{n}, DY_i = \frac{1}{n}\left(1-\frac{1}{n}\right) = \frac{n-1}{n^2},$$

$$Y_iY_j \sim \begin{pmatrix} 1, & 0 \\ \frac{1}{n(n-1)}, & 1-\frac{1}{n(n-1)} \end{pmatrix} (i\neq j), \quad EY_iY_j = \frac{1}{n(n-1)} (i\neq j).$$

$$\mathrm{Cov}(Y_i, Y_j) = EY_iY_j - EY_iEY_j = \frac{1}{n(n-1)} - \frac{1}{n^2} = \frac{1}{n^2(n-1)},$$

$$X_n = \sum_{i=1}^{n} Y_i, EX_n = \sum_{i=1}^{n} EY_i = n\times\frac{1}{n} = 1.$$

$$DX_n = D\left(\sum_{i=1}^{n} Y_i\right) = \sum_{i=1}^{n} D(Y_i) + 2\sum_{1\leqslant i<j\leqslant n}\mathrm{Cov}(Y_i, Y_j)$$

$$= n\times\frac{n-1}{n^2} + 2C_n^2\frac{1}{n^2(n-1)} = \frac{n-1}{n} + \frac{1}{n} = 1.$$

由切比雪夫不等式，$\forall\varepsilon>0$，有

$$P\left\{\left|\frac{X_n - EX_n}{n}\right| \leqslant \varepsilon\right\} = P\{|X_n - EX_n| \leqslant n\varepsilon\} \geqslant 1 - \frac{DX_n}{(n\varepsilon)^2}$$

$$= 1 - \frac{1}{n^2\varepsilon^2} \to 1,$$

学习随笔

即 $\dfrac{X_n-EX_n}{n}\xrightarrow{p}0(n\to\infty)$.

【例 5.8】证明马尔可夫大数定律:设随机变量序列$\{X_n,n\geqslant1\}$满足条件:

$$\lim_{n\to\infty}\frac{1}{n^2}D\left(\sum_{i=1}^{n}X_i\right)=0,$$

则$\{X_n,n\geqslant1\}$服从(弱)大数定律.

【证明】记 $Y=\dfrac{1}{n}\sum\limits_{i=1}^{n}X_i$,则 $EY=\dfrac{1}{n}\sum\limits_{i=1}^{n}EX_i$,$DY=\dfrac{1}{n^2}D\left(\sum\limits_{i=1}^{n}X_i\right)$. 根据切比雪夫不等式,$\forall\varepsilon>0$,有 $P\{|Y-EY|\geqslant\varepsilon\}\leqslant\dfrac{DY}{\varepsilon^2}$,即

$$P\left\{\left|\frac{1}{n}\sum_{i=1}^{n}X_i-\frac{1}{n}\sum_{i=1}^{n}EX_i\right|\geqslant\varepsilon\right\}\leqslant\frac{1}{n^2\varepsilon^2}D\left(\sum_{i=1}^{n}X_i\right)\to0(n\to\infty),$$

所以 $\dfrac{1}{n}\sum\limits_{i=1}^{n}X_i-\dfrac{1}{n}\sum\limits_{i=1}^{n}EX_i\xrightarrow{p}0(n\to\infty)$.

【例 5.9】设$\{X_n,n\geqslant1\}$是独立、同分布随机变量序列,其共同分布为

$$P\{X_n=1\}=P\{X_n=-1\}=\frac{1}{2}(n\geqslant1),$$

试求极限 $\lim\limits_{n\to\infty}P\left\{\dfrac{1}{n}\sum\limits_{i=1}^{n}X_i<1\right\}$.

【解】由题设知 $EX_n=0$,根据辛钦大数定律,$\dfrac{1}{n}\sum\limits_{i=1}^{n}X_i\xrightarrow{p}0$,即 $\forall\varepsilon>0$,有 $\lim\limits_{n\to\infty}P\left\{\left|\dfrac{1}{n}\sum\limits_{i=1}^{n}X_i\right|\geqslant\varepsilon\right\}=0$. 取 $\varepsilon=1$,由于 $\left\{\dfrac{1}{n}\sum\limits_{i=1}^{n}X_i\geqslant1\right\}\subset\left\{\left|\dfrac{1}{n}\sum\limits_{i=1}^{n}X_i\right|\geqslant1\right\}$,故有 $\lim\limits_{n\to\infty}P\left\{\dfrac{1}{n}\sum\limits_{i=1}^{n}X_i\geqslant1\right\}=0$,所以 $\lim\limits_{n\to\infty}P\left\{\dfrac{1}{n}\sum\limits_{i=1}^{n}X_i<1\right\}=1$.

二、中心极限定理

【例 5.10】从次品率为 5%的一批产品中随机地取 200 件产品,分别用二项分布、泊松分布及棣莫弗一拉普拉斯中心极限定理计算取出的产品中至少有 3 个次品的概率 α.

【解】用 X 表示取出 200 件产品中的次品数,则 $X\sim B(200,0.05)$,$EX=np=10$,$DX=np(1-p)=9.5$, $\alpha=P\{X\geqslant3\}$.

(1) 由二项分布知

$$\begin{aligned}\alpha&=P\{X\geqslant3\}=1-P\{X=0\}-P\{X=1\}-P\{X=2\}\\&=1-C_{200}^{0}0.05^{0}0.95^{200}-C_{200}^{1}0.05^{1}0.95^{199}-C_{200}^{2}0.05^{2}\cdot0.95^{198}\\&\approx0.9996.\end{aligned}$$

(2) 用泊松分布近似计算,取 $\lambda=np=10$,查表得

$$\begin{aligned}\alpha&=P\{X\geqslant3\}=1-P\{X=0\}-P\{X=1\}-P\{X=2\}\\&\approx1-\frac{\lambda^0}{0!}e^{-\lambda}-\frac{\lambda^1}{1!}e^{-\lambda}-\frac{\lambda^2}{2!}e^{-\lambda}\\&=1-0.000045-0.000454-0.002270=0.9992.\end{aligned}$$

(3) 利用棣莫弗－拉普拉斯定理近似计算：由于 X 近似服从 $N(10,9.5)$，故

$$\alpha=\boldsymbol{P}\{X\geqslant 3\}=1-\Phi\left(\frac{3-10}{\sqrt{9.5}}\right)=1-\Phi\left(\frac{-7}{3.08}\right)$$
$$=1-\Phi(-2.27)=\Phi(2.27)=0.9884.$$

【例 5.11】设在 n 次伯努利试验中，每次试验事件 A 发生的概率均为 0.7，要使 A 出现的频率在 0.68 与 0.72 间的概率至少为 0.9，问至少要做多少次试验？如果进行 1000 次独立试验，那么事件 A 发生的次数在 650 至 750 次之间的概率 α 是多少？

(1) 用切比雪夫不等式估计；

(2) 用中心极限定理近似计算.

【解】(1) 用切比雪夫不等式估计.

设 X 为 n 次独立试验中 A 发生的次数，则 $X\sim B(n,0.7)$，n 应使 $\boldsymbol{P}\left\{0.68<\frac{X}{n}<0.72\right\}=\boldsymbol{P}\{0.68n<X<0.72n\}\geqslant 0.9$. 由于 $\boldsymbol{E}X=0.7n$，$\boldsymbol{D}X=0.21n$，根据切比雪夫不等式，有

$$\boldsymbol{P}\{|X-\boldsymbol{E}X|<\varepsilon\}\geqslant 1-\frac{\boldsymbol{D}X}{\varepsilon^2},$$

即　$\boldsymbol{P}\{0.7n-\varepsilon<X<0.7n+\varepsilon\}\geqslant 1-\frac{0.21n}{\varepsilon^2}$.

取 $\varepsilon=0.02n$，有 $\boldsymbol{P}\{0.68n<X<0.72n\}\geqslant 1-\frac{0.21n}{(0.02n)^2}=1-\frac{2100}{4n}$.

令　$1-\frac{2100}{4n}\geqslant 0.9$，即 $n\geqslant 5250$.

当 $n=1000$ 时，$\boldsymbol{E}X=700$，$\boldsymbol{D}X=210$，

$$\alpha=\boldsymbol{P}\{650\leqslant X\leqslant 750\}=\boldsymbol{P}\{700-50\leqslant X\leqslant 700+50\}$$
$$=\boldsymbol{P}\{|X-700|\leqslant 50\}\geqslant 1-\frac{210}{50^2}=1-0.084=0.916.$$

(2) 用中心极限定理近似计算.

设 X 为 n 次独立试验中 A 发生的次数，则 $X\sim B(n,0.7)$，当 n 充分大时，X 近似服从 $N(0.7n,0.21n)$；依题意，n 应使

$$\boldsymbol{P}\left\{0.68<\frac{X}{n}<0.72\right\}=\boldsymbol{P}\{0.68n<X<0.72n\}$$
$$\approx\Phi\left(\frac{0.72n-0.7n}{\sqrt{0.21n}}\right)-\Phi\left(\frac{0.68n-0.7n}{\sqrt{0.21n}}\right)$$
$$=\Phi\left(\frac{0.02n}{\sqrt{0.21n}}\right)-\Phi\left(\frac{-0.02n}{\sqrt{0.21n}}\right)=2\Phi\left(\frac{0.02n}{\sqrt{0.21n}}\right)-1\geqslant 0.9,$$

解得　$\Phi\left(\frac{0.02n}{\sqrt{0.21n}}\right)\geqslant\frac{1.9}{2}=0.95$，由于 $\Phi(1.65)=0.95$，

所以　$\frac{0.02n}{\sqrt{0.21n}}\geqslant 1.65$，$\frac{4n}{0.21}\geqslant 27225$，　$n\geqslant\frac{5717.25}{4}=1429$.

学习随笔

当 $n=1000$ 时，$\boldsymbol{E}X=700$，$\boldsymbol{D}X=210$.

$$\begin{aligned}\alpha&=\boldsymbol{P}\{650\leqslant X\leqslant 750\}\\&\approx\Phi\left(\frac{750-700}{\sqrt{210}}\right)-\Phi\left(\frac{650-700}{\sqrt{210}}\right)=\Phi\left(\frac{50}{\sqrt{210}}\right)-\Phi\left(\frac{-50}{\sqrt{210}}\right)\\&=2\Phi\left(\frac{50}{\sqrt{210}}\right)-1=2\Phi\left(\frac{50}{14.5}\right)-1=2\Phi(3.5)-1\\&=2\times 0.99977-1=0.99954.\end{aligned}$$

【例 5.12】现有一大批种子，其中良种占 $\frac{1}{6}$，从中任取 6000 粒种子.

(1) 用切比雪夫不等式估计，6000 粒种子中良种所占的比例与 $\frac{1}{6}$ 之差的绝对值不超过 0.01 的概率 α；

(2) 用中心极限定理计算，有 99% 以上的概率断定，6000 粒种子中良种所占的比例与 $\frac{1}{6}$ 之差的绝对值不超过多少？此时相应的良种数落在哪个范围内？

【解】设 6000 粒种子中良种的粒数为 X，则 $X\sim B\left(6000,\frac{1}{6}\right)$，

$$\boldsymbol{E}X=1000,\boldsymbol{D}X=1000\times\frac{5}{6}=\frac{2500}{3}.$$

(1) 由切比雪夫不等式，知

$$\begin{aligned}\alpha&=\boldsymbol{P}\left\{\left|\frac{X}{6000}-\frac{1}{6}\right|\leqslant 0.01\right\}=\boldsymbol{P}\{|X-1000|\leqslant 60\}\\&\geqslant 1-\frac{\boldsymbol{D}X}{60^2}=1-\frac{2500}{3\times 3600}=1-0.2315=0.7685.\end{aligned}$$

(2) 依题意 X 近似服从 $N\left(1000,\frac{2500}{3}\right)$，$\boldsymbol{P}\left\{\left|\frac{X}{6000}-\frac{1}{6}\right|\leqslant\varepsilon\right\}\geqslant 0.99$，即

$$\begin{aligned}&\boldsymbol{P}\{|X-1000|\leqslant 6000\varepsilon\}=\boldsymbol{P}\{1000-6000\varepsilon\leqslant X\leqslant 1000+6000\varepsilon\}\\&\approx\Phi\left(\frac{6000\varepsilon}{\sqrt{2500/3}}\right)-\Phi\left(\frac{-6000\varepsilon}{\sqrt{2500/3}}\right)=2\Phi\left(\frac{6000\varepsilon}{\sqrt{2500/3}}\right)-1\geqslant 0.99,\end{aligned}$$

解得 $\Phi\left(\frac{6000\varepsilon}{\sqrt{2500/3}}\right)\geqslant\frac{1.99}{2}=0.995$，由于 $\Phi(2.575)=0.995$，故 $\frac{6000\varepsilon}{\sqrt{2500/3}}\geqslant 2.575$.

$$\varepsilon\geqslant\frac{2.575\times\sqrt{2500/3}}{6000}=\frac{2.575\times 28.8675}{6000}=\frac{74.3338}{6000}=0.012388\approx 0.01234.$$

此时 $\boldsymbol{P}\{1000-74.3338\leqslant X\leqslant 1000+74.3338\}=\boldsymbol{P}\{925\leqslant X\leqslant 1075\}=0.99$.

【例 5.13】假设每人每次打电话的时间(单位：分)服从参数为 1 的指数分布. 试求 800 次电话中至少有 3 次超过 6 分钟的概率 α，并利用泊松分布求出 α 的近似值.

【解】记 800 次电话中通话时间超过 6 分钟的次数为 X，则 $X\sim B(800,p)$. 如果用 T 表示通话时间，则

$$T\sim f(t)=\begin{cases}e^{-t}, & t>0,\\ 0, & t\leqslant 0,\end{cases}\quad p=\boldsymbol{P}\{T>6\}=\int_6^{+\infty}e^{-t}\mathrm{d}t=e^{-6}.$$

所求的概率　$\alpha = \boldsymbol{P}\{X \geqslant 3\} = \sum\limits_{k=3}^{\infty} \boldsymbol{P}\{X = k\} = 1 - \boldsymbol{P}\{X = 0\} - \boldsymbol{P}\{X = 1\} - \boldsymbol{P}\{X = 2\}$.

由于 $n=800, p=e^{-6}, np=800\times e^{-6}\approx 2$，根据泊松定理，有

$$C_{800}^{k} p^{k}(1-p)^{800-k} \approx \frac{2^{k}}{k!}e^{-2}.$$

所以　$\alpha \approx 1 - \sum\limits_{k=0}^{2} \dfrac{2^{k}}{k!}e^{-2} = 1 - e^{-2} - 2e^{-2} - 2e^{-2} = 1 - 5e^{-2} = 0.323$.

【例 5.14】为了求出全国女性居民占的比例数 p，进行随机抽样调查，问要抽查多少居民方能使抽样误差小于 0.005 的概率不小于 99%.

【解】设要抽查 n 个居民，其中女性居民有 X 个，则 $X \sim B(n,p)$. 依题意，n 应使 $\boldsymbol{P}\left\{\left|\dfrac{X}{n}-p\right| \leqslant 0.005\right\} \geqslant 0.99$，当 n 充分大时，由德莫弗－拉普拉斯中心极限定理知，X 近似服从 $N(np, np(1-p))$，所以

$$\boldsymbol{P}\left\{\left|\frac{X}{n}-p\right| \leqslant 0.005\right\} = \boldsymbol{P}\{np-0.005n \leqslant X \leqslant np+0.005n\}$$

$$\approx \Phi\left(\frac{0.005n}{\sqrt{np(1-p)}}\right) - \Phi\left(\frac{-0.005n}{\sqrt{np(1-p)}}\right) = 2\Phi\left(\frac{0.005\sqrt{n}}{\sqrt{p(1-p)}}\right) - 1 \geqslant 0.99,$$

解得　$\Phi\left(\dfrac{0.005\sqrt{n}}{\sqrt{p(1-p)}}\right) \geqslant \dfrac{1.99}{2} = 0.995$.

由于 $\Phi(2.58) = 0.9951$，故 $\dfrac{0.005\sqrt{n}}{\sqrt{p(1-p)}} \geqslant 2.58$，$\sqrt{n} \geqslant 258 \times 2 \times \sqrt{p(1-p)}$，$n \geqslant 266256p(1-p)$.

因为 $p(1-p) \leqslant \left[\dfrac{p+(1-p)}{2}\right]^{2} = \dfrac{1}{4}$，所以 $n \geqslant 266256 \times \dfrac{1}{4} = 66564$，即至少要抽查 66564 人.

【例 5.15】设某种元件使用寿命(单位：小时)服从参数为 λ 的指数分布，其平均使用寿命为 20 小时，在使用中，当一个元件损坏后立即更换另一个新的元件，如此继续下去. 已知每个元件进价为 a 元. 试求在年计划中应为购买此种元件作多少预算，才可以有 95% 的把握保证一年够用(假定一年按 2000 个工作小时计算).

【解】元件使用寿命 $X \sim f(x) = \begin{cases} \lambda e^{-\lambda x}, & x>0, \\ 0, & x \leqslant 0, \end{cases}$ 由题设知 $\boldsymbol{E}X = \dfrac{1}{\lambda} = 20$，故 $\lambda = \dfrac{1}{20}$. 假设一年需要 n 个元件，则预算经费为 na(元). 如果每个元件使用寿命为 X_i，则 n 个元件使用寿命为 $\sum\limits_{i=1}^{n} X_i$. 依题意，$n$ 应使 $\boldsymbol{P}\left\{\sum\limits_{i=1}^{n} X_i \geqslant 2000\right\} \geqslant 0.95$. 已知 $X_i (1 \leqslant i \leqslant n)$ 独立、同分布，$\boldsymbol{E}X_i = \dfrac{1}{\lambda} = 20$，$\boldsymbol{D}X_i = \dfrac{1}{\lambda^2} = 400$，根据中心极限定理，当 n 充分大，$\sum\limits_{i=1}^{n} X_i$ 近似服从 $N(20n, 400n)$，因此

$$\boldsymbol{P}\left\{0 \leqslant \sum_{i=1}^{n} X_i \leqslant 2000\right\} = \Phi\left(\frac{2000-20n}{\sqrt{400n}}\right) - \Phi\left(\frac{-20n}{\sqrt{400n}}\right)$$

$$= \Phi\left(\frac{100-n}{\sqrt{n}}\right) = 1 - \Phi\left(\frac{n-100}{\sqrt{n}}\right) \leqslant 0.05,$$

学习随笔

解得 $\Phi\left(\frac{n-100}{\sqrt{n}}\right)\geqslant 0.95$，由于 $\Phi(1.65)=0.95$，故 $\frac{n-100}{\sqrt{n}}\geqslant 1.65$，即 $n\geqslant 118$.

故年计划预算最少应为 $118a$(元).

【例 5.16】保险公司为 50 个投保人提供医疗保险，假设他们医疗花费(单位：百元)相互独立且服从相同的分布律 $\begin{pmatrix} 0, & 0.5, & 1.5, & 3 \\ 0.2, & 0.3, & 0.4, & 0.1 \end{pmatrix}$. 当花费超过一百元时，保险公司支付超过百元的部分，当花费不超过百元时，由患者自己承担一切费用. 如果以总支付费 X 的期望值 $\boldsymbol{E}X$ 作为预期的总支付费，那么保险公司应收取总保险费为 $(1+Q)\boldsymbol{E}X$，其中 Q 为相对附加保费. 为使公司获利概率超过 95%，附加保费 Q 至少应为多少?

【解】假设第 i 个参保人的医疗花费为

$$Y_i \sim \begin{pmatrix} 0, & 0.5, & 1.5, & 3 \\ 0.2, & 0.3, & 0.4, & 0.1 \end{pmatrix},$$

那么保险公司支付给第 i 个人的费用为

$$X_i \sim \begin{pmatrix} 0 & 0.5 & 2 \\ 0.5 & 0.4 & 0.1 \end{pmatrix}(1\leqslant i\leqslant 50),$$

总支付为 $X=\sum_{i=1}^{n}X_i$，由于 X_i 独立、同分布，

$$\boldsymbol{E}X_i=0.4, \boldsymbol{E}X_i^2=0.5^2\times 0.4+2^2\times 0.1=0.5, \boldsymbol{D}X_i=0.5-0.16=0.34,$$

由独立、同分布中心极限定理知，当 n 充分大时，近似地有

$$X=\sum_{i=1}^{50}X_i \sim N(20,17),$$

依题意 Q 应使

$$\begin{aligned}&\boldsymbol{P}\{(1+Q)\boldsymbol{E}X-X\geqslant 0\}\\ =&\boldsymbol{P}\{0\leqslant X\leqslant(1+Q)\boldsymbol{E}X\}\\ =&\Phi\left(\frac{(1+Q)\boldsymbol{E}X-\boldsymbol{E}X}{\sqrt{17}}\right)-\Phi\left(\frac{0-20}{\sqrt{17}}\right)=\Phi\left(\frac{20Q}{4.123}\right)\geqslant 0.95.\end{aligned}$$

由于 $\Phi(1.65)\geqslant 0.95$，

即 $\frac{20Q}{4.123}\geqslant 1.65, Q\geqslant\frac{1.65\times 4.123}{20}=0.34.$

【例 5.17】假设 $\{X_n, n\geqslant 1\}$ 为独立、同分布的连续型随机变量序列，其密度函数为 $f(x)$，分布函数 $F(x)$ 是 x 的严格单调函数，试求

$$\lim_{n\to\infty}\boldsymbol{P}\left\{\frac{1}{n}\sum_{i=1}^{n}F(X_i)\leqslant\frac{1}{2}\right\}.$$

【解】由于 $\{X_n, n\geqslant 1\}$ 独立、同分布，故 $\{F(X_n), n\geqslant 1\}$ 独立、同分布(都服从 $[0,1]$ 上均匀分布)，且

$$\boldsymbol{E}F(X_i)=\int_{-\infty}^{+\infty}F(x)f(x)\mathrm{d}x=\int_{-\infty}^{+\infty}F(x)\mathrm{d}F(x)=\frac{1}{2}F^2(x)\Big|_{-\infty}^{+\infty}=\frac{1}{2},$$

$$\boldsymbol{E}F^2(X_i)=\int_{-\infty}^{+\infty}F^2(x)f(x)\mathrm{d}x=\frac{1}{3}, \boldsymbol{D}F(X_i)=\frac{1}{3}-\frac{1}{4}=\frac{1}{12},$$

由独立、同分布中心极限定理知

$$\lim_{n\to\infty}\boldsymbol{P}\left\{\frac{\sum_{i=1}^{n}F(X_i)-\boldsymbol{E}\left[\sum_{i=1}^{n}F(X_i)\right]}{\sqrt{\boldsymbol{D}\left[\sum_{i=1}^{n}F(X_i)\right]}}<x\right\}=\lim_{n\to\infty}\boldsymbol{P}\left\{\frac{\sum_{i=1}^{n}F(X_i)-\frac{n}{2}}{\sqrt{\frac{n}{12}}}\leqslant x\right\}=\Phi(x).$$

取 $x=0$，得 $\lim_{n\to\infty}\boldsymbol{P}\left\{\frac{1}{n}\sum_{i=1}^{n}F(X_i)\leqslant\frac{1}{2}\right\}=\Phi(0)=\frac{1}{2}$.

【例 5.18】假设 $\{X_n,n\geqslant1\}$ 相互独立且都服从参数为 λ 的指数分布，$Y_n=\frac{1}{n}\sum_{i=1}^{n}X_i^2$，试证明：(1) $Y_n\xrightarrow{p}\frac{2}{\lambda^2}(n\to\infty)$；(2) 当 n 充分大，Y_n 近似服从正态分布，并指出其分布中的参数.

【证明】(1) 由于 $\{X_n,n\geqslant1\}$ 独立同分布，且

$$\boldsymbol{E}X_n=\frac{1}{\lambda},\quad \boldsymbol{D}X_n=\frac{1}{\lambda^2},\quad \boldsymbol{E}X_n^2=\frac{2}{\lambda^2},$$

所以 $\{X_n^2,n\geqslant1\}$ 相互独立、同分布，由辛钦大数定律，

$$Y_n=\frac{1}{n}\sum_{i=1}^{n}X_i^2\xrightarrow{p}\frac{2}{\lambda^2}(n\to\infty).$$

(2) 由于 $\{X_n,n\geqslant1\}$ 相互独立，且有相同分布密度函数 $f(x)=\begin{cases}\lambda e^{-\lambda x}, & x>0,\\ 0, & x\leqslant0,\end{cases}$

故 $\boldsymbol{E}X_n^2=\frac{2}{\lambda^2}$，

$$\begin{aligned}\boldsymbol{E}X_n^4&=\int_0^{+\infty}x^4\lambda e^{-\lambda x}\,dx=\int_0^{+\infty}\frac{1}{\lambda^4}(\lambda x)^4e^{-\lambda x}\,dx=\frac{1}{\lambda^4}\int_0^{+\infty}y^4e^{-y}\,dy\\&=\frac{1}{\lambda^4}\Gamma(5)=\frac{4!}{\lambda^4}=\frac{24}{\lambda^4},\end{aligned}$$

所以 $\boldsymbol{D}X_n^2=\boldsymbol{E}X_n^4-(\boldsymbol{E}X_n^2)^2=\frac{24}{\lambda^4}-\frac{4}{\lambda^4}=\frac{20}{\lambda^4}$. 由独立、同分布中心极限定理知，当 n 充分大时 $\sum_{i=1}^{n}X_i^2=nY_n$ 近似服从正态分布 $N\left(\frac{2n}{\lambda^2},\frac{20n}{\lambda^4}\right)$，因此当 n 充分大时，$Y_n=\frac{1}{n}\sum_{i=1}^{n}X_i^2$ 近似服从正态分布 $N\left(\frac{2}{\lambda^2},\frac{20}{n\lambda^4}\right)$.

第6章　样本及抽样分布

§6.1　知识点及重要结论归纳总结

一、总体和样本

总体　研究对象的全体称为总体(或母体),组成总体的每一个元素为个体.在对总体进行统计研究时,我们所关心的是表征总体状况的某个或某几个数量指标 X(可以是向量)和该指标在总体中的分布情况.我们把总体与数量指标 X 可能取值的全体所组成的集合等同起来,或直接将总体与随机变量 X 等同起来,说"总体 X".所谓总体的分布就是指随机变量 X 的分布.

样本　n 个相互独立且与总体 X 具有相同概率分布的随机变量 $X_1,X_2,\cdots,X_n$ 的整体$(X_1,X_2,\cdots,X_n)$称为来自总体 X 容量为 n 的一个简单随机样本,简称为样本.一次抽样结果的 n 个具体数值$(x_1,x_2,\cdots,x_n)$,称为样本$(X_1,X_2,\cdots,X_n)$的一个观测值.样本$(X_1,X_2,\cdots,X_n)$所有可能取值的全体称为样本空间(或子样空间).

二、统计量

1. 统计量的概念

设$(X_1,X_2,\cdots,X_n)$为总体 X 的一个样本,$g(x_1,\cdots,x_n)$为一 n 元连续函数,如果 g 中不包含关于总体 X 的任何未知参数,则称 $g(X_1,X_2,\cdots,X_n)$为样本$(X_1,X_2,\cdots,X_n)$的一个统计量.若$(x_1,x_2,\cdots,x_n)$为一样本值,则称 $g(x_1,x_2,\cdots,x_n)$为 $g(X_1,X_2,\cdots,X_n)$的一个观测值.

统计量的更一般定义是,样本任何不含未知参数的可测函数.

2. 常用统计量

(1) 样本均值

$$\overline{X}=\frac{1}{n}\sum_{i=1}^{n}X_i$$

(2) 样本方差

$$S^2=\frac{1}{n-1}\sum_{i=1}^{n}(X_i-\overline{X})^2=\frac{1}{n-1}\left(\sum_{i=1}^{n}X_i^2-n\overline{X}^2\right)$$

(3) 样本标准差

$$S=\sqrt{\frac{1}{n-1}\sum_{i=1}^{n}(X_i-\overline{X})^2}$$

(4) 样本 k 阶原点矩

$$A_k=\frac{1}{n}\sum_{i=1}^{n}X_i^k \quad (k=1,2,\cdots)$$

(5) 样本 k 阶中心矩

$$B_k=\frac{1}{n}\sum_{i=1}^{n}(X_i-\overline{X})^k \quad (k=1,2,\cdots)$$

(6) 顺序统计量

设$(x_1,x_2,\cdots,x_n)$是样本$(X_1,X_2,\cdots,X_n)$的一个观测值.将 $x_i(i=1,2,\cdots,n)$按大小次序排列,得 $x_{(1)}\leqslant x_{(2)}\leqslant\cdots\leqslant x_{(n)}$.定义 $X_{(i)}$的取值为 $x_{(i)}$,由此得到的$(X_{(1)},X_{(2)},\cdots,X_{(n)})$称为样本$(X_1,X_2,\cdots,X_n)$的一组顺序统计量,$X_{(i)}$称为样本的第 i 个顺序统计量. $X_{(1)}=\min\limits_{1\leqslant i\leqslant n}X_i$,称为最小顺序统计量;$X_{(n)}=\max\limits_{1\leqslant i\leqslant n}X_i$,称为最大顺序统计量.

(7) 经验分布函数

设$(x_1,x_2,\cdots,x_n)$为总体 X 的一组样本$(X_1,X_2,\cdots,X_n)$的一个观测值,顺序统计量的观测值为 $x_{(1)}\leqslant x_{(2)}\leqslant\cdots\leqslant x_{(n)}$.对任意实数 x,称函数

$$F_n(x)=\frac{x_1,\cdots,x_n\text{ 中小于等于 }x\text{ 的样本值个数}}{n}$$

$$=\begin{cases}0, & x<x_{(1)},\\ \dfrac{k}{n}, & x_{(k)}\leqslant x<x_{(k+1)}, \quad (k=1,2,\cdots,n-1)\\ 1, & x\geqslant x_{(n)}\end{cases}$$

为样本$(X_1,\cdots,X_n)$的经验分布函数(或样本分布函数).

显然,$F_n(x)$是一个非降右连续函数,且满足

$$F_n(-\infty)=0,\quad F_n(+\infty)=1,$$

因此,$F_n(x)$是一个分布函数.

3. 常用统计量的性质

【定理 6.1】设总体 X 的期望 $\boldsymbol{E}X=\mu$,$\boldsymbol{D}X=\sigma^2$ 存在,又 $X_1,X_2,\cdots,X_n$ 是取自总体 X 容量为 n 的一个样本,$\overline{X}$、S^2 分别为样本均值和方差,则

$$\boldsymbol{E}(\overline{X})=\boldsymbol{E}X=\mu,\quad \boldsymbol{D}\overline{X}=\frac{1}{n}\boldsymbol{D}X=\frac{\sigma^2}{n},\quad \boldsymbol{E}S^2=\boldsymbol{D}X=\sigma^2.$$

由辛钦大数定律、依概率收敛性质及伯努利大数定律可证.

【定理 6.2】设总体 X 的 k 阶原点矩 $\boldsymbol{E}X^k=\alpha_k$ 存在$(k=1,2,\cdots,m)$,又 $X_1,X_2,\cdots,X_n$ 是取自总体 X 的一个样本,$g(t_1,t_2,\cdots,t_m)$是 m 元连续函数,则

$$A_k=\frac{1}{n}\sum_{i=1}^{n}X_i^k\xrightarrow{P}\boldsymbol{E}X^k=\alpha_k \quad (n\to\infty,k=1,2,\cdots,m),$$

$$g(A_1,A_2,\cdots,A_m)\xrightarrow{P}g(\alpha_1,\alpha_2,\cdots,\alpha_m) \quad (n\to\infty),$$

$$F_n(x)\xrightarrow{P}F(x) \quad (n\to\infty),$$

其中,$F_n(x)$为经验分布函数,$F(x)$为总体分布函数.并且有

学习随笔

$$\boldsymbol{E}A_k=\alpha_k,\quad \boldsymbol{E}F_n(x)=F(x).$$

【定理 6.3】假设总体 X 分布函数为 $F(x)$(密度函数为 $f(x)$),又 $X_1,X_2,\cdots,X_n$ 是取自总体 X 容量为 n 的一组样本,则 $(X_1,X_2,\cdots,X_n)$ 的联合分布函数为

$$F(x_1,x_2,\cdots,x_n)=\prod_{i=1}^{n}F(x_i),(\text{联合密度函数为 } f(x_1,\cdots,x_n)=\prod_{i=1}^{n}f(x_i)).$$

最大顺序统计量 $X_{(n)}=\max(X_1,\cdots,X_n)$ 的分布函数为 $F_{(n)}(x)=F^n(x)$(密度函数为 $f_{(n)}(x)=nF^{n-1}(x)f(x)$).

最小顺序统计量 $X_{(1)}=\min(X_1,\cdots,X_n)$ 的分布函数为 $F_{(1)}(x)=1-[1-F(x)]^n$(密度函数为 $f_{(1)}(x)=n[1-F(x)]^{n-1}f(x)$).

三、抽样分布

定义 统计量的分布称为抽样分布.注意:抽样分布可能含有未知参数;有时也将含有未知参数的样本函数的分布称为抽样分布.

1. χ^2 分布

(1) 定　义

若随机变量 X 的密度函数为

$$f(x)=\begin{cases}\dfrac{1}{2^{\frac{n}{2}}\Gamma\left(\dfrac{n}{2}\right)}x^{\frac{n}{2}-1}\mathrm{e}^{-\frac{x}{2}}, & x>0,\\ 0, & x\leqslant 0,\end{cases}$$

则称 X 服从自由度为 n 的 χ^2 分布,记为 $X\sim\chi^2(n)$,其中 Γ 函数定义为

$$\Gamma(\alpha)=\int_0^{\infty}x^{\alpha-1}\mathrm{e}^{-x}\,\mathrm{d}x.$$

密度函数 $f(x)$ 的图形如图 6-1 所示.

(2) 典型模式

若随机变量 $X_1,X_2,\cdots,X_n$ 相互独立,且都服从标准正态分布,则随机变量 $X=\sum\limits_{i=1}^{n}X_i^2$ 服从自由度为 n 的 χ^2 分布.

对给定的 $\alpha(0<\alpha<1)$,称满足

$$\boldsymbol{P}\{\chi^2>\chi_\alpha^2(n)\}=\int_{\chi_\alpha^2(n)}^{+\infty}f(x)\,\mathrm{d}x=\alpha$$

的 $\chi_\alpha^2(n)$ 为 $\chi^2(n)$ 分布的上 α 分位点(如图 6-2 所示).对于不同的 α,n,$\chi^2(n)$ 分布上 α 分位点可通过查表求得.

说明　① 自由度是指和式中独立变量的个数.

② 某分布上 α 分位点(亦称上侧分位数)为 u_α 意指:点 u_α 上侧(即右侧),该分布密度曲线下方,X 轴上方图形面积为 α.同理可以理解下 α 分位点.

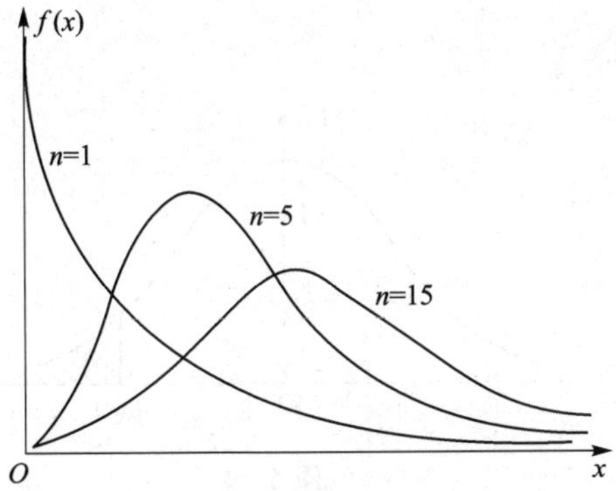

图 6-1

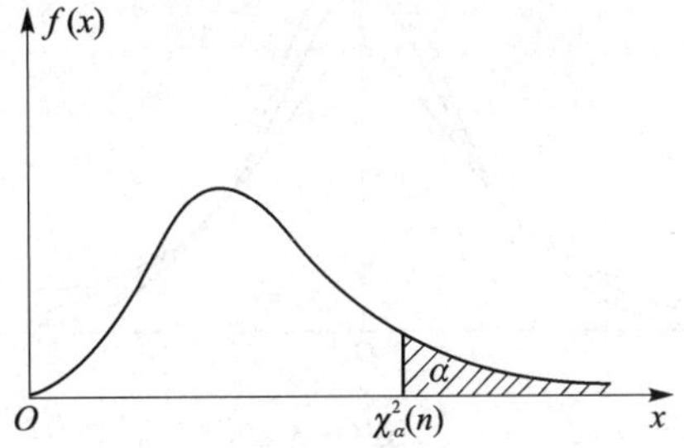

图 6-2

(3) χ^2 分布的性质

① 与正态分布相同，χ^2 分布也具有可加性，即若 $\chi_1 \sim \chi^2(n_1)$，$\chi_2 \sim \chi^2(n_2)$，χ_1 与 χ_2 相互独立，则 $\chi_1+\chi_2 \sim \chi^2(n_1+n_2)$. 一般地有，若 $\chi_i \sim \chi^2(n_i)(i=1,2,\cdots,m)$，$\chi_1$，$\chi_2,\cdots,\chi_m$ 相互独立，则 $\sum\limits_{i=1}^{m}\chi_i \sim \chi^2(\sum\limits_{i=1}^{m}n_i)$.

② 若 $\chi \sim \chi^2(n)$，则 $\boldsymbol{E}\chi=n$，$\boldsymbol{D}\chi=2n$.

③ $\chi^2(2)$的密度函数为 $f(x)=\begin{cases}\dfrac{1}{2}\mathrm{e}^{-\frac{1}{2}x}, & x>0,\\ 0, & x\leqslant 0.\end{cases}$

由此可知，随机变量 $X\sim\chi^2(2)\Leftrightarrow X\sim \boldsymbol{E}\left(\dfrac{1}{2}\right)$.

2. t 分布

(1) 定　义

若随机变量 X 的密度函数为

$$f(x)=\frac{\Gamma\left(\frac{n+1}{2}\right)}{\sqrt{n\pi}\,\Gamma\left(\frac{n}{2}\right)}\left(1+\frac{x^2}{n}\right)^{-\frac{n+1}{2}}, \quad -\infty<x<+\infty,$$

则称 X 服从自由度为 n 的 t 分布，记为 $X\sim t(n)$.

t 分布密度函数 $f(x)$图形关于 $x=0$ 对称(见图 6-3)，因此 $\boldsymbol{E}X=0$.

(2) 典型模式

设随机变量 $X\sim N(0,1)$，$Y\sim\chi^2(n)$，X 与 Y 相互独立，则随机变量 $t=\dfrac{X}{\sqrt{Y/n}}\sim t(n)$.

对给定的 $\alpha(0<\alpha<1)$，称满足

$$\boldsymbol{P}\{t>t_\alpha(n)\}=\int_{t_\alpha(n)}^{+\infty}f(x)\,\mathrm{d}x=\alpha$$

的点 $t_\alpha(n)$为 $t(n)$分布的上 α 分位点(见图 6-4)，可通过查 t 分布表求得 $t_\alpha(n)$.

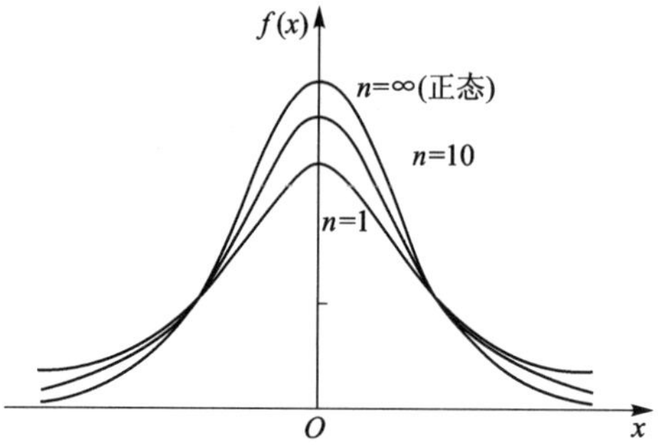

图 6-3

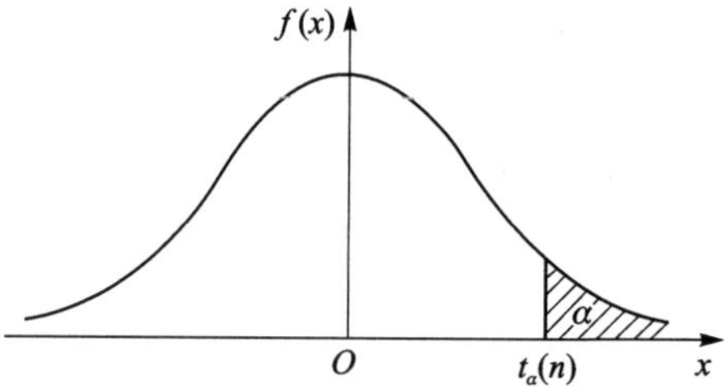

图 6-4

(3) t 分布的性质

① 设 $t(n)$分布概率密度函数为 $f_n(x)$，利用 Γ 函数的性质可以证得 $\lim\limits_{n\to\infty} f_n(x)=\dfrac{1}{\sqrt{2\pi}}e^{-\frac{x^2}{2}}$. 故当 n 充分大时，t 分布近似于 $N(0,1)$分布.

② 由 t 分布密度函数图形的对称性知，

$$P\{t>-t_\alpha(n)\}=P\{t>t_{1-\alpha}(n)\},$$

故 $t_{1-\alpha}(n)=-t_\alpha(n)$.（图 6-4）. 当 α 值在表中没有时，可用此式求得上 α 分位点.

3. F 分布

(1) 定　义

若随机变量 X 的密度函数为

$$f(x)=\begin{cases}\dfrac{\Gamma\left(\dfrac{n_1+n_2}{2}\right)}{\Gamma\left(\dfrac{n_1}{2}\right)\Gamma\left(\dfrac{n_2}{2}\right)}\left(\dfrac{n_1}{n_2}\right)^{\frac{n_1}{2}}x^{\frac{n_1}{2}-1}\left(1+\dfrac{n_1}{n_2}x\right)^{-\frac{n_1+n_2}{2}}, & x>0,\\ 0, & x\leqslant 0,\end{cases}$$

则称 X 服从自由度为 n_1 和 n_2 的 F 分布，记为 $X\sim F(n_1,n_2)$，其中 n_1 称为第一自由度，n_2 称为第二自由度. F 分布的密度函数 $f(x)$的图形如图 6-5 所示.

(2) 典型模式

设随机变量 $X\sim\chi^2(n_1)$，$Y\sim\chi^2(n_2)$，且 X 与 Y 相互独立，则 $F=\dfrac{X/n_1}{Y/n_2}\sim F(n_1,n_2)$.

对于给定 $\alpha(0<\alpha<1)$，称满足

$$P\{F>F_\alpha(n_1,n_2)\}=\int_{F_\alpha(n_1,n_2)}^{+\infty}f(x)\mathrm{d}x=\alpha$$

的点 $F_\alpha(n_1,n_2)$为 $F(x_1,n_2)$分布的上 α 分位点（见图 6-6），可由 F 分布表查得 $F_\alpha(n_1,n_2)$.

(3) F 分布的性质

① 若 $F\sim F(n_1,n_2)$，则 $\dfrac{1}{F}\sim F(n_2,n_1)$.

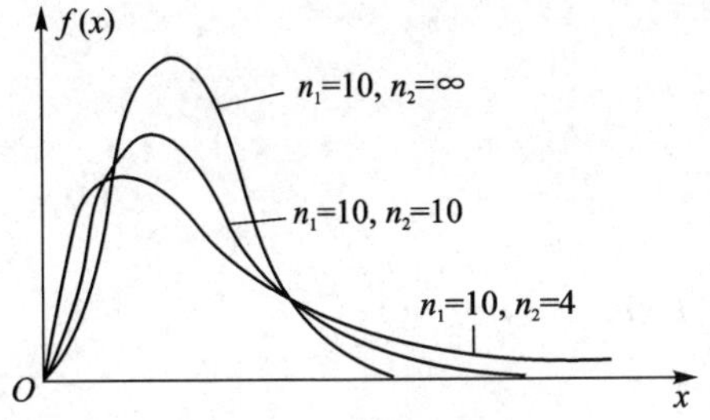

图 6-5

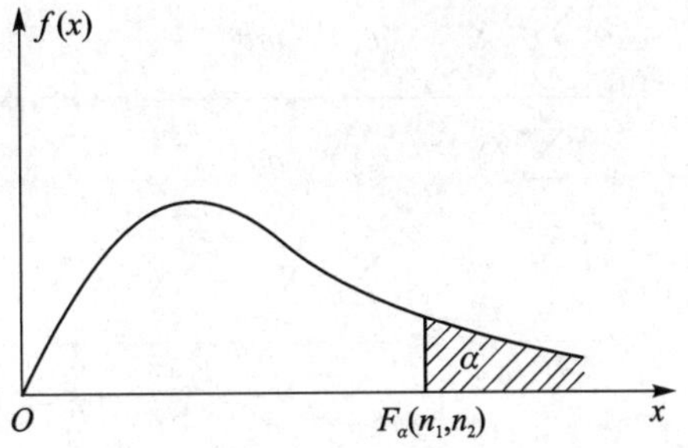

图 6-6

② $F_{1-\alpha}(n_1,n_2)=\dfrac{1}{F_\alpha(n_2,n_1)}$，此式常用来求 F 分布表中未列出的 α 水平的上侧分位点.

四、正态总体条件下样本均值与样本方差的分布

【定理 6.4】 设 $X_1,X_2,\cdots,X_n$ 是取自正态总体 $N(\mu,\sigma^2)$ 的一个样本，$\overline{X},S^2$ 分别是样本的均值和方差，则

① $\overline{X}\sim N\left(\mu,\dfrac{\sigma^2}{n}\right)$，即 $\dfrac{\overline{X}-\mu}{\frac{\sigma}{\sqrt{n}}}\sim N(0,1)$；

说明　设 X 为任意总体，$\boldsymbol{E}X=\mu$，$\boldsymbol{D}X=\sigma^2$ 存在，根据"独立、同分布中心极限定理"知，$\dfrac{\overline{X}-\mu}{\frac{\sigma}{\sqrt{n}}}$ 以标准正态分布 $N(0,1)$ 为其极限分布，此时无需"正态总体"的假设.

② $\dfrac{1}{\sigma^2}\sum\limits_{i=1}^{n}(X_i-\mu)^2\sim\chi^2(n)$；

③ $\overline{X}$ 与 S^2 相互独立；

④ $\dfrac{(n-1)S^2}{\sigma^2}=\sum\limits_{i=1}^{n}\left(\dfrac{X_i-\overline{X}}{\sigma}\right)^2\sim\chi^2(n-1)$；（$\mu$ 未知，在②中用 $\overline{X}$ 替代 μ）

⑤ $\dfrac{\overline{X}-\mu}{\frac{S}{\sqrt{n}}}\sim t(n-1)$.（$\sigma$ 未知，在①中用 S 替代 σ）

【定理 6.5】 设 $X_1,X_2,\cdots,X_m$ 和 $Y_1,Y_2,\cdots,Y_n$ 分别是来自两个正态总体 $X\sim N(\mu_1,\sigma_1^2)$ 和 $Y\sim N(\mu_2,\sigma_2^2)$ 的两个相互独立的随机样本（$m,n\geqslant 2$），$\overline{X},\overline{Y}$；$S_X^2,S_Y^2$ 分别是这两个样本的均值和方差，则

① $\overline{X}-\overline{Y}\sim N\left(\mu_1-\mu_2,\dfrac{\sigma_1^2}{m}+\dfrac{\sigma_2^2}{n}\right)$，　$\dfrac{(\overline{X}-\overline{Y})-(\mu_1-\mu_2)}{\sqrt{\dfrac{\sigma_1^2}{m}+\dfrac{\sigma_2^2}{n}}}\sim N(0,1)$；

学习随笔

② $\dfrac{\sum_{i=1}^{m}(X_i-\mu_1)^2/m\sigma_1^2}{\sum_{i=1}^{n}(Y_i-\mu_2)^2/n\sigma_2^2}\sim F(m,n)$；

③ $\dfrac{S_X^2/\sigma_1^2}{S_Y^2/\sigma_2^2}=\dfrac{\sum_{i=1}^{m}(X_i-\overline{X})^2/(m-1)\sigma_1^2}{\sum_{i=1}^{n}(Y_i-\overline{Y})^2/(n-1)\sigma_2^2}\sim F(m-1,n-1)$；

④ 当 $\sigma_1^2=\sigma_2^2=\sigma^2$ 时，记 $S_w^2=\dfrac{(m-1)S_X^2+(n-1)S_Y^2}{m+n-2}$，则 $\overline{X},\overline{Y},S_X^2,S_Y^2$ 相互独立，且

$$(m+n-2)S_w^2/\sigma^2\sim\chi^2(m+n-2),$$

$$\frac{(\overline{X}-\overline{Y})-(\mu_1-\mu_2)}{S_w\sqrt{\dfrac{1}{m}+\dfrac{1}{n}}}\sim t(m+n-2),$$

$$\frac{S_X^2}{S_Y^2}\sim F(m-1,n-1).$$

说明 样本相互独立是指随机变量 $(X_1,X_2,\cdots,X_m)$ 与 $(Y_1,Y_2,\cdots,Y_n)$ 相互独立.

§6.2 进一步理解基本概念

一、"统计量"的意义

在应用时由于统计推断方法一旦测量的样本数据得到后就应当马上可以做出结论，因此统计推断只是对样本数据的整理，即样本数据的函数，而不能包含其他未知的参数，所以，我们称样本 $(X_1,\cdots,X_n)$ 的函数为统计量，统计推断方案的阐述只能在统计量的基础上给出. 这是一条基本原则，不能模糊.

二、关于 χ^2 分布、t 分布、F 分布

对于 χ^2 分布、t 分布、F 分布的定义一定要熟记并能灵活运用，特别注意定义中所要求的独立性. 关于这三个分布的密度函数的图像形状也要知道，而对于它们的密度函数的函数表示式则不必记住，另外对于 χ^2 分布的数字特征、可加性性质以及 F 分布的分位数的计算公式都要掌握.

三、关于正态总体下的常用统计量的分布

正态总体下常用统计量的分布是区间估计和假设检验的基础，一定要熟记，读者可能觉得公式太多，难以记忆，事实上这 8 个公式中只要记住其中 4 个，其余的可如下推导出.

① $\sqrt{n}(\overline{X}-\mu)/\sigma\sim N(0,1)$.

② $\dfrac{1}{\sigma^2}\sum_{i=1}^{n}(X_i-\mu)^2\sim\chi^2(n)$.

如果在①式中 σ 未知，则用 S 代替(因为 $\boldsymbol{E}S^2=\sigma^2$)，那么 $N(0,1)$改为 $t(n-1)$，从而推导出：

③ $\sqrt{n}(\overline{X}-\mu)/S\sim t(n-1)$；

在②式中 μ 未知，则用 $\overline{X}$ 代替(因为 $\boldsymbol{E}\overline{X}=\mu$). 那么 $\chi^2(n)$改为 $\chi^2(n-1)$，从而推导出：

④ $\dfrac{1}{\sigma^2}\sum\limits_{i=1}^{n}(X_i-\overline{X})^2=\dfrac{1}{\sigma^2}(n-1)S^2\sim\chi^2(n-1)$.

⑤ $\overline{X}-\overline{Y}-(\mu_1-\mu_2)\Big/\sqrt{\dfrac{\sigma_1^2}{m}+\dfrac{\sigma_2^2}{n}}\sim N(0,1)$.

⑥ $\dfrac{\dfrac{1}{m\sigma_1^2}\sum\limits_{i=1}^{m}(X_i-\mu_1)^2}{\dfrac{1}{n\sigma_2^2}\sum\limits_{i=1}^{n}(Y_i-\mu_2)^2}\sim F(m,n)$.

如果在⑥中 μ_1,μ_2 未知分别用 $\overline{X}$ 和 $\overline{Y}$ 代替，并将 m 改为 $m-1$，n 改为 $n-1$ 即可推导出：

⑦ $\dfrac{1}{\sigma_1^2}S_1^2\Big/\left(\dfrac{1}{\sigma_2^2}S_2^2\right)\sim F(m-1,n-1)$.

如果在⑤中 $\sigma_1^2=\sigma_2^2=\sigma^2$ 未知，把 σ 提出根号外用 S_W 代替(因为 $\boldsymbol{E}S_W^2=\sigma^2$)，并将 $N(0,1)$改为 $t(m+n-2)$，从而推导出：

⑧ $\dfrac{(\overline{X}-\overline{Y})-(\mu_1-\mu_2)}{S_W\sqrt{\dfrac{1}{m}+\dfrac{1}{n}}}\sim t(m+n-2)$.

§6.3 重难点提示

重点 总体、样本、统计量、抽样分布的概念；χ^2 分布、t 分布、F 分布的典型模式；常用统计量的性质.

难点 求统计量的分布及独立性的判定.

总体、样本、统计量都是随机变量，因而求其分布、数字特征及计算与之有关的某个事件的概率，就成为木章习题的主要题型. 我们务必记住下面一些结论，它常常是我们分析和解决问题的出发点和理论依据.

① 设 $X_1,X_2,\cdots,X_n$ 是来自总体 X，容量为 n 的一个样本，则 $X_1,X_2\cdots,X_n$ 相互独立且与 X 有相同的分布.

② χ^2 分布、t 分布、F 分布的典型模式以及正态分布、χ^2 分布可加性与【定理 6.4】、【定理 6.5】，常常是求统计量分布的依据.

此时务必注意总体分布. 正态总体假设是应用【定理 6.4】、【定理 6.5】的前提，推导有关正态总体某些统计量的分布是重点，也是难点.

③ 计算统计量的数字特征或求与统计量有关的某个事件的概率，我们必须知道其分布，或应用数字特征、概率的性质. 注意【定理 6.1】与【定理 6.3】的应用.

学习随笔

④ 独立性的判定与应用

➢ 容量为 n 的样本 $X_1,X_2,\cdots,X_n$ 是相互独立的且与总体 X 有相同分布；

➢ 设总体 $X\sim N(\mu,\sigma^2)$，则样本 $X_i\sim N(\mu,\sigma^2)$，$(1\leqslant i\leqslant n)$，$(X_1,X_2,\cdots,X_n)$ 为 n 维正态变量，其联合概率密度为

$$f(x_1,x_2,\cdots,x_n)=\prod_{i=1}^{m}\frac{1}{\sqrt{2\pi}\sigma}\mathrm{e}^{-\frac{1}{2}(\frac{x_i-\mu}{\sigma})^2}.$$

$X_1,X_2,\cdots,X_n$ 相互独立$\Leftrightarrow \mathrm{Cov}(X_i,X_j)=0\quad(i\neq j)$.

➢ 设总体 $X\sim N(\mu,\sigma^2)$，则 $\overline{X}$ 与 S^2 相互独立；一般地，对于 $m(m\geqslant 2)$ 个同方差正态总体 $X_i\sim N(\mu_i,\sigma^2)$，$\overline{X_i}$，$S_i^2$ 分别是总体 X_i 的样本均值和方差，假设各样本相互独立，则 $\overline{X}_1,\overline{X}_2,\cdots,\overline{X}_m,S_1^2,S_2^2,\cdots,S_m^2$ 相互独立.

➢ 若 $X_{11},\cdots,X_{1}t_1;X_{21},\cdots,X_{2}t_2;\cdots;X_{n1},\cdots,X_{n}t_n$ 相互独立，$g_i(1\leqslant i\leqslant n)$ 为 t_i 元连续函数，则 $g_1(X_{11},\cdots,X_1t_1),g_2(X_{21},\cdots,X_2t_2),\cdots,g_n(X_{n1},\cdots,X_nt_n)$ 也相互独立.

➢ $X_1,X_2,\cdots,X_m$ 和 $Y_1,Y_2,\cdots,Y_n$ 分别来自总体 X 和 Y 的两个相互独立的随机样本$\Leftrightarrow$随机变量$(X_1,X_2,\cdots,X_m)$与$(Y_1,Y_2,\cdots,Y_n)$相互独立$\Leftrightarrow$对任意$(x_1,x_2,\cdots,x_m)\in R^m$，$(y_1,y_2,\cdots,y_n)\in R^n$，有

$$\begin{aligned}&\boldsymbol{P}\{X_1\leqslant x_1,X_2\leqslant x_2,\cdots,X_m\leqslant x_m;Y_1\leqslant y_1,Y_2\leqslant y_2,\cdots,Y_n\leqslant y_n\}\\=&\boldsymbol{P}\{X_1\leqslant x_1,\cdots,X_m\leqslant x_m\}\cdot\boldsymbol{P}\{Y_1\leqslant y_1,\cdots,Y_n\leqslant y_n\}.\end{aligned}$$

⑤ 统计量的性质(【定理 6.1】、【定理 6.2】、【定理 6.3】)及在正态总体条件下 $\overline{X}$ 与 S^2 的分布(【定理 6.4】、【定理 6.5】)，是第七章、第八章求参数点估计、讨论点估计优良性、求置信区间及假设检验中的检验统计量分布的依据.

§6.4 典型题型归纳及解题方法与技巧

一、基本概念与统计量的分布

【例 6.1】设总体 X 服从参数为 λ 的指数分布，$X_1,X_2,\cdots,X_n$ 是来自总体 X 的简单随机样本，求$(X_1,X_2,\cdots,X_n)$联合概率密度函数、样本均值 $\overline{X}$、样本方差 S_n^2 的期望 $\boldsymbol{E}\overline{X}$，$\boldsymbol{E}S_n^2$ 及方差 $\boldsymbol{D}\overline{X}$.

【解】 由于 $X_i\sim f(x_i)=\begin{cases}\lambda\mathrm{e}^{-\lambda x_i}, & x_i>0,\\0, & x_i\leqslant 0,\end{cases}$ 且相互独立，故$(X_1,X_2,\cdots,X_n)$的联合密度函数为

$$f(x_1,\cdots,x_n)=\prod_{i=1}^{n}f(x_i)=\begin{cases}\lambda^n\mathrm{e}^{-\lambda\sum\limits_{i=1}^{n}x_i}, & \text{一切 } x_i>0,\\0, & \text{其他}.\end{cases}$$

又 $\boldsymbol{E}X=\dfrac{1}{\lambda}$，$\boldsymbol{D}X=\dfrac{1}{\lambda^2}$，所以

学习随笔

$$E\overline{X}=\frac{1}{\lambda},\quad D\overline{X}=\frac{DX}{n}=\frac{1}{n\lambda^2},\quad ES_n^2=DX=\frac{1}{\lambda^2}.$$

【例 6.2】设总体 X 服从两点分布 $B(1,p)$ $(0<p<1)$，$X_1,X_2,\cdots,X_n$ 是取自总体 X 的简单随机样本，试求统计量 $\overline{X}=\frac{1}{n}\sum_{i=1}^{n}X_i$ 与 $S^2=\frac{1}{n}\sum_{i=1}^{n}(X_i-\overline{X})^2$ 的分布.

【解】因为 $X\sim\begin{pmatrix}0 & 1\\ 1-p & p\end{pmatrix}$，故 $X_i\sim\begin{pmatrix}0 & 1\\ 1-p & p\end{pmatrix}$，$\sum_{i=1}^{n}X_i\sim B(n,p)$，即

$$P\left\{\sum_{i=1}^{n}X_i=k\right\}=C_n^kp^k(1-p)^{n-k}\quad(k=0,1,\cdots,n).$$

所以 $\overline{X}=\frac{\sum_{i=1}^{n}X_i}{n}$ 可取 $0,\frac{1}{n},\frac{2}{n},\cdots,\frac{n}{n}$，并且

$$P\{\overline{X}=\frac{k}{n}\}=P\{\sum_{i=1}^{n}X_i=k\}=C_n^kp^k(1-p)^{n-k}\quad(k=0,1,2,\cdots,n).$$

又 $S^2=\frac{1}{n}\sum_{i=1}^{n}(X_i-\overline{X})^2=\frac{1}{n}\sum_{i=1}^{n}X_i^2-(\overline{X})^2$，其中，$X_i$ 可取 $0,1$，因此 X_i^2 可取值为 $0,1$. $\frac{1}{n}\sum_{i=1}^{n}X_i^2$ 与 $\overline{X}$ 均可取值 $0,\frac{1}{n},\frac{2}{n},\cdots,\frac{n}{n}$. 故 S^2 可取 $\frac{k}{n}-\left(\frac{k}{n}\right)^2=\frac{k(n-k)}{n^2}$ $(k=0,1,2,\cdots,n)$，并且

$$P\left\{S^2=\frac{k(n-k)}{n^2}\right\}=P\left\{\sum_{i=1}^{n}X_i=k\right\}=C_n^kp^k(1-p)^{n-k}\quad(k=0,1,\cdots,n).$$

【例 6.3】假设总体 X 服从参数为 λ 的指数分布，$X_1,X_2,\cdots,X_n$ 是来自总体 X 的简单随机样本，证明：$2\lambda\sum_{i=1}^{n}X_i$ 服从参数为 $2n$ 的 χ^2 分布.

【证明】由于 $X\sim f_X(x)=\begin{cases}\lambda e^{-\lambda x}, & x>0,\\ 0, & x\leqslant 0\end{cases}$ $(\lambda>0)$，令 $Y=kX(k>0)$，则 Y 的分布函数为

$$F_Y(y)=P\{kX\leqslant x\}=P\left\{X\leqslant\frac{x}{k}\right\}=\int_{-\infty}^{\frac{x}{k}}f_X(t)\mathrm{d}t\quad(k>0),$$

密度函数 $f_Y(y)=\frac{1}{k}f_X\left(\frac{x}{k}\right)=\begin{cases}\frac{\lambda}{k}e^{-\frac{\lambda}{k}x}, & x>0,\\ 0, & x\leqslant 0,\end{cases}$

即 $Y=kX(k>0)$ 服从参数为 $\frac{\lambda}{k}$ 的指数分布，取 $k=2\lambda$，$Y=2\lambda X$ 服从参数为 $\frac{1}{2}$ 的指数分布，即 $Y=2\lambda X\sim\chi^2(2)$. 从而知 $2\lambda X_i\sim\chi^2(2)$ $(i=1,2,\cdots,n)$，又 $X_1,\cdots,X_n$ 相互独立，由 χ^2 分布可加性知 $2\lambda\sum_{i=1}^{n}X_i=\sum_{i=1}^{n}2\lambda X_i\sim\chi^2(2n)$.

【例 6.4】设总体 X 服从标准正态分布 $N(0,1)$，$(X_1,X_2,\cdots,X_{2n})$ 是来自总体 X 容量为 $2n$ 的简单随机样本，求下列统计量的分布：

学习随笔

$$Y_1=\frac{\sqrt{2n-1}X_1}{\sqrt{\sum_{i=2}^{2n}X_i^2}},\quad Y_2=\frac{(2n-3)\sum_{i=1}^{3}X_i^2}{3\sum_{i-4}^{2n}X_i^2},\quad Y_3=\frac{1}{2}\sum_{i=1}^{2n}X_i^2+\sum_{i=1}^{n}X_{2i-1}X_{2i}.$$

【解】由于 $X_i\sim N(0,1)$ 且相互独立，所以 $\sum_{i=2}^{2n}X_i^2\sim\chi^2(2n-1)$，又 X_1 与 $\sum_{i=2}^{2n}X_i^2$ 相互独立，故

$$Y_1=\frac{X_1}{\sqrt{\sum_{i=2}^{2n}X_i^2/2n-1}}=\frac{\sqrt{2n-1}X_1}{\sqrt{\sum_{i=2}^{2n}X_i^2}}\sim t(2n-1);$$

又 $\sum_{i=1}^{3}X_i^2\sim\chi^2(3)$，$\sum_{i=4}^{2n}X_i^2\sim\chi^2(2n-3)$ 且相互独立，故

$$Y_2=\frac{(2n-3)\sum_{i=1}^{3}X_i^2}{3\sum_{i=4}^{2n}X_i^2}=\frac{\sum_{i=1}^{3}X_i^2/3}{\sum_{i=4}^{2n}X_i^2/2n-3}\sim F(3,2n-3);$$

$$\begin{aligned}Y_3&=\frac{1}{2}\sum_{i=1}^{2n}X_i^2+\sum_{i=1}^{n}X_{2i-1}X_{2i}\\&=\frac{1}{2}(X_1^2+X_2^2+\cdots+X_{2n-1}^2+X_{2n}^2)+(X_1X_2+X_3X_4+\cdots+X_{2n-1}X_{2n})\\&=\frac{1}{2}(X_1+X_2)^2+\cdots+\frac{1}{2}(X_{2n-1}+X_{2n})^2\\&=\sum_{i=1}^{n}\left(\frac{X_{2i-1}+X_{2i}}{\sqrt{2}}\right)^2\xlongequal{\text{记}}\sum_{i=1}^{n}Y_i^2,\end{aligned}$$

其中，$Y_i=\frac{X_{2i-1}+X_{2i}}{\sqrt{2}}\sim N(0,1)$ 且相互独立，故 $Y_3=\sum_{i=1}^{n}Y_i^2\sim\chi^2(n)$.

【例 6.5】设总体 $X\sim N(0,\sigma^2)$，$X_1,X_2,\cdots,X_8$ 是来自总体 X 的简单随机样本，求下列统计量的分布：

$$Y_1=\frac{(X_1+X_2)^2}{(X_4-X_3)^2},\quad Y_2=\frac{(X_1+X_2+X_3)^2+(X_4+X_5+X_6)^2}{3(X_7+X_8)^2}.$$

【解】由于 $X_i\sim N(0,\sigma^2)$，且相互独立，所以

$$X_1+X_2\sim\mu(0.2\sigma^2),\quad \frac{X_1+X_2}{\sqrt{2}\sigma}\sim\mu(0,1),\quad Z_1=\left(\frac{X_1+X_2}{\sqrt{2}\sigma}\right)^2\sim\chi^2(1);$$

$$X_4-X_3\sim\mu(0,2\sigma^2),\quad \frac{X_4-X_3}{\sqrt{2}\sigma}\sim N(0,1),\quad Z_2=\left(\frac{X_4-X_3}{\sqrt{2}\sigma}\right)^2\sim\chi^2(1).$$

Z_1 与 Z_2 相互独立，故

$$Y_1=\frac{(X_1+X_2)^2}{(X_4-X_3)^2}=\frac{\left(\frac{X_1+X_2}{\sqrt{2}\sigma}\right)^2/1}{\left(\frac{X_4-X_3}{\sqrt{2}\sigma}\right)^2/1}=\frac{Z_1/1}{Z_2/1}\sim F(1,1).$$

同理，$\left(\frac{X_1+X_2+X_3}{\sqrt{3}\sigma}\right)^2 \sim \chi^2(1)$，$\left(\frac{X_4+X_5+X_6}{\sqrt{3}\sigma}\right)^2 \sim \chi^2(1)$，且相互独立，由 χ^2 分布可加性知：

$$Z_1=\frac{(X_1+X_2+X_3)^2}{3\sigma^2}+\frac{(X_4+X_5+X_6)^2}{3\sigma^2}\sim \chi^2(2),$$

$$Z_2=\left(\frac{X_7+X_8}{\sqrt{2}\sigma}\right)^2\sim \chi^2(1).$$

又 Z_1 与 Z_2 相互独立，所以

$$\begin{aligned}Y_2&=\frac{(X_1+X_2+X_3)^2+(X_4+X_5+X_6)^2}{3(X_7+X_8)^2}\\&=\frac{\left[\frac{(X_1+X_2+X_3)^2}{3\sigma^2}+\frac{(X_4+X_5+X_6)^2}{3\sigma^2}\right]\Big/2}{\frac{(X_7+X_8)^2}{2\sigma^2}\Big/1}=\frac{Z_1/2}{Z_2/1}\sim F(2,1).\end{aligned}$$

【例 6.6】设 $X_1,X_2,\cdots,X_{10}$ 是来自正态总体 $N(0,2^2)$ 的简单随机样本.

(1) 求 C 使统计量 $Y_1=\frac{C(X_1+X_2)}{\sqrt{X_3^2+X_4^2+X_5^2}}$ 服从 $t(m)$ 分布，并求其参数 m；

(2) 求 a,b,c,d 使统计量 $Y_2=aX_1^2+b(X_2+X_3)^2+c(X_4+X_5+X_6)^2+d(X_7+X_8+X_9+X_{10})^2$ 服从 $\chi^2(n)$ 分布，并求其参数 n.

【解】已知 $X_i\sim N(0,2^2)$ 且相互独立，故

$$\overline{X}=\frac{1}{n}\sum_{i=1}^{n}X_i\sim N\left(0,\frac{2^2}{n}\right),\quad \frac{\sqrt{n}\overline{X}}{2}\sim N(0,1).$$

(1) $\frac{X_i}{2}\sim N(0,1)$，$\frac{X_i^2}{4}\sim \chi^2(1)$，且相互独立，由 χ^2 分布可加性知 $Z_1=\frac{X_3^2+X_4^2+X_5^2}{4}\sim\chi^2(3)$，又

$$Z_2=\frac{\sqrt{2}\cdot\frac{1}{2}(X_1+X_2)}{2}=\frac{X_1+X_2}{2\sqrt{2}}\sim N(0,1),$$

Z_1 与 Z_2 相互独立，所以

$$\frac{Z_2}{\sqrt{Z_1/3}}=\frac{X_1+X_2/2\sqrt{2}}{\sqrt{X_3^2+X_4^2+X_5^2}/2\sqrt{3}}=\sqrt{\frac{3}{2}}\frac{X_1+X_2}{\sqrt{X_3^2+X_4^2+X_5^2}}\sim t(3).$$

故　$C=\sqrt{\frac{3}{2}}$；$m=3$.

(2) 由于 $\frac{\sqrt{n}\overline{X}}{2}\sim N(0,1)$，故 $\frac{n\overline{X}^2}{4}\sim\chi^2(1)$. 于是

$$Z_1=\frac{1}{4}X_1^2\sim\chi^2(1),$$

学习随笔

$$Z_2=\frac{2\times\frac{1}{4}(X_2+X_3)^2}{4}=\frac{1}{8}(X_2+X_3)^2\sim\chi^2(1),$$

$$Z_3=\frac{3\times\frac{1}{9}(X_4+X_5+X_6)^2}{4}=\frac{1}{12}(X_4+X_5+X_6)^2\sim\chi^2(1),$$

$$Z_4=\frac{4\times\frac{1}{16}(X_7+X_8+X_9+X_{10})^2}{4}=\frac{1}{16}(X_7+X_8+X_9+X_{10})^2\sim\chi^2(1).$$

又 Z_1,Z_2,Z_3,Z_4 相互独立，由 χ^2 分布可加性知

$$Z_1+Z_2+Z_3+Z_4=\frac{1}{4}X_1^2+\frac{1}{8}(X_2+X_3)^2+\frac{1}{12}(X_4+X_5+X_6)^2+\frac{1}{16}(X_7+X_8+X_9+X_{10})^2\sim\chi^2(4).$$

故 $a=\frac{1}{4},b=\frac{1}{8},c=\frac{1}{12},d=\frac{1}{16};n=4.$

【例 6.7】(1) 设总体 $X\sim N(0,\sigma^2)$，X_1,X_2,X_3 是取自总体 X 的简单随机样本，证明：$\sqrt{\frac{2}{3}}\frac{X_1+X_2+X_3}{|X_2-X_3|}$服从 $t(1)$分布；

(2) 设 $X_1,\cdots,X_n,X_{n+1}$ 是来自总体 $N(\mu,\sigma^2)$的简单随机样本，$\overline{X}_n=\frac{1}{n}\sum\limits_{i=1}^{n}X_i$，$S_n^2=\frac{1}{n-1}\sum\limits_{i=1}^{n}(X_i-\overline{X})^2$，证明：$\sqrt{\frac{n}{n+1}}\frac{X_{n+1}-\overline{X}_n}{S_n}\sim t(n-1)$.

【证明】(1) 由于 $X_i\sim N(0,\sigma^2)(i=1,2,3)$且相互独立，因此 $Y_1=X_1+X_2+X_3\sim N(0,3\sigma^2)$，$Y_2=X_2-X_3\sim N(0,2\sigma^2)$，

$$\frac{Y_1}{\sqrt{3}\sigma}\sim N(0,1),\quad \frac{Y_2}{\sqrt{2}\sigma}\sim N(0,1),\quad \frac{Y_2^2}{2\sigma^2}\sim\chi^2(1).$$

因为$\begin{pmatrix}Y_1\\Y_2\end{pmatrix}=\begin{pmatrix}1&1&1\\0&1&-1\end{pmatrix}\begin{pmatrix}X_1\\X_2\\X_3\end{pmatrix}$，其中$(X_1,X_2,X_3)^{\mathrm{T}}$ 为三维正态变量，所以$(Y_1,Y_2)^{\mathrm{T}}$为二维正态变量. 又

$$\begin{aligned}\operatorname{Cov}(Y_1,Y_2)&=\operatorname{Cov}(X_1+X_2+X_3,X_2-X_3)\\&=\operatorname{Cov}(X_2,X_2)-\operatorname{Cov}(X_3,X_3)=0,\end{aligned}$$

故 Y_1,Y_2 相互独立，且

$$\frac{Y_1/\sqrt{3}\sigma}{\sqrt{Y_2^2/2\sigma^2}}=\sqrt{\frac{2}{3}}\frac{Y_1}{|Y_2|}=\sqrt{\frac{2}{3}}\frac{X_1+X_2+X_3}{|X_2-X_3|}\sim t(1).$$

(2) 由 $X_{n+1}\sim N(\mu,\sigma^2)$，$\overline{X}_n\sim N\left(\mu,\frac{\sigma^2}{n}\right)$，$X_{n+1}$ 与 $\overline{X}_n$ 相互独立，故 $X_{n+1}-\overline{X}_n\sim N\left(0,\frac{n+1}{n}\sigma^2\right)$，则

$$\xi=\frac{X_{n+1}-\overline{X}_n}{\sqrt{\frac{n+1}{n}}\sigma}=\sqrt{\frac{n}{n+1}}\frac{X_{n+1}-\overline{X}_n}{\sigma}\sim N(0,1),$$

$$\eta=\frac{(n-1)S_n^2}{\sigma^2}=\sum_{i=1}^{n}\left(\frac{X_i-\overline{X}}{\sigma}\right)^2\sim\chi^2(n-1).$$

由于 X_{n+1} 与 $(\overline{X},S_n^2)$ 相互独立，$\overline{X}$ 与 S_n^2 相互独立，故 $\forall y_1\in R,(y_2,y_3)\in R^2$，有

$$\begin{aligned}\boldsymbol{P}\{X_{n+1}\leqslant y_1,\overline{X}\leqslant y_2,S_n^2\leqslant y_3\}&=\boldsymbol{P}\{X_{n+1}\leqslant y_1\}\boldsymbol{P}\{\overline{X}\leqslant y_2,S_n^2\leqslant y_3\}\\&=\boldsymbol{P}\{X_{n+1}\leqslant y_1\}\boldsymbol{P}\{\overline{X}\leqslant y_2\}\boldsymbol{P}\{S_n^2\leqslant y_3\},\end{aligned}$$

即 $X_{n+1},\overline{X},S_n^2$ 相互独立，从而推知 $X_{n+1}-\overline{X}_n$ 与 S_n^2 独立，ξ 与 η 独立. 则

$$\frac{\xi}{\sqrt{\eta/n-1}}=\frac{\sqrt{\frac{n}{n+1}}\frac{X_{n+1}-\overline{X}_n}{\sigma}}{S_n/\sigma}=\sqrt{\frac{n}{n+1}}\frac{X_{n+1}-\overline{X}}{S_n}\sim t(n-1).$$

【例 6.8】假设 $X_1,X_2,\cdots,X_m$ 和 $Y_1,Y_2,\cdots,Y_n$ 分别来自两个独立正态总体 $X\sim N(\mu_1,\sigma^2)$ 和 $Y\sim N(\mu_2,\sigma^2)$ 的两个相互独立的简单随机样本 $(m,n\geqslant 2)$，$\overline{X},\overline{Y};S_X^2,S_Y^2$ 分别是这两个样本的均值和方差，α 和 β 是两个实数，证明：

$$\frac{\alpha(\overline{X}-\mu_1)+\beta(\overline{Y}-\mu_2)}{\sqrt{\left(\frac{\alpha^2}{m}+\frac{\beta^2}{n}\right)}\sqrt{\frac{(m-1)S_X^2+(n-1)S_Y^2}{m+n-2}}}\sim t(m+n-2).$$

【证明】$\overline{X}\sim N\left(\mu_1,\frac{\sigma^2}{m}\right)$，$\overline{Y}\sim N\left(\mu_2,\frac{\sigma^2}{n}\right)$，$\overline{X}$ 与 $\overline{Y}$ 相互独立，故

$$\alpha\overline{X}+\beta\overline{Y}\sim N\left(\alpha\mu_1+\beta\mu_2,\left(\frac{\alpha^2}{m}+\frac{\beta^2}{n}\right)\sigma^2\right),$$

$$\xi\triangleq\frac{(\alpha\overline{X}+\beta\overline{Y})-(\alpha\mu_1+\beta\mu_2)}{\sqrt{\frac{\alpha^2}{m}+\frac{\beta^2}{n}}\sigma}=\frac{\alpha(\overline{X}-\mu_1)+\beta(\overline{Y}-\mu_2)}{\sqrt{\frac{\alpha^2}{m}+\frac{\beta^2}{n}}\sigma}\sim N(0,1).$$

又　$\frac{(m-1)S_X^2}{\sigma^2}\sim\chi^2(m-1)$，　$\frac{(n-1)S_Y^2}{\sigma^2}\sim\chi^2(n-1)$，$S_X^2$ 与 S_Y^2 相互独立，故

$$\eta=\frac{(m-1)S_X^2+(n-1)S_Y^2}{\sigma^2}\sim\chi^2(m+n-2).$$

因为样本是来自两个独立的正态总体，因此 $(\overline{X},S_X^2)$ 与 $(\overline{Y},S_Y^2)$ 相互独立，又 $\overline{X}$ 与 S_X^2 独立，$\overline{Y}$ 与 S_Y^2 独立，所以 $\overline{X},\overline{Y},S_X^2,S_Y^2$ 相互独立，ξ 与 η 相互独立，

$$\frac{\xi}{\sqrt{\eta/m+n-2}}=\frac{\alpha(\overline{X}-\mu_1)+\beta(\overline{Y}-\mu_2)}{\sqrt{\frac{\alpha^2}{m}+\frac{\beta^2}{n}}\sqrt{\frac{(m-1)S_X^2+(n-1)S_Y^2}{m+n-2}}}\sim t(m+n-2).$$

【例 6.9】设总体 $Y=(X_1,X_2)$ 服从二维正态分布 $N(\mu_1,\mu_2;\sigma_1^2,\sigma_2^2;\rho)$，$(Y_1,Y_2,\cdots,Y_n)$ 是取自总体 Y 的简单随机样本(即 $Y_1=(X_{11},X_{21})$，$Y_2=(X_{12},X_{22})$，$\cdots$，$Y_n=(X_{1n},X_{2n})$)，$Y_1,\cdots,Y_n$ 相互独立，且 $Y_i\sim N(\mu_1,\mu_2;\sigma_1^2,\sigma_2^2;\rho)$. 记 $\overline{X}_1=\frac{1}{n}\sum_{i=1}^{n}X_{1i}$，$\overline{X}_2=$

学习随笔

$\frac{1}{n}\sum_{i=1}^{n}X_{2i}$，试求样本均值 $\overline{Y}=(\overline{X}_1,\overline{X}_2)$ 的联合分布.

【解】由于 $Y_1,\cdots,Y_n$ 相互独立且均为二维正态变量，因而 $(Y_1,\cdots,Y_n)$ 为 $2n$ 维正态变量，所以对任意实数 a,b 有

$$a\overline{X}_1+b\overline{X}_2=\sum_{i=1}^{n}\left(\frac{aX_{1i}}{n}+\frac{bX_{2i}}{n}\right)$$

为一维正态变量，因而 $\overline{Y}=(\overline{X}_1,\overline{X}_2)$ 为二维正态变量. 由于

$$\boldsymbol{E}\overline{X}_1=\mu_1,\boldsymbol{E}\overline{X}_2=\mu_2,\boldsymbol{D}\overline{X}_1=\frac{\sigma_1^2}{n},\boldsymbol{D}\overline{X}_2=\frac{\sigma_2^2}{n},$$

$$\mathrm{Cov}(\overline{X}_1,\overline{X}_2)=\frac{1}{n^2}\sum_{i=1}^{n}\sum_{j=1}^{n}\mathrm{Cov}(X_{1i},X_{2j}).$$

当 $i\neq j$ 时，X_{1i} 与 X_{2j} 相互独立，故 $\mathrm{Cov}(X_{1i},X_{2j})=0(i\neq j)$，所以

$$\mathrm{Cov}(\overline{X}_1,\overline{X}_2)=\frac{1}{n^2}\sum_{i=1}^{n}\mathrm{Cov}(X_{1i},X_{2i})=\frac{1}{n^2}\times n\rho\sigma_1\sigma_2=\frac{\rho\sigma_1\sigma_2}{n},$$

$$\rho_{12}=\frac{\mathrm{Cov}(\overline{X}_1,\overline{X}_2)}{\sqrt{\boldsymbol{D}\overline{X}_1}\sqrt{\boldsymbol{D}\overline{X}_2}}=\frac{\rho\sigma_1\sigma_2/n}{\sigma_1\sigma_2/n}=\rho.$$

因此 $\overline{Y}=(\overline{X}_1,\overline{X}_2)\sim N\left(\mu_1,\mu_2;\frac{\sigma_1^2}{n},\frac{\sigma_2^2}{n};\rho\right)$.

【例 6.10】假设总体 X 的分布函数为 $F(x)$，密度函数为 $f(x)$，$X_1,X_2,\cdots,X_n$ 是取自总体 X 的简单随机样本. 统计量 $X_{(1)}=\min(X_i,\cdots,X_n)$，$X_{(n)}=\max(X_1,\cdots,X_n)$，求 $(X_{(1)},X_{(n)})$ 的联合分布函数 $F(x,y)$ 及密度函数 $f(x,y)$.

【解】
$$\begin{aligned}F(x,y)&=\boldsymbol{P}\{X_{(1)}\leqslant x,X_{(n)}\leqslant y\}=\boldsymbol{P}\{X_{(n)}\leqslant y\}-\boldsymbol{P}\{X_{(n)}\leqslant y,X_{(1)}>x\}\\&=\boldsymbol{P}\{X_1\leqslant y,\cdots,X_n\leqslant y\}-\boldsymbol{P}\{X_1\leqslant y,\cdots,X_n\leqslant y,X_1>x,\cdots,X_n>x\}\\&=\prod_{i=1}^{n}\boldsymbol{P}\{X_i\leqslant y\}-\prod_{i=1}^{n}\boldsymbol{P}\{x<X_i\leqslant y\}.\end{aligned}$$

若 $x>y$，$F(x,y)=\prod_{i=1}^{n}\boldsymbol{P}(X_i\leqslant y)=[F(y)]^n$.

若 $x\leqslant y$，$F(x,y)=[F(y)]^n-[F(y)-F(x)]^n$.

即
$$F(x,y)=\begin{cases}[F(y)]^n, & x>y,\\ [F(y)]^n-[F(y)-F(x)]^n, & x\leqslant y,\end{cases}$$

且
$$f(x,y)=\frac{\partial^2F(x,y)}{\partial x\partial y}=\begin{cases}0, & x>y,\\ n(n-1)[F(y)-F(x)]^{n-2}f(x)f(y), & x\leqslant y.\end{cases}$$

【例 6.11】设 $X_1,\cdots,X_n$ 相互独立，$X_i\sim N(\mu,\sigma_i^2)\quad(i=1,2,\cdots,n)$，

$$Y=\sum_{i=1}^{n}\frac{X_i}{\sigma_i}\Big/\sum_{i=1}^{n}\frac{1}{\sigma_i},\quad Z=\sum_{i=1}^{n}\left(\frac{X_i-\mu}{\sigma_2}-\frac{Y-\mu}{n}\sum_{i=1}^{n}\frac{1}{\sigma_i}\right)^2,$$

证明：Y 服从正态分布，$Z\sim\chi^2(n-1)$，且 Y 与 Z 相互独立.

【证明】记 $\sigma=\sum_{i=1}^{n}\frac{1}{\sigma_i}$，由于 $X_i\sim N(\mu,\sigma_i^2)$，故

$$\xi_i = \frac{X_i - \mu}{\sigma_i} \sim N(0,1), Y_i = \frac{X_i}{\sigma_i} \sim N\left(\frac{\mu}{\sigma_i}, 1\right)$$

且相互独立，所以

$$Y = \frac{1}{\sigma} \sum_{i=1}^{n} \frac{X_i}{\sigma_i} \sim N\left(\mu, \frac{n}{\sigma^2}\right).$$

又

$$\bar{\xi} = \frac{1}{n}\sum_{i=1}^{n}\xi_i = \frac{1}{n}\sum_{i=1}^{n}\left(\frac{X_i}{\sigma_i} - \frac{\mu}{\sigma_i}\right) = \frac{1}{n}\left(\sum_{i=1}^{n}\frac{X_i}{\sigma_i} - \mu\sum_{i=1}^{n}\frac{1}{\sigma_i}\right)$$

$$= \frac{1}{n}(\sigma Y - \sigma\mu) = \frac{\sigma}{n}(Y - \mu) = \frac{Y-\mu}{n}\sigma,$$

所以　$Z = \sum_{i=1}^{n}(\xi_i - \bar{\xi})^2$，其中，$\xi_i$ 视为来自标准正态总体的样本，因而 $Z \sim \chi^2(n-1)$，且 Z 与 $\bar{\xi} = \frac{Y-\mu}{n}\sigma$ 相互独立，所以 Y 与 Z 相互独立.

二、统计量的数字特征

【例 6.12】设 $\overline{X}_n$ 和 S_n^2 分别是样本$(X_1, \cdots, X_n)$的均值和方差，现又添加一次试验，得样本$(X_1, \cdots, X_n, X_{n+1})$，以 $\overline{X}_{n+1}$、S_{n+1}^2 表示其均值和方差，证明下列递推公式：

$$\overline{X}_{n+1} = \overline{X}_n + \frac{1}{n+1}(X_{n+1} - \overline{X}_n), \quad S_{n+1}^2 = \frac{n-1}{n}S_n^2 + \frac{1}{n+1}(X_{n+1} - \overline{X}_n)^2.$$

【证明】由于 $\sum_{i=1}^{n} X_i = n\overline{X}_n$，故

$$\sum_{i=1}^{n+1} X_i = \sum_{i=1}^{n} X_i + X_{n+1} = n\overline{X}_n + X_{n+1} = (n+1)\overline{X}_n + X_{n+1} - \overline{X}_n.$$

又 $\sum_{i=1}^{n+1} X_i = (n+1)\overline{X}_{n+1}$，所以 $\overline{X}_{n+1} = \overline{X}_n + \frac{1}{n+1}(X_{n+1} - \overline{X}_n)$.

因为 $S_n^2 = \frac{1}{n-1}\left(\sum_{i=1}^{n} X_i^2 - n\overline{X}_n^2\right)$，故

$$\sum_{i=1}^{n} X_i^2 = (n-1)S_n^2 + n\overline{X}_n^2,$$

$$\sum_{i=1}^{n+1} X_i^2 = \sum_{i=1}^{n} X_i^2 + X_{n+1}^2 = (n-1)S_n^2 + n\overline{X}_n^2 + X_{n+1}^2.$$

又 $\sum_{i=1}^{n+1} X_i^2 = nS_{n+1}^2 + (n+1)\overline{X}_{n+1}^2$，所以

$$S_{n+1}^2 = \frac{n-1}{n}S_n^2 + \frac{1}{n}[n\overline{X}_n^2 + X_{n+1}^2 - (n+1)\overline{X}_{n+1}^2]$$

$$= \frac{n-1}{n}S_n^2 + \frac{1}{n}\left[n\overline{X}_n^2 + X_{n+1}^2 - \frac{1}{n+1}(n\overline{X}_n + X_{n+1})^2\right]$$

$$= \frac{n-1}{n}S_n^2 + \frac{1}{n}\left(n\overline{X}_n^2 + X_{n+1}^2 - \frac{n^2}{n+1}\overline{X}_n^2 - \frac{2n}{n+1}X_{n+1}\overline{X}_n - \frac{1}{n+1}X_{n+1}^2\right)$$

学习随笔

$$=\frac{n-1}{n}S_n^2+\frac{1}{n}\left(\frac{n}{n+1}\overline{X}_n^2-\frac{2n}{n+1}X_{n+1}\overline{X}_n+\frac{n}{n+1}X_{n+1}^2\right)$$

$$=\frac{n-1}{n}S_n^2+\frac{1}{n+1}(X_{n+1}-\overline{X}_n)^2.$$

【例 6.13】设随机变量 X 服从参数为 n 的 χ^2 分布，证明 $\boldsymbol{E}X=n$，$\boldsymbol{D}X=2n$.

【证明】显然，我们不想通过 χ^2 分布密度来计算 $\boldsymbol{E}X$，$\boldsymbol{D}X$，而想通过 χ^2 分布典型模式. 设 $Y_1,Y_2,\cdots,Y_n$ 相互独立且都服从标准正态分布 $N(0,1)$，则 $\boldsymbol{E}Y_i=0$，$\boldsymbol{D}Y_i=1$，且 $Y=\sum_{i=1}^{n}Y_i^2\sim\chi^2(n)$，故 X 与 Y 有相同的分布，则有

$$\boldsymbol{E}X=\boldsymbol{E}Y=\sum_{i=1}^{n}\boldsymbol{E}Y_i^2=\sum_{i=1}^{n}\boldsymbol{D}Y_i=n,$$

$$\boldsymbol{D}X=\boldsymbol{D}Y=\sum_{i=1}^{n}\boldsymbol{D}Y_i^2=\sum_{i=1}^{n}[\boldsymbol{E}Y_i^4-(\boldsymbol{E}Y_i^2)^2]=\sum_{i=1}^{n}(\boldsymbol{E}Y_i^4-1),$$

其中
$$\boldsymbol{E}Y_i^4=\frac{1}{\sqrt{2\pi}}\int_{-\infty}^{+\infty}x^4\mathrm{e}^{-\frac{x^2}{2}}\mathrm{d}x=\frac{2}{\sqrt{2\pi}}\int_0^{+\infty}(-x^3)\mathrm{d}\mathrm{e}^{-\frac{x^2}{2}}$$

$$=\frac{6}{\sqrt{2\pi}}\int_0^{+\infty}x^2\mathrm{e}^{-\frac{x^2}{2}}\mathrm{d}x=3\times\frac{1}{\sqrt{2\pi}}\int_{-\infty}^{+\infty}x^2\mathrm{e}^{-\frac{x^2}{2}}\mathrm{d}x=3.$$

所以
$$\boldsymbol{D}X=\boldsymbol{D}Y=\sum_{i=1}^{n}(3-1)=2n.$$

【例 6.14】设总体 $X\sim N(\mu,\sigma^2)$，$X_1,X_2,\cdots,X_{2n}$ 是来自总体容量为 $2n$ 的一组简单随机样本，统计量 $Y=\frac{1}{2n}\sum_{i=1}^{n}(X_{2i}-X_{2i-1})^2$，求期望 $\boldsymbol{E}(Y)$、方差 $\boldsymbol{D}(Y)$.

【分析与解答】计算数字特征可以通过随机变量分布或数字特征性质，后者对于计算数学期望较为方便，而计算方差则常常会出现困难.

由于
$$Y=\frac{1}{2n}\sum_{i=1}^{n}(X_{2i}-X_{2i-1})^2=\frac{1}{2n}\sum_{i=1}^{n}(X_{2i}^2+X_{2i-1}^2-2X_{2i}X_{2i-1})$$

$$=\frac{1}{2n}\left(\sum_{i=1}^{2n}X_i^2-2\sum_{i=1}^{n}X_{2i}X_{2i-1}\right),$$

且已知 $\boldsymbol{E}X_i^2=\sigma^2+\mu^2$，$X_{2i}$ 与 X_{2i-1} 相互独立，故

$$\boldsymbol{E}Y=\frac{1}{2n}\left(\sum_{i=1}^{2n}\boldsymbol{E}X_i^2-2\sum_{i=1}^{n}\boldsymbol{E}X_{2i}\boldsymbol{E}X_{2i-1}\right)=\frac{1}{2n}\left[\sum_{i=1}^{2n}(\sigma^2+\mu^2)-2\sum_{i=1}^{n}\mu^2\right]=\sigma^2.$$

然而用上面分解式计算 $\boldsymbol{D}Y$ 会发生困难. 下面通过分布来计算.

由题设知 $X_{2i}\sim N(\mu,\sigma^2)$，$X_{2i-1}\sim N(\mu,\sigma^2)$，$X_{2i}$ 与 X_{2i-1} 相互独立，因此

$$X_{2i}-X_{2i-1}\sim N(0,2\sigma^2),\quad Y_i=\frac{X_{2i}-X_{2i-1}}{\sqrt{2}\sigma}\sim N(0,1),(i=1,2,\cdots,n).$$

又 $Y_1,Y_2,\cdots,Y_n$ 相互独立，由 χ^2 分布典型模式知

$$\sum_{i=1}^{n}Y_i^2=\frac{1}{2\sigma^2}\sum_{i=1}^{n}(X_{2i}-X_{2i-1})^2=\frac{n}{\sigma^2}Y\sim\chi^2(n).$$

所以 $\boldsymbol{E}\left(\frac{nY}{\sigma^2}\right)=\frac{n}{\sigma^2}\boldsymbol{E}Y=n$，故 $\boldsymbol{E}Y=\sigma^2$，$\boldsymbol{D}\left(\frac{nY}{\sigma^2}\right)=\frac{n^2}{\sigma^4}\boldsymbol{D}Y=2n$，$\boldsymbol{D}Y=\frac{2\sigma^4}{n}$.

【例 6.15】设总体 X 服从正态分布 $N(\mu,\sigma^2)(\sigma>0)$，从该总体中抽取简单随机样本 $X_1,X_2,\cdots,X_{2n}(n\geqslant 2)$，样本均值 $\overline{X}=\frac{1}{2n}\sum_{i=1}^{2n}X_i$，统计量 $Y=\sum_{i=1}^{n}(X_i+X_{n+i}-2\overline{X})^2$，求 $\boldsymbol{E}Y$.

【解法一】(性质法)由题设知

$$\boldsymbol{E}X_i=\mu,\quad \boldsymbol{E}X_i^2=\sigma^2+\mu^2,\quad \boldsymbol{E}\overline{X}=\mu,\quad \boldsymbol{D}\overline{X}=\frac{\sigma^2}{2n},$$

又

$$\begin{aligned}Y&=\sum_{i=1}^{n}(X_i+X_{n+i}-2\overline{X})^2\\&=\sum_{i=1}^{n}[X_i^2+X_{n+i}^2+4\overline{X}^2+2X_iX_{n+i}-4\overline{X}(X_i+X_{n+i})]\\&=\sum_{i=1}^{2n}X_i^2+4n\overline{X}^2+2\sum_{i=1}^{n}X_iX_{n+i}-4\overline{X}\sum_{i=1}^{2n}X_i\\&=\sum_{i=1}^{2n}X_i^2+2\sum_{i=1}^{n}X_iX_{n+i}-4n\overline{X}^2,\end{aligned}$$

故

$$\begin{aligned}\boldsymbol{E}Y&=\sum_{i=1}^{2n}\boldsymbol{E}X_i^2+2\sum_{i=1}^{n}\boldsymbol{E}X_i\boldsymbol{E}X_{n+i}-4n\boldsymbol{E}\overline{X}^2\\&=2n(\sigma^2+\mu^2)+2n\mu^2-4n\left(\frac{\sigma^2}{2n}+\mu^2\right)\\&=2n\sigma^2-2\sigma^2=2(n-1)\sigma^2.\end{aligned}$$

【解法二】(性质法)考虑 $Y_i=X_i+X_{n+i}$，Y_i 独立，又

$$\overline{Y}=\frac{1}{n}\sum_{i=1}^{n}Y_i=\frac{1}{n}\sum_{i=1}^{2n}X_i=2\overline{X},\boldsymbol{E}Y_i=2\mu,\boldsymbol{D}Y_i=2\sigma^2,\boldsymbol{E}\overline{Y}=2\mu,$$

将 Y_i 视为来自总体 $N(2\mu,2\sigma^2)$ 的简单随机样本，于是样本方差

$$S^2=\frac{1}{n-1}\sum_{i=1}^{n}(Y_i-\overline{Y})^2=\frac{1}{n-1}\sum_{i=1}^{n}(X_i+X_{n+i}-2\overline{X})^2=\frac{Y}{n-1},$$

且 $\boldsymbol{E}S^2=\frac{\boldsymbol{E}Y}{n-1}=2\sigma^2$，故 $\boldsymbol{E}Y=2(n-1)\sigma^2$.

【解法三】(分布法)记 $Y_i=X_i+X_{n+i}-2\overline{X}=X_i+X_{n+i}-\frac{1}{n}\sum_{i=1}^{2n}X_i=\left(1-\frac{1}{n}\right)X_i+\left(1-\frac{1}{n}\right)X_{n+i}-\frac{1}{n}\sum_{\substack{j\neq i\\ j\neq n+i}}X_j$，由 $X_i,X_{n+i},X_j(j\neq i,j\neq n+i)$ 相互独立，知

$$Y_i\sim N\left(0,\frac{2(n-1)}{n}\sigma^2\right),$$

故

$$\boldsymbol{E}Y_i^2=\boldsymbol{E}(X_i+X_{n+i}-2\overline{X})^2=\frac{2(n-1)}{n}\sigma^2,$$

所以

$$\boldsymbol{E}Y=\sum_{i=1}^{n}\boldsymbol{E}(X_i+X_{n+i}-2\overline{X})^2=n\times\frac{2(n-1)}{n}\sigma^2=2(n-1)\sigma^2.$$

【例 6.16】假设总体 X 的密度函数 $f(x)=\begin{cases}|x|, & |x|<1,\\ 0, & \text{其他},\end{cases}$ 从总体 X 中抽取容量

学习随笔

为 50 的一组简单随机样本，其均值 $\overline{X}=\frac{1}{50}\sum_{i=1}^{50}X_i$，方差 $S^2=\frac{1}{49}\sum_{i=1}^{50}(X_i-\overline{X})^2$，试求 $E\overline{X},D\overline{X};ES^2;P\{|\overline{X}|>0.02\}$.（已知 $\Phi(0.2)=0.5793$）

【解】由题设知 $EX=\int_{-\infty}^{+\infty}xf(x)\mathrm{d}x=\int_{-1}^{1}x|x|\mathrm{d}x=0$，$DX=EX^2=\int_{-\infty}^{+\infty}x^2f(x)\mathrm{d}x=\int_{-1}^{1}x^2|x|\mathrm{d}x=2\int_0^1x^3\mathrm{d}x=\frac{1}{2}$，故

$$E\overline{X}=EX=0,D\overline{X}=\frac{DX}{n}=\frac{1}{2n}=\frac{1}{100},ES^2=\frac{1}{2}.$$

要计算 $P\{|\overline{X}|>0.02\}$，必须知道 $\overline{X}=\frac{1}{n}\sum_{i=1}^{n}X_i$ 分布，由于 $EX_i=0,DX_i=\frac{1}{2}$，X_i 相互独立，根据中心极限定理，当 n 充分大时，$\overline{X}$ 近似服从 $N\left(0,\frac{1}{2n}\right)(n=50)$，所以

$$\begin{aligned}P\{|\overline{X}|>0.02\}&=1-P\{|\overline{X}|\leqslant 0.02\}\\&=1-\left[\Phi\left(\frac{0.02-0}{\frac{1}{10}}\right)-\Phi\left(\frac{-0.02-0}{\frac{1}{10}}\right)\right]\\&=2[1-\Phi(0.2)]=0.8414.\end{aligned}$$

【例 6.17】已知总体 X 的数学期望 $EX=\mu$，方差 $DX=\sigma^2$ 存在，$X_1,X_2,\cdots,X_n$ 为来自总体 X 的简单随机样本，其均值 $\overline{X}=\frac{1}{n}\sum_{i=1}^{n}X_i$，证明：$X_i-\overline{X}$ 与 $X_j-\overline{X}(i\neq j)$ 的相关系数 $\rho=-\frac{1}{n-1}$.

【证明】由于 $X_1,\cdots,X_n$ 独立、同分布，故

$$\begin{aligned}\mathrm{Cov}(X_i-\overline{X},X_j-\overline{X})&=\mathrm{Cov}(X_i,X_j)-\mathrm{Cov}(X_i,\overline{X})-\mathrm{Cov}(\overline{X},X_j)+\mathrm{Cov}(\overline{X},\overline{X})\\&=\frac{-1}{n}\mathrm{Cov}(X_i,X_i)-\frac{1}{n}\mathrm{Cov}(X_j,X_j)+D\overline{X}\\&=-\frac{1}{n}\sigma^2-\frac{1}{n}\sigma^2+\frac{\sigma^2}{n}=-\frac{\sigma^2}{n},\end{aligned}$$

$$\begin{aligned}D(X_i-\overline{X})=D(X_j-\overline{X})&=D\left[\left(1-\frac{1}{n}\right)X_i-\frac{1}{n}\sum_{j\neq i}X_j\right]\\&=\left(\frac{n-1}{n}\right)^2DX_i+\frac{1}{n^2}\sum_{j\neq i}DX_j=\frac{(n-1)^2}{n^2}\sigma^2+\frac{n-1}{n^2}\sigma^2=\frac{n-1}{n}\sigma^2.\end{aligned}$$

所以
$$\rho=\frac{\mathrm{Cov}(X_i-\overline{X},X_j-\overline{X})}{\sqrt{D(X_i-\overline{X})}\sqrt{D(X_j-\overline{X})}}=\frac{-\sigma^2/n}{\frac{n-1}{n}\sigma^2}=-\frac{1}{n-1}.$$

三、与统计量有关的事件的概率及反问题

【例 6.18】从正态总体 $N(\mu,0.5^2)$ 中抽取容量为 10 的样本 $X_1,X_2,\cdots,X_{10}$.

(1) 若 $\mu=0$，计算概率 $P\left\{\sum_{i=1}^{10}X_i^2\geqslant 4\right\}$；

学习随笔

(2) 若 μ 未知,计算概率 $\boldsymbol{P}\left\{\sum_{i=1}^{10}(X_i-\mu)^2\geqslant 1.68\right\}$ 与 $\boldsymbol{P}\left\{\sum_{i=1}^{10}(X_i-\overline{X})^2<2.85\right\}$.

【分析与解答】计算与随机变量有关的事件的概率,必须知道该随机变量的分布.

(1) 若 $\mu=0$,则总体 $X\sim N(0,0.5^2)$,$\dfrac{X}{0.5}\sim N(0,1)$,故

$$\xi\triangleq\sum_{i=1}^{10}\left(\frac{X_i}{0.5}\right)^2=4\sum_{i=1}^{10}X^2\sim\chi^2(10),$$

所以

$$\boldsymbol{P}\left\{\sum_{i=1}^{10}X_i^2\geqslant 4\right\}=\boldsymbol{P}\left\{4\sum_{i=1}^{10}X_i^2\geqslant 16\right\}=\boldsymbol{P}\{\xi\geqslant 16\}=0.10.$$

(查 χ^2 分布表,知 $\chi^2_{0.10}(10)=15.987\approx 16$)

(2) 若 μ 未知,由于 $X\sim N(\mu,0.5^2)$,故

$$\frac{X_i-\mu}{0.5}\sim N(0.1),\sum_{i=1}^{10}\left(\frac{X_i-\mu}{0.5}\right)^2=4\sum_{i=1}^{10}(X_i-\mu)^2\sim\chi^2(10),$$

$$\sum_{i=1}^{10}\left(\frac{X_i-\overline{X}}{0.5}\right)^2=4\sum_{i=1}^{10}(X_i-\overline{X})^2\sim\chi^2(9),$$

所以

$$\boldsymbol{P}\left\{\sum_{i=1}^{10}(X_i-\mu)^2\geqslant 1.68\right\}=\boldsymbol{P}\left\{4\sum_{i=1}^{10}(X_i-\mu)^2\geqslant 6.72\right\},$$

$$\begin{aligned}\boldsymbol{P}\left\{\sum_{i=1}^{10}(X_i-\overline{X})^2<2.85\right\}&=1-\boldsymbol{P}\left\{\sum_{i=1}^{10}(X_i-\overline{X})^2\geqslant 2.85\right\}\\&=1-\boldsymbol{P}\left\{4\sum_{i=1}^{10}(X_i-\overline{X})^2\geqslant 11.4\right\}.\end{aligned}$$

(查 χ^2 分布表知:$\chi^2(10)_{0.75}=6.737$, $\chi^2_{0.25}(9)=11.4$)

所以 $\boldsymbol{P}\left\{\sum_{i=1}^{10}(X_i-\mu)^2\geqslant 1.68\right\}=0.75$; $\boldsymbol{P}\left\{\sum_{i=1}^{10}(X_i-\overline{X})^2<2.85\right\}=1-0.25=0.75$.

【例 6.19】从正态总体 $X\sim N(\mu,\sigma^2)$ 中抽取容量为 16 的一个样本,$\overline{X}$、S^2 分别为样本的均值和方差.

(1) 若 $\sigma^2=25$,试求 $\boldsymbol{P}\{|\overline{X}-\mu|<2\}$;

(2) 若 μ、σ^2 均未知,求 S^2 的方差 $\boldsymbol{D}S$ 及概率

$$\boldsymbol{P}\left\{\frac{S^2}{\sigma^2}\leqslant 2.041\right\},\boldsymbol{P}\left\{\frac{\sigma^2}{2}\leqslant\frac{1}{16}\sum_{i=1}^{16}(X_i-\overline{X})^2\leqslant 2\sigma^2\right\},$$

$$\boldsymbol{P}\left\{\frac{\sigma^2}{2}\leqslant\frac{1}{16}\sum_{i=1}^{16}(X_i-\mu)^2\leqslant 2\sigma^2\right\}.$$

【分析与解答】要计算概率或数字特征,必须知道相应随机变量的分布.

(1) 若 $\sigma^2=25$,$n=16$,则 $X\sim N(\mu,25)$,$\overline{X}\sim N\left(\mu,\dfrac{25}{16}\right)$.

$$\begin{aligned}\boldsymbol{P}\{|\overline{X}-\mu|<2\}&=\boldsymbol{P}\{\mu-2<\overline{X}<\mu+2\}=\Phi\left(\frac{2}{\frac{5}{4}}\right)-\Phi\left(\frac{-2}{\frac{5}{4}}\right)\\&=2\Phi(1.6)-1=2\times 0.9452-1=0.8904.\end{aligned}$$

学习随笔

(2) 由于 $X \sim N(\mu,\sigma^2)$，$\dfrac{(n-1)S^2}{\sigma^2}=\sum\limits_{i=1}^{n}\left(\dfrac{X_i-\overline{X}}{\sigma}\right)^2 \sim \chi^2(n-1)$，所以

$$\boldsymbol{E}\left(\frac{(n-1)S^2}{\sigma^2}\right)=n-1,\boldsymbol{D}\left(\frac{(n-1)S^2}{\sigma^2}\right)=2(n-1),\boldsymbol{E}S^2=\sigma^2,\boldsymbol{D}S^2=\frac{2\sigma^4}{n-1}.$$

当 $n=16$ 时，$\boldsymbol{D}S^2=\dfrac{2}{15}\sigma^4$，则

$$\boldsymbol{P}\left\{\frac{S^2}{\sigma^2}\leqslant 2.041\right\}=\boldsymbol{P}\left\{\frac{15S^2}{\sigma^2}\leqslant 15\times 2.041\right\}=\boldsymbol{P}\left\{\frac{15S^2}{\sigma^2}\leqslant 30.615\right\}$$

$$=1-\boldsymbol{P}\left\{\frac{15S^2}{\sigma^2}>30.615\right\}=1-0.01=0.99.$$

(查 χ^2 分布表，知 $\chi^2_{0.01}(15)=30.578$)

$$\boldsymbol{P}\left\{\frac{\sigma^2}{2}\leqslant\frac{1}{16}\sum_{i=1}^{16}(X_i-\overline{X})^2\leqslant 2\sigma^2\right\}=\boldsymbol{P}\left\{8\leqslant\sum_{i=1}^{16}\left(\frac{X_i-\overline{X}}{\sigma}\right)^2\leqslant 32\right\}$$

$$=\boldsymbol{P}\left\{\sum_{i=1}^{16}\left(\frac{X_i-\overline{X}}{\sigma}\right)^2\geqslant 8\right\}-\boldsymbol{P}\left\{\sum_{i=1}^{16}\left(\frac{X_i-\overline{X}}{\sigma}\right)^2>32\right\},$$

查 $\chi^2(15)$ 表知 $\boldsymbol{P}\{\chi^2(15)\geqslant 7.261\}=0.95$，$\boldsymbol{P}\{\chi^2(15)\geqslant 32.80\}=0.005$，所以

$$\boldsymbol{P}\left\{\frac{\sigma^2}{2}\leqslant\frac{1}{16}\sum_{i=1}^{16}(X_i-\overline{X})^2\leqslant 2\sigma^2\right\}=0.95-0.005=0.945.$$

由于 $X_i\sim N(\mu,\sigma^2)$，故 $\dfrac{X_i-\mu}{\sigma}\sim N(0,1)$，且相互独立，所以 $\sum\limits_{i=1}^{16}\left(\dfrac{X_i-\mu}{\sigma}\right)^2\sim$ $\chi^2(16)$，则

$$\boldsymbol{P}\left\{\frac{\sigma^2}{2}\leqslant\frac{1}{16}\sum_{i=1}^{16}(X_i-\mu)^2\leqslant 2\sigma^2\right\}=\boldsymbol{P}\left\{8\leqslant\sum_{i=1}^{16}\left(\frac{X_i-\mu}{\sigma}\right)^2\leqslant 32\right\}$$

$$=\boldsymbol{P}\left\{\sum_{i=1}^{16}\left(\frac{X_i-\mu}{\sigma}\right)^2\geqslant 8\right\}-\boldsymbol{P}\left\{\sum_{i=1}^{16}\left(\frac{X_i-\mu}{\sigma}\right)>32\right\}$$

$$=0.95-0.01=0.94.$$

(查 χ^2 分布表，知 $\chi^2_{0.95}(16)=7.962$，$\chi^2_{0.01}(16)=32$)

【例 6.20】设总体 X 和 Y 相互独立且都服从正态分布 $N(30,3^2)$. $X_1,\cdots,X_{20}$；$Y_1,\cdots,Y_{25}$ 分别来自总体 X 和 Y 的一组简单随机样本，$\overline{X},\overline{Y}$；$S_X^2,S_Y^2$ 分别是这两个样本的均值和方差. 求概率 $\boldsymbol{P}\{|\overline{X}-\overline{Y}|\geqslant 0.4\}$ 与 $\boldsymbol{P}\left\{\dfrac{S_X^2}{S_Y^2}\leqslant 0.4\right\}$.

【解】由于 $X\sim N(30,3^2)$，$Y\sim N(30,3^2)$，X 与 Y 独立，故 $\overline{X}=\dfrac{1}{20}\sum\limits_{i=1}^{20}X_i\sim N\left(30,\dfrac{3^2}{20}\right)$，$\overline{Y}=\dfrac{1}{25}\sum\limits_{i=1}^{25}Y_i\sim N\left(30,\dfrac{3^2}{25}\right)$，$\overline{X}-\overline{Y}\sim N(0,0.9^2)$，所以

$$\boldsymbol{P}\{|\overline{X}-\overline{Y}|\geqslant 0.4\}=1-\boldsymbol{P}\{|\overline{X}-\overline{Y}|<0.4\}=1-\left[\Phi\left(\frac{0.4}{0.9}\right)-\Phi\left(-\frac{0.4}{0.9}\right)\right]$$

$$=2[1-\Phi(0.444)]=2(1-0.67)=0.66,$$

学习随笔

又$\dfrac{(20-1)S_X^2}{3^2}=\dfrac{19S_X^2}{9}\sim\chi^2(19)$，$\dfrac{(25-1)S_Y^2}{3^2}=\dfrac{24S_Y^2}{9}\sim\chi^2(24)$，$S_X^2$ 与 S_Y^2 相互独立，所以

$$\frac{\dfrac{19S_X^2}{9}\Big/19}{\dfrac{24S_Y^2}{9}\Big/24}=\frac{S_X^2}{S_Y^2}\sim F(19,24),\quad \frac{S_Y^2}{S_X^2}\sim F(24,19),$$

$$P\left\{\frac{S_X^2}{S_Y^2}\leqslant 0.4\right\}=P\left\{\frac{S_Y^2}{S_X^2}\geqslant\frac{1}{0.4}\right\}=P\left\{\frac{S_Y^2}{S_X^2}\geqslant 2.5\right\}=0.025.$$

(查 F 分布表，知 $F_{0.025}(24,19)=2.45$，即 $P\{F(24,19)\geqslant 2.45\}=0.025$)

【例 6.21】假设总体 X 是连续型随机变量，其概率密度函数为 $f(x)$，$X_1,X_2,\cdots,X_6$ 是取自总体 X 的简单随机样本，试计算概率 $P\{\min(X_4,X_5,X_6)>\max(X_1,X_2,X_3)\}$.

【分析与解答】设 X 的分布函数为 $F(x)$，记 $\xi=\min(X_4,X_5,X_6)$，$\eta=\max(X_1,X_2,X_3)$，则 ξ 与 η 相互独立，其分布函数、密度函数分别为

$$F_\xi(x)=P\{\min(X_4,X_5,X_6)\leqslant x\}=1-P\{\min(X_4,X_5,X_6)>x\}$$

$$=1-\prod_{i=4}^{6}P\{X_i>x\}=1-\prod_{i=4}^{6}[1-P\{X_i\leqslant x\}]=1-[1-F(x)]^3,$$

$$f_\xi(x)=3[1-F(x)]^2f(x),$$

$$F_\eta(y)=P\{\max(X_1,X_2,X_3)\leqslant y\}=\prod_{i=1}^{3}P\{X_i\leqslant y\}=[F(y)]^3,$$

$$f_\eta(y)=3[F(y)]^2\cdot f(y).$$

(ξ,η) 的联合密度函数为 $f(x,y)=f_\xi(x)f_\eta(y)$，所求的概率为

$$\begin{aligned}P\{Y_1>Y_2\}&=\iint_{x>y}f_\xi(x)f_\eta(y)\mathrm{d}x\mathrm{d}y\\&=\int_{-\infty}^{+\infty}\mathrm{d}x\int_{-\infty}^{x}f_\xi(x)f_\eta(y)\mathrm{d}y=\int_{-\infty}^{+\infty}f_\xi(x)F_\eta(x)\mathrm{d}x\\&=\int_{-\infty}^{+\infty}3[(1-F(x)]^2f(x)[F(x)]^3\mathrm{d}x\\&=\int_{-\infty}^{+\infty}3[1-2F(x)+F^2(x)]F^3(x)\mathrm{d}F(x)\\&=3\left[\frac{1}{4}F^4(x)-\frac{2}{5}F^5(x)+\frac{1}{6}F^6(x)\right]\\&=3\left(\frac{1}{4}-\frac{2}{5}+\frac{1}{6}\right)=\frac{1}{20}.\end{aligned}$$

【例 6.22】设总体 X 服从正态分布 $N(\mu,\sigma^2)$，$X_1,\cdots,X_{10}$ 是取自总体 X 容量为 10 的一个样本，假设有 2%的样本均值与总体均值的差的绝对值在 4 以上，试求总体的标准差 σ.

【解】已知 $X\sim N(\mu,\sigma^2)$，故 $\overline{X}=\dfrac{1}{10}\sum\limits_{i=1}^{10}X_i\sim N\left(\mu,\dfrac{\sigma^2}{10}\right)$，依题意 $P\{|\overline{X}-\mu|>4\}=2\%$，即

学习随笔

$$P\{|\overline{X}-\mu|>4\}=1-P\{|\overline{X}-\mu|\leqslant 4\}=1-P\{\mu-4\leqslant\overline{X}\leqslant\mu+4\}$$
$$=1-\Phi\left(\frac{4\sqrt{10}}{\sigma}\right)+\Phi\left(-\frac{4\sqrt{10}}{\sigma}\right)$$
$$=2\left[1-\Phi\left(\frac{4\sqrt{10}}{\sigma}\right)\right]=0.02,$$

所以 $$\Phi\left(\frac{4\sqrt{10}}{\sigma}\right)=0.99,\quad \frac{4\sqrt{10}}{\sigma}=2.33,\quad \sigma=\frac{4\sqrt{10}}{2.33}=5.43.$$

【例 6.23】设总体 X 服从标准正态分布 $N(0,1)$，X_1,X_2 为其样本，试求 k 使

$$P\left\{\frac{(X_1+X_2)^2}{(X_1+X_2)^2+(X_1-X_2)^2}>k\right\}=0.1.$$

【解】由于 $X_i\sim N(0,1)\ (i=1,2)$，X_1 与 X_2 独立，故

$$Y_1=X_1+X_2\sim N(0,2),Y_2=X_1-X_2\sim N(0,2).$$

即 $$\frac{Y_1}{\sqrt{2}}=\frac{X_1+X_2}{\sqrt{2}}\sim N(0,1),\frac{Y_2}{\sqrt{2}}=\frac{X_1-X_2}{\sqrt{2}}\sim N(0,1).$$

由于 $(X_1,X_2)^{\mathrm{T}}$ 为二维正态变量，$\begin{pmatrix}Y_1\\Y_2\end{pmatrix}=\begin{pmatrix}X_1+X_2\\X_1-X_2\end{pmatrix}=\begin{pmatrix}1&1\\1&-1\end{pmatrix}\begin{pmatrix}X_1\\X_2\end{pmatrix}$，所以 $(Y_1,Y_2)^{\mathrm{T}}$ 也为二维正态变量，又

$$\mathrm{Cov}(Y_1,Y_2)=\mathrm{Cov}(X_1+X_2,X_1-X_2)=\mathrm{Cov}(X_1,X_1)-\mathrm{Cov}(X_2,X_2)=0,$$

所以 Y_1 与 Y_2 独立，即 X_1+X_2 与 X_1-X_2 相互独立，则

$$\left(\frac{X_1+X_2}{\sqrt{2}}\right)^2\sim\chi^2(1),\quad\left(\frac{X_1-X_2}{\sqrt{2}}\right)^2\sim\chi^2(1),$$

$$\frac{\left(\frac{X_1+X_2}{\sqrt{2}}\right)^2/1}{\left(\frac{X_1-X_2}{\sqrt{2}}\right)^2/1}=\frac{(X_1+X_2)^2}{(X_1-X_2)^2}\sim F(1,1).$$

依题意 k 应使

$$P\left\{\frac{(X_1+X_2)^2}{(X_1+X_2)^2+(X_1-X_2)^2}>k\right\}=P\left\{\frac{1}{1+\left(\frac{X_1-X_2}{X_1+X_2}\right)^2}>k\right\}$$
$$=P\left\{\left(\frac{X_1-X_2}{X_1+X_2}\right)^2<\frac{1}{k}-1\right\}$$
$$=P\left\{\frac{(X_1+X_2)^2}{(X_1-X_2)^2}>\frac{k}{1-k}\right\}=0.1.$$

查 F 分布表知 $P\{F(1,1)>39.86\}=0.1$，所以

$$\frac{k}{1-k}=39.86,k=\frac{39.86}{40.86}=0.9755.$$

【例 6.24】假设 $X_1,X_2,\cdots,X_n$ 是取自正态总体 $N(\mu,\sigma^2)$ 的简单随机样本，其均值为 $\overline{X}$，方差为 S^2. 如果 $P\left\{\frac{S^2}{\sigma^2}\leqslant 1.5\right\}\geqslant 0.95$，则样本容量 n 至少应取多少？

【解】由于 $X_i \sim N(\mu,\sigma^2)$，$\overline{X}=\dfrac{1}{n}\sum\limits_{i=1}^{n}X_i \sim N\left(\mu,\dfrac{\sigma^2}{n}\right)$，$\dfrac{(n-1)S^2}{\sigma^2}\sim\chi^2(n-1)$，则

$$P\left\{\frac{S^2}{\sigma^2}\leqslant 1.5\right\}=P\left\{\frac{(n-1)S^2}{\sigma^2}\leqslant 1.5(n-1)\right\}$$
$$=1-P\left\{\frac{(n-1)S^2}{\sigma^2}>1.5(n-1)\right\}\geqslant 0.95,$$

所以
$$P\left\{\frac{(n-1)S^2}{\sigma^2}>1.5(n-1)\right\}\leqslant 0.05.$$

由上 α 分位数定义知，使 $P\{\chi^2(n-1)>\chi^2_{0.05}(n-1)\}=0.05$ 的 $\chi^2_{0.05}(n-1)$ 为 $\chi^2(n-1)$ 分布的上 0.05 分位数，我们所求的 n 应使

$$P\left\{\frac{(n-1)S^2}{\sigma^2}>1.5(n-1)\right\}\leqslant 0.05=P\{\chi^2(n-1)>\chi^2_{0.05}(n-1)\}.$$

因此 n 应使 $1.5(n-1)>\chi^2_{0.05}(n-1)$，查 $\alpha=0.05$ 的 $\chi^2(n)$ 分布表并列表 6－1 知，

表 6－1

n	$n-1$	$1.5(n-1)$	比较	$\chi^2_{0.05}(n-1)$
⋮	⋮	⋮		⋮
25	24	36	$<$	36.415
26	25	37.5	$<$	37.652
27	26	39	$>$	38.885
28	27	40.5	$>$	40.113

所以 $n\geqslant 27$.

【例 6.25】从总体 $X\sim N(\mu,2^2)$ 中随意抽取容量为 n 的一组样本，其均值为 $\overline{X}$，依下列不同条件求 n 的最小取值.

(1) $E(\overline{X}-\mu)^2\leqslant 0.1$；　(2) $P\{|\overline{X}-\mu|\leqslant 0.1\}\geqslant 0.95$；　(3) $E|\overline{X}-\mu|\leqslant 0.1$.

【解】由于 $X\sim N(\mu,2^2)$，故 $\overline{X}\sim N\left(\mu,\dfrac{2^2}{n}\right)$.

(1) $E(\overline{X}-\mu)^2=D\overline{X}=\dfrac{4}{n}\leqslant 0.1$，$n\geqslant 40$，$n$ 至少应取 40.

(2) $$P\{|\overline{X}-\mu|\leqslant 0.1\}=P\{\mu-0.1<\overline{X}<\mu+0.1\}$$
$$=\Phi\left(\frac{0.1\sqrt{n}}{2}\right)-\Phi\left(\frac{-0.1\sqrt{n}}{2}\right)$$
$$=2\Phi\left(\frac{\sqrt{n}}{20}\right)-1\geqslant 0.95,$$

即 $\Phi\left(\dfrac{\sqrt{n}}{20}\right)\geqslant 0.975$，$\dfrac{\sqrt{n}}{20}\geqslant 1.96$，$n\geqslant 1536.64$，$n$ 至少应取 1537.

(3) 由于 $\overline{X}-\mu\sim N\left(0,\dfrac{2^2}{n}\right)$，其密度函数 $f(y)=\dfrac{1}{\sqrt{2\pi}\dfrac{2}{\sqrt{n}}}\mathrm{e}^{-\frac{1}{2}\left(\frac{\sqrt{n}y}{2}\right)^2}$，所以

学习随笔

$$\begin{aligned}
E\left|\overline{X}-\mu\right| &= \int_{-\infty}^{+\infty}|y|\cdot\frac{\sqrt{n}}{2\sqrt{2\pi}}e^{-\frac{1}{2}\left(\frac{\sqrt{n}y}{2}\right)^{2}}dy \\
&= \frac{2}{\sqrt{2\pi}}\int_{0}^{+\infty}ye^{-\frac{1}{2}\left(\frac{\sqrt{n}y}{2}\right)^{2}}d\,\frac{\sqrt{n}y}{2} \\
&= \frac{4}{\sqrt{2\pi n}}\int_{0}^{+\infty}te^{-\frac{1}{2}t^{2}}dt \\
&= \frac{4}{\sqrt{2\pi n}}\left[-e^{-\frac{1}{2}t^{2}}\right)_{0}^{+\infty} = \frac{4}{\sqrt{2\pi n}} \leqslant 0.1,
\end{aligned}$$

则 $n \geqslant \frac{40^{2}}{2\pi} = 254.77$，$n$ 至少应取 255.

第 7 章　参数估计

§7.1　知识点及重要结论归纳总结

参数估计是数理统计重要内容之一.在许多实际问题中,总体的数字特征或分布是未知的,有时即使知道了总体的分布形式,例如正态分布 $N(\mu,\sigma^2)$或泊松分布 $P(\lambda)$,但其中参数 μ,σ^2 或 λ 是未知的.于是就产生了如何由样本估计总体的分布函数、分布中的未知参数或数字特征的问题,即所谓的统计估计问题.

如果已知总体的分布函数为 $F(x;\theta)$,其中 θ(可以是一维或多维的)是未知的,由样本$(X_1,X_2,\cdots X_n)$所提供的信息,建立样本的函数(即统计量)来对未知参数 θ 作出估计,并讨论估计量“最佳”准则的统计问题,称为参数估计问题.参数估计可分为点估计与区间估计两大类.如果一个估计问题所涉及的分布未知或不能用有限个实参数来刻画,则称之为非参数估计问题,例如,由样本估计未知分布的问题.我们只讨论参数估计问题.

一、参数的点估计

1. 估计量、估计值与点估计

设总体 X 的分布函数为 $F(x;\theta)$,其中 θ 是一个未知参数(可以多维的),$(X_1,X_2,\cdots,X_n)$是取自总体 X 的一个样本.由样本构造一个统计量 $T(X_1,X_2,\cdots,X_n)$作为参数 θ 的估计,则称统计量 $T(X_1,X_2,\cdots,X_n)$为 θ 的估计量,通常记为 $\hat{\theta}=\hat{\theta}(X_1,X_2,\cdots,X_n)$.

如果$(x_1,x_2,\cdots,x_n)$是样本的一个观察值,代入估计量 $\hat{\theta}$ 中得值 $\hat{\theta}(x_1,x_2,\cdots,x_n)$,并用此值作为未知参数 θ 的近似值,统计中称这个值为未知参数 θ 的估计值.

建立一个统计量作为未知参数 θ 的估计量,并以相应的观察值作为未知参数估计值的问题,称为参数 θ 的点估计问题.

点估计的关键在于构造合适的估计量,其方法很多,我们仅介绍两种常用的方法:矩估计法和极大似然估计法.

2. 构造估计量的方法

(1) 矩估计法

① 基本思想(替换原则):由大数定律知,样本经验分布函数依概率收敛于总体分布函数,样本矩、样本矩的连续函数依概率收敛于相应的总体矩、总体矩的连续函数.因此我们就用样本矩作为相应总体矩的估计量,以样本矩的连续函数作为相应总体矩的连续函数的估计量,并依此求出总体未知参数的估计量,这种构造估计量的方法称为矩估计法,简称为矩法.

② 矩估计法步骤:设总体 X 分布中有 k 个未知参数 $\theta_1,\theta_2,\cdots,\theta_k$,$(X_1,X_2,\cdots,X_n)$是来自总体 X 的样本,如果 X 的前 k 阶原点矩 $\alpha_l(1\leqslant l\leqslant k)$存在,即

学习随笔

$$\alpha_l = \boldsymbol{E}X^l = \int_{-\infty}^{+\infty} x^l f(x;\theta_1,\cdots,\theta_k)\mathrm{d}x,$$

或 $\alpha_l = \boldsymbol{E}X^l = \sum_i x_i^l \boldsymbol{P}\{X = x_i;\theta_1,\cdots,\theta_k\}\quad (l=1,2,\cdots,k)$ 存在,令

$$A_l = \frac{1}{n}\sum_{i=1}^{n} X_i^l = \alpha_l, l=1,2,\cdots,k,$$

这是一个包含 k 个未知参数 $\theta_1,\cdots,\theta_k$ 的联立方程组,称为矩法方程,由此解得

$$\hat{\theta}_l = \hat{\theta}_l(X_1,\cdots,X_n), l=1,2,\cdots,k,$$

以 $\hat{\theta}_l$ 作为 θ_l 的估计量,称这种估计量为矩(法)估计量,矩(法)估计量的观察值称为矩(法)估计值.

③ 求未知参数 θ 的矩估计量,必须要求总体矩存在,并且还必须计算出来(此时问题归结为级数求和或计算定积分),并通过解矩法方程求得 θ 的矩估计量.因此求矩估计量的关键是,写出矩法方程并求解.

(2) 极大似然估计法(最大似然估计法)

① 基本思想(极大似然原理):如果一个随机试验可能的结果有 $A,B,C,\cdots$,若在一次试验中,结果 A 出现了,则认为试验条件对 A 的出现是有利的,即 A 出现的概率最大.基于这个原理,我们可以得到极大似然估计的基本想法:对未知参数 θ 进行估计时,在该参数可能的取值范围 Θ 内选出使"样本获此观测值$(x_1,x_2,\cdots,x_n)$"的概率最大的参数值 $\hat{\theta}$ 作为 θ 的估计,这样选定的 $\hat{\theta}$ 最有利于$(x_1,x_2,\cdots,x_n)$的出现.

设总体 X 是离散型,其分布律为 $\boldsymbol{P}\{X=x\}=p(x;\theta)$,$\theta$ 为未知参数,$(X_1,X_2,\cdots,X_n)$为 X 的一个样本,则$(X_1,\cdots,X_n)$取值为$(x_1,\cdots,x_n)$的概率为

$$\boldsymbol{P}\{X_1=x_1,\cdots,X_n=x_n\} = \prod_{i=1}^{n}\boldsymbol{P}\{X=x_i\} = \prod_{i=1}^{n} p(x_i;\theta),$$

显然其概率随 θ 的取值不同而变化,是 θ 的函数,记为

$$L(\theta) = L(x_1,\cdots,x_n;\theta) \triangleq \prod_{i=1}^{n} p(x_i;\theta),$$

称 $L(\theta)$为样本的似然函数.一次试验获得的观察值为$(x_1,\cdots,x_n)$,因此可以认为参数 θ 估计值 $\hat{\theta}$ 应使样本获这一观测值的概率最大,即

$$L(x_1,\cdots,x_n;\hat{\theta}) = \max_{\theta\in\Theta} L(x_1,\cdots,x_n;\theta).$$

显然,$\hat{\theta}$ 与样本值$(x_1,\cdots,x_n)$有关,通常记为 $\hat{\theta}(x_1,\cdots,x_n)$,并称之为参数 θ 的极大似然估计值,而相应的统计量 $\hat{\theta}(X_1,X_2,\cdots,X_n)$称为参数 θ 的极大似然估计量.

同理,如果总体 X 是连续型的,其概率密度函数为 $f(x;\theta)$,$\theta\in\Theta$,则样本的似然函数为

$$L(\theta) = L(x_1,\cdots,x_n;\theta) \triangleq \prod_{i=1}^{n} f(x_i;\theta).$$

若 $\hat{\theta}=\hat{\theta}(x_1,\cdots,x_n)\in\Theta$ 使

$$L(\hat{\theta}) = L(x_1,\cdots,x_n;\hat{\theta}) = \max_{\theta\in\Theta}\prod_{i=1}^{n} f(x_i;\theta),$$

则称 $\hat{\theta}$ 为 θ 的极大似然估计值，相应的统计量 $\hat{\theta}(X_1,X_2,\cdots,X_n)$ 称为 θ 的极大似然估计量.

② 求极大似然估计量步骤：首先写出似然函数.

$$L(x_1,\cdots,x_n;\theta_1,\cdots,\theta_k)=\prod_{i=1}^{n}p(x_i;\theta_1,\cdots,\theta_k)\text{ 或 }\prod_{i=1}^{n}f(x_i;\theta_1,\cdots,\theta_k)$$

其次如果 $p(x;\theta_1,\cdots,\theta_k)$ 和 $f(x;\theta_1,\cdots,\theta_k)$ 关于 θ_i 可微，则令

$$\frac{\partial L}{\partial\theta_i}=0(i=1,2,\cdots,k)\text{，或令}\frac{\partial\ln L}{\partial\theta_i}=0\ (i=1,2,\cdots,k),$$

由于 $L(\theta)$ 是乘积形式，又 $\ln x$ 是 x 单调增函数，因此 $L(\theta)$ 与 $\ln L(\theta)$ 在同一 θ 处取极值，所以更多的是采用解似然方程组

$$\frac{\partial\ln L}{\partial\theta_i}=0\quad(i=1,2,\cdots,k),$$

求得 θ_i 的极大似然估计量 $\hat{\theta}_i=\hat{\theta}_i(X_1,X_2,\cdots,X_n)(i=1,2,\cdots,k)$.

最后如果似然方程组无解或 $p(x;\theta)$，$f(x;\theta)$ 不可微，则应由其他方法选取 $\hat{\theta}_i(i=1,\cdots,k)$ 使

$$L(\hat{\theta}_1,\cdots,\hat{\theta}_k)=\max_{\theta_i\in\Theta_i}L(x_1,\cdots,x_n;\theta_1,\cdots,\theta_k),$$

从而求得 θ_i 的极大似然估计量 $\hat{\theta}_i(X_1,\cdots,X_n)$.

③ 求未知参数 θ 的极大似然估计必须知道总体的分布律或密度函数，写出样本的似然函数或对数似然函数，并求其最大值点是解题关键.

④ 极大似然估计量的不变性原理：设 $\hat{\theta}$ 是总体分布中未知参数 θ 的极大似然估计，函数 $u=u(\theta)$ 具有单值的反函数 $\theta=\theta(u)$，则 $\hat{u}=u(\hat{\theta})$ 是 $u(\theta)$ 的极大似然估计.

对于多个未知参数，极大似然估计量的不变性仍然成立.

3. 估计量的评价标准

(1) 无偏性

若参数 θ 的估计量 $\hat{\theta}=\hat{\theta}(X_1,\cdots,X_n)$ 对一切 n 及 $\theta\in\Theta$，有

$$\boldsymbol{E}(\hat{\theta})=\theta,$$

则称 $\hat{\theta}$ 是 θ 的无偏估计量，否则称为有偏估计量. 这里 Θ 是 θ 的取值范围.

未知参数 θ 的估计量 $\hat{\theta}=\hat{\theta}(X_1,\cdots,X_n)$ 作为随机样本 $(X_1,\cdots,X_n)$ 的函数是个随机变量，对于不同的样本值就会得到不同的估计值，自然希望 $\hat{\theta}$ 的可能取值应集中于真值 θ 的附近，即要求 $\boldsymbol{E}\hat{\theta}=\theta$. 以 $\hat{\theta}$ 作 θ 的估计所产生的系统误差为 $\boldsymbol{E}(\hat{\theta})-\theta$，无偏估计实际意义就是无系统误差. 如果 $\boldsymbol{E}(\hat{\theta})\neq\theta$，但是 $\lim\limits_{n\to\infty}\boldsymbol{E}(\hat{\theta})=\theta$，则称 $\hat{\theta}$ 为 θ 的渐近无偏估计量.

(2) 有效性

设 $\hat{\theta}_1=\hat{\theta}_1(X_1,X_2,\cdots,X_n)$ 与 $\hat{\theta}_2=\hat{\theta}_2(X_1,X_2,\cdots,X_n)$ 都是 θ 的无偏估计量，如果

学习随笔

$\boldsymbol{D}(\hat{\theta}_1)<\boldsymbol{D}(\hat{\theta}_2)$，则称 $\hat{\theta}_1$ 比 $\hat{\theta}_2$ 有效.

对总体未知参数 θ 而言，其无偏估计量往往不是唯一的，在众多的无偏估计量中如何评价其优劣？如果 $\hat{\theta}_1$ 和 $\hat{\theta}_2$ 都是 θ 的无偏估计，在样本容量 n 相同情况下，$\hat{\theta}_1$ 的观察值较 $\hat{\theta}_2$ 更密集于真值 θ 附近，我们自然就认为 $\hat{\theta}_1$ 较 $\hat{\theta}_2$ 理想. 由于方差是刻画随机变量取值与其数学期望的偏离程度，所以在众多的无偏估计中可以认为方差小者为好，于是有效性就成为比较无偏估计量优劣的一条标准. 如果最小方差无偏估计 $\hat{\theta}^*$ 存在，即存在 $\hat{\theta}^*\in U=\{\hat{\theta}:\boldsymbol{E}\hat{\theta}=\theta,\boldsymbol{D}(\hat{\theta})<\infty$，对一切 $\theta\in\Theta\}$ 使

$$\boldsymbol{D}(\hat{\theta}^*)=\min_{\hat{\theta}\in U}\boldsymbol{D}(\hat{\theta}),$$

则称 $\hat{\theta}^*$ 为 θ 最小方差无偏估计或最优无偏估计.

(3) 一致性(相合性)

设 $\hat{\theta}=\hat{\theta}(X_1,X_2,\cdots,X_n)$ 为未知参数 θ 的估计量，如果对任意 $\theta\in\Theta$，有 $\hat{\theta}(X_1,\cdots,X_n)\xrightarrow{p}\theta\quad(n\to\infty)$，即对任意 $\varepsilon>0$ 有

$$\lim_{n\to\infty}\boldsymbol{P}\{|\hat{\theta}-\theta|\geqslant\varepsilon\}=0,\quad \theta\in\Theta \text{ 或} \lim_{n\to\infty}\boldsymbol{P}\{|\hat{\theta}-\theta|<\varepsilon\}=1,$$

则称 $\hat{\theta}$ 为 θ 的一致估计量(或相合估计量).

评注　无偏性、有效性、一致性是评价点估计量的一些基本标准，它们都是在某种意义下用于衡量估计量 $\hat{\theta}$ 与未知参数 θ 的"接近"程度，是从某一特定方面来看其最优性的. 无偏性与有效性都是在样本容量 n 固定的前提下给出的，而一致性只有当样本容量相当大时才能显示出的一种特性.

由大数定律及依概率收敛性质，可得：

【定理 7.1】设总体 X 的 k 阶原点矩 $\alpha_k=\boldsymbol{E}X^k(k=1,\cdots,m)$ 存在，则样本的 k 阶原点矩 $A_k=\dfrac{1}{n}\sum\limits_{i=1}^{n}X_i^k$ 是总体原点矩 α_k 的无偏、一致估计量；如果 g 是连续函数，则 $g(A_1,\cdots,A_m)$ 是 $g(\alpha_1,\cdots,\alpha_m)$ 一致性估计量. 特别是，样本均值、方差是总体期望、方差的无偏、一致估计量，样本中心矩是总体相应中心矩的一致估计量. 样本分布函数(经验分布函数)是总体分布函数的无偏、一致估计.

由矩法估计量的求法及定理 7.1 可知：未知参数 θ 的矩估计量 $\hat{\theta}_n$ 一般是 θ 的一致性估计，但往往是有偏的(除原点矩外)，然而可以用修正的办法使其无偏化. 对极大似然估计量来说，可以证明在相当一般的条件下，也是相应未知参数的一致性估计，而且在较强的正规性条件下，未知参数 θ 的任何一致性极大似然估计量 $\hat{\theta}_n$ 都渐近地服从正态分布.

二、参数的区间估计

1. 基本概念

未知参数的点估计仅仅给出了参数的一个估计值，然而，无论是从实际应用的需

学习随笔

要出发，还是出于理论研究上的考虑，都还必须对这些估计值精确程度与可靠性作出说明. 设 θ 是未知参数，希望对未知参数 θ 估计出一个范围（通常以区间形式给出），并且给出这个范围包含参数 θ 真值的可信程度. 这种形式的估计称为区间估计，这样的区间在数理统计中称为置信区间.

定　义

设 θ 是总体 X 的一个未知参数，对于给定值 $\alpha(0<\alpha<1)$，如果由样本 $X_1,X_2,\cdots,X_n$ 确定的两个统计量 $\hat{\theta}_1=\hat{\theta}_1(X_1,X_2,\cdots,X_n)$ 和 $\hat{\theta}_2=\hat{\theta}_2(X_1,X_2,\cdots,X_n)$ 满足

$$\boldsymbol{P}\{\hat{\theta}_1(X_1,\cdots,X_n)<\theta<\hat{\theta}_2(X_1,\cdots,X_n)\}=1-\alpha,$$

则称随机区间 $(\hat{\theta}_1,\hat{\theta}_2)$ 是 θ 置信度为 $1-\alpha$ 的置信区间，$\hat{\theta}_1$ 和 $\hat{\theta}_2$ 分别称为 θ 的置信度为 $1-\alpha$ 的置信下限和置信上限，$1-\alpha$ 称为置信度或置信水平，α 称为误判风险或显著性水平. 如果 $\boldsymbol{P}\{\theta<\hat{\theta}_1\}=\boldsymbol{P}\{\theta>\hat{\theta}_2\}=\dfrac{\alpha}{2}$，则称这种置信区间为等尾置信区间.

给定置信度，求未知参数置信区间的问题，称为参数区间估计问题.

显然，置信度为 $1-\alpha$ 的置信区间并不是唯一的，置信区间的长度是表示估计的精度，置信区间短表示估计的精度高. 一般说来，此时样本的容量 n 就相应要大些. 给定 n，我们自然希望所求的置信区间长度越短越好. 反之，要求置信区间具有预先给定的长度，对不同的符合要求的置信区间可以确定相应的样本容量 n，此时自然希望 n 越少越好.

2. 求置信区间的步骤

① 寻求一个包含样本 $(X_1,X_2,\cdots,X_n)$ 与待估参数 θ 而不含其他未知参数的函数（称为枢轴变量）

$$G=G(X_1,X_2,\cdots,X_n;\theta),$$

并且 G 的分布已知（此分布不依赖于任何未知参数）. 我们常常由 θ 的点估计 $\hat{\theta}$ 出发来构造函数 $G=G(\theta,\hat{\theta})$；

② 给定置信度 $1-\alpha$，确定常数 a,b，使 $\boldsymbol{P}\{a<G(X_1,\cdots,X_n;\theta)<b\}=1-\alpha$；

③ 从不等式 $a<G(X_1,\cdots,X_n;\theta)<b$ 解得等价不等式

$$\hat{\theta}_1(X_1,\cdots,X_n;a,b)<\theta<\hat{\theta}_2(X_1,\cdots,X_n;a,b),$$

其中，$\hat{\theta}_i=\hat{\theta}_i(X_1,\cdots,X_n;a,b)(i=1,2)$ 都是统计量，则有

$$\boldsymbol{P}\{\hat{\theta}_1<\theta<\hat{\theta}_2\}=1-\alpha.$$

因此，$(\hat{\theta}_1,\hat{\theta}_2)$ 是 θ 置信度为 $1-\alpha$ 的一个置信区间.

3. 一个正态总体数学期望与方差的区间估计

设总体 $X\sim N(\mu,\sigma^2)$，$(X_1,X_2,\cdots,X_n)$ 是总体 X 容量为 n 的一个样本，$\overline{X}$，S^2 分别是样本的均值和方差，置信度为 $1-\alpha$.

(1) 数学期望 μ 的区间估计

① 已知 σ^2 求 μ 的置信区间.

学习随笔

由于 $X\sim N(\mu,\sigma^2)$，故 $U=\dfrac{\overline{X}-\mu}{\frac{\sigma}{\sqrt{n}}}\sim N(0,1)$. 给定 $1-\alpha(0<\alpha<1)$，由正态分布函数表查出 $u_{\frac{\alpha}{2}}$ 使得

$$P\{|U|<u_{\frac{\alpha}{2}}\}=P\left\{\left|\frac{\overline{X}-\mu}{\frac{\sigma}{\sqrt{n}}}\right|<u_{\frac{\alpha}{2}}\right\}=1-\alpha.$$

从而得总体均值 μ 的 $1-\alpha$ 置信区间为 $\left(\overline{X}-u_{\frac{\alpha}{2}}\frac{\sigma}{\sqrt{n}},\ \overline{X}+u_{\frac{\alpha}{2}}\frac{\sigma}{\sqrt{n}}\right)$，简记为 $\left(\overline{X}\pm u_{\frac{\alpha}{2}}\frac{\sigma}{\sqrt{n}}\right)$，其中 $u_{\frac{\alpha}{2}}$ 是标准正态分布的上 $\frac{\alpha}{2}$ 分位点，即

$$P\{U>u_{\frac{\alpha}{2}}\}=\frac{\alpha}{2},\quad P\{U<u_{\frac{\alpha}{2}}\}=1-\frac{\alpha}{2}.$$

下面三个特殊值是常用的，不妨记住：

$$P\{U<1.64\}=0.95\quad\left(\alpha=0.1,1-\frac{\alpha}{2}=0.95,u_{\frac{\alpha}{2}}=1.64\right)$$

$$P\{U<1.96\}=0.975\quad\left(\alpha=0.05,1-\frac{\alpha}{2}=0.975,u_{\frac{\alpha}{2}}=1.96\right)$$

$$P\{U<2.58\}=0.995\quad\left(\alpha=0.01,1-\frac{\alpha}{2}=0.995,u_{\frac{\alpha}{2}}=2.58\right)$$

② 未知 σ^2 求 μ 的置信区间.

由于 $\dfrac{\overline{X}-\mu}{\frac{\sigma}{\sqrt{n}}}\sim N(0,1)$，其中 σ 未知，用 σ^2 无偏估计 S^2 来代替，并且有

$$T=\frac{\overline{X}-\mu}{\frac{S}{\sqrt{n}}}\sim t(n-1),$$

给定置信度 $1-\alpha$，由 t 分布表可求得 $t_{\alpha/2}(n-1)$，使得

$$P\{|T|<t_{\alpha/2}(n-1)\}=P\left\{\left|\frac{\overline{X}-\mu}{\frac{S}{\sqrt{n}}}\right|<t_{\alpha/2}(n-1)\right\}=1-\alpha.$$

从而得总体均值 μ 的置信度为 $1-\alpha$ 的置信区间 $\left(\overline{X}\pm t_{\alpha/2}(n-1)\frac{S}{\sqrt{n}}\right)$，其中 $t_{\alpha/2}(n-1)$ 是 t 分布的上 $\frac{\alpha}{2}$ 分位点，由 $P\{T>t_{\alpha/2}(n-1)\}=\frac{\alpha}{2}$ 查表求出.

(2) 方差 $\boldsymbol{\sigma}^2$ 的区间估计

① 已知 μ 求 σ^2 的置信区间.

由于总体 $X\sim N(\mu,\sigma^2)$，故 $\chi^2=\sum\limits_{i=1}^{n}\left(\dfrac{X_i-\mu}{\sigma}\right)^2\sim\chi^2(n)$，给定置信度 $1-\alpha$，由 χ^2

分布表可求得 $\chi^2_{\frac{\alpha}{2}}(n)$ 与 $\chi^2_{1-\frac{\alpha}{2}}(n)$，使得

$$\boldsymbol{P}\{\chi^2_{1-\frac{\alpha}{2}}(n)<\chi^2<\chi^2_{\frac{\alpha}{2}}(n)\}=\boldsymbol{P}\left\{\chi^2_{1-\frac{\alpha}{2}}(n)<\frac{\sum\limits_{i=1}^{n}(X_i-\mu)^2}{\sigma^2}<\chi^2_{\frac{\alpha}{2}}(n)\right\}=1-\alpha.$$

从而得总体方差 σ^2 置信度为 $1-\alpha$ 的置信区间

$$\left(\frac{\sum\limits_{i=1}^{n}(X_i-\mu)^2}{\chi^2_{\frac{\alpha}{2}}(n)},\quad \frac{\sum\limits_{i=1}^{n}(X_i-\mu)^2}{\chi^2_{1-\frac{\alpha}{2}}(n)}\right),$$

其中，$\chi^2_{\frac{\alpha}{2}}(n)$ 与 $\chi^2_{1-\frac{\alpha}{2}}(n)$ 是 $\chi^2(n)$ 分布上侧分位点，由

$$\boldsymbol{P}\{\chi^2>\chi^2_{\frac{\alpha}{2}}(n)\}=\frac{\alpha}{2}\text{ 及 }\boldsymbol{P}\{\chi^2>\chi^2_{1-\frac{\alpha}{2}}(n)\}=1-\frac{\alpha}{2}$$

查 χ^2 分布表求得.

② 未知 μ 求 σ^2 的置信区间.

由于 $\sum\limits_{i=1}^{n}\left(\frac{X_i-\mu}{\sigma}\right)^2\sim\chi^2(n)$，其中 μ 未知，用 μ 无偏估计 $\overline{X}$ 来代替，则

$$\chi^2=\sum_{i=1}^{n}\left(\frac{X_i-\overline{X}}{\sigma}\right)^2=\frac{(n-1)S^2}{\sigma^2}\sim\chi^2(n-1).$$

给定置信度 $1-\alpha$，由 χ^2 分布表可求得 $\chi^2_{\frac{\alpha}{2}}(n-1)$ 与 $\chi^2_{1-\frac{\alpha}{2}}(n-1)$，使得

$$\boldsymbol{P}\{\chi^2_{1-\frac{\alpha}{2}}(n-1)<\chi^2<\chi^2_{\frac{\alpha}{2}}(n-1)\}$$

$$=\boldsymbol{P}\left\{\chi^2_{1-\frac{\alpha}{2}}(n-1)<\frac{\sum\limits_{i=1}^{n}(X_i-\overline{X})^2}{\sigma^2}<\chi^2_{\frac{\alpha}{2}}(n-1)\right\}=1-\alpha.$$

从而得总体方差 σ^2 置信度为 $1-\alpha$ 的置信区间

$$\left(\frac{\sum\limits_{i=1}^{n}(X_i-\overline{X})^2}{\chi^2_{\frac{\alpha}{2}}(n-1)},\quad \frac{\sum\limits_{i=1}^{n}(X_i-\overline{X})^2}{\chi^2_{1-\frac{\alpha}{2}}(n-1)}\right)\text{或}\left(\frac{(n-1)S^2}{\chi^2_{\frac{\alpha}{2}}(n-1)},\quad \frac{(n-1)S^2}{\chi^2_{1-\frac{\alpha}{2}}(n-1)}\right),$$

标准差 σ 置信度为 $1-\alpha$ 的置信区间为

$$\left(\frac{\sqrt{n-1}S}{\sqrt{\chi^2_{\frac{\alpha}{2}}(n-1)}},\quad \frac{\sqrt{n-1}S}{\sqrt{\chi^2_{1-\frac{\alpha}{2}}(n-1)}}\right),$$

其中，$\chi^2_{\frac{\alpha}{2}}(n-1)$ 与 $\chi^2_{1-\frac{\alpha}{2}}(n-1)$ 是 $\chi^2(n-1)$ 分布上侧分位点，由

$$\boldsymbol{P}\{\chi^2(n-1)>\chi^2_{\frac{\alpha}{2}}(n-1)\}=\frac{\alpha}{2}\text{ 与 }\boldsymbol{P}\{\chi^2(n-1)>\chi^2_{1-\frac{\alpha}{2}}(n-1)\}=1-\frac{\alpha}{2}$$

查 χ^2 分布表求得.

说明　上述求置信区间时，不论密度函数是否对称，都取对称分位点来确定置信区间的，即都是等尾置信区间，这样确定的置信区间的长度并不一定是最短的.

4. 两个正态总体期望差与方差比的区间估计

设两个相互独立的正态总体：$X\sim N(\mu_1,\sigma_1^2)$，$Y\sim N(\mu_2,\sigma_2^2)$，$X_1,X_2,\cdots,X_{n_1}$ 是来自

学习随笔

总体 X 的样本；而 $Y_1,Y_2,\cdots,Y_{n_2}$ 是来自总体 Y 的样本，样本的均值和方差分别为 $\overline{X},\overline{Y}$ 与 S_X^2,S_Y^2，置信度为 $1-\alpha$.

(1) 两个总体均值差 $\mu_1-\mu_2$ 的置信区间

① 已知 σ_1^2 和 σ_2^2，求 $\mu_1-\mu_2$ 的置信区间.

由于 $\overline{X}\sim N(\mu_1,\sigma_1^2/n_1)$，$\overline{Y}\sim N(\mu_2,\sigma_2^2/n_2)$，$\overline{X}$ 与 $\overline{Y}$ 相互独立，所以

$$U=\frac{(\overline{X}-\overline{Y})-(\mu_1-\mu_2)}{\sqrt{\dfrac{\sigma_1^2}{n_1}+\dfrac{\sigma_2^2}{n_2}}}\sim N(0,1),$$

于是得 $\mu_1-\mu_2$ 置信度为 $1-\alpha$ 的一个置信区间

$$\left((\overline{X}-\overline{Y})\pm u_{\frac{\alpha}{2}}\sqrt{\frac{\sigma_1^2}{n_1}+\frac{\sigma_2^2}{n^2}}\right),$$

其中，$u_{\frac{\alpha}{2}}$ 为标准正态分布的上 $\dfrac{\alpha}{2}$ 分位点：$\boldsymbol{P}\{U>u_{\frac{\alpha}{2}}\}=\dfrac{\alpha}{2}$，即 $\boldsymbol{P}\{U<u_{\frac{\alpha}{2}}\}=1-\dfrac{\alpha}{2}$.

② 未知 σ_1^2 和 σ_2^2，但 n_1 和 n_2 都很大.

由中心极限定理，知

$$\lim_{n\to\infty}\boldsymbol{P}\left\{\frac{(\overline{X}-\overline{Y})-(\mu_1-\mu_2)}{\sqrt{\dfrac{\sigma_1^2}{n_1}+\dfrac{\sigma_2^2}{n_2}}}\leqslant x\right\}=\Phi(x).$$

由于 σ_1^2,σ_2^2 未知，用 S_X^2,S_Y^2 来估计. 因此当 n_1,n_2 都很大时，$\mu_1-\mu_2$ 置信度为 $1-\alpha$ 的近似置信区间为

$$\left((\overline{X}-\overline{Y})\pm u_{\frac{\alpha}{2}}\sqrt{\frac{S_X^2}{n_1}+\frac{S_Y^2}{n_2}}\right).$$

③ 未知 σ_1^2,σ_2^2，但知 $\sigma_1^2=\sigma_2^2\xlongequal{\text{记}}\sigma^2$，求 $\mu_1-\mu_2$ 的置信区间.

由于 $U=\dfrac{(\overline{X}-\overline{Y})-(\mu_1-\mu_2)}{\sigma\sqrt{\dfrac{1}{n_1}+\dfrac{1}{n_2}}}\sim N(0,1)$，其中 σ 未知，考虑用样本方差来代替 σ.

因为

$$\frac{(n_1-1)S_X^2}{\sigma^2}=\sum_{i=1}^{n_1}\left(\frac{X_i-\overline{X}}{\sigma}\right)^2\sim\chi^2(n_1-1),$$

$$\frac{(n_2-1)S_Y^2}{\sigma^2}=\sum_{j=1}^{n_2}\left(\frac{Y_j-\overline{Y}}{\sigma}\right)^2\sim\chi^2(n_2-1),$$

则 S_X^2 与 S_Y^2 相互独立，所以

$$\frac{(n_1-1)S_X^2+(n_2-1)S_Y^2}{\sigma^2}\sim\chi^2(n_1+n_2-1).$$

故

$$T=\frac{(\overline{X}-\overline{Y})-(\mu_1-\mu_2)}{S_W\sqrt{\dfrac{1}{n_1}+\dfrac{1}{n_2}}}\sim t(n_1+n_2-2),$$

其中,$S_W^2=\dfrac{(n_1-1)S_X^2+(n_2-1)S_Y^2}{n_1+n_2-2}$.从而可得 $\mu_1-\mu_2$ 置信度为 $1-\alpha$ 的置信区间

$$\left((\overline{X}-\overline{Y})\pm t_{\frac{\alpha}{2}}(n_1+n_2-1)S_W\sqrt{\frac{1}{n_1}+\frac{1}{n_2}}\right),$$

其中,$t_{\frac{\alpha}{2}}(n_1+n_2-2)$为 t 分布的上$\dfrac{\alpha}{2}$分位点:$\boldsymbol{P}\{T>t_{\frac{\alpha}{2}}(n_1+n_2-2)\}=\dfrac{\alpha}{2}$.

(2) 两个正态总体方差比 $\boldsymbol{\sigma_1^2/\sigma_2^2}$ 的置信区间

① 假设 μ_1 和 μ_2 未知,求 σ_1^2/σ_2^2 的置信区间.

由于 $\chi_1^2=\dfrac{(n_1-1)S_X^2}{\sigma_1^2}\sim\chi^2(n_1-1)$,$\chi_2^2=\dfrac{(n_2-1)S_Y^2}{\sigma_2^2}\sim\chi^2(n_2-1)$,且总体 X 与 Y 相互独立,所以 χ_1^2 与 χ_2^2 相互独立,则

$$F=\frac{\chi_1^2/(n_1-1)}{\chi_2^2/(n_2-1)}=\frac{S_X^2/\sigma_1^2}{S_Y^2/\sigma_2^2}\sim F(n_1-1,n_2-1).$$

给定置信度 $1-\alpha$,可求得 $F_{\frac{\alpha}{2}}(n_1-1,n_2-1)$与 $F_{1-\frac{\alpha}{2}}(n_1-1,n_2-1)$,使得

$$\boldsymbol{P}\left\{F_{1-\frac{\alpha}{2}}(n_1-1,n_2-1)<\frac{S_X^2/\sigma_1^2}{S_Y^2/\sigma_2^2}<F_{\frac{\alpha}{2}}(n_1-1,n_2-1)\right\}=1-\alpha,$$

即

$$\boldsymbol{P}\left\{\frac{1}{F_{\frac{\alpha}{2}}(n_1-1,n_2-1)}\frac{S_X^2}{S_Y^2}<\frac{\sigma_1^2}{\sigma_2^2}<\frac{1}{F_{1-\frac{\alpha}{2}}(n_1-1,n_2-1)}\frac{S_X^2}{S_Y^2}\right\}=1-\alpha.$$

从而得$\dfrac{\sigma_1^2}{\sigma_2^2}$置信度为 $1-\alpha$ 的置信区间为

$$\left(\frac{1}{F_{\frac{\alpha}{2}}(n_1-1,n_2-1)}\cdot\frac{S_X^2}{S_Y^2},\quad\frac{1}{F_{1-\frac{\alpha}{2}}(n_1-1,n_2-1)}\cdot\frac{S_X^2}{S_Y^2}\right).$$

由于$\dfrac{1}{F_{1-\frac{\alpha}{2}}(n_1-1,n_2-1)}=F_{\frac{\alpha}{2}}(n_2-1,n_1-1)$,所以上述置信区间可写为

$$\left(\frac{1}{F_{\frac{\alpha}{2}}(n_1-1,n_2-1)}\frac{S_X^2}{S_Y^2},\quad F_{\frac{\alpha}{2}}(n_2-1,n_1-1)\cdot\frac{S_X^2}{S_Y^2}\right),$$

其中,F 分布上侧分位点由 $\boldsymbol{P}\{F>F_{\frac{\alpha}{2}}(n_1-1,n_2-1)\}=\dfrac{\alpha}{2}$,$\boldsymbol{P}\left\{\dfrac{1}{F}>F_{\frac{\alpha}{2}}(n_2-1,n_1-1)\right\}=\dfrac{\alpha}{2}$查 F 分布表求得.

② 假设 μ_1 和 μ_2 已知,求 σ_1^2/σ_2^2 的置信区间.

由于 $\chi_1^2=\sum\limits_{i=1}^{n_1}\left(\dfrac{X_i-\mu_1}{\sigma_1}\right)^2\sim\chi^2(n_1)$,$\chi_2^2=\sum\limits_{i=1}^{n_2}\left(\dfrac{Y_i-\mu_2}{\sigma_2}\right)^2\sim\chi^2(n_2)$,且总体 X 与 Y 相互独立,所以 χ_1^2 与 χ_2^2 相互独立,则

$$F=\frac{\chi_1^2/n_1}{\chi_2^2/n_2}=\frac{\dfrac{1}{n_1}\sum\limits_{i=1}^{n_1}(X_i-\mu_1)^2/\sigma_1^2}{\dfrac{1}{n_2}\sum\limits_{i=1}^{n_2}(Y_i-\mu_2)^2/\sigma_2^2}\sim F(n_1,n_2).$$

学习随笔

给定置信度 $1-\alpha$，可求得 $F_{\frac{\alpha}{2}}(n_1,n_2)$ 与 $F_{1-\frac{\alpha}{2}}(n_1,n_2)$，使得

$$P\left\{F_{1-\frac{\alpha}{2}}(n_1,n_2)<\frac{\frac{1}{n_1}\sum_{i=1}^{n_1}(X_i-\mu_1)^2/\sigma_1^2}{\frac{1}{n_2}\sum_{i=1}^{n_2}(Y_i-\mu_2)^2/\sigma_2^2}<F_{\frac{\alpha}{2}}(n_1,n_2)\right\}=1-\alpha.$$

从而得 $\frac{\sigma_1^2}{\sigma_2^2}$ 置信度为 $1-\alpha$ 的置信区间为

$$\left(\frac{1}{F_{\frac{\alpha}{2}}(n_1,n_2)}\frac{\frac{1}{n_1}\sum_{i=1}^{n_1}(X_i-\mu_1)^2}{\frac{1}{n_2}\sum_{i=1}^{n_2}(Y_i-\mu_2)^2},\quad \frac{1}{F_{1-\frac{\alpha}{2}}(n_1,n_2)}\cdot\frac{\frac{1}{n_1}\sum_{i=1}^{n_1}(X_i-\mu_1)^2}{\frac{1}{n_2}\sum_{i=1}^{n_2}(Y_i-\mu_2)^2}\right),$$

其中，$\frac{1}{F_{1-\frac{\alpha}{2}}(n_1,n_2)}=F_{\frac{\alpha}{2}}(n_2,n_1)$，$P\{F>F_{\frac{\alpha}{2}}(n_1,n_2)\}=\frac{\alpha}{2}$，$P\left\{\frac{1}{F}>F_{\frac{\alpha}{2}}(n_2,n_1)\right\}=\frac{\alpha}{2}$.

5. 小　结

求正态总体未知参数置信区间问题，是一个比较简单的问题. 只要掌握基本方法，记住几个分布的典型模式与性质，就能导出或记住区间估计的公式，余下的只是计算出样本均值与方差，查相关分布表求得分位数，代入有关式子，即可求得置信区间(但要注意置信区间的使用条件).

6. 单侧置信区间

前面我们讨论了求未知参数 θ 的双侧置信区间 $(\hat{\theta}_1,\hat{\theta}_2)$ 的问题，然而在某些实际问题中，我们关心的是某个未知参数的"下限"或"上限". 例如，对于设备、元件的寿命来说，我们关心的是平均寿命 θ 的"下限"；而在考虑产品的废品率 p 时，则关心的是 p 的"上限". 为此我们需要讨论未知参数 θ 的单侧区间估计问题，即求单侧置信区间.

设 θ 为总体 X 的未知参数，$(X_1,X_2,\cdots,X_n)$ 是来自总体 X 的一个样本，对给定的 α $(0<\alpha<1)$，若存在统计量 $\hat{\theta}_1=\hat{\theta}_1(X_1,\cdots,X_n)$，使得

$$P\{\hat{\theta}_1<\theta\}=1-\alpha,$$

则称随机区间 $(\hat{\theta}_1,+\infty)$ 是 θ 的置信度为 $1-\alpha$ 的单侧置信区间，$\hat{\theta}_1$ 称为 θ 的置信度为 $1-\alpha$ 的单侧置信下限. 同理，若存在统计量 $\hat{\theta}_2=\hat{\theta}_2(X_1,\cdots,X_n)$，使得

$$P\{\theta<\hat{\theta}_2\}=1-\alpha,$$

则称 $(-\infty,\hat{\theta}_2)$ 是 θ 的置信度为 $1-\alpha$ 的单侧置信区间，$\hat{\theta}_2$ 称为 θ 的置信度为 $1-\alpha$ 的单侧置信上限.

对于正态总体 $N(\mu,\sigma^2)$ 而言，求未知参数 μ 或 σ^2 的单侧置信下限(或上限)，原则上说并没有什么困难，仿照求其双侧置信区间的方法即可求得. 例如，总体 $X\sim N(\mu,\sigma^2)$，其中参数 μ 与 σ^2 均为未知，设 $(X_1,X_2,\cdots,X_n)$ 是来自总体 X 的一个样本，给定置信度 $1-\alpha$，则由

$$T=\frac{\overline{X}-\mu}{\frac{S}{\sqrt{n}}}\sim t(n-1),$$

令 $\boldsymbol{P}\{T<t_\alpha(n-1)\}=\boldsymbol{P}\left\{\frac{\overline{X}-\mu}{\frac{S}{\sqrt{n}}}<t_\alpha(n-1)\right\}=\boldsymbol{P}\left\{\overline{X}-t_\alpha(n-1)\frac{S}{\sqrt{n}}<\mu\right\}=1-\alpha$，从而得到总体均值 μ 的置信度为 $1-\alpha$ 的单侧置信下限为

$$\hat{\mu}_1=\overline{X}-t_\alpha(n-1)\frac{S}{\sqrt{n}},$$

其中，$t_\alpha(n-1)$是 $t(n-1)$分布的上 α 分位点(见图 7 - 1)

$$\boldsymbol{P}\{T>t_\alpha(n-1)\}=\alpha.$$

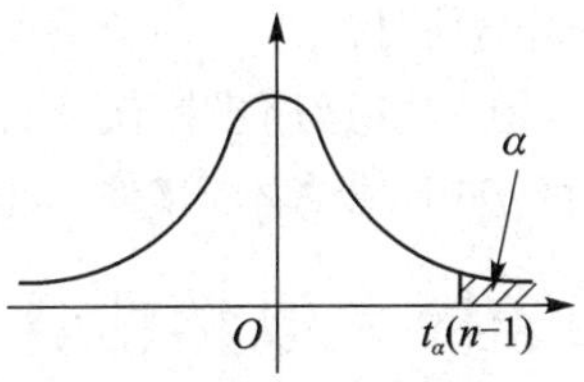

图 7 - 1

同理可以讨论其他问题. 如同求未知参数 θ 的置信区间一样，求 θ 的置信上限或下限，关键在于寻求一个包含样本及 θ 的函数 $G(X_1,\cdots,X_n;\theta)$ 且其分布已知，给定置信度 $1-\alpha$，确定常数 a 或 b 使得 $\boldsymbol{P}\{a<G(X_1,\cdots,X_n;\theta)\}=1-\theta$，或 $\boldsymbol{P}\{G(X_1,\cdots,X_n;\theta)<b\}=1-\theta$. 从而求得 θ 的置信上限或下限.

§7.2　进一步理解基本概念

一、矩法估计的统计思想

矩估计方法是用样本的 k 阶原点矩作为总体的 k 阶原点矩的估计的一种估计方法，它来源于下列统计结论：

设总体 X 具有分布函数 $F(x)$，相应的 k 阶原点矩为 $\alpha_k=\boldsymbol{E}X^k$($k$ 为正整数). 从总体中抽取了简单样本$(X_1,\cdots,X_n)$的观测值$(x_1,\cdots,x_n)$后，我们有理由认为 $x_1,\cdots,x_n$ 被抽到的概率是相同的. 由此可构造一离散型均匀分布，即

x_1	$\cdots$	x_n
$\frac{1}{n}$	$\cdots$	$\frac{1}{n}$

它相应的分布函数正是 $\widetilde{F}_n(x)=\frac{1}{n}(x_1,\cdots,x_n\leqslant x$ 的个数)，相应的 k 阶原点矩是 $\frac{1}{n}\sum_{i=1}^{n}x_i^k$. 将观测值 x_i 改为 X_i(即考虑抽样前的情况)，它们正是经验分布函数 $F_n(x)=\frac{1}{n}(X_1,\cdots,X_n\leqslant x$ 的个数) 以及样本 k 阶原点矩 $A_k=\frac{1}{n}\sum_{i=1}^{n}X_i^k$.

经过研究发现，当样本容量 $n\to\infty$时，经验分布函数 $F_n(x)$十分接近于总体分布函数 $F(x)$，样本 k 阶原点矩 A_k 十分接近于总体 k 阶原点矩 α_k. 严格地说有

学习随笔

$$F_n(x) \xrightarrow{p} F(x), \quad A_k \xrightarrow{p} \alpha_k,$$

从而用 A_k 作为 α_k 的估计是合理的.

由此矩法估计提供了一种估计方法,即如果总体未知数 θ 是总体原点矩 α_i 的函数,$\theta=\theta(\alpha_1,\cdots,\alpha_r)$,那么,用 $A_k=\hat{\alpha}_k$ 代替 α_k,得到 θ 的矩估计为 $\hat{\theta}=\theta(A_1,\cdots,A_r)$.

从估计的评选标准来看,A_k 是 α_k 的相合(一致)估计,而且 A_k 还是 α_k 的无偏估计.从而用 A_k 作 α_k 的估计是较好的.

但要注意一点,尽管 A_k 是 α_k 的无偏估计,但它们的函数 $\theta(A_1,\cdots,A_r)$ 不一定是 $\theta(\alpha_1,\cdots,\alpha_r)$ 的无偏估计,例如,$A_2-A_1^2=\frac{1}{n}\sum_{i=1}^{n}(X_i-\overline{X})^2$ 不再是 $\boldsymbol{D}(X)=\boldsymbol{E}X^2-(\boldsymbol{E}X)^2$ 的无偏估计.

在实际运用中矩法估计由于上述理由再加上它的表达式的简单易行,因而得到了广泛的运用(参考本章【例 7.1】,【例 7.3】).

二、极大似然估计的统计思想

寻求极大似然估计的关键在于找到使似然函数(即样本联合概率密度或者联合概率分布中视样本观测值 $x_1,\cdots,x_n$ 固定,仅作为 θ 的函数)达到最大时 θ 的取值 $\theta(x_1,\cdots,x_n)$.为了说明这一方法的合理性,我们考察下列例子.

设盒内白球个数与黑球个数之比为 8∶2,但白球多还是黑球多是未知的,要通过抽样进行判断.

如果有放回地抽了三次,每次抽一个球,发现全是白球,显然合理的判断应是盒内白球占 8 成,黑球占 2 成.

如果用概率论语言重新予以描述:令 X(抽到黑球)$=0$,X(抽到白球)$=1$,一次抽球抽到的白球个数 X 服从 $B(1,\theta)$,即

X	0	1
$\boldsymbol{P}_r$	$1-\theta$	θ

,

其中,$\theta=0.2$ 或者 0.8.抽到三次白球,可视为从总体 X 中抽取了容量为 3 的样本,其观测值分别为 $x_1=1,x_2=1,x_3=1$,要判断 $\theta=0.2$ 还是 $\theta=0.8$.由于 $\boldsymbol{P}\{X_1=1,X_2=1,X_3=1\}=\theta^3$ 正是似然函数 $L(\theta)$,让 θ 变动:

当 $\theta=0.2$ 时,$L(0.2)=0.2^3=0.008$;

当 $\theta=0.8$ 时,$L(0.8)=0.8^3=0.512$;

当 $\theta=0.8$ 时,$L(\theta)=$ 达到了最大.

直观含义即从白球占 8 成的盒中抽到 3 个白球的可能性远远高于从白球只占 2 成的盒中抽到 3 个白球的可能性,从而判断 $\theta=0.8$ 是合理的.反之,如果抽取三次发现全是黑球,则 $L(\theta)=\boldsymbol{P}\{X_1=0,X_2=0,X_3=0\}=(1-\theta)^3$,$L(0.2)>L(0.8)$,故应判断 $\theta=0.2$,即白球占 2 成.从这个例子看到极大似然估计的统计思想是合理的,正是寻求在不同 θ 对应的总体下出现$(x_1,\cdots,x_n)$最可能的 θ 值,而 θ 的极大似然估计值是随着观测值 x_i 的不同而变化.因此是观测值 x_i 的函数即 $\theta=\theta(x_1,\cdots,x_n)$.由于估计量在抽样前给出,$\theta$ 的极

大似然估计量应是$\hat{\theta}=\theta(X_1,\cdots,X_n)$.

由于$\ln u$是u的单增函数,从而似然函数$L(\theta_1,\cdots,\theta_r)$与对数似然函数使$\ln L(\theta_1,\cdots,\theta_r)$同时取得最大值,因此只须求得使$\ln L(\theta_1,\cdots,\theta_r)$达到最大的相应的解$\hat{\theta}_i(x_1,\cdots,x_n)$,它就是极大似然估计值.为此通常有两种方法:

方法一　如果对数似然方程组$\frac{\partial}{\partial\theta_i}\ln L(\theta_1,\cdots,\theta_r)=0(i=1,\cdots,r)$有解,该解即为要求的极大似然估计值.

注意　通常满足方程的解只是取得极值的必要条件,要证明它达到极大还应进一步验证是否满足极值的充分条件.对此不作要求.

方法二　如果总体密度$f_\theta(x)>0$的范围与θ有关,例如均匀分布$U(0,\theta)$.因而对数似然函数$\ln L(\theta_1,\cdots,\theta_r)>0$的范围也与$\theta$有关,此时对数似然方程往往无解,我们必须直接寻找或者利用似然函数的单调性求使$L(\theta_1,\cdots,\theta_r)$达到最大的点,并由此求得极大似然估计值(参考本章【例7.5】).

如果θ的极大估计量为$\hat{\theta}(X_1,\cdots,X_n)$,那么,$\theta$的函数$g(\theta)$的极大似然估计量就是$g(\hat{\theta}(X_1,\cdots,X_n))$,这一性质对求$g(\theta)$的估计是很有用的.例如,正态总体$N(\mu,\sigma^2)$中$\mu$的极大似然估计量是$\overline{X}$,那么$\mu^2+\mu$的极大似然估计量就是$\overline{X}^2+\overline{X}$.

由于矩估计和极大似然估计是从不同的统计思想推导而得的,它们有时并不相同.究竟实用上选用哪一个,就应从估计的评选标准作进一步考察.

三、无偏性和有效性的统计意义

当θ的估计量$\hat{\theta}(X_1,\cdots,X_n)$满足$\boldsymbol{E}\hat{\theta}(X_1,\cdots,X_n)=\theta$时,则称$\hat{\theta}(X_1,\cdots,X_n)$是$\theta$的无偏估计.$b(\theta)=\boldsymbol{E}\hat{\theta}(X_1,\cdots,X_n)-\theta$称为$\hat{\theta}(X_1,\cdots,X_n)$的偏差.

无偏性的概念只有在大量重复下才有意义.可以设想一下,若每天抽样X_i对θ进行估计,一共进行了n天,即$X_1,\cdots,X_n$独立同分布,估计量记为$\hat{\theta}(X_i)$,如果$\hat{\theta}(X_i)$是θ的无偏估计,则由大数定律知道当$n\to\infty$时以概率1有

$$\frac{1}{n}\sum_{i=1}^{n}\hat{\theta}(X_i)\xrightarrow{p}\boldsymbol{E}\hat{\theta}(X_i)=\theta.$$

也就是说,尽管每一次估计值$\hat{\theta}(x_i)$不一定恰好等于θ,但是大量重复该估计,则多次估计的平均值可以收敛到未知参数θ.如果$\hat{\theta}$只使用一次,并不保证它与θ相等,因此,无偏性只是保证$\hat{\theta}$没有系统误差,即使估计有偏差,该偏差是随机的,在大量重复使用中保证了"平均偏差为0".由此看来"无偏性"是一种合理的准则,即平均偏差为0的估计优于平均偏差不为0的估计.另一方面无偏性只涉及一阶矩的计算,数学上处理比较方便.

事实上无偏性的要求仍是比较基本的,是"好估计"的基本要求之一.有时对同一待估参数往往有一大批无偏估计.例如估计总体均值$\boldsymbol{E}X=\theta$时,除了$\overline{X}=\frac{1}{n}\sum_{i=1}^{n}X_i$是$\theta$的无

学习随笔

偏估计外，对于任意常数 $a_1,\cdots,a_n$，只要 $\sum_{i=1}^{n}a_i=1$ 得到满足，$\sum_{i=1}^{n}a_iX_i$ 都是 θ 的无偏估计. 因此，如何从众多的无偏估计中寻找一个最好的估计是很有意义的.

无偏估计的方差恰好反映了估计 $\hat{\theta}(X)$ 与 θ 的偏差程度. 显然方差越小，该估计作为 θ 估计越精确. 由此给出了有效性的定义，即如果 $\hat{\theta}_1(X_1,\cdots,X_n)$，$\hat{\theta}_2(X_1,\cdots,X_n)$ 都是 θ 无偏估计，且 $\boldsymbol{D}(\hat{\theta}_1)<\boldsymbol{D}(\hat{\theta}_2)$，则称 $\hat{\theta}_1(X_1,\cdots,X_n)$ 优于 $\hat{\theta}_2(X_1,\cdots,X_n)$.

为了验证 $\hat{\theta}(X_1,\cdots,X_n)$ 的无偏性以及计算它的方差，有两种方法：

方法一 利用 $\boldsymbol{E}$ 和 $\boldsymbol{D}$ 的运算性质计算；

方法二 先要求得 $\hat{\theta}(X_1,\cdots,X_n)$ 的分布，然后再进行计算，这一般说来是困难的，要切实掌握以下几点：

① 当 $(X_1,\cdots,X_n)$ 是取自正态总体 $N(\mu,\sigma^2)$ 的样本时，$\overline{X}\sim N\left(\mu,\frac{\sigma^2}{n}\right)$，$\frac{1}{\sigma^2}\sum_{i=1}^{n}(X_i-\overline{X})^2\sim\chi^2(n-1)$，$\frac{1}{\sigma^2}\sum_{i=1}^{n}(X_i-\mu)^2\sim\chi^2(n)$ 以及 χ^2 变量的期望和方差.

② 当 $(X_1,\cdots,X_n)$ 是取自均匀分布 $U(0,\theta)$ 或 $U(\theta_1,\theta_2)$ 时会计算 $X_{(n)}=\max(X_1,\cdots,X_n)$ 和 $X_{(1)}=\min(X_1,\cdots,X_n)$ 的分布密度以及期望、方差（参考本章【例 7.5】）.

在实际操作中，往往希望从某一含有未知参数 θ 的总体中抽取样本 $(X_1,\cdots,X_n)$ 来估计 θ，其中，包括两方面的问题，即

① 如何构造估计量？

② 该估计量是否“最优”？

矩法和极大似然法只是为构造估计量提供了两条有用的途径，至于得到的估计量是否优良还要进一步从评选标准去鉴定. 例如估计正态总体 $N(\mu,\sigma^2)$（μ 未知时）中的 σ^2，用极大似然法和矩法都得到估计 $\hat{\sigma}^2=\frac{1}{n}\sum_{i=1}^{n}(X_i-\overline{X})^2$，然而从无偏性角度考察发现 $\boldsymbol{E}\hat{\sigma}^2=\frac{n-1}{n}\sigma^2$ 较 σ^2 低. 因而通过纠偏后改取 $S^2=\frac{1}{n-1}\sum_{i=1}^{n}(X_i-\overline{X})^2$ 作为 σ^2 的估计，它既是无偏估计又是相合估计，因此实用上都选用 S^2 作为 σ^2 的估计.

最后应当指出，对于极大似然估计和矩估计都有一条重要性质：如果 $\hat{\theta}$ 是 θ 的极大似然估计（矩估计），那么 $g(\hat{\theta})$ 也是 $g(\theta)$ 的极大似然估计（矩估计）. 但这一性质对于无偏估计并不成立. 如 S^2 是总体方差 σ^2 的无偏估计，但 S 并不是总体均方差 σ 的无偏估计，两者不要混淆.

四、相合性的统计意义

设 $\hat{\theta}_n(X_1,\cdots,X_n)$ 是 θ 的估计，如果满足 $\hat{\theta}_n(X_1,\cdots,X_n)\xrightarrow{p}\theta$，则称 $\hat{\theta}_n(X_1,\cdots,X_n)$ 是 θ 的相合（一致）估计.

相合性的标准从直观上看就是要求当试验次数 n 不断增加，估计 $\hat{\theta}_n(X_1,\cdots,X_n)$ 按

概率收敛于 θ，即与真正的 θ 相差无几. 它是一种大样本的性质，要求 $n\to\infty$ 时满足. 而无偏性是小样本的性质，对于给定的 n，只要 $\boldsymbol{E}\hat{\theta}(X_1,\cdots,X_n)=\theta$ 成立即可. 它们是从不同的角度提出的两种标准.

相合性也是一种对估计的基本要求，事实上当 $n\to\infty$ 时信息量越来越大，对 θ 的估计应该越来越精确，$\hat{\theta}$ 应该与 θ 相差无几才合理. 如果相合性不满足，估计量显然不是合理的. 由于样本的 k 阶原点矩 A_k 按概率收敛于总体 k 阶原点矩 $\alpha_k(k=1,2,\cdots)$，所以矩法估计都是相合估计.

为了判定 $\hat{\theta}_n(X_1,\cdots,X_n)$ 是否是 θ 的相合估计，一般也要先求 $\hat{\theta}_n(X_1,\cdots,X_n)$ 的分布，然后计算 $\boldsymbol{P}\{|\hat{\theta}(X_1,\cdots,X_n)-\theta|\geqslant\varepsilon\}$ 的概率，要证明当 $n\to\infty$ 时它趋近于 0. 当 $\hat{\theta}(X_1,\cdots,X_n)$ 为 θ 的无偏估计时，常用切比雪夫不等式来估计上述概率趋近于 0 的速度，这时又要用到 $\hat{\theta}(X_1,\cdots,X_n)$ 的方差. 只要 $\boldsymbol{D}(\hat{\theta})$ 当 $n\to\infty$ 时趋近于 0，则 $\hat{\theta}(X_1,\cdots,X_n)$ 是 θ 的相合估计. 因此前面提到的几个分布要能熟练地运用(参考本章【例 7.20】).

五、区间估计的统计意义

寻求总体未知参数 θ 在置信水平 $1-\alpha$ 下的双侧置信区间 $(\underline{\theta}(X_1,\cdots,X_n),\overline{\theta}(X_1,\cdots,X_n))$ 就是要找到两个统计量 $\underline{\theta}(X_1,\cdots,X_n)$ 和 $\overline{\theta}(X_1,\cdots,X_n)$ 使得

$$\boldsymbol{P}\{\underline{\theta}(X_1,\cdots,X_n)\leqslant\theta\leqslant\overline{\theta}(X_1,\cdots,X_n)\}=1-\alpha.$$

这里，概率 $1-\alpha$ 的含义与通常 $\boldsymbol{P}\{X\in B\}=1-\alpha$ 是有区别的. 在 $\boldsymbol{P}\{X\in B\}=1-\alpha$ 中，B 是固定集合，是随机变量 X 落在 B 中的概率为 $1-\alpha$. 而 $[\underline{\theta}(X_1,\cdots,X_n),\overline{\theta}(X_1,\cdots,X_n)]$ 是随机区间，要求它包含未知参数 θ 的概率达到 $1-\alpha$. 直观上说，就是当不同样本观测值 $(x_1,\cdots,x_n)$ 得到后，区间 $[\underline{\theta}(x_1,\cdots,x_n),\overline{\theta}(x_1,\cdots,x_n)]$ 是不同的，它可能包含 θ 的真值，也可能不包含 θ 的真值，$1-\alpha$ 表明了 $[\underline{\theta}(x_1,\cdots,x_n),\overline{\theta}(x_1,\cdots,x_n)]$ 包含真值 θ 的可信程度. 若 $\alpha=5\%$，置信度为 95%. 若这时重复抽样 100 次得到了 100 个不同的区间，则其中有 95 个左右包含了真值 θ，不包含 θ 的仅只占 5 个左右. 在实际应用中一般都采用 95% 的置信度. 有时也依据具体问题取置信度 99% 或 90%.

一般来说，当样本容量 n 给定后，置信度不同，置信区间的长度也不相同. 置信度越高，置信区间的长度越长.

置信区间长度的大小是估计的精确性的一种描述方法. 置信区间长度越短则估计越精确，例如给出废品率 p 的置信水平为 0.99 的置信区间 (0.01,0.99)，这种区间估计是没有什么现实意义的，因为 p 的取值本来就在 (0,1) 之间. 反之若给出 p 的置信水平为 0.99 的置信区间 (0.03,0.05)，人们对 p 的认识就十分“精确”了. 可惜置信度和精确性是一对矛盾. 置信度高则精确性相对就差. 为了保证一定的置信度，又要使得区间的长度不大于某一常数，只有增加样本的容量 n，即增加试验次数，掌握更多的信息才能办到. 因此，如何寻求样本的容量也是区间估计问题的另一侧面(参考本章【例 7.24】).

点估计和区间估计是从两个不同侧面对未知参数 θ 进行估计的途径. 一旦样本取定，点估计能给出 θ 的一个确切的数值，但它只是 θ 的一个近似值，究竟它与真值 θ 有没有误

差，误差为多大并不知道．而区间估计给出了 θ 的一个范围，即置信区间，并指明了此区间包含真值 θ 的可靠性程度为 $1-\alpha$．

作出未知参数 θ 的置信水平 $1-\alpha$ 的双侧置信区间，关键在于寻求 θ 的极大似然估计 $\hat{\theta}$，并找到一个服从已知分布的联系 $\hat{\theta}$ 和 θ 的随机变量 $G(\hat{\theta},\theta)$，然后利用已知分布的百分位点构造 $\underline{\theta}(X_1,\cdots,X_n)$ 和 $\overline{\theta}(X_1,\cdots,X_n)$．因此 $G(\hat{\theta},\theta)$ 以及它服从的分布应当掌握，并会经过变形构成 $\underline{\theta}(X_1,\cdots,X_n)$ 和 $\overline{\theta}(X_1,\cdots,X_n)$．

六、单个正态总体的置信区间

许多学过数理统计的读者总是感到有太多的公式要背．事实并非如此，如单个正态总体置信区间只须记住四个公式，而且它们有紧密联系．

① 当 σ^2 已知时，μ 的估计为 $\overline{X}$，故 $G(\overline{X},\mu)=\sqrt{n}\dfrac{\overline{X}-\mu}{\sigma}\sim N(0,1)$．

② 当 σ^2 未知时，μ 的估计为 $\overline{X}$，①中 σ 改为 S，则有 $G(\overline{X},\mu)=\sqrt{n}\dfrac{(\overline{X}-\mu)}{S}\sim t(n-1)$．

③ 当 μ 已知时，σ^2 的估计为 $\hat{\sigma}^2=\dfrac{1}{n}\sum\limits_{i=1}^{n}(X_i-\mu)^2$，故 $G(\hat{\sigma}^2,\sigma^2)=\dfrac{1}{\sigma^2}\sum\limits_{i=1}^{n}(X_i-\mu)^2\sim\chi^2(n)$．

④ 当 μ 未知时，③中的 μ 改为 $\overline{X}$，故 $G(\hat{\sigma}^2,\sigma^2)=\dfrac{1}{\sigma^2}\sum\limits_{i=1}^{n}(X_i-\overline{X})^2\sim\chi^2(n-1)$．

由此很快可得到相应的双侧置信区间．如 μ 未知时 σ^2 的双侧置信区间可由 $\boldsymbol{P}\left\{\chi^2_{\frac{\alpha}{2}}(n-1)\leqslant\dfrac{1}{\sigma^2}\sum\limits_{i=1}^{n}(X_i-\overline{X})^2\leqslant\chi^2_{1-\frac{\alpha}{2}}(n-1)\right\}=1-\alpha$，然后将括号中的部分变形为

$$\sum_{i=1}^{n}(X_i-\overline{X})^2/\chi^2_{1-\frac{\alpha}{2}}(n-1)\leqslant\sigma^2\leqslant\sum_{i=1}^{n}(X_i-\overline{X})^2/\chi^2_{\frac{\alpha}{2}}(n-1)$$

即可．

而单侧的置信上(下)限可马上从双侧置信区间略作变动得到．例如当 μ 未知时 σ^2 的单侧置信下限，只须在双侧置信下限的表达式中改 $1-\dfrac{\alpha}{2}$ 为 $1-\alpha$ 即可(上限也同样可以得到)(参考本章【例 7.31】)．

七、两个正态总体的置信区间

类似于单个正态总体，也只须记住四个紧密联系的公式：

① 当 μ_1,μ_2 已知时，σ_1^2 和 σ_2^2 的估计为 $\dfrac{1}{m}\sum\limits_{i=1}^{m}(X_i-\mu_1)^2$ 和 $\dfrac{1}{n}\sum\limits_{i=1}^{n}(Y_i-\mu_2)^2$，从而 σ_1^2/σ_2^2 的估计为 $\dfrac{1}{m}\sum\limits_{i=1}^{m}(X_i-\mu_1)^2/\dfrac{1}{n}\sum\limits_{i=1}^{n}(Y_i-\mu_2)^2$．故取

$$G(\hat{\sigma}_1^2/\hat{\sigma}_2^2,\ \sigma_1^2/\sigma_2^2)=\frac{1}{m\sigma_1^2}\sum_{i=1}^{m}(X_i-\mu_1)^2/\frac{1}{n\sigma_2^2}\sum_{i=1}^{n}(Y_i-\mu_2)^2\sim F(m,n).$$

学习随笔

② 当 μ_1,μ_2 未知时,①中的 μ_1,μ_2 应改为 $\overline{X}$ 和 $\overline{Y}$,同时 m,n 改为 $m-1,n-1$,故取

$$G(\hat{\sigma}_1^2/\hat{\sigma}_2^2,\ \sigma_1^2/\sigma_2^2)=\frac{1}{(m-1)\sigma_1^2}\sum_{i=1}^{m}(X_i-\overline{X})^2\Big/\frac{1}{(n-1)\sigma_2^2}\sum_{i=1}^{n}(Y_i-\overline{Y})^2$$

$$=\frac{S_1^2}{\sigma_1^2}\Big/\frac{S_2^2}{\sigma_2^2}\sim F(m-1,n-1).$$

③ 当 σ_1^2,σ_2^2 已知时,μ_1,μ_2 的估计为 $\overline{X}$ 和 $\overline{Y}$,因而 $\mu_1-\mu_2$ 的估计为 $\overline{X}-\overline{Y}$,故取

$$G(\overline{X}-\overline{Y},\ \mu_1-\mu_2)=[\overline{X}-\overline{Y}-(\mu_1-\mu_2)]\Big/\sqrt{\frac{\sigma_1^2}{m}+\frac{\sigma_2^2}{n}}\sim N(0,1).$$

④ 当 $\sigma_1^2=\sigma_2^2=\sigma^2$ 未知时,$\mu_1-\mu_2$ 的估计仍为 $\overline{X}-\overline{Y}$. 在③中 σ_1^2 和 σ_2^2 应改成 σ^2 并从根号中提出,且用它的无偏估计 S_W^2 代替,取

$$G(\overline{X}-\overline{Y},\ \mu_1-\mu_2)=[\overline{X}-\overline{Y}-(\mu_1-\mu_2)]\Big/S_W\sqrt{\frac{1}{m}+\frac{1}{n}}\sim t(m+n-2).$$

由这四个公式可以方便地求出 $\mu_1-\mu_2$ 和 σ_1^2/σ_2^2 的双侧置信区间和单侧的置信上(下)限.

§7.3 重难点提示

重点 求估计量两种基本方法(矩法与极大似然法)、评价估计量优良性的三个基本标准以及求正态总体未知参数置信区间的基本公式.

难点 求极大似然估计量及估计量一致性的讨论.

几点说明

① 数理统计部分应着重掌握其统计思想,它是所有不同统计方法提出的依据.

统计概念的提出及各种解决问题的方法都有着极其明显的客观实际意义和背景,这是理解概念、掌握方法、记住必要公式的基础,也是进一步学习,乃至今后解决实际问题都是十分重要的. 从问题提出到解决都充分体现了分析问题、解决问题的思维全过程. 参数估计如此,下一章的假设检验也是如此. 掌握统计思想,比记住结论、公式更为重要.

② 求未知参数 θ 的估计量、估计值及置信区间,本质上没有什么困难,大部分是套用已有的方法和公式,但是要注意:

- 矩法估计是不管总体的分布,只要总体矩存在,就以样本原点矩作为总体相应原点矩的估计,以样本矩的函数作为总体矩相应函数的估计. 如果总体矩不存在,那么就不能用矩估计法. 极大似然估计则必须知道概率分布或密度函数,而与矩无关;同一未知参数其矩估计与极大似然估计未必相同.
- 矩法估计,是令 $\frac{1}{n}\sum_{i=1}^{n}X_i^l=\boldsymbol{E}X^l\ (l=1,2,\cdots,k)$,从而求得总体未知参数的估计.

  若分布含有未知参数 θ,而希望估计 θ 的某个未知函数 $g(\theta)$. 我们将 $g(\theta)$ 表示为总体原点矩和中心矩的函数,如 $g(\theta)=h(\alpha_1,\cdots,\alpha_m;\beta_1,\cdots,\beta_l)$,根据替换原则,我们就用 $\hat{g}(X_1,\cdots,X_n)=h(A_1,\cdots,A_m;B_1\cdots,B_l)$ 来估计 $g(\theta)$,其中 $\alpha_k=\boldsymbol{E}X^k$;$\beta_j=\boldsymbol{E}(X-\boldsymbol{E}X)^j$;$A_k=\frac{1}{n}\sum_{i=1}^{n}X_i^l$;$B_j=\frac{1}{n}\sum_{i=1}^{n}(X_i-\overline{X})^j$.

学习随笔

由替换原则给出的矩法估计，并不是一个明确的正式定义，这主要是由于 $g(\theta)$ 通过总体矩的表达式一般不是唯一的，因而基于矩估计可以得到种种不同的估计量. 例如，$X \sim P(\lambda)$，则 $\boldsymbol{E}X=\boldsymbol{D}X=\lambda$，矩估计法可以令 $\overline{X}=\boldsymbol{E}X=\lambda$，得 λ 的一个估计量 $\hat{\lambda}_1=\overline{X}$；又用样本二阶中心矩作为总体二阶中心矩 $\boldsymbol{D}X$ 的估计，那么 λ 的另一个估计量为 $\hat{\lambda}_2=\frac{1}{n}\sum_{i=1}^{n}(X_i-\overline{X})^2$. 又如总体 $X \sim N(\mu,1)$，μ 为未知参数，要估计 μ 的函数 $g(\mu)=1+\mu^2$. 用矩法，令 $\overline{X}=\boldsymbol{E}X=\mu$，得 μ 估计量 $\hat{\mu}=\overline{X}$，因而 $g(\mu)$ 的矩估计为 $\hat{g}_1=1+\overline{X}^2$；另一方面 $\boldsymbol{E}X^2=\boldsymbol{D}X+(\boldsymbol{E}X)^2=1+\mu^2=g(\mu)$，因此可以用样本的二阶矩来估计 $g(\mu)$，即取 $\hat{g}_2=\frac{1}{n}\sum_{i=1}^{n}X_i^2$ 作为 $g(\mu)$ 的矩法估计.

为了使矩法估计量有一个选定的标准，就需要有些约定或补充些其他准则. 用矩法方程：$\frac{1}{n}\sum_{i=1}^{n}X_i^k=\boldsymbol{E}X^k(k=1,2,\cdots)$ 求总体未知参数的估计，约定从低阶开始. 这样，对 $X \sim P(\lambda)$ 而言，未知参数 λ 的矩法估计应取 $\hat{\lambda}_1=\overline{X}$，而不应取 $\hat{\lambda}_2=\frac{1}{n}\sum_{i=1}^{n}(X_i-\overline{X})^2$，虽然 $\hat{\lambda}_2$ 也可以作为 λ 的估计量. 同理，$g(\mu)$ 的矩估计是 $\hat{g}_1=1+\overline{X}^2$，而不是 $\hat{g}=\frac{1}{h}\sum_{i=1}^{n}X_i^2$，如果补充无偏性准则的要求，那么，由 $\boldsymbol{E}\hat{g}_1=1+\boldsymbol{E}\overline{X}^2=1+\frac{1}{n}+\mu^2\neq 1+\mu^2=g(\mu)$ 知 $\hat{g}_1$ 不是 $g(\mu)$ 无偏估计，而是 $g(\mu)$ 的渐近无偏估计；$\boldsymbol{E}\hat{g}_2=\frac{1}{n}\sum_{i=1}^{n}\boldsymbol{E}X_i^2=\frac{1}{n}\sum_{i=1}^{n}(1+\mu^2)=1+\mu^2=g$，故 $\hat{g}_2$ 是 g 的无偏估计.

➢ 当极大似然方程 $\frac{\partial \ln L}{\partial \theta_i}=0$ 无解或似然函数 $L(\theta)$ 不可导时，要从极大似然估计的定义 $L(\hat{\theta})=\max\limits_{\theta\in\Theta}L(\theta)$ 来求 θ 的极大似然估计量 $\hat{\theta}$. 注意：有时极大似然估计并不唯一.

③ 估计量评价准则的判断

➢ 无偏性主要是计算期望，看是否有 $\boldsymbol{E}\hat{\theta}=\theta$，由此判定 $\hat{\theta}$ 的无偏性；或令 $\boldsymbol{E}\hat{\theta}=\theta$，求 $\hat{\theta}$ 中的未知参数使 $\hat{\theta}$ 为 θ 的无偏估计. 但要注意：无偏估计的函数未必是相应函数的无偏估计，即若 $\hat{\theta}$ 为 θ 无偏估计，那么 $g(\hat{\theta})$ 未必是 $g(\theta)$ 的无偏估计；无偏估计并不是唯一的.

➢ 有效性是在无偏估计类中，通过方差的计算来判定的.

设 $\hat{\theta}_i\in U=\{\hat{\theta}:\boldsymbol{E}\hat{\theta}=\theta,\boldsymbol{D}(\hat{\theta})<\infty$，对一切 $\theta\in\Theta\}$，$i=1,2$，称 $\hat{\theta}_1$ 比 $\hat{\theta}_2$ 有效 $\Leftrightarrow \boldsymbol{D}\hat{\theta}_1<\boldsymbol{D}\hat{\theta}_2\Leftrightarrow \boldsymbol{E}\hat{\theta}_1^2<\boldsymbol{E}\hat{\theta}_2^2$.

若 $\hat{\theta}^*\in U$ 使得 $\boldsymbol{D}(\hat{\theta}^*)=\min\limits_{\hat{\theta}\in U}\boldsymbol{D}(\hat{\theta})$，则称 $\hat{\theta}^*$ 为 θ 的最小方差无偏估计. 设未知参数 θ 的线性无偏估计全体记为 $\varepsilon=\{\hat{\theta}:\hat{\theta}=\sum_{i=1}^{n}a_iX_i,\boldsymbol{E}\hat{\theta}=\theta,\boldsymbol{D}\hat{\theta}<-\infty$，对一切 $\theta\in$

学习随笔

$\Theta\}$，若 $\theta^* \in \varepsilon$ 使得 $\boldsymbol{D}(\theta^*)=\min\limits_{\hat{\theta}\in\varepsilon}\boldsymbol{D}(\hat{\theta})$，则称 $\hat{\theta}^*$ 为最优线性无偏估计.

➤ 一致性(相合性).

$\hat{\theta}_n$ 为 θ 一致性估计 $\Leftrightarrow \hat{\theta}_n \xrightarrow{p} \theta(n\to\infty) \Leftrightarrow$ 对任意 $\varepsilon>0$，$\lim\limits_{n\to\infty}\boldsymbol{P}\{|\hat{\theta}_n-\theta|\geqslant\varepsilon\}=0 \Leftrightarrow$ 对任意 $\varepsilon>0$，$\lim\limits_{n\to\infty}\boldsymbol{P}\{|\hat{\theta}_n-\theta|<\varepsilon\}=1$.

因此判断 $\hat{\theta}_n$ 为 θ 的一致性估计可以应用以下方法：

- 定义法；
- 大数定律(特别是辛钦大数定律)以及依概率收敛的性质：$X_n \xrightarrow{p} X$，g 为连续函数，则 $g(X_n)\xrightarrow{p} g(X)$；
- 若 $\boldsymbol{E}\hat{\theta}_n=\theta$，则由切比雪夫不等式：$\boldsymbol{P}\{|\hat{\theta}_n-\theta|\geqslant\varepsilon\}\leqslant\dfrac{\boldsymbol{D}(\hat{\theta}_n)}{\varepsilon^2}$ 知，如果 $\boldsymbol{D}(\hat{\theta}_n)\to 0$ $(n\to\infty)$，则 $\hat{\theta}_n \xrightarrow{p} \theta$；
- 由马尔可夫不等式

$$\boldsymbol{P}\{|\hat{\theta}_n-\theta|\geqslant\varepsilon\}\leqslant\frac{\boldsymbol{E}|\hat{\theta}_n-\theta|^r}{\varepsilon^r}\quad(r>0,\text{任意 }\varepsilon>0)$$

知，如果 $\lim\limits_{n\to\infty}\boldsymbol{E}|\hat{\theta}_n-\theta|^r=0$，则 $\hat{\theta}_n \xrightarrow{p} \theta$.

④ 矩估计量、极大似然估计量的性质

➤ 无偏、一致估计：样本原点矩是总体相应原点矩的无偏、一致估计，即 $\boldsymbol{E}\left(\dfrac{1}{n}\sum\limits_{i=1}^{n}X_i^l\right)=\boldsymbol{E}X^l$ 且 $A_l=\dfrac{1}{n}\sum\limits_{i=1}^{n}X_i^l \xrightarrow{p} \boldsymbol{E}X^l(l=1,2,\cdots$，假设 $\boldsymbol{E}X^l$ 存在).

➤ 一致性估计：样本矩的连续函数是相应总体矩连续函数的一致性估计，但未必是无偏估计，即

$$g(A_1,\cdots,A_k)\xrightarrow{p} g(\alpha_1,\cdots,\alpha_k),$$

其中 g 为连续函数，样本矩 $A_l=\dfrac{1}{n}\sum\limits_{i=1}^{n}X_i^l$，总体矩 $\alpha_l=\boldsymbol{E}X^l$(存在)，$(l=1,2,\cdots,k)$；但 $\boldsymbol{E}g(A_1,\cdots,A_k)$ 未必等于 $g(\alpha_1,\cdots,\alpha_k)$；在一般条件下，$\theta$ 的极大似然估计 $\hat{\theta}_n$ 是 θ 的一致性估计.

➤ 不变性原理

矩估计替换原理：样本矩的连续函数作为相应总体矩的连续函数的估计量，即设 $g=g(\alpha_1,\cdots,\alpha_k)$，则 g 的矩估计量为 $\hat{g}=\hat{g}(A_1,\cdots,A_k)$，其中 $\alpha_l=\boldsymbol{E}X^l$，$A_l=\dfrac{1}{n}\sum\limits_{i=1}^{n}X_i^l(l=1,2,\cdots,k)$.

极大似然估计不变性原理：设 $\hat{\theta}$ 为 θ 的极大似然估计，$u=u(\theta)$ 具有单值反函数 $\theta=\theta(u)$，则 $\hat{u}=u(\hat{\theta})$ 是 $u(\theta)$ 的极大似然估计.

⑤ 求未知函数 θ 的置信区间我们仅讨论正态总体的均值、方差、标准差的置信区间

学习随笔

的求法，其结果可以直接应用.

通过事件之间的关系我们还可以求出与这些参数相联系的未知参数的置信区间，例如 $\ln\sigma^2$，(μ,σ^2) 等的置信区间. 对于非正态总体我们必须用求置信区间的一般步骤来求解，其关键在于寻求一个含 θ 及样本 $X_1,\cdots,X_n$ 的随机变量 $G=G(X_1,\cdots,X_n;\theta)$（枢轴变量）且分布已知，当 n 充分大时，应考虑中心极限定理以及应用 t 分布、χ^2 分布、F 分布的典型模式及其性质来求 G 的分布或近似分布，进而求得置信区间. 由于 G 的选取及上、下限确定的不同至使置信区间不同，我们仅需求出一个满足 $\boldsymbol{P}\{\hat{\theta}_1<\theta<\hat{\theta}_2\}=1-\alpha$ 的随机区间 $[\hat{\theta}_1,\hat{\theta}_2]$ 即可.

§7.4 典型题型归纳及解题方法与技巧

一、求未知参数估计量的矩估计法和最大似然估计法并讨论优良性

【例 7.1】设总体 $X\sim B(N,p)$，其中 N,p 为未知参数，$X_1,\cdots,X_n$ 为取自总体 X 的简单随机样本，求参数 N、p 的矩估计量 $\hat{N}$ 和 $\hat{p}$.

【解】由于有两个未知参数，因而其矩估计量必须通过由两个方程组成的矩法方程求得.

因为 $X\sim B(N,p)$，故 $\boldsymbol{E}X=Np$，$\boldsymbol{D}X=Np(1-p)$. 从而得

$$\boldsymbol{E}X^2=\boldsymbol{D}X+(\boldsymbol{E}X)^2=Np(1-p+Np).$$

令 $\begin{cases}\boldsymbol{E}X=\overline{X},\\ \boldsymbol{E}X^2=\dfrac{1}{n}\sum\limits_{i=1}^{n}X_i^2,\end{cases}$ 即 $\begin{cases}Np=A_1,\\ Np(1-p+Np)=A_2,\end{cases}$ 其中，$A_k=\dfrac{1}{n}\sum\limits_{i=1}^{n}X_i^k(k=1,2)$. 由此解得矩估计量

$$\hat{p}=1-\frac{A_2-A_1^2}{A_1}=1-\frac{S_0^2}{\overline{X}},\quad \hat{N}=\frac{A_1}{\hat{p}}=\frac{\overline{X}}{\hat{p}}=\frac{\overline{X}^2}{\overline{X}-S_0^2},$$

其中，$A_1=\overline{X}$，$S_0^2=\dfrac{1}{n}\left(\sum\limits_{i=1}^{n}X_i^2-\overline{X}^2\right)=A_2-A_1^2$.

【例 7.2】设总体 X 在 $(\mu-\rho,\mu+\rho)$ 上服从均匀分布，求未知参数 μ 及 $\rho(\rho>0)$ 的矩估计量，并讨论它们是否具有一致性(相合性).

【解】由题设知 $\boldsymbol{E}X=\dfrac{\mu+\rho+\mu-\rho}{2}=\mu$，$\boldsymbol{D}X=\dfrac{(\mu+\rho-\mu+\rho)^2}{12}=\dfrac{\rho^2}{3}$. 设 $X_1,X_2,\cdots,X_n$ 是总体 X 的一个样本，令

$$\begin{cases}\overline{X}=\boldsymbol{E}X=\mu,\\ \dfrac{1}{n}\sum\limits_{i=1}^{n}X_i^2=\boldsymbol{E}X^2=\boldsymbol{D}X+(\boldsymbol{E}X)^2=\dfrac{\rho^2}{3}+\mu^2,\end{cases}$$

解得 μ 及 ρ 的矩估计量 $\hat{\mu}=\overline{X}$，$\hat{\rho}=\sqrt{3}\sqrt{\dfrac{1}{n}\sum\limits_{i=1}^{n}X_i^2-\overline{X}^2}=\sqrt{3}S_0$，其中，$S_0^2=\dfrac{1}{n}\sum\limits_{i=1}^{n}(X_i-$

学习随笔

$\overline{X})^2=\dfrac{1}{n}\sum_{i=1}^{n}X_i^2-(\overline{X})^2$.

由辛钦大数定律知，$\hat{\mu}=\overline{X}\xrightarrow{p}EX=\mu$，$\dfrac{1}{n}\sum_{i=1}^{n}X_i^2\xrightarrow{p}EX^2$，所以

$$S_0=\sqrt{\frac{1}{n}\sum_{i=1}^{n}X_i^2-(\overline{X})^2}\xrightarrow{p}\sqrt{EX^2-(EX)^2}=\sqrt{DX}=\frac{1}{\sqrt{3}}\rho,\hat{\rho}\xrightarrow{p}\sqrt{3}\cdot\frac{1}{\sqrt{3}}\rho,$$

即 $\hat{\mu},\hat{\rho}$ 分别为 μ,ρ 的一致性估计.

【例 7.3】设总体 X 的概率密度函数为

$$f(x;\theta)=\begin{cases}\dfrac{6x}{\theta^3}(\theta-x), & 0<x<\theta,\\ 0, & \text{其他},\end{cases}$$

又$(X_1,X_2,\cdots,X_n)$是取自总体 X 的简单随机样本.

(1) 求 θ 的矩估计量 $\hat{\theta}$；　(2)讨论 $\hat{\theta}$ 的无偏性、一致性；　(3)求 $\hat{\theta}$ 的方差 $D(\hat{\theta})$.

【分析与解答】(1) 由于总体分布仅含一个未知参数 θ，且

$$EX=\int_{-\infty}^{+\infty}xf(x;\theta)\mathrm{d}x=\int_0^{\theta}\frac{6x^2(\theta-x)}{\theta^3}\mathrm{d}x=\frac{\theta}{2}.$$

令 $\overline{X}=EX=\dfrac{\theta}{2}$，解得 θ 的矩估计量 $\hat{\theta}=2\overline{X}$.

(2) 由于 $E\hat{\theta}=2E\overline{X}=2\times\dfrac{\theta}{2}=\theta$，故 $\hat{\theta}$ 为 θ 的无偏估计；又由辛钦大数定律知 $\overline{X}\xrightarrow{p}$ $EX=\dfrac{\theta}{2}$，故 $\hat{\theta}=2\overline{X}\xrightarrow{p}2EX=\theta$，即 $\hat{\theta}$ 为 θ 的一致性估计.

(3) $\hat{\theta}=2\overline{X}$，故 $D\hat{\theta}=4D\overline{X}=4\ \dfrac{DX}{n}$，而

$$EX^2=\int_0^{\theta}\frac{6x^3(\theta-x)}{\theta^3}\mathrm{d}x=\frac{6}{\theta^3}\left[\theta\frac{x^4}{4}-\frac{x^5}{5}\right]_0^{\theta}=\frac{3}{10}\theta^2,$$

所以　$$DX=EX^2-(EX)^2=\frac{3}{10}\theta^2-\frac{\theta^2}{4}=\frac{\theta^2}{20},D\hat{\theta}=\frac{4}{n}\times\frac{\theta^2}{20}=\frac{\theta^2}{5n}.$$

评注　由于 $E\hat{\theta}=\theta,D\hat{\theta}=\dfrac{\theta^2}{5n}\to 0\quad(n\to\infty)$，因此由切比雪夫不等式知：$\forall\varepsilon>0$，$P\{|\hat{\theta}-E\hat{\theta}|\geqslant\varepsilon\}\leqslant\dfrac{D\hat{\theta}}{\varepsilon^2}$，即 $P\{|\hat{\theta}-\theta|\geqslant\varepsilon\}\leqslant\dfrac{\theta^2}{5n\varepsilon^2}\longrightarrow 0(n\to\infty)$，$\hat{\theta}\xrightarrow{p}\theta$，$\hat{\theta}$ 为 θ 的一致性估计.

【例 7.4】设总体 X 服从对数级数分布，即 $P\{X=k\}=\dfrac{-p^k}{k\ln(1-p)}$　$(0<p<1,k=1,2,\cdots)$，$X_1,X_2,\cdots,X_n$ 为来自总体 X 的简单随机样本，试求未知参数 p 的矩法估计量 $\hat{p}$.

【解】总体 X 的分布仅含一个未知参数 p，因而令 $\overline{X}=EX$，由此求得 p 的矩估计量.由于

学习随笔

$$\boldsymbol{E}X=\sum_{k=1}^{\infty}k\boldsymbol{P}\{X=k\}=\sum_{k=1}^{\infty}k\cdot\left(\frac{-p^k}{k\ln(1-p)}\right)$$

$$=\frac{-1}{\ln(1-p)}\sum_{k=1}^{\infty}p^k=\frac{-p}{(1-p)\ln(1-p)},$$

所以矩法方程为 $\overline{X}=\dfrac{-p}{(1-p)\ln(1-p)}$，此式无法解出 p.

为求得 p 的矩估计量，则试图将 p 表示为总体矩的函数，而后将样本矩替代总体矩，从而求得 p 的矩估计量. 为此考虑

$$\boldsymbol{E}X^2=\sum_{k=1}^{\infty}k^2\boldsymbol{P}\{X=k\}=\sum_{k=1}^{\infty}k^2\left(\frac{-p^k}{k\ln(1-p)}\right)$$

$$=\frac{-1}{\ln(1-p)}\sum_{k=1}^{\infty}kp^k=\frac{-p}{\ln(1-p)}\sum_{k=1}^{\infty}kp^{k-1}$$

$$=\frac{-p}{\ln(1-p)}\left(\sum_{k=1}^{\infty}p^k\right)'=\frac{-p}{\ln(1-p)}\left(\frac{p}{1-p}\right)'$$

$$=\frac{-p}{\ln(1-p)}\cdot\frac{1}{(1-p)^2}=\frac{\boldsymbol{E}X}{1-p},$$

由此解得 $p=1-\dfrac{\boldsymbol{E}X}{\boldsymbol{E}X^2}$，即 p 为总体一阶、二阶原点矩的函数，用样本相应的一阶、二阶原点矩 $\dfrac{1}{n}\sum\limits_{k=1}^{\infty}X_i$、$\dfrac{1}{n}\sum\limits_{i=1}^{n}X_i^2$ 代替总体矩，从而求得 p 的矩法估计量 $\hat{p}=1-\dfrac{\sum\limits_{i=1}^{n}X_i}{\sum\limits_{i=1}^{n}X_i^2}$.

【例 7.5】设总体 X 在 $\left[\theta-\dfrac{1}{2},\theta+\dfrac{1}{2}\right]$ 上服从均匀分布，其密度函数 $f(x;\theta)=\begin{cases}1, & \theta-\dfrac{1}{2}\leqslant x\leqslant\theta+\dfrac{1}{2},\\ 0, & \text{其他},\end{cases}$ θ 为未知参数. 又 $X_1,\cdots,X_n$ 是来自总体 X 的简单随机样本，试求 θ 的矩法估计量 $\hat{\theta}_1$ 和最大似然估计量 $\hat{\theta}_2$.

【分析与解答】由题设知 $\boldsymbol{E}X=\dfrac{2\theta}{2}=\theta$，令 $\boldsymbol{E}X=\overline{X}$，即 $\theta=\overline{X}$，解得 θ 的矩估计量 $\hat{\theta}=\overline{X}$. 又样本 $X_1,\cdots,X_n$ 的似然函数

$$L(x_1,\cdots,x_n;\theta)=\prod_{i=1}^{n}f(x_i;\theta)=\begin{cases}1, & \theta-\dfrac{1}{2}\leqslant x_i\leqslant\theta+\dfrac{1}{2},(\text{一切 } i)\\ 0, & \text{其他},\end{cases}$$

$L(x_1,\cdots,x_n;\theta)$ 仅取 0,1 两个值，所以凡使 $L(x_1,\cdots,x_n;\theta)$ 取 1 的 θ 都可以作为 θ 的最大似然估计. 此时 θ 应使 $\theta-\dfrac{1}{2}\leqslant x_1,x_2,\cdots,x_n\leqslant\theta+\dfrac{1}{2}$，由此可知

$$\theta-\frac{1}{2}\leqslant\min_{1\leqslant i\leqslant n}X_i\ \text{且}\ \max_{1\leqslant i\leqslant n}X_i\leqslant\theta+\frac{1}{2},$$

因而满足 $\max\limits_{1\leqslant i\leqslant n}X_i-\dfrac{1}{2}\leqslant\theta\leqslant\min\limits_{1\leqslant i\leqslant n}X_i+\dfrac{1}{2}$ 的 $\hat{\theta}$ 都是 θ 的最大似然估计. 特别地，可取

$$\hat{\theta}_1 = \min_{1 \leqslant i \leqslant n} X_i + \frac{1}{2}, \quad \hat{\theta}_2 = \max_{1 \leqslant i \leqslant n} X_i - \frac{1}{2}.$$

【例 7.6】设总体 X 服从参数为 λ 的泊松分布，其中 λ 为未知参数. $X_1, X_2, \cdots, X_n$ 是来自总体 X 的简单随机样本，试求 $\boldsymbol{P}\{X=0\}$ 的矩估计量和最大似然估计量.

【解】已知 $X \sim P(\lambda)$，即 $\boldsymbol{P}\{X=k\}=\dfrac{\lambda^k}{k!}\mathrm{e}^{-\lambda}$，因此 $\boldsymbol{P}\{X=0\}=\mathrm{e}^{-\lambda} \xlongequal{\text{记}} g(\lambda)$ 是未知参数 λ 的函数，而 $\lambda=\boldsymbol{E}X$，所以 $\boldsymbol{P}\{X=0\}=\mathrm{e}^{-\boldsymbol{E}X}=g(\boldsymbol{E}X)$ 是总体一阶原点矩 $\boldsymbol{E}X$ 的函数. 令 $\boldsymbol{E}X=\overline{X}$，得总体矩 $\boldsymbol{E}X$ 的矩估计量为 $\overline{X}$，因而 $\boldsymbol{P}\{X=0\}$ 的矩估计量为 $\mathrm{e}^{-\overline{X}}$. 又 $g(\lambda)=\mathrm{e}^{-\lambda}$ 具有单值反函数，根据最大似然估计的不变性原理知，$\boldsymbol{P}\{X=0\}=g(\lambda)$ 的最大似然估计为 $g(\hat{\lambda})=\mathrm{e}^{-\hat{\lambda}}$，其中 $\hat{\lambda}$ 为 λ 的最大似然估计.

$$L(x_1,\cdots,x_n;\lambda)=\prod_{i=1}^{n} P(x_i;\lambda)=\prod_{i=1}^{n} \frac{\lambda^{x_i}}{x_i!}\mathrm{e}^{-\lambda}=\frac{\lambda^{\sum\limits_{i=1}^{n} x_i}}{x_1!\ \cdots x_n!}\mathrm{e}^{-n\lambda},$$

$$\ln L=\left(\sum_{i=1}^{n} x_i\right)\ln\lambda-\sum_{i=1}^{n}\ln x_i!\ -n\lambda,$$

令 $\dfrac{\mathrm{d}\ln L}{\mathrm{d}\lambda}=\dfrac{\sum\limits_{i=1}^{n} x_i}{\lambda}-n=0$，解得 $\hat{\lambda}=\dfrac{1}{n}\sum\limits_{i=1}^{n} x_i=\overline{x}$. 又 $\dfrac{\mathrm{d}^2\ln L}{\mathrm{d}\lambda^2}=-\dfrac{\sum\limits_{i=1}^{n} x_i}{\lambda^2}<0(x_i \geqslant 0)$，故 λ 的最大似然估计为 $\hat{\lambda}=\overline{X}$，$\boldsymbol{P}\{X=0\}$ 的最大似然估计为 $\mathrm{e}^{-\overline{X}}$.

【例 7.7】设总体 X 的密度函数如下，$x_1, \cdots, x_n$ 是取自总体 X 的样本值，求总体分布中未知参数的最大似然估计量：

(1) $f(x;\sigma)=\dfrac{1}{2\sigma}\mathrm{e}^{-\frac{|x|}{\sigma}}$（$\sigma$ 为未知参数，$-\infty<x<+\infty$）；

(2) $f(x;\theta)=\begin{cases}\mathrm{e}^{-(x-\theta)}, & x \geqslant 0, \\ 0, & \text{其他}.\end{cases}$（$\theta$ 为未知参数）

【解】(1) 样本的似然函数

$$L(x_1,\cdots,x_n;\sigma)=\prod_{i=1}^{n} f(x_i;\sigma)=\prod_{i=1}^{n} \frac{1}{2\sigma}\mathrm{e}^{\frac{-|x_i|}{\sigma}}=\left(\frac{1}{2\sigma}\right)^n \mathrm{e}^{-\frac{1}{\sigma}\sum\limits_{i=1}^{n}|x_i|},$$

$$\ln L(\sigma)=-n\ln 2\sigma-\frac{1}{\sigma}\sum_{i=1}^{n}|x_i|=-n\ln 2-n\ln\sigma-\frac{1}{\sigma}\sum_{i=1}^{n}|x_i|,$$

令 $\dfrac{\mathrm{d}\ln L(\sigma)}{\mathrm{d}\sigma}=\dfrac{-n}{\sigma}+\dfrac{\sum\limits_{i=1}^{n}|x_i|}{\sigma^2}=0$，解得 $\hat{\sigma}=\dfrac{1}{n}\sum\limits_{i=1}^{n}|x_i|$.

$$\text{又}\ \frac{\mathrm{d}\ln L(\sigma)}{\mathrm{d}\sigma^2}\bigg|_{\hat{\sigma}}=\frac{n}{\sigma^2}-\frac{2\sum\limits_{i=1}^{n}|x_i|}{\sigma^3}\Bigg|_{\hat{\sigma}}=\frac{1}{\sigma^3}\left(n\sigma-2\sum_{i=1}^{n}|x_i|\right)\Bigg|_{\hat{\sigma}}$$

$$=\frac{1}{\hat{\sigma}^3}\left(\sum_{i=1}^{n}|x_i|-2\sum_{i=1}^{n}|x_i|\right)<0,$$

学习随笔

故 $\hat{\sigma}=\dfrac{1}{n}\sum_{i=1}^{n}|x_i|$ 是σ的最大似然估计.

(2) 样本的似然函数

$$L(x_1,\cdots,x_n;\theta)=\prod_{i=1}^{n}f(x_i;\theta)=\begin{cases}\prod_{i=1}^{n}e^{-(x_i-\theta)}=e^{n\theta-\sum_{i=1}^{n}x_i}, & x_1,\cdots,x_n\geqslant\theta,\\ 0, & \text{其他,}\end{cases}$$

由于 e^x 是 x 的单调递增函数,因而 θ 越大,$L(\theta)$也越大,然而 $\theta\leqslant x_1,\cdots,x_n$,所以 θ 的最大似然估计为 $\hat{\theta}=X_{(1)}=\min(X_1,\cdots,X_n)$.

【例 7.8】设总体分布为截尾的几何分布

$$\boldsymbol{P}\{X=k\}=\theta^{k-1}(1-\theta),k=1,2,\cdots,r,\quad \boldsymbol{P}\{X=r+1\}=\theta^r,$$

从总体中抽取容量为 n 的样本 $x_1,\cdots,x_n$,其中有 M 个取值为 $r+1$. 求 θ 的最大似然估计.

【解】由题设知,n 个样本 $x_1,\cdots,x_n$ 中有 M 个取值为 $r+1$,$(n-M)$个取值于$\{1,2,\cdots,r\}$,所以 $\sum_{i=1}^{n}x_i=M(r+1)+\sum_{x_i\neq r+1}x_i$,样本的似然函数为

$$L(x_1,\cdots,x_n;\theta)=\prod_{i=1}^{n}\boldsymbol{P}\{X_i=x_i\}=(\theta^r)^M\theta^{\sum_{x_i\neq r+1}x_i-(n-M)}(1-\theta)^{n-M}$$

$$=\theta^{\sum_{x_i\neq r+1}x_i+(r+1)M-n}(1-\theta)^{n-M}=\theta^{\sum_{i=1}^{n}x_i-n}(1-\theta)^{n-M},$$

$$\ln L=\left(\sum_{i=1}^{n}x_i-n\right)\ln\theta+(n-M)\ln(1-\theta),$$

令 $\dfrac{\mathrm{d}\ln L(\theta)}{\mathrm{d}\theta}=\dfrac{\sum_{i=1}^{n}x_i-n}{\theta}-\dfrac{n-M}{1-\theta}=0$,即$\left(\sum_{i=1}^{n}x_i-n\right)=\left(\sum_{i=1}^{n}x_i-M\right)\theta$,解得

$$\hat{\theta}=\frac{\sum_{i=1}^{n}x_i-n}{\sum_{i=1}^{n}x_i-M}.$$

又 $\dfrac{\mathrm{d}^2\ln L}{\mathrm{d}\theta^2}=-\dfrac{\left(\sum_{i=1}^{n}x_i-n\right)}{\theta^2}-\dfrac{n-M}{(1-\theta)^2}<0$,故 $\hat{\theta}=\dfrac{\sum_{i=1}^{n}x_i-n}{\sum_{i=1}^{n}x_i-M}$ 是θ 的最大似然估计.

【例 7.9】设总体 X 服从两个参数的指数分布,其密度函数为

$$f(x;\theta_1,\theta_2)=\begin{cases}\dfrac{1}{\theta_2}e^{-\frac{x-\theta_1}{\theta_2}}, & x\geqslant\theta_1,\\ 0, & x<\theta_1,\end{cases}$$

其中,$\theta_1\in R$,$\theta_2>0$. 由样本 $X_1,\cdots,X_n$,求未知参数 θ_1,θ_2 的矩估计量和最大似然估计量.

【解】(1) 矩估计量. 由于

$$EX=\int_{\theta_1}^{+\infty}\frac{x}{\theta_2}e^{-\frac{x-\theta_1}{\theta_2}}dx\xlongequal{(令x-\theta_1=t)}\int_0^{+\infty}\frac{t+\theta_1}{\theta_2}e^{-\frac{t}{\theta_2}}dt=\theta_1+\theta_2,$$

$$EX^2=\int_{\theta_1}^{+\infty}\frac{x^2}{\theta_2}e^{-\frac{x-\theta_1}{\theta_2}}dx\xlongequal{(令x-\theta_1=t)}\int_0^{+\infty}\frac{(t+\theta_1)^2}{\theta_2}e^{-\frac{t}{\theta_2}}dt$$

$$=\int_0^{+\infty}t^2\cdot\frac{1}{\theta_2}e^{-\frac{t}{\theta_2}}dt+2\theta_1\int_0^{+\infty}t\cdot\frac{1}{\theta_2}e^{-\frac{t}{\theta_2}}dt+\theta_1^2\int_0^{+\infty}\frac{1}{\theta_2}e^{\frac{-t}{\theta_2}}dt$$

$$=\theta_2^2+(\theta_1+\theta_2)^2,$$

故矩法方程为

$$\begin{cases}EX=\overline{X},\\EX^2=\frac{1}{n}\sum_{i=1}^{n}X_i^2,\end{cases}\quad 即\begin{cases}\theta_1+\theta_2=\overline{X},\\\theta_2^2+(\theta_1+\theta_2)^2=\frac{1}{n}\sum_{i=1}^{n}X_i^2.\end{cases}$$

由此解得 θ_1、θ_2 的矩估计量

$$\hat{\theta}_1=\overline{X}-\sqrt{\frac{1}{n}\sum_{i=1}^{n}X_i^2-\overline{X}^2}=\overline{X}-S_0,\quad \hat{\theta}_2=\sqrt{\frac{1}{n}\sum_{i=1}^{n}X_i^2-\overline{X}^2}=S_0,$$

其中，$S_0^2=\frac{1}{n}\sum_{i=1}^{n}(X_i-\overline{X})^2=\frac{1}{n}\sum_{i=1}^{n}X_i^2-\overline{X}^2$.

(2) 最大似然估计量.

样本的似然函数为

$$L(\theta_1,\theta_2)=\prod_{i=1}^{n}f(x_i;\theta_1,\theta_2)=\begin{cases}\prod_{i=1}^{n}\frac{1}{\theta_2}e^{\frac{-x_i-\theta_1}{\theta_2}}=\left(\frac{1}{\theta_2}\right)^n e^{-\frac{\sum_{i=1}^{n}x_i}{\theta_2}+\frac{n\theta_1}{\theta_2}}, & 一切\ x_i\geqslant\theta_1,\\0, & 其他.\end{cases}$$

显然，对任意固定的 $\theta_2>0$. $L(\theta_1,\theta_2)$ 是 θ_1 单调增函数，又 $\theta_1\leqslant x_1,x_2,\cdots,x_n$，因而 θ_1 的最大似然估计量为 $\hat{\theta}_1=X_{(1)}=\min\{X_1,\cdots,X_n\}$.

又 $\ln L(\theta_1,\theta_2)=-n\ln\theta_2-\frac{1}{\theta_2}\sum_{i=1}^{n}x_i+\frac{n\theta_1}{\theta_2}$，令 $\frac{d\ln L}{d\theta_2}=\frac{-n}{\theta_2}+\frac{\sum_{i=1}^{n}x_i}{\theta_2^2}-\frac{n\theta_1}{\theta_2^2}=0$，

即 $n\theta_2=\sum_{i=1}^{n}x_i-n\theta_1$，解得

$$\hat{\theta}_2=\frac{1}{n}\sum_{i=1}^{n}x_i-\hat{\theta}_1=\overline{X}-X_{(1)}.$$

由于

$$\frac{d^2\ln L}{d\theta_2^2}=\frac{n}{\theta_2^2}-\frac{2\sum_{i=1}^{n}x_i}{\theta_2^3}+\frac{2n\theta_1}{\theta_2^3}\bigg|_{(\hat{\theta}_1,\hat{\theta}_2)}$$

$$=\frac{1}{\theta_2}\left(\frac{n}{\theta_2}-\frac{\sum_{i=1}^{n}x_i}{\theta_2^2}+\frac{n\theta_1}{\theta_2^2}\right)-\frac{\sum_{i=1}^{n}x_i}{\theta_2^3}+\frac{n\theta_1}{\theta_2^3}\bigg|_{(\hat{\theta}_1,\hat{\theta}_2)}$$

学习随笔

$$=-\frac{1}{n\hat{\theta}_2^3}(\overline{X}-\hat{\theta}_1)=-\frac{1}{n\hat{\theta}_2^2}<0,$$

所以 $\hat{\theta}_2=\overline{X}-X_{(1)}$ 为 θ_2 的最大似然估计.

【例 7.10】假设总体 $X=\mathrm{e}^Y$,其中 Y 服从正态分布 $N(\mu,\sigma^2)$. 又 $X_1,X_2,\cdots,X_n$ 是取自总体 X 的简单随机样本.

(1) 求 μ,σ^2 的矩估计量 $\hat{\mu}_1,\hat{\sigma}_1^2$;

(2) 求 μ,σ^2 的最大似然估计量 $\hat{\mu}_2,\hat{\sigma}_2^2$;并讨论其无偏性、一致性;

(3) 求 $\boldsymbol{E}X$ 的最大似然估计量.

【分析与解答】由于 $Y\sim N(\mu,\sigma^2)$,$X=\mathrm{e}^Y$,因而 X 的分布中必含有未知参数 μ,σ^2,按求矩估计、最大似然估计的程序性算法,即可求得相应的估计量.

(1)考虑矩法方程 $\begin{cases}\boldsymbol{E}X=\overline{X},\\ \boldsymbol{E}X^2=\dfrac{1}{n}\sum\limits_{i=1}^n X_i^2,\end{cases}$ 而

$$\boldsymbol{E}X=\boldsymbol{E}\mathrm{e}^Y=\int_{-\infty}^{+\infty}\mathrm{e}^y\cdot\frac{1}{\sqrt{2\pi}\sigma}\mathrm{e}^{-\frac{1}{2}(\frac{y-\mu}{\sigma})^2}\mathrm{d}y=\frac{1}{\sqrt{2\pi}\sigma}\int_{-\infty}^{+\infty}\mathrm{e}^{-\frac{1}{2\sigma^2}(y^2-2y\mu+\mu^2-2\sigma^2y^2)}\mathrm{d}y$$

$$=\frac{1}{\sqrt{2\pi}\sigma}\int_{-\infty}^{+\infty}\mathrm{e}^{-\frac{1}{2\sigma^2}[y-(\mu+\sigma^2)]^2}\cdot\mathrm{e}^{\mu+\frac{\sigma^2}{2}}\mathrm{d}y=\mathrm{e}^{\mu+\frac{\sigma^2}{2}},$$

$$\boldsymbol{E}X^2=\boldsymbol{E}\mathrm{e}^{2Y}=\int_{-\infty}^{+\infty}\mathrm{e}^{2y}\frac{1}{\sqrt{2\pi}\sigma}\mathrm{e}^{-\frac{1}{2}(\frac{y-\mu}{\sigma})^2}\mathrm{d}y=\frac{1}{\sqrt{2\pi}\sigma}\int_{-\infty}^{+\infty}\mathrm{e}^{-\frac{1}{2\sigma^2}[y-\mu+2\sigma^2)]^2}\mathrm{e}^{2\mu+2\sigma^2}\mathrm{d}y$$

$$=\mathrm{e}^{2\mu+2\sigma^2}.$$

故矩法方程为 $\begin{cases}\mathrm{e}^{\mu}\cdot\mathrm{e}^{\frac{\sigma^2}{2}}=\overline{X},\\ \mathrm{e}^{2\mu}\cdot\mathrm{e}^{2\sigma^2}=\dfrac{1}{n}\sum\limits_{i=1}^n X_i^2,\end{cases}$ 则 $\mathrm{e}^{\sigma^2}=\dfrac{\frac{1}{n}\sum\limits_{i=1}^n X_i^2}{\overline{X}^2}$,$\mathrm{e}^{2\mu}=\dfrac{\overline{X}^4}{\frac{1}{n}\sum\limits_{i=1}^n X_i^2}$,

所以 μ,σ^2 的矩估计量分别为

$$\hat{\mu}_1=2\ln\frac{1}{n}\sum_{i=1}^n X_i-\frac{1}{2}\ln\frac{1}{n}\sum_{i=1}^n X_i^2,\quad \hat{\sigma}_1^2=\ln\frac{1}{n}\sum_{i=1}^n X_i^2-2\ln\frac{1}{n}\sum_{i=1}^n X_i.$$

(2) 为求 X 分布中未知参数的最大似然估计,我们应用定义法(也可应用最大似然估计不变性原理),为此需先求出 X 的密度函数. 由于 $Y\sim N(\mu,\sigma^2)$,所以

$$F_X(x)=\boldsymbol{P}\{X\leqslant x\}=\boldsymbol{P}\{\mathrm{e}^Y\leqslant x\}$$

$$=\begin{cases}0, & x\leqslant 0,\\ \boldsymbol{P}\{Y\leqslant\ln x\}, & x>0\end{cases}=\begin{cases}0, & x\leqslant 0,\\ \Phi\left(\dfrac{\ln x-\mu}{\sigma}\right), & x>0,\end{cases}$$

$$f_X(x)=\begin{cases}0, & x\leqslant 0,\\ \dfrac{1}{\sigma x}\cdot\dfrac{1}{\sqrt{2\pi}\sigma}\mathrm{e}^{-\frac{1}{2}(\frac{\ln x-\mu}{\sigma})^2}, & x>0.\end{cases}$$

样本的似然函数为

学习随笔

$$L(x_1,\cdots,x_n;\mu,\sigma)=\prod_{i=1}^{n}f_X(x_i;\mu,\sigma)$$

$$=(2\pi\sigma^2)^{-\frac{n}{2}}\prod_{i=1}^{n}x_i^{-1}\cdot e^{-\frac{1}{2\sigma^2}\sum_{i=1}^{n}(\ln x_i-\mu)^2}\quad(\text{一切 } x_i>0),$$

$$\ln L=-\frac{n}{2}\ln(2\pi)-\frac{n}{2}\ln\sigma^2+\sum_{i=1}^{n}\ln\frac{1}{x_i}-\frac{1}{2\sigma^2}\sum_{i=1}^{n}(\ln x_i-\mu)^2,$$

令 $\begin{cases}\dfrac{\mathrm{d}\ln L}{\mathrm{d}\mu}=\dfrac{1}{\sigma^2}\displaystyle\sum_{i=1}^{n}(\ln x_i-\mu)=0,\\ \dfrac{\mathrm{d}\ln L}{\mathrm{d}\sigma^2}=\dfrac{-n}{2\sigma^2}+\dfrac{1}{2\sigma^4}\displaystyle\sum_{i=1}^{n}(\ln x_i-\mu)^2=0,\end{cases}$ 解得 μ,σ^2 的最大似然估计量 $\hat{\mu}_2,\hat{\sigma}_2^2$ 为

$$\hat{\mu}_2=\frac{1}{n}\sum_{i=1}^{n}\ln X_i,\quad \hat{\sigma}_2^2=\frac{1}{n}\sum_{i=1}^{n}\left(\ln x_i-\frac{1}{n}\sum_{i=1}^{n}\ln x_i\right)^2.$$

可以通过二元函数极值判别法验证 $\hat{\mu}_2,\hat{\sigma}_2^2$ 分别为 μ、σ^2 的最大似然估计量.

下面讨论 $\hat{\mu}_2,\hat{\sigma}_2^2$ 的无偏性和一致性.

由于 $X=e^Y,Y=\ln X\sim N(\mu,\sigma),Y_i=\ln X_i$ 为其样本，因而

$$\hat{\mu}_2=\frac{1}{n}\sum_{i=1}^{n}Y_i=\overline{Y},\quad \hat{\sigma}_2^2=\frac{1}{n}\sum_{i=1}^{n}(Y_i-\overline{Y})^2=\frac{n-1}{n}S_Y^2,$$

其中，S_Y^2 为 Y 的样本方差. 所以

$$\boldsymbol{E}\hat{\mu}_2=\boldsymbol{E}\overline{Y}=\mu,\quad \boldsymbol{E}\hat{\sigma}_2^2=\frac{n-1}{n}\boldsymbol{E}S_Y^2=\frac{n-1}{n}\sigma^2.$$

又根据辛钦大数定律和依概率收敛的性质知，$\hat{\mu}_2=\overline{Y}\xrightarrow{p}\boldsymbol{E}Y=\mu$，　$S_Y^2\xrightarrow{p}\boldsymbol{D}Y=\sigma^2$.

故 $\hat{\sigma}_2^2=\dfrac{n-1}{n}S_Y^2\xrightarrow{p}\sigma^2$，所以 $\hat{\mu}_2$ 为 μ 的无偏、一致估计；$\hat{\sigma}_2^2$ 为 σ^2 的渐近无偏、一致估计.

(3) 由于 $X=e^Y,\boldsymbol{E}X=\boldsymbol{E}e^Y=e^{\mu+\frac{1}{2}\sigma^2}$ 是 (μ,σ^2) 单调增函数，根据最大似然估计不变性原理知，$\boldsymbol{E}X$ 的最大似然估计量 $\hat{\boldsymbol{E}X}=e^{\hat{\mu}+\frac{1}{2}\hat{\sigma}^2}$，其中

$$\hat{\mu}=\frac{1}{n}\sum_{i=1}^{n}\ln X_i,\quad \hat{\sigma}^2=\frac{1}{n}\sum_{i=1}^{n}\left(\ln X_i-\frac{1}{n}\sum_{i=1}^{n}\ln X_i\right)^2.$$

【例 7.11】设总体 X 的密函数为 $f(x;\theta)=\begin{cases}2e^{-2(x-\theta)}, & x>\theta,\\ 0, & x\leqslant\theta,\end{cases}$ 未知参数 $\theta>0,X_1,\cdots,X_n$ 为 X 的一组样本.

(1) 求未知参数 θ 的矩估计量 $\hat{\theta}_1$，并讨论其无偏性、一致性. 若有偏将其修正为 $\hat{\theta}_2$ 使其为 θ 的无偏估计；

(2) 求 θ 的最大似然估计量 $\hat{\theta}_3$，并讨论其无偏性、一致性. 若有偏将其修正为 $\hat{\theta}_4$ 使其为 θ 的无偏估计；

(3) 试比较 $\hat{\theta}_2$ 与 $\hat{\theta}_4$ 的有效性.

学习随笔

【解】(1) 令 $\boldsymbol{E}X=\overline{X}$,其中

$$\boldsymbol{E}X=\int_{\theta}^{+\infty}x\cdot 2\mathrm{e}^{-2(x-\theta)}\mathrm{d}x\xlongequal{\text{令 } x-\theta=t}2\int_{0}^{+\infty}(t+\theta)\mathrm{e}^{-2t}\mathrm{d}t=\frac{1}{2}+\theta,$$

即 $\frac{1}{2}+\theta=\overline{X}$,解得 θ 的矩估计量 $\hat{\theta}_1=\overline{X}-\frac{1}{2}$. 由于

$$\boldsymbol{E}\hat{\theta}_1=\boldsymbol{E}\overline{X}-\frac{1}{2}=\frac{1}{2}+\theta-\frac{1}{2}=\theta,$$

又 $\overline{X}\xrightarrow{p}\boldsymbol{E}X$,所以 $\hat{\theta}_1=\overline{X}-\frac{1}{2}\xrightarrow{p}\frac{1}{2}+\theta-\frac{1}{2}=\theta$,故 $\hat{\theta}_1$ 为 θ 的无偏、一致估计. 仍取 $\hat{\theta}_2=\hat{\theta}_1$.

(2) 样本的似然函数为

$$L(x_1,\cdots,x_n;\theta)=\prod_{i=1}^{n}f(x_i;\theta)=\begin{cases}\prod\limits_{i=1}^{n}2\mathrm{e}^{-2(x_i-\theta)}=2^n\mathrm{e}^{-2\sum\limits_{i=1}^{n}x_i+2n\theta}, & \text{一切 } x_i>\theta,\\ 0, & \text{其他},\end{cases}$$

显然 $L(\theta)$是 θ 的单调增函数,且 $\theta<x_1,\cdots,x_n$. 因此 θ 的最大似然估计为 $\hat{\theta}_3=\min(X_1,\cdots,X_n)=X_{(1)}$.

为讨论 $\hat{\theta}_3$ 的无偏性、一致性需要计算 $\boldsymbol{E}\hat{\theta}_3$、$\boldsymbol{D}\hat{\theta}_3$,为此需先求出 $X_{(1)}$ 的密度函数,易知

$$F_{(1)}(x)=\boldsymbol{P}\{\min(X_1,\cdots,X_n)\leqslant x\}=1-[1-F(x)]^n,$$

$$f_{(1)}(x)=n[1-F(x)]^{n-1}f(x),$$

其中,$f(x)=\begin{cases}2\mathrm{e}^{-2(x-\theta)}, & x>\theta,\\ 0, & x\leqslant\theta,\end{cases}$ $F(x)=\int_{-\infty}^{x}f(t)\mathrm{d}t=\begin{cases}0, & x\leqslant\theta,\\ 1-\mathrm{e}^{-2(x-\theta)}, & x>\theta.\end{cases}$

故 $f_{(1)}(x)=\begin{cases}0, & x\leqslant\theta,\\ 2n\mathrm{e}^{-2n(x-\theta)}, & x>\theta,\end{cases}$ 则

$$\boldsymbol{E}\hat{\theta}_3=\boldsymbol{E}X_{(1)}=\int_{\theta}^{+\infty}x\cdot 2n\mathrm{e}^{-2n(x-\theta)}\mathrm{d}x\xlongequal{\text{令 } x-\theta=t}\int_{0}^{+\infty}(t+\theta)2n\mathrm{e}^{-2nt}\mathrm{d}t=\frac{1}{2n}+\theta\neq\theta,$$

因此 $\hat{\theta}_3$ 不是 θ 的无偏估计. 令 $\hat{\theta}_4=\hat{\theta}_3-\frac{1}{2n}$,则 $\boldsymbol{E}\hat{\theta}_4=\boldsymbol{E}\hat{\theta}_3-\frac{1}{2n}=\theta$,$\hat{\theta}_4$ 为 θ 的无偏估计.

为讨论 $\hat{\theta}_3$ 是否为 θ 的一致性估计,我们需要计算 $\boldsymbol{D}\hat{\theta}_3$. 由于

$$\begin{aligned}\boldsymbol{E}\hat{\theta}_3^2&=\boldsymbol{E}X_{(1)}^2=\int_{\theta}^{+\infty}x^2 2n\mathrm{e}^{-2n(x-\theta)}\mathrm{d}x\xlongequal{(\text{令 } x-\theta=t)}\int_{0}^{+\infty}(t+\theta)^2 2n\mathrm{e}^{-2nt}\mathrm{d}t\\&=\int_{0}^{+\infty}t^2 2n\mathrm{e}^{-2nt}\mathrm{d}t+2\theta\int_{0}^{+\infty}t2n\mathrm{e}^{-2nt}\mathrm{d}t+\theta^2\int_{0}^{+\infty}2n\mathrm{e}^{-2nt}\mathrm{d}t\\&=\frac{2}{(2n)^2}+\frac{2\theta}{2n}+\theta^2=\frac{1}{2n^2}+\frac{\theta}{n}+\theta^2,\end{aligned}$$

所以 $\boldsymbol{D}\hat{\theta}_3=\boldsymbol{E}\hat{\theta}_3^2-(\boldsymbol{E}\hat{\theta}_3)^2=\frac{1}{4n^2}$. 根据切比雪夫不等式,$\forall\varepsilon>0$,有

$$\boldsymbol{P}\{|\hat{\theta}_3-\theta|\geqslant\varepsilon\}=\boldsymbol{P}\left\{\left|\hat{\theta}_3-\boldsymbol{E}\hat{\theta}_3+\frac{1}{2n}\right|\geqslant\varepsilon\right\}\leqslant\boldsymbol{P}\left\{|\hat{\theta}_3-\boldsymbol{E}\hat{\theta}_3|+\frac{1}{2n}\geqslant\varepsilon\right\}$$

$$=\boldsymbol{P}\left\{|\hat{\theta}_3-\boldsymbol{E}\hat{\theta}_3|\geqslant\varepsilon-\frac{1}{2n}\right\}$$

$$\leqslant\frac{\boldsymbol{D}\hat{\theta}_3}{\left(\varepsilon-\frac{1}{2n}\right)^2}=\frac{1}{4n^2\left(\varepsilon-\frac{1}{2n}\right)^2}\to 0(n\to\infty).$$

即 $\hat{\theta}_3\xrightarrow{p}\theta$，所以 $\hat{\theta}_3$ 为 θ 的无偏一致估计.

(3) 下面比较两个无偏估计 $\hat{\theta}_2=\hat{\theta}_1=\overline{X}-\frac{1}{2}$ 与 $\hat{\theta}_4=\hat{\theta}_3-\frac{1}{2n}$ 的有效性. 由于 $\boldsymbol{D}\hat{\theta}_2=\boldsymbol{D}\left(\overline{X}-\frac{1}{2}\right)=\boldsymbol{D}\overline{X}=\frac{\boldsymbol{D}X}{n}$，

$$\boldsymbol{E}X^2=\int_\theta^{+\infty}x^2 2\mathrm{e}^{-2(x-\theta)}\mathrm{d}x=\frac{1}{2}+\theta+\theta^2(\text{比较 }\boldsymbol{E}X_{(1)}^2\text{ 可得}),$$

$$\boldsymbol{D}X=\boldsymbol{E}X^2-(\boldsymbol{E}X)^2=\frac{1}{4},\text{即 }\boldsymbol{D}\hat{\theta}_2=\frac{1}{4n},$$

而 $\boldsymbol{D}\hat{\theta}_4=\boldsymbol{D}\left(\hat{\theta}_3-\frac{1}{2n}\right)=\boldsymbol{D}\hat{\theta}_3=\frac{1}{4n^2}\leqslant\frac{1}{4n}=\boldsymbol{D}\hat{\theta}_2$，故 $\hat{\theta}_4$ 比 $\hat{\theta}_2$ 有效.

【例 7.12】设总体 $X\sim N(\mu,\sigma^2)$，密度函数为 $f(x;\mu,\sigma^2)$，$X_1,\cdots,X_n$ 是来自总体 X 的简单随机样本，如果 $\int_A^{+\infty}f(x;\mu,\sigma^2)\mathrm{d}x=0.05$，求点 A 的最大似然估计.

【解】因为 $\int_A^{+\infty}f(x;\mu,\sigma^2)\mathrm{d}x=\boldsymbol{P}\{X>A\}=1-\Phi\left(\frac{A-\mu}{\sigma}\right)=0.05$，即

$$\Phi\left(\frac{A-\mu}{\sigma}\right)=0.95,\frac{A-\mu}{\sigma}=1.64,A=\mu+1.64\sigma,$$

A 为 μ,σ 的单调增函数，由最大似然估计不变性原理，A 的最大似然估计 $\hat{A}=\hat{\mu}+1.64\hat{\sigma}$，其中，$\hat{\mu}=\overline{X},\hat{\sigma}=\sqrt{\frac{1}{n}\sum_{i=1}^n(X_i-\overline{X})^2}$ 分别为 μ、σ 的最大似然估计.

【例 7.13】一个袋子中装有黑球和白球，有放回地抽取 n 个球，其中有 k 个白球. 求袋中黑球与白球数之比 r 的最大似然估计.

【分析与解答】首先要确定总体 X 及其分布，假设袋中球的总数为 N，其中有 a 个白球，$N-a$ 个黑球，令 $X=\begin{cases}1, & \text{抽到白球},\\0, & \text{抽到黑球},\end{cases}$ 则 X 为总体，X 服从 0－1 分布，即

$$\boldsymbol{P}\{X=x\}=\left(\frac{a}{N}\right)^x\left(1-\frac{a}{N}\right)^{1-x}\quad(x=1,0),$$

其中，a、N 为未知参数，依题意 $r=\frac{N-a}{a}=\frac{N}{a}-1$，因而有 $\frac{a}{N}=\frac{1}{1+r}$，$X$ 的分布为

$$\boldsymbol{P}\{X=x\}=\left(\frac{1}{r}\right)^x\left(\frac{r}{1+r}\right)^{1-x}\quad(x=1,0),r\text{ 为未知参数}.$$

则问题是：从总体 X 中随意抽取 n 个样本：$x_1,\cdots,x_n$，其中有 k 个为 1，$(n-k)$ 个为 0，求未知参数 r 的最大似然估计.

样本似然函数 $L(x_1,\cdots,x_n;r)=\prod_{i=1}^n\boldsymbol{P}\{X=x_i\}=\left(\frac{1}{1+r}\right)^k\left(\frac{r}{1+r}\right)^{n-k}$，

学习随笔

$$\begin{aligned}\ln L &= -k\ln(1+r)+(n-k)\ln r-(n-k)\ln(1+r)\\ &=(n-k)\ln r-n\ln(1+r),\end{aligned}$$

令 $\dfrac{\mathrm{d}\ln L}{\mathrm{d}r}=\dfrac{(n-k)}{r}-\dfrac{n}{1+r}=0$，解得 $\hat{r}=\dfrac{n-k}{k}=\dfrac{n}{k}-1$.

又 $\dfrac{\mathrm{d}^2\ln L}{\mathrm{d}r^2}\Big|_{\hat{r}}=\dfrac{-(n-k)}{r^2}+\dfrac{n}{(1+r)^2}\Big|_{\hat{r}}=-\dfrac{k^2}{n-k}+\dfrac{k^2}{n}<0$，所以 r 的最大似然估计为 $\hat{r}=\dfrac{n}{k}-1$.

【例 7.14】袋中有 N 个硬币，其中 θ 个是普通硬币$\left(\text{掷出正面和反面的概率各为}\dfrac{1}{2}\right)$，其余的 $N-\theta$ 个硬币两面都是正面. 从袋中随机取出一个硬币，不查看它是何种硬币，将要连续掷两次，记下的得结果，而后将它放回袋中，如此重复 n 次. 如果记录结果是：正面出现 0 次、1 次、2 次的次数分别为 $n_0,n_1,n_2(n_0+n_1+n_2=n)$. 试求未知参数 θ 的矩估计量 $\hat{\theta}_1$ 和最大似然估计量 $\hat{\theta}_2$.

【分析与解答】首先要确定总体 X 及其分布. 用 X 表示将一枚硬币随意掷两次正面出现的次数，则 X 为总体，显然 X 可以取 0,1,2. 如果记 $A=$"取出硬币为普通硬币"，则由全概率公式得

$$\begin{aligned}\boldsymbol{P}\{X=0\}&=\boldsymbol{P}\{X=0,A\}+\boldsymbol{P}\{X=0,\overline{A}\}\\ &=\boldsymbol{P}(A)\boldsymbol{P}\{X=0\mid A\}=\frac{\theta}{N}\cdot\frac{1}{2}\cdot\frac{1}{2}=\frac{\theta}{4N},\\ \boldsymbol{P}\{X=1\}&=\boldsymbol{P}\{X=1,A\}+\boldsymbol{P}\{X=1,\overline{A}\}\\ &=\boldsymbol{P}(A)\boldsymbol{P}\{X=1\mid A\}+\boldsymbol{P}(\overline{A})\boldsymbol{P}\{X=1\mid\overline{A}\}\\ &=\frac{\theta}{N}\left(\frac{1}{2}\cdot\frac{1}{2}+\frac{1}{2}\cdot\frac{1}{2}\right)=\frac{\theta}{2N},\\ \boldsymbol{P}\{X=2\}&=\boldsymbol{P}\{X=2,A\}+\boldsymbol{P}\{X=2,\overline{A}\}\\ &=\boldsymbol{P}(A)\boldsymbol{P}\{X=2\mid A\}+\boldsymbol{P}(\overline{A})\boldsymbol{P}\{X=2\mid\overline{A}\}\\ &=\frac{\theta}{N}\cdot\frac{1}{2}\cdot\frac{1}{2}+\frac{N-\theta}{N}=1-\frac{3\theta}{4N}.\end{aligned}$$

因此总体 $X\sim\begin{pmatrix}0 & 1 & 2\\ \dfrac{\theta}{4N} & \dfrac{\theta}{2N} & 1-\dfrac{3\theta}{4N}\end{pmatrix}$.

样本为 $x_1,x_2,\cdots,x_n$，其中有 n_0 个为 0，n_1 个为 1，n_2 个为 2，$n_0+n_1+n_2=n$. 于是

$$\sum_{i=1}^{n}x_i=0\times n_0+1\times n_1+2\times n_2=n_1+2n_2,\quad \overline{x}=\frac{1}{n}\sum_{i=1}^{n}x_i=\frac{n_1+2n_2}{n}.$$

令 $\boldsymbol{E}X=\overline{X}$，即 $0\times\dfrac{\theta}{4N}+1\times\dfrac{\theta}{2N}+2\left(1-\dfrac{3\theta}{4N}\right)=\overline{X}$，$2-\dfrac{\theta}{N}=\overline{X}$，解得 θ 的矩估计量

$$\hat{\theta}=(2-\overline{X})N=\frac{N}{n}(2n_0+n_1).$$

又样本的似然函数

$$L(\theta)=\prod_{i=1}^{n}\boldsymbol{P}\{X=x_i\}=\left(\frac{\theta}{4N}\right)^{n_0}\left(\frac{\theta}{2N}\right)^{n_1}\left(1-\frac{3\theta}{4N}\right)^{n_2},$$

$$\ln L=n_0(\ln\theta-\ln 4N)+n_1(\ln\theta-\ln 2N)+n_2[\ln(4N-3\theta)-\ln 4N].$$

令 $\frac{\mathrm{d}\ln L}{\mathrm{d}\theta}=\frac{n_0}{\theta}+\frac{n_1}{\theta}-\frac{3n_2}{4N-3\theta}=0$，即

$$(4N-3\theta)(n_0+n_1)-3n_2\theta=4N(n_0+n_1)-3n\theta=0,$$

解得 $\hat{\theta}=\frac{4N(n_0+n_1)}{3n}$. 又 $\frac{\mathrm{d}^2\ln L}{\mathrm{d}\theta^2}=-\frac{n_0}{\theta^2}-\frac{n_1}{\theta^2}-\frac{9n_2}{(4N-3\theta)^2}<0$，故 θ 的最大似然估计 $\hat{\theta}=\frac{4N(n_0+n_1)}{3n}$.

二、估计量的优良性讨论

【例 7.15】设总体 X 的数学期望 $\boldsymbol{E}X=\mu$，方差 $\boldsymbol{D}X=\sigma^2$ 存在. $X_1,X_2,\cdots,X_n$ 为来自总体 X 的简单随机样本，$a_i(1\leqslant i\leqslant n)$ 是任意满足条件 $\sum_{i=1}^{n}a_i=1$ 的实数.

(1) 求证：$\hat{\mu}=\sum_{i=1}^{n}a_iX_i$ 为 μ 的无偏估计(称为线性无偏估计)；

(2) 求 a_i 使 $\hat{\mu}$ 的方差 $\boldsymbol{D}\hat{\mu}$ 达到最小(此时称相应的 $\hat{\mu}$ 为最优线性无偏估计).

【解】(1) 由于 $\boldsymbol{E}X_i=\mu$，$\sum_{i=1}^{n}a_i=1$，则 $\boldsymbol{E}\hat{\mu}=\sum_{i=1}^{n}a_i\boldsymbol{E}X_i=\mu\sum_{i=1}^{n}a_i=\mu$，所以 $\hat{\mu}$ 为 μ 的无偏估计.

(2) $\boldsymbol{D}\hat{\mu}=\sum_{i=1}^{n}a_i^2\boldsymbol{D}X_i=\sigma^2\sum_{i=1}^{n}a_i^2\overset{\text{记}}{=\!=}g(a_1,\cdots,a_n)$，我们要在条件"$\sum_{i=1}^{n}a_i=1$"下，求 a_i 使 $g(a_1,\cdots,a_n)$ 达到最小. 为此考虑函数

$$F(a_1,\cdots,a_n)\triangleq g(a_1,\cdots,a_n)+\lambda\left(\sum_{i=1}^{n}a_i-1\right)=\sigma^2\sum_{i=1}^{n}a_i^2+\lambda\left(\sum_{i=1}^{n}a_i-1\right).$$

令 $\begin{cases}\dfrac{\partial F}{\partial a_i}=2\sigma^2\sum_{i=1}^{n}a_i+n\lambda=0,\\[2ex]\dfrac{\partial F}{\partial\lambda}=\sum_{i=1}^{n}a_i-1=0,\end{cases}$ 解得 $\lambda=-\frac{2\sigma^2}{n}$，$a_i=\frac{-\lambda}{2\sigma^2}=\frac{1}{n}$.

所以当 $a_i=\frac{1}{n}$，$\hat{\mu}=\frac{1}{n}\sum_{i=1}^{n}X_i=\overline{X}$ 为 μ 的最优线性无偏估计.

【例 7.16】设总体 X 的期望 $\boldsymbol{E}X=\mu$，方差 $\boldsymbol{D}X=\sigma^2$ 存在，$X_1,\cdots,X_n$ 是来自总体 X 的一个样本，$\overline{X}=\frac{1}{n}\sum_{i=1}^{n}X_i$，$\hat{\mu}=\sum_{i=1}^{n}a_iX_i$ 为 μ 的无偏估计，试求 $\overline{X}$ 与 $\hat{\mu}$ 的相关系数 ρ.

【解】由于 $\boldsymbol{E}\hat{\mu}=\sum_{i=1}^{n}a_i\boldsymbol{E}X_i=\mu\sum_{i=1}^{n}a_i=\mu$，故

学习随笔

$$\sum_{i=1}^{n} a_i = 1,\quad \boldsymbol{E}\overline{X} = \mu,\quad \boldsymbol{D}\overline{X} = \frac{\sigma^2}{n},\quad \boldsymbol{E}\hat{\mu} = \mu,\quad \boldsymbol{D}\hat{\mu} = \sigma^2 \sum_{i=1}^{n} a_i^2,$$

$$\begin{aligned}\boldsymbol{E}\overline{X}\hat{\mu} &= \boldsymbol{E}\left(\frac{1}{n}\sum_{i=1}^{n} X_i\right)\left(\sum_{j=1}^{n} a_j X_j\right) = \frac{1}{n}\boldsymbol{E}\left(\sum_{i=1}^{n} a_i X_i^2 + \sum_{i=1}^{n}\sum_{j\neq i} a_j X_i X_j\right)\\ &= \frac{1}{n}\left(\sum_{i=1}^{n} a_i \boldsymbol{E}X_i^2 + \sum_{i=1}^{n}\sum_{j\neq i} a_j \boldsymbol{E}X_i \boldsymbol{E}X_j\right)\\ &= \frac{1}{n}\left[(\sigma^2+\mu^2)\sum_{i=1}^{n} a_i + (n-1)\mu^2\sum_{i=1}^{n} a_i\right] = \frac{\sigma^2 + n\mu^2}{n} = \frac{\sigma^2}{n} + \mu^2,\end{aligned}$$

$$\mathrm{Cov}(\overline{X},\hat{\mu}) = \boldsymbol{E}\overline{X}\hat{\mu} - \boldsymbol{E}\overline{X}\boldsymbol{E}\hat{\mu} = \frac{\sigma^2}{n} + \mu^2 - \mu^2 = \frac{\sigma^2}{n},$$

所以
$$\rho = \frac{\mathrm{Cov}(\overline{X},\hat{\mu})}{\sqrt{\boldsymbol{D}\overline{X}}\sqrt{\boldsymbol{D}\hat{\mu}}} = \frac{\sigma^2/n}{\sqrt{\sigma^2/n}\cdot\sqrt{\sigma^2\sum_{i=1}^{n} a_i^2}} = \frac{1}{\sqrt{n\sum_{i=1}^{n} a_i^2}}.$$

【例 7.17】设 $X_1, X_2, \cdots, X_n$ 是取自正态总体 $N(\mu,\sigma^2)$ 的一个样本，其均值和方差分别为 $\overline{X}$、S^2. 求常数 k，使 $\hat{\sigma}=kS$ 为 σ 的无偏估计(已知 $\chi^2(n)$ 分布的密度函数

$$f(x) = \begin{cases} \dfrac{1}{2^{\frac{n}{2}}\Gamma\left(\dfrac{n}{2}\right)} x^{\frac{n}{2}-1} \mathrm{e}^{-\frac{x}{2}}, & x > 0,\\ 0, & x \leqslant 0,\end{cases}$$

其中，$\Gamma(\alpha) = \int_0^{+\infty} x^{\alpha-1}\mathrm{e}^{-x}\,\mathrm{d}x \quad (\alpha > 0)$).

【解】由题设知 $Y = \dfrac{(n-1)S^2}{\sigma^2} = \sum_{i=1}^{n}\left(\dfrac{X_i - \overline{X}}{\sigma}\right)^2 \sim \chi^2(n-1)$，所以

$$\begin{aligned}\boldsymbol{E}\hat{\sigma} = k\boldsymbol{E}S &= \frac{k\sigma}{\sqrt{n-1}}\boldsymbol{E}\sqrt{Y} = \frac{k\sigma}{\sqrt{n-1}}\int_0^{+\infty} \frac{\sqrt{x}}{2^{\frac{n-1}{2}}\Gamma\left(\frac{n-1}{2}\right)} x^{\frac{n-1}{2}-1}\mathrm{e}^{-\frac{x}{2}}\,\mathrm{d}x\\ &= \frac{k\sigma}{\sqrt{n-1}}\cdot\frac{1}{2^{\frac{n-1}{2}}\Gamma\left(\frac{n-1}{2}\right)}\int_0^{+\infty} x^{\frac{n}{2}-1}\mathrm{e}^{-\frac{x}{2}}\,\mathrm{d}x\\ &\xlongequal{\text{令}\frac{x}{2}=t} \frac{k\sigma}{\sqrt{n-1}}\cdot\frac{1}{2^{\frac{n-1}{2}}\Gamma\left(\frac{n-1}{2}\right)}\int_0^{+\infty} 2^{\frac{n}{2}-1} t^{\frac{n}{2}-1}\mathrm{e}^{-t}\cdot 2\mathrm{d}t\\ &= \frac{k\sigma\sqrt{2}}{\sqrt{n-1}}\cdot\frac{1}{\Gamma\left(\frac{n-1}{2}\right)}\Gamma\left(\frac{n}{2}\right) = k\cdot\sqrt{\frac{2}{n-1}}\,\frac{\Gamma\left(\frac{n}{2}\right)}{\Gamma\left(\frac{n-1}{2}\right)}\cdot\sigma.\end{aligned}$$

故当 $k = \sqrt{\dfrac{n-1}{2}}\,\dfrac{\Gamma\left(\frac{n-1}{2}\right)}{\Gamma\left(\frac{n}{2}\right)}$ 时，$\boldsymbol{E}\hat{\sigma}=\sigma$，即 $\hat{\sigma}=kS$ 为 σ 的无偏估计.

【例 7.18】设 θ 是总体分布中的未知参数，$X_1, \cdots, X_n$ 是来自总体的简单随机样本，

如果统计量 $\hat{\theta}_n=\theta_n(X_1,\cdots,X_n)$ 的期望 $E\hat{\theta}$、方差 $D\hat{\theta}_n$ 存在且满足条件：$\lim\limits_{n\to\infty}E\hat{\theta}_n=\theta$，$\lim\limits_{n\to\infty}D\hat{\theta}_n=0$. 证明：$\hat{\theta}_n$ 是 θ 的一致性（相合性）估计，即 $\hat{\theta}_n\xrightarrow{p}\theta$（$\forall\varepsilon>0,\lim\limits_{n\to\infty}P\{|\hat{\theta}_n-\theta|\geqslant\varepsilon\}=0$）.

【证明】由于 $\lim\limits_{n\to\infty}E\hat{\theta}_n=\theta$，故 $E\hat{\theta}_n=\theta+\alpha_n$，其中 $\alpha_n\to0(n\to\infty)$. 由切比雪夫不等式知，$\forall\varepsilon>0$，使得

$$\begin{aligned}P\{|\hat{\theta}_n-\theta|\geqslant\varepsilon\}&=P\{|\hat{\theta}_n-E\hat{\theta}_n+\alpha_n|\geqslant\varepsilon\}\\&\leqslant P\{|\hat{\theta}_n-E\hat{\theta}_n|+|\alpha_n|\geqslant\varepsilon\}\\&=P\{|\hat{\theta}_n-E\hat{\theta}_n|\geqslant\varepsilon-|\alpha_n|\}\\&\leqslant\frac{D\hat{\theta}_n}{(\varepsilon-|\alpha_n|)^2}\to0(n\to\infty),\end{aligned}$$

所以 $\lim\limits_{n\to\infty}P\{|\hat{\theta}_n-\theta|\geqslant\varepsilon\}=0$，即 $\hat{\theta}_n\xrightarrow{p}\theta$.

【例 7.19】设 $X_1,X_2,\cdots,X_n$ 是总体 $N(\mu,\sigma^2)$ 的一个简单随机样本.

(1) 如果 μ 已知，求 k，使 $\hat{\sigma}=k\sum\limits_{i=1}^{n}|X_i-\mu|$ 是 σ 的无偏估计；

(2) 求 k，使 $\hat{\sigma}^2=k\sum\limits_{i=1}^{n-1}(X_{i+1}-X_i)^2$ 为 σ^2 的无偏估计；

(3) 求 k，使 $\hat{\sigma}=k\sum\limits_{i=1}^{n}\sum\limits_{j=1}^{n}|X_i-X_j|$ 为 σ 的无偏估计；

(4) 求 k，使 $\hat{\sigma}=k\sum\limits_{i=1}^{n}|X_i-\overline{X}|$ 为 σ 的无偏估计，其中 $\overline{X}=\frac{1}{n}\sum\limits_{i=1}^{n}X_i$.

【解】(1) 若 μ 已知，则由 $X\sim N(\mu,\sigma^2)$ 知 $X_i-\mu\sim N(0,\sigma^2)$，

$$\begin{aligned}E|X_i-\mu|&=\int_{-\infty}^{+\infty}|x|\frac{1}{\sqrt{2\pi}\sigma}e^{-\frac{x^2}{2\sigma^2}}dx=\frac{2}{\sqrt{2\pi}\sigma}\int_0^{+\infty}xe^{-\frac{1}{2}\left(\frac{x}{\sigma}\right)^2}dx\left(令\frac{x}{\sigma}=y\right)\\&=\sqrt{\frac{2}{\pi}}\int_0^{+\infty}ye^{-\frac{1}{2}y^2}\sigma dy=\sqrt{\frac{2}{\pi}}\sigma(-e^{-\frac{1}{2}y^2})\Big|_0^{+\infty}=\sqrt{\frac{2}{\pi}}\sigma.\end{aligned}$$

所以 $E\hat{\sigma}=k\sum\limits_{i=1}^{n}E|X_i-\mu|=kn\sqrt{\frac{2}{\pi}}\sigma$，因此当 $k=\frac{1}{n}\sqrt{\frac{\pi}{2}}$ 时，$E\hat{\sigma}=\sigma$，即 $\hat{\sigma}=\frac{1}{n}\sqrt{\frac{\pi}{2}}\sum\limits_{i=1}^{n}|X_i-\mu|$ 为 σ 的无偏估计.

(2) 由于 $\hat{\sigma}^2=k\sum\limits_{i=1}^{n-1}(X_{i+1}-X_i)^2=k\sum\limits_{i=1}^{n-1}(X_{i+1}^2-2X_iX_{i+1}+X_i^2)$，则

$$\begin{aligned}E\hat{\sigma}^2&=k\sum_{i=1}^{n-1}(EX_{i+1}^2-2EX_iEX_{i+1}+EX_i^2)\\&=k\sum_{i=1}^{n-1}(\sigma^2+\mu^2-2\mu^2+\sigma^2+\mu^2)=k\cdot2(n-1)\sigma^2,\end{aligned}$$

学习随笔

所以当 $k=\dfrac{1}{2(n-1)}$ 时，$\hat{\sigma}^2=\dfrac{1}{2(n-1)}\sum\limits_{i=1}^{n-1}(X_{i+1}-X_i)^2$ 为 σ^2 的无偏估计.

(3) 由于 $X_i\sim N(\mu,\sigma^2)$，且相互独立，于是当 $i\neq j$ 时，$X_i-X_j\sim N(0,2\sigma^2)$，

$$\boldsymbol{E}|X_i-X_j|=\int_{-\infty}^{+\infty}|x|\frac{1}{\sqrt{2\pi}\cdot\sqrt{2}\sigma}e^{-\frac{x^2}{4\sigma^2}}dx$$

$$=\frac{2}{2\sqrt{\pi}\sigma}\int_0^{+\infty}xe^{-\frac{x^2}{4\sigma^2}}dx=\frac{2\sigma}{\sqrt{\pi}}(-e^{-\frac{x^2}{4\sigma^2}})\Big|_0^{+\infty}=\frac{2\sigma}{\sqrt{\pi}}.$$

所以 $\boldsymbol{E}\hat{\sigma}=k\sum\limits_{i=1}^{n}\sum\limits_{j=1}^{n}\boldsymbol{E}|X_i-X_j|=k\cdot n(n-1)\dfrac{2\sigma}{\sqrt{\pi}}$，故当 $k=\dfrac{\sqrt{\pi}}{2n(n-1)}$ 时，$\hat{\sigma}=\dfrac{\sqrt{\pi}}{2n(n-1)}\sum\limits_{i=1}^{n}\sum\limits_{j=1}^{n}|X_i-X_j|$ 为 σ 的无偏估计.

(4) 由于 $X_i\sim N(\mu,\sigma^2)$ 且相互独立，所以

$$X_i-\overline{X}=\left(1-\frac{1}{n}\right)X_i-\frac{1}{n}\sum_{j\neq i}X_j\sim N\left(0,\frac{n-1}{n}\sigma^2\right),$$

$$\boldsymbol{E}|X_i-\overline{X}|=\int_{-\infty}^{+\infty}|x|\cdot\frac{1}{\sqrt{2\pi}\cdot\sqrt{\frac{n-1}{n}}\sigma}e^{-\frac{nx^2}{2(n-1)\sigma^2}}dx$$

$$=\frac{2\sqrt{n}}{\sqrt{2\pi}\sqrt{n-1}\sigma}\int_0^{+\infty}xe^{-\frac{nx^2}{2(n-1)\sigma^2}}dx$$

$$=\sqrt{\frac{2(n-1)}{\pi n}}\sigma\left[-e^{-\frac{nx^2}{2(n-1)\sigma^2}}\right]\Big|_0^{+\infty}=\sqrt{\frac{2(n-1)}{n\pi}}\sigma.$$

故
$$\boldsymbol{E}\hat{\sigma}=k\sum_{i=1}^{n}\boldsymbol{E}|X_i-\overline{X}|=kn\cdot\sqrt{\frac{2(n-1)}{n\pi}}\sigma=k\sqrt{\frac{2n(n-1)}{\pi}}\sigma.$$

所以当 $k=\sqrt{\dfrac{\pi}{2n(n-1)}}$ 时，$\hat{\sigma}=\sqrt{\dfrac{\pi}{2n(n-1)}}\sum\limits_{i=1}^{n}|X_i-\overline{X}|$ 为 σ 无偏估计.

【例 7.20】设总体 X 在区间 $[0,\theta]$ 上服从均匀分布，$X_1,X_2,\cdots,X_n$ 是取自总体 X 的简单随机样本，$\overline{X}=\dfrac{1}{n}\sum\limits_{i=1}^{n}X_i$，$X_{(n)}=\max(X_1,\cdots,X_n)$.

(1) 求常数 a、b，使 $\hat{\theta}_1=a\overline{X}$，$\hat{\theta}_2=bX_{(n)}$ 均为 θ 的无偏估计，并比较其有效性；

(2) 试证 $\hat{\theta}_1$、$\hat{\theta}_2$ 均为 θ 的一致性(相合性)估计.

【解】(1) 已知 $X\sim f(x)=\begin{cases}\dfrac{1}{\theta}, & 0\leqslant x\leqslant\theta,\\ 0, & 其他,\end{cases}$ 其分布函数为

$$F(x)=\int_{-\infty}^{x}f(t)dt=\begin{cases}0, & x<0,\\ \dfrac{x}{\theta}, & 0\leqslant x\leqslant\theta,\\ 1, & \theta\leqslant x,\end{cases}$$

且 $\boldsymbol{E}X=\frac{\theta}{2}$，$\boldsymbol{D}X=\frac{\theta^2}{12}$，所以 $\boldsymbol{E}\hat{\theta}_1=a\boldsymbol{E}\overline{X}=a\cdot\frac{\theta}{2}$. 当 $a=2$ 时，$\boldsymbol{E}\hat{\theta}_1=\theta$，$\hat{\theta}_1$ 为 θ 的无偏估计，且 $\boldsymbol{D}\hat{\theta}_1=\boldsymbol{D}(2\overline{X})=4\boldsymbol{D}\overline{X}=4\ \frac{\theta^2}{12n}=\frac{\theta^2}{3n}$.

又
$$F_{(n)}(x)=\boldsymbol{P}\{X_{(n)}\leqslant x\}=\prod_{i=1}^{n}\boldsymbol{P}\{X_i\leqslant x\}=[F(x)]^n,$$
$$f_{(n)}(x)=n[F(x)]^{n-1}f(x)=\begin{cases}\frac{nx^{n-1}}{\theta^n}, & 0\leqslant x\leqslant\theta,\\ 0, & \text{其他},\end{cases}$$
所以 $\boldsymbol{E}X_{(n)}=\int_0^\theta\frac{nx^n}{\theta^n}\mathrm{d}x=\frac{n}{n+1}\left[\frac{x^{n+1}}{\theta^n}\right]_0^\theta=\frac{n\theta}{n+1}$，$\boldsymbol{E}X_{(n)}^2=\int_0^\theta\frac{nx^{n+1}}{\theta^n}\mathrm{d}x=\frac{n}{n+2}\theta^2$，

$\boldsymbol{D}X_{(n)}=\frac{n\theta^2}{(n+2)(n+1)^2}$.

$\boldsymbol{E}\hat{\theta}_2=b\boldsymbol{E}X_{(n)}=b\ \frac{n\theta}{n+1}$. 当 $b=\frac{n+1}{n}$ 时，$\boldsymbol{E}\hat{\theta}_2=\theta$，即 $\hat{\theta}_2=\frac{n+1}{n}X_{(n)}$ 为 θ 的无偏估计，且

$$\boldsymbol{D}\hat{\theta}_2=b^2\boldsymbol{D}X_{(n)}=\left(\frac{n+1}{n}\right)^2\cdot\frac{n\theta^2}{(n+2)(n+1)^2}=\frac{\theta^2}{n(n+2)}<\frac{\theta^2}{3n}=\boldsymbol{D}\hat{\theta}_1,$$

所以 $\hat{\theta}_2$ 比 $\hat{\theta}_1$ 有效.

(2) 由于 $\boldsymbol{E}\hat{\theta}_i=\theta$，且 $\boldsymbol{D}\hat{\theta}_i\to0(n\to\infty)$，故由切比雪夫不等式：$\forall\varepsilon>0$，$\boldsymbol{P}\{|\hat{\theta}_i-\boldsymbol{E}\hat{\theta}_i|\geqslant\varepsilon\}\leqslant\frac{\boldsymbol{D}\hat{\theta}_i}{\varepsilon^2}\to0$，即 $\lim\limits_{n\to\infty}\boldsymbol{P}\{|\hat{\theta}_i-\theta|\geqslant\varepsilon\}=0$，亦即 $\hat{\theta}_i\xrightarrow{p}\theta$，$\hat{\theta}_i(i=1,2)$ 均为 θ 的一致性估计.

【例 7.21】设总体 X 的密度函数 $f(x)=\begin{cases}\mathrm{e}^{-(x-\theta)}, & x\geqslant\theta,\\ 0, & x<\theta,\end{cases}$ 其中 $\theta\in R$ 为未知参数. $X_1,\cdots,X_n$ 为来自总体 X 的简单随机样本，证明：$\hat{\theta}_1=\overline{X}-1$，$\hat{\theta}_2=\min(X_1,\cdots,X_n)-\frac{1}{n}$ 都是 θ 的无偏、一致估计；并比较其有效性 $\left(\text{其中}，\overline{X}=\frac{1}{n}\sum\limits_{i=1}^{n}X_i\right)$.

【证明】由于 $\boldsymbol{E}X=\int_\theta^{+\infty}x\mathrm{e}^{-(x-\theta)}\mathrm{d}x\xlongequal{(x-\theta=t)}\int_0^{+\infty}(t+\theta)\mathrm{e}^{-t}\mathrm{d}t=1+\theta$，

$$\boldsymbol{E}X^2=\int_0^{+\infty}x^2\mathrm{e}^{-(x-\theta)}\mathrm{d}x\xlongequal{(x-\theta=t)}\int_0^{+\infty}(t+\theta)^2\mathrm{e}^{-t}\mathrm{d}t=2+2\theta+\theta^2,$$
$$\boldsymbol{D}X=\boldsymbol{E}X^2-(\boldsymbol{E}X)^2=1,$$

又 $X_{(1)}=\min(X_1,\cdots,X_n)$ 的分布函数为
$$F_{(1)}(x)=1-[1-F(x)]^n,\quad f_{(1)}(x)=n[1-F(x)]^{n-1}f(x),$$
其中，$F(x)=\int_{-\infty}^{x}f(t)\mathrm{d}t=\begin{cases}0, & x<\theta,\\ 1-\mathrm{e}^{-(x-\theta)}, & x\geqslant\theta,\end{cases}$ 故 $f_{(1)}(x)=\begin{cases}0, & x<\theta,\\ n\mathrm{e}^{-n(x-\theta)}, & x\geqslant\theta.\end{cases}$ 则

学习随笔

$$EX_{(1)}=\int_{\theta}^{+\infty}xn\mathrm{e}^{-n(x-\theta)}\mathrm{d}x\xlongequal{(x-\theta=t)}\int_{0}^{+\infty}(t+\theta)n\mathrm{e}^{-nt}\mathrm{d}t=\frac{1}{n}+\theta,$$

$$EX_{(1)}^{2}=\int_{\theta}^{+\infty}x^{2}n\mathrm{e}^{-n(x-\theta)}\mathrm{d}x\xlongequal{(x-\theta=t)}\int_{0}^{+\infty}(t+\theta)^{2}n\mathrm{e}^{-nt}\mathrm{d}t=\frac{2}{n^{2}}+\frac{2\theta}{n}+\theta^{2}.$$

$$DX_{(1)}=EX_{(1)}^{2}-(EX_{(1)})^{2}=\frac{1}{n^{2}}.$$

所以 $E\hat{\theta}_1=E\overline{X}-1=1+\theta-1=\theta,D\hat{\theta}_1=D\overline{X}=\frac{1}{n}\to 0$. 由切比雪夫不等式知 $\hat{\theta}_1\xrightarrow{p}\theta$，故 $\hat{\theta}_1$ 为 θ 的无偏、一致估计.

又 $E\hat{\theta}_2=EX_{(1)}-\frac{1}{n}=\frac{1}{n}+\theta-\frac{1}{n}=\theta,\quad D\hat{\theta}_2=DX_{(1)}=\frac{1}{n^2}\to 0$，所以 $\hat{\theta}_2$ 也是 θ 的无偏、一致估计.

由于 $D\hat{\theta}_2=\frac{1}{n^2}<\frac{1}{n}=D\hat{\theta}_1$，所以 $\hat{\theta}_2$ 比 $\hat{\theta}_1$ 有效.

【例 7.22】假设分别从总体 $X\sim N(\mu_1,\sigma^2)$ 和 $Y\sim N(\mu_2,\sigma^2)$ 中随意抽取容量为 n_1,n_2 的两个独立样本，其样本的均值和方差分别为 $\overline{X},\overline{Y};S_X^2,S_Y^2$. 证明：对任意常数 a,b，只要 $a+b=1$，那么统计量 $\hat{\sigma}^2=aS_X^2+bS_Y^2$ 都是 σ^2 的无偏估计，并确定常数 a、b 使 $D\hat{\sigma}^2$ 达到最小.

【证明】由于 $\frac{(n_1-1)S_X^2}{\sigma^2}\sim\chi^2(n_1-1),\frac{(n_2-1)S_Y^2}{\sigma^2}\sim\chi^2(n_2-1)$，所以

$$E\,\frac{(n_1-1)S_X^2}{\sigma^2}=n_1-1,\quad D\,\frac{(n_1-1)S_X^2}{\sigma^2}=2(n_1-1);$$

$$E\,\frac{(n_2-1)S_Y^2}{\sigma^2}=n_2-1,\quad D\,\frac{(n_2-1)S_Y^2}{\sigma^2}=2(n_2-1).$$

故 $ES_X^2=\sigma^2,\quad DS_X^2=\frac{2\sigma^4}{n_1-1};\quad ES_Y^2=\sigma^2,\quad DS_Y^2=\frac{2\sigma^4}{n_2-1}$. 又 S_X^2 与 S_Y^2 相互独立，所以对任意的 $a+b=1$，有 $E\hat{\sigma}^2=aES_X^2+bES_Y^2=(a+b)\sigma^2=\sigma^2$，即 $\hat{\sigma}^2$ 为 σ^2 的无偏估计，且

$$D\hat{\sigma}^2=a^2DS_X^2+b^2DS_Y^2=\left(\frac{a^2}{n_1-1}+\frac{b^2}{n_2-1}\right)2\sigma^4$$

$$=\left[\frac{a^2}{n_1-1}+\frac{(1-a)^2}{n_2-1}\right]\cdot 2\sigma^4\xlongequal{\text{记}}g(a).$$

令 $\frac{\mathrm{d}g(a)}{\mathrm{d}a}=2\sigma^4\left[\frac{2a}{n_1-1}-\frac{2(1-a)}{n_2-1}\right]=0$，解得

$$a=\frac{n_1-1}{n_1+n_2-2},\quad b=1-a=\frac{n_2-1}{n_1+n_2-2}.$$

又 $\frac{\mathrm{d}^2g(a)}{\mathrm{d}a^2}=2\sigma^4\left(\frac{2}{n_1-1}+\frac{2}{n_2-1}\right)>0$，所以当 $a=\frac{n_1-1}{n_1+n_2-2},b=\frac{n_2-1}{n_1+n_2-2}$ 时，$D\hat{\sigma}^2$ 达到最小.

【例 7.23】设总体 X 服从参数为 λ 的泊松分布，$X_1,X_2,\cdots,X_n$ 是取自总体 X 的简单随机样本，其均值和方差分别为 $\overline{X},S^2$.

(1) 求未知参数 λ 的矩估计量 $\hat{\lambda}_1$ 和最大似然估计量 $\hat{\lambda}_2$，并讨论其无偏性、一致性；

(2) 求证：对任意常数 C，$\hat{\lambda}=C\overline{X}+(1-C)S^2$ 都是 λ 的无偏估计；

(3) 试求 λ^2 的无偏估计量和 e^λ 的无偏估计量；

(4) 证明：$T=\begin{cases}1, & X\text{ 取偶数},\\ -1, & X\text{ 取奇数}\end{cases}$ 是 $e^{-2\lambda}$ 的无偏估计.

【解】(1) 由题设知 $X\sim \boldsymbol{P}\{X=x\}=\dfrac{\lambda^x}{x!}e^{-\lambda}(x=0,1,\cdots;\lambda>0)$. 且 $\boldsymbol{E}X=\boldsymbol{D}X=\lambda$.

令 $\boldsymbol{E}X=\overline{X}$，即 $\lambda=\overline{X}$. 得 λ 的矩估计量 $\hat{\lambda}_1=\overline{X}$.

又样本的似然函数

$$L(x_1,\cdots,x_i;\lambda)=\prod_{i=1}^n \boldsymbol{P}\{X=x_i\}=\prod_{i=1}^n \frac{\lambda^{x_i}}{x_i!}e^{-\lambda}=\frac{\lambda^{\sum\limits_{i=1}^n x_i}}{x_1!\cdots x_n!}e^{-n\lambda},$$

$$\ln L=(\sum_{i=1}^n x_i)\ln\lambda-\sum_{i=1}^n \ln x_i!-n\lambda,$$

令 $\dfrac{d\ln L}{d\lambda}=\dfrac{\sum\limits_{i=1}^n x_i}{\lambda}-n=0$，解得 $\hat{\lambda}_2=\dfrac{1}{n}\sum\limits_{i=1}^n X_i=\overline{X}$. 又 $\dfrac{d^2\ln L}{d\lambda^2}=-\dfrac{\sum\limits_{i=1}^n x_i}{\lambda^2}<0$，所以 $\hat{\lambda}_2=\overline{X}$ 是 λ 的最大似然估计.

由于 $\boldsymbol{E}\overline{X}=\boldsymbol{E}X=\lambda$，$\overline{X}\xrightarrow{p}\boldsymbol{E}X=\lambda$，所以 $\hat{\lambda}_1=\hat{\lambda}_2=\overline{X}$ 都是 λ 的无偏、一致估计.

(2) 由于 $\boldsymbol{E}\overline{X}=\boldsymbol{E}X=\lambda$，$\boldsymbol{E}S^2=\boldsymbol{D}X=\lambda$，所以对任意常数 C，$\boldsymbol{E}\hat{\lambda}=C\boldsymbol{E}\overline{X}+(1-C)\boldsymbol{E}S^2=\lambda$，即 $\hat{\lambda}$ 为 θ 的无偏估计；

(3) 由于 $\boldsymbol{D}X=\boldsymbol{E}X^2-(\boldsymbol{E}X)^2$ 即 $\lambda=\boldsymbol{E}X^2-\lambda^2$，故 $\lambda^2=\boldsymbol{E}X^2-\lambda=\boldsymbol{E}X^2-\boldsymbol{E}X$，$\lambda^2$ 作为总体矩的函数，用样本矩替代相应总体矩，考虑统计量 $T_1=\dfrac{1}{n}\sum\limits_{i=1}^n X_i^2-\overline{X}$，则有

$$\boldsymbol{E}T_1=\frac{1}{n}\sum_{i=1}^n \boldsymbol{E}X_i^2-\boldsymbol{E}\overline{X}=\frac{1}{n}\sum_{i=1}^n(\lambda^2+\lambda)-\lambda=\lambda^2,$$

故 T_1 作为 λ^2 估计量，是 λ^2 无偏估计量.

下面求 e^λ 的无偏估计，即求统计量 T_2 使 $\boldsymbol{E}T_2=e^\lambda=\sum\limits_{k=1}^\infty \dfrac{\lambda^k}{k!}$. 因为

$$X\sim P(\lambda)\Leftrightarrow \boldsymbol{P}\{X=k\}=\frac{\lambda^k}{k!}e^{-\lambda}(k=0,1,2\cdots),$$

而 $\sum\limits_{k=0}^\infty \dfrac{(2\lambda)^k}{k!}=\sum\limits_{k=0}^\infty \dfrac{2^k\lambda^k}{k!}=e^{2\lambda}$，所以取 $T_2=2^{X_1}$，有

$$\boldsymbol{E}T_2=\boldsymbol{E}2^{X_1}=\sum_{k=0}^\infty 2^k\cdot\frac{\lambda^k}{k!}e^{-\lambda}=\sum_{k=0}^\infty \frac{(2\lambda)^k}{k!}e^{-\lambda}=e^{2\lambda}\cdot e^{-\lambda}=e^\lambda,$$

故 $T_2=2^{X_1}$ 为 e^λ 的无偏估计.

(4) $T=\begin{cases}1, & X\text{ 取偶数},\\ -1, & X\text{ 取奇数}\end{cases}=(-1)^X$，故

学习随笔

$$\boldsymbol{E}T(X)=\sum_{k=0}^{\infty}T(k)\boldsymbol{P}\{X=k\}=\sum_{k=0}^{\infty}(-1)^k\frac{\lambda^k}{k!}\mathrm{e}^{-\lambda}=\sum_{k=0}^{\infty}\frac{(-\lambda)^k}{k!}\mathrm{e}^{-\lambda}$$

$$=\mathrm{e}^{-\lambda}\cdot\mathrm{e}^{-\lambda}=\mathrm{e}^{-2\lambda}.$$

所以 $T(X)$ 是 $\mathrm{e}^{-2\lambda}$ 的无偏估计.

三、求未知参数的置信区间

【例 7.24】设总体 X 服从正态分布 $N(\mu,\sigma^2)$，$X_1,X_2,\cdots,X_n$ 为来自总体 X 的一个样本.

(1) 如果 σ^2 已知，为使总体均值 μ 置信度为 $1-\alpha$ 的置信区间长度不大于 a，则样本容量 n 至少应取多少？

(2) 如果 μ,σ^2 都未知，L 表示 μ 置信度为 $1-\alpha$ 的置信区间的长度，试求 L^2 的期望 $\boldsymbol{E}(L^2)$.

【解】(1) σ^2 已知，则 $\overline{X}\sim N\left(\mu,\frac{\sigma^2}{n}\right)$，$u=\frac{\sqrt{n}(\overline{X}-\mu)}{\sigma}\sim N(0,1)$. 对给定 α，由

$\boldsymbol{P}\left\{\frac{\sqrt{n}\,|\overline{X}-\mu|}{\sigma}<u_{\alpha/2}\right\}=\boldsymbol{P}\left\{\overline{X}-\frac{\sigma}{\sqrt{n}}u_{\alpha/2}<\mu<\overline{X}+\frac{\sigma}{\sqrt{n}}u_{\alpha/2}\right\}=1-\alpha$（查表可求出 $u_{\alpha/2}$）得 μ 置信度为 $1-\alpha$ 的置信区间 $\overline{X}\pm\frac{\sigma}{\sqrt{n}}u_{\alpha/2}$，其长度为 $\frac{2\sigma}{\sqrt{n}}u_{\alpha/2}$.

依题意 n 应使 $\frac{2\sigma}{\sqrt{n}}u_{\alpha/2}\leqslant a$，即 $\sqrt{n}\geqslant\frac{2\sigma u_{\alpha/2}}{a}$，$n\geqslant\frac{4\sigma^2}{a^2}u_{\alpha/2}^2$. 其中，$u_{\alpha/2}$ 为标准正态分布上 $\frac{\alpha}{2}$ 分位点.

(2) 当 μ,σ^2 都未知时，μ 置信度为 $1-\alpha$ 的置信区间为 $\overline{X}\pm\frac{S}{\sqrt{n}}t_{\alpha/2}(n-1)$，其长度 $L=\frac{2S}{\sqrt{n}}t_{\alpha/2}(n-1)$，$L^2=\frac{4S^2}{n}t_{\alpha/2}^2(n-1)$，故 $\boldsymbol{E}L^2=\frac{4\boldsymbol{E}S^2}{n}t_{\alpha/2}^2(n-1)=\frac{4\sigma^2}{n}t_{\alpha/2}^2(n-1)$. 其中，$t_{\alpha/2}(n-1)$ 为 $t(n-1)$ 分布上 $\frac{\alpha}{2}$ 分位点.

【例 7.25】(1) 设总体 $X\sim N(\mu,8)$，μ 为未知参数，$X_1,\cdots,X_{36}$ 是取自总体 X 的简单随机样本，如果以区间 $(\overline{X}-1,\overline{X}+1)$ 作为 μ 的置信区间，那么置信度是多少？$\left(\overline{X}=\frac{1}{n}\sum_{i=1}^{n}X_i\right)$

(2) 假设总体 $X\sim N(\mu,\sigma^2)$，从总体 X 中抽取容量为 10 的一个样本，算得样本均值 $\overline{x}=41.3$，样本标准差 $S=1.05$，求未知参数 μ 置信水平为 0.95 的单侧置信区间的下限.

【解】(1) $X\sim N(\mu,\sigma^2)$，$\overline{X}\sim N\left(\mu,\frac{\sigma^2}{n}\right)=N\left(\mu,\frac{8}{36}\right)=N\left(\mu,\frac{2}{9}\right)$. 依题意 $\boldsymbol{P}\{\overline{X}-1<\mu<\overline{X}+1\}=1-\alpha$，即

$$\boldsymbol{P}\{\mu-1<\overline{X}<\mu-1\}=\Phi\left(\frac{3}{\sqrt{2}}\right)-\Phi\left(\frac{-3}{\sqrt{2}}\right)=2\Phi\left(\frac{3}{\sqrt{2}}\right)-1$$

$$=2\Phi(2.121)-1=0.966=1-\alpha,$$

所求的置信度为 96.6%.

(2) 由题设知 $\dfrac{\sqrt{n}(\overline{X}-\mu)}{S}\sim t(n-1)$，即 $\dfrac{\sqrt{10}(\overline{X}-\mu)}{S}\sim t(9)$，令

$$\boldsymbol{P}\left\{\frac{\sqrt{10}(\overline{X}-\mu)}{S}<t_{\alpha}(9)\right\}=1-\alpha=0.95,$$

即 $\boldsymbol{P}\left\{\mu>\overline{X}-\dfrac{S}{\sqrt{10}}t_{0.05}(9)\right\}=0.95$，故 μ 置信水平为 0.95 的单侧置信区间的下限为

$$41.3-\frac{1.05}{\sqrt{10}}\times 1.3831=40.84.$$

【例 7.26】设总体 $X\sim B(1,p)(0<p<1)$，$X_1,\cdots,X_n$ 为来自总体 X 的样本，求参数 p 的置信度近似为 $1-\alpha$ 的置信区间.

【分析与解答】已知 $X_i\sim B(1,p)$，故 $\sum\limits_{i=1}^{n}X_i\sim B(n,p)$，当 n 充分大时，$u_n=\dfrac{\sum\limits_{i=1}^{n}X_i-np}{\sqrt{np(1-p)}}$ 近似服从标准正态分布 $N(0,1)$，即 $\lim\limits_{n\to\infty}\boldsymbol{P}\{u_n\leqslant x\}=\Phi(x)$. 给定 α，可求得 $u_{\alpha/2}$ 使

$$\lim_{n\to\infty}\boldsymbol{P}\{|u|<u_{\alpha/2}\}=\Phi(u_{\alpha/2})-\Phi(-u_{\alpha/2})=2\Phi(u_{\alpha/2})-1=1-\alpha,$$

即　$\boldsymbol{P}\{|u|<u_{\alpha/2}\}=\boldsymbol{P}\left\{\dfrac{\sqrt{n}\,|\overline{X}-p|}{\sqrt{p(1-p)}}<u_{\alpha/2}\right\}\approx 1-\alpha$　(n 充分大).

不等式 $\dfrac{\sqrt{n}\,|\overline{X}-p|}{\sqrt{p(1-p)}}<u_{\alpha/2}$ 等价于 $\dfrac{n(\overline{X}-p)^2}{p(1-p)}<u_{\alpha/2}^2$，

即　$(n+u_{\alpha/2}^2)p^2-(2n\overline{X}+u_{\alpha/2}^2)p+n\overline{x}^2<0$，　$ap^2-bp+c<0$

$$(a=n+u_{\alpha/2}^2,b=2n\overline{X}+u_{\alpha/2}^2,c=n\overline{X}^2).$$

等价于 $\hat{p}_1<p<\hat{p}_2$，其中 $\hat{p}_1=\dfrac{b-\sqrt{b^2-4ac}}{2a}$，$\hat{p}_2=\dfrac{b+\sqrt{b^2-4ac}}{2a}$，所以 p 的置信度近似为 $1-\alpha$ 的置信区间为 $(\hat{p}_1,\hat{p}_2)$.

评注　因为 $0\leqslant\overline{x}\leqslant 1$，$4n\overline{x}\geqslant 4n\overline{x}^2$，所以 $b^2-4ac=(2n\overline{x}+u_{\alpha/2})^2-4(n+u_{\alpha/2}^2)n\overline{x}^2=u_{\alpha/2}^2(4n\overline{x}-4n\overline{x}^2+u_{\alpha/2}^2)>0$. 故 $\hat{p}_1,\hat{p}_2$ 总存在.

【例 7.27】设 $X_1,\cdots,X_n$ 是来自参数为 λ 的指数分布总体 X 的一个样本，求 λ 的置信度为 $1-\alpha$ 的置信区间.

【分析与解答】由于总体不是正态分布，因此不能应用已有结果，需要考虑采用求未知参数置信区间的一般方法，即寻求枢轴变量 $G=G(X_1,\cdots,X_n,\lambda)$ 且 G 分布已知. 由于 $X\sim\boldsymbol{E}\left(\dfrac{1}{2}\right)\Leftrightarrow X\sim\chi^2(2)$，所以对已知总体 $X\sim\boldsymbol{E}(\lambda)$，即 $aX\sim\boldsymbol{E}\left(\dfrac{\lambda}{a}\right)(a>0)\Rightarrow 2\lambda X\sim\boldsymbol{E}\left(\dfrac{1}{2}\right)$，即 $2\lambda X\sim\chi^2(2)$. 根据 χ^2 分布可加性知 $2\lambda\sum\limits_{i=1}^{n}X_i\sim\chi^2(2n)$，因此选取 $G=$

学习随笔

$2\lambda\sum_{i=1}^{n}X_i$，给定 α，令 $\boldsymbol{P}\left\{a<2\lambda\sum_{i=1}^{n}X_i<b\right\}=1-\alpha$，按对称选取法，选取 $\chi^2_{\alpha/2}(2n)$ 为 b 使 $\boldsymbol{P}\left\{G>\chi^2_{\frac{\alpha}{2}}(2n)\right\}=\frac{\alpha}{2}$，$\chi^2_{1-\frac{\alpha}{2}}(2n)$ 为 a 使 $\boldsymbol{P}\left\{G>\chi^2_{1-\frac{\alpha}{2}}(2n)\right\}-1-\frac{\alpha}{2}$，则有

$$\boldsymbol{P}\left\{\chi^2_{1-\frac{\alpha}{2}}<2\lambda\sum_{i=1}^{n}X_i<\chi^2_{\frac{\alpha}{2}}\right\}=1-\alpha,$$

即 $\boldsymbol{P}\left\{\dfrac{\chi^2_{1-\frac{\alpha}{2}}(2n)}{2\sum_{i=1}^{n}X_i}<\lambda<\dfrac{\chi^2_{\frac{\alpha}{2}}(2n)}{2\sum_{i=1}^{n}X_i}\right\}=1-\alpha$，所以 λ 置信度为 $1-\alpha$ 的置信区间为

$$\left(\frac{\chi^2_{1-\frac{\alpha}{2}}(2n)}{2\sum_{i=1}^{n}X_i},\quad \frac{\chi^2_{\frac{\alpha}{2}}(2n)}{2\sum_{i=1}^{n}X_i}\right).$$

【例 7.28】设总体 X 在区间 $[0,\theta]$ 上服从均匀分布 $(\theta>0)$，$X_1,X_2,\cdots,X_n$ 为来自总体 X 的样本，$X_{(n)}=\max(X_1,\cdots,X_n)$，试利用 $X(n)/\theta$ 的分布求出未知参数 θ 的置信度为 $1-\alpha$ 的置信区间.

【解】 已知 $X\sim f(x)=\begin{cases}\dfrac{1}{\theta}, & 0\leqslant x\leqslant\theta,\\ 0, & \text{其他},\end{cases}$ $F(x)=\begin{cases}0, & x<0,\\ \dfrac{x}{\theta}, & 0\leqslant x<\theta,\\ 1, & \theta\leqslant x,\end{cases}$ $X_{(n)}$ 的分布函数 $F_{(n)}(x)=[F(x)]^n$，密度函数

$$f_{(n)}(x)=n[F(x)]^{n-1}f(x)=\begin{cases}\dfrac{nx^{n-1}}{\theta^n}, & 0\leqslant x\leqslant\theta,\\ 0, & \text{其他}.\end{cases}$$

记 $Y=X_{(n)}/\theta$，则其分布函数

$$F_Y(y)=\boldsymbol{P}\{X_{(n)}\leqslant\theta y\}=F_{(n)}(\theta y),$$

密度函数 $f_Y(y)=F'_Y(y)=F'_{(n)}(\theta y)\cdot\theta=\theta f_{(n)}(\theta y)=\begin{cases}ny^{n-1}, & 0\leqslant y\leqslant 1,\\ 0, & \text{其他}.\end{cases}$

给定 α，令 $\boldsymbol{P}\{y_0<\dfrac{X_{(n)}}{\theta}<1\}=1-\alpha$，即 $\boldsymbol{P}\{X_{(n)}<\theta<\dfrac{X_{(n)}}{y_0}\}=1-\alpha$，$\theta$ 置信度为 $1-\alpha$ 的置信区间为 $(X_{(n)},X_{(n)}/y_0)$，其中 y_0 由

$$\boldsymbol{P}\left\{\frac{X_{(n)}}{\theta}<y_0\right\}=\int_{-\infty}^{y_0}f_Y(y)\mathrm{d}y=\int_0^{y_0}ny^{n-1}\mathrm{d}y=y_0^n=\alpha$$

来确定，即 $y_0=\sqrt[n]{\alpha}$.

【例 7.29】假设 0.50，1.25，0.80，2.00 是总体 X 的简单随机样本值，已知 $Y=\ln X$ 服从正态分布 $N(\mu,1)$.

(1) 求 X 的数学期望 $\boldsymbol{E}X$（记 $\boldsymbol{E}X$ 为 b）；

(2) 求 μ 的置信度为 0.95 的置信区间；

(3) 利用上述结果求 b 的置信度为 0.95 的置信区间.

【解】 (1) 已知 $Y=\ln X\sim N(\mu,1)$，故 $X=\mathrm{e}^Y$.

学习随笔

$$EX=\boldsymbol{E}\mathrm{e}^{Y}=\int_{-\infty}^{+\infty}\mathrm{e}^{y}\ \frac{1}{\sqrt{2\pi}}\mathrm{e}^{-\frac{1}{2}(y-\mu)^2}\,\mathrm{d}y=\frac{1}{\sqrt{2\pi}}\int_{-\infty}^{+\infty}\mathrm{e}^{-\frac{1}{2}(y-\mu-1)^2}\,\mathrm{e}^{\mu+\frac{1}{2}}\,\mathrm{d}y$$

$$=\mathrm{e}^{\mu+\frac{1}{2}}\xlongequal{\text{记}}b.$$

(2) Y 的样本值为 $\ln0.5,\ln1.25,\ln0.8,\ln2$，故其均值

$$\overline{y}=\frac{1}{4}(\ln0.5+\ln1.25+\ln0.8+\ln2)=\frac{1}{4}\ln1=0,$$

由于 $Y\sim N(\mu,1)$，所以 μ 的置信度为 $1-\alpha=0.95$ 的置信区间为

$$\overline{y}\pm\frac{\sigma}{\sqrt{n}}u_{\alpha/2}=\overline{y}\pm\frac{1}{2}\times1.96=0\pm0.98,\text{即}(-0.98,0.98).$$

(3) 由于 $\boldsymbol{P}\{\overline{Y}-0.98<\mu<\overline{Y}+0.98\}=1-\alpha=0.95$，所以

$$\boldsymbol{P}\left\{\overline{Y}-0.98+\frac{1}{2}<\mu+\frac{1}{2}<\overline{Y}+0.98+\frac{1}{2}\right\}$$

$$=\boldsymbol{P}\left\{\overline{Y}-0.48<\mu+\frac{1}{2}<\overline{Y}+1.48\right\}=0.95,$$

又 e^{x} 为 x 严格单调函数，故

$$\boldsymbol{P}\{\mathrm{e}^{\overline{Y}-0.48}<\mathrm{e}^{\mu+\frac{1}{2}}<\mathrm{e}^{\overline{Y}+1.48}\}=1-\alpha=0.95,$$

即 $b=\mathrm{e}^{\mu+\frac{1}{2}}$ 置信度为 $1-\alpha$ 的置信区间为 $(\mathrm{e}^{-0.48},\mathrm{e}^{1.48})$.

【例 7.30】设 $X_1,X_2,\cdots,X_n$ 是取自正态总体 $N(\mu,\sigma^2)$ 的一个样本，其中 μ,σ^2 都是未知参数.

(1) 求 σ^2 的置信度为 $1-\alpha$ 的置信上限；

(2) 求 $\ln\sigma^2$ 具有固定长度 L 的置信度为 $1-\alpha$ 的置信区间.

【解】(1) 由于 $X\sim N(\mu,\sigma^2)$，$\sum\limits_{i=1}^{n}\left(\frac{X_i-\overline{X}}{\sigma}\right)^2\sim\chi^2(n-1)$，给定 α，令

$$\boldsymbol{P}\left\{\frac{\sum\limits_{i=1}^{n}(X_i-\overline{X})^2}{\sigma^2}>\chi^2_{1-\alpha}(n-1)\right\}=1-\alpha,\text{即}\boldsymbol{P}\left\{\sigma^2<\frac{\sum\limits_{i=1}^{n}(X_i-\overline{X})^2}{\chi^2_{1-\alpha}(n-1)}\right\}=1-\alpha,$$

其中，$\chi^2_{1-\alpha}(n-1)$ 为 $\chi^2(n-1)$ 分布上 $(1-\alpha)$ 分位数. 于是 σ^2 置信度为 $1-\alpha$ 的置信上限为 $\dfrac{\sum\limits_{i=1}^{n}(X_i-\overline{X})^2}{\chi^2_{1-\alpha}(n-1)}$.

(2) 设 $\ln\sigma^2$ 具有固定长度 L 的置信度为 $1-\alpha$ 的置信区间为 $[\hat{\theta}_1,\hat{\theta}_2]$，即 $\boldsymbol{P}\{\hat{\theta}_1<\ln\sigma^2<\hat{\theta}_2\}=\boldsymbol{P}\{\mathrm{e}^{\hat{\theta}_1}<\sigma^2<\mathrm{e}^{\hat{\theta}_2}\}=1-\alpha$，且 $\hat{\theta}_2-\hat{\theta}_1=L$. 从而知 $\mathrm{e}^{\hat{\theta}_2-\hat{\theta}_1}=\dfrac{\mathrm{e}^{\hat{\theta}_2}}{\mathrm{e}^{\hat{\theta}_1}}=\mathrm{e}^{L}$. 而对正态总体 $X\sim\mu(\mu,\sigma^2)$，在 μ 未知时，σ^2 置信度为 $1-\alpha$ 的置信区间为

$$\left(\frac{\sum\limits_{i=1}^{n}(X_i-\overline{X})^2}{\chi^2_{\frac{\alpha}{2}}(n-1)},\quad\frac{\sum\limits_{i=1}^{n}(X_i-\overline{X})^2}{\chi^2_{1-\frac{\alpha}{2}}(n-1)}\right).$$

学习随笔

因此有 $$e^{\hat{\theta}_1}=\frac{\sum_{i=1}^{n}(X_i-\overline{X})^2}{\chi^2_{\frac{\alpha}{2}}(n-1)},\quad \hat{\theta}_1=\ln\frac{\sum_{i=1}^{n}(X_i-\overline{X})^2}{\chi^2_{\frac{\alpha}{2}}(n-1)},$$

$$e^{\hat{\theta}_2}=\frac{\sum_{i=1}^{n}(X_i-\overline{X})^2}{\chi^2_{1-\frac{\alpha}{2}}(n-1)},\quad \hat{\theta}_2=\ln\frac{\sum_{i=1}^{n}(X_i-\overline{X})^2}{\chi^2_{1-\frac{\alpha}{2}}(n-1)},$$

并由 $e^L=\frac{e^{\hat{\theta}_2}}{e^{\hat{\theta}_1}}=\frac{\chi^2_{\frac{\alpha}{2}}(n-1)}{\chi^2_{1-\frac{\alpha}{2}}(n-1)}$ 来确定 n.

【例 7.31】假设总体 X 服从正态分布 $N(\mu,\sigma^2)$，μ,σ^2 均为未知参数，容量为 25 的一组样本，其均值 $\overline{x}=11.1$，标准差 $S=3.4$，试求：

(1) μ 置信度为 0.9 的置信区间；

(2) σ 置信度为 0.9 的置信区间；

(3) (μ,σ) 置信度为 0.9 的置信区间.

【解】(1) $1-\alpha=0.9$，$\alpha=0.1$，$\frac{\alpha}{2}=0.05$. σ^2 未知，故 μ 的置信度为 0.9 的置信区间为 $\overline{X}\pm\frac{S}{\sqrt{n}}t_{\frac{\alpha}{2}}(n-1)=11.1\pm\frac{3.4}{5}\times1.7109=11.1\pm1.1634$，即 $(9.94,12.26)$.

(2) μ 未知，σ 的置信区间为

$$\left(\sqrt{\frac{\sum_{i=1}^{n}(X_i-\overline{X})^2}{\chi^2_{\frac{\alpha}{2}}(n-1)}},\ \sqrt{\frac{\sum_{i=1}^{n}(X_i-\overline{X})^2}{\chi^2_{1-\frac{\alpha}{2}}(n-1)}}\right),$$

其中，$\sqrt{\sum_{i=1}^{n}(X_i-\overline{X})^2}=\sqrt{(n-1)S^2}=\sqrt{24}\times3.4=16.657$，$\sqrt{\chi^2_{0.05}(24)}=\sqrt{36.415}=6.034$，$\sqrt{\chi^2_{0.95}(24)}=\sqrt{13.848}=3.7213$，于是 σ 的置信区间为 $\left(\frac{16.657}{6.034},\frac{16.657}{3.7213}\right)=(2.76,4.48)$.

(3) 依题意需求统计量 $\hat{\theta}_i(i=1,2,3,4)$ 使

$$P\{\hat{\theta}_1<\mu<\hat{\theta}_2,\hat{\theta}_3<\sigma<\hat{\theta}_4\}=1-\alpha.$$

考虑 $T=\frac{\sqrt{n}(\overline{X}-\mu)}{S}\sim t(n-1)$，$\chi^2=\frac{(n-1)S^2}{\sigma^2}=\sum_{i=1}^{n}\left(\frac{X_i-\overline{X}}{\sigma}\right)^2\sim\chi^2(n-1)$.

由 $\overline{X}$ 与 S^2 相互独立，令

$$P\left\{|T|<t_{\frac{\alpha}{2}}(n-1),\ \chi^2_{1-\frac{\alpha}{2}}(n-1)<\chi^2<\chi^2_{\frac{\alpha}{2}}(n-1)\right\}$$

$$=P\left\{|T|<t_{\frac{\alpha}{2}}(n-1)\right\}\cdot P\left\{\chi^2_{1-\frac{\alpha}{2}}(n-1)<\chi^2<\chi^2_{\frac{\alpha}{2}}(n-1)\right\}$$

$$=1-\alpha=\sqrt{1-\alpha}\cdot\sqrt{1-\alpha},$$

其中，$\sqrt{1-\alpha}=\sqrt{0.9}=0.949=1-0.05$. 于是通过

$$P\left\{|T|<t_{\frac{\alpha}{2}}(n-1)\right\}=1-0.05,$$

$$P\left\{\chi^2_{1-\frac{\alpha}{2}}(n-1)<\chi^2<\chi^2_{\frac{\alpha}{2}}(n-1)\right\}=1-0.05,$$

取 $\alpha'=0.05$，$\frac{\alpha'}{2}=0.025$，$t_{\frac{\alpha'}{2}}(25)=t_{0.025}(24)=2.0639$，$\chi^2_{1-\frac{\alpha'}{2}}(n-1)=\chi^2_{0.975}(24)=12.401$，$\chi^2_{\frac{\alpha'}{2}}(n-1)=\chi^2_{0.025}(24)=36.364$，$\sqrt{\sum\limits_{i=1}^{n}(X_i-\overline{X})^2}=\sqrt{24\times 3.4^2}=16.657$，可分别求出 μ 的置信区间

$$\overline{x}\pm t_{0.025}(24)\times\frac{S}{\sqrt{n}}=11.1\pm 2.0639\times\frac{3.4}{5}=11.1\pm 1.4034.$$

σ 的置信区间

$$\left(\sqrt{\frac{\sum\limits_{i=1}^{n}(X_i-\overline{X})^2}{\chi^2_{0.025}(24)}},\sqrt{\frac{\sum\limits_{i=1}^{n}(X_i-\overline{X})^2}{\chi^2_{0.975}(24)}}\right)=\left(\sqrt{\frac{24\times 3.4^2}{39.364}},\sqrt{\frac{24\times 3.4^2}{12.401}}\right)$$

$$=(2.65,\ 4.73).$$

故所求的置信区间为(9.70，12.5)与(2.65，4.73).

学习随笔

第 8 章　假设检验

§8.1　知识点及重要结论归纳总结

一、基本概念

1. 假设检验基本问题的提法

在科学研究、工农业生产和社会生活中，有许多重要问题需要对其作是或不是的回答. 这一类问题都有一个共同点，就是根据所要解决的实际问题的具体要求，提出一个“看法”(一般称为假设)，然后根据样本观察数据或试验结果所提供的信息去推断(检验)这个“看法”(即假设)是否成立. 这类统计推断问题在数理统计中称为统计假设检验问题，简称假设检验.

把关于总体(分布，特征，相关性…)的每一种论断(“看法”)称为统计假设. 由于问题的提法、条件和特点不同，统计假设又有参数假设与非参数假设，简单假设与复合假设以及基本假设与对立假设(或称备择假设)之分. 如果总体分布函数 $F(x;\theta)$形式已知，但其中的参数 θ 未知，只涉及到参数 θ 的各种统计假设称为参数假设；如果总体分布表达形式未知，对未知分布的类型或者它的某些特征(如对称性、独立性)提出的各种假设，称为非参数假设. 如果一个统计假设完全确定总体的分布，则称这假设为简单假设，否则就称为复合假设.

一个假设总是关于总体状态的一种陈述，一种陈述的否定也是一种陈述，即亦是一种假设. 习惯上，把其中一个称为原假设(基本假设或零假设)，记为 H_0，把另一个称为对立假设或备择假设，记为 H_1. 在处理具体问题时，通常把着重考察的并且便于处理的假设取为原假设(或待检假设)H_0. 假设检验问题就是原假设 H_0 和备择假设 H_1 中作出接受哪一个拒绝哪一个的判断.

2. 假设检验的基本思想与小概率原理

对实际问题所作的假设尽管有种种不同的形式，但对这些假设进行检验的基本思想都是相同的，即都采用某种带有概率性质的反证法.

为检验一个“假设”是否成立，我们就先假设这个“假设”是成立的，看由此会产生什么后果. 如果导致一个不合理现象的出现，那就表明原先的假设是不正确的，因此，拒绝这个“假设”. 如果由此没有导出不合理的现象发生，则不能拒绝原来的假设，这时称原假设是相容的. 在这里所说的“不合理”，并不是形式逻辑中的绝对的矛盾，而是基于人们在实践中广泛采的一个原则：小概率原理.

小概率原理认为小概率事件在一次试验或观察中实际上不会发生. 如果小概率事件在一次试验中发生了，就认为这是不合理的.

基于这种基本思想，可以得到假设检验的推理方法：设有某个假设 H_0 需要检验，先

假设 H_0 是正确的，在此假设之下，选取一个事件 A 使之在 H_0 成立下发生的概率很小，例如 $\boldsymbol{P}(A|H_0)=0.05$. 现在根据一次试验（或抽样）的结果来进行判断：如果事件 A 发生了，这表明一个小概率事件居然在一次观察中发生了，不能不使人怀疑 H_0 的正确性，H_0 有问题应予以否定，拒绝接受这个假设. 否则不能拒绝这个假设，即认为假设与试验结果是相容的.

对原假设 H_0 作出是否否定的判断，通常称之为对 H_0 作显著性检验.

由假设检验的推理方法可知：在使用一个检验法时，拒绝原假设的理由是充分的，否定是有力的；而接受原假设只表明原假设与这次获得的样本值不矛盾，这并不足以说明原假设是正确的，只能说明原假设与这组样本值是相容的，要证明原假设成立仅凭一个甚至几个样本值是远远不够的. 所以"接受原假设"常表达为原假设 H_0 是相容的.

在假设检验中，根据样本值对原假设是否拒绝作出判决的具体法则，称为检验法则. 假设检验主要研究如何获得各类假设的检验法，以及检验法的优良准则.

3. 显著性水平、否定域与双边检验、单边检验

小概率事件中的"小概率"的值并没有统一规定，通常是根据实际问题的要求，规定一个界限 $\alpha(0<\alpha<1)$，当一个事件的概率不大于 α 时，即认为它是小概率事件. 在假设检验问题中，α 称为显著性水平，通常取 $\alpha=0.1, 0.05, 0.01, 0.005$ 等.

数理统计中常用"在显著性水平 α 下对 H_0 作显著性检验"这类术语.

在假设检验中，由拒绝原假设 H_0 的全体样本点所组成的集合 C 称为 H_0 的否定域（或拒绝域），C 的补集 C^* 称为 H_0 的接受域，若样本空间记为 Ω，则 $C\cup C^*=\Omega$. 否定域的边界称为该假设检验的临界值. 否定域的大小，依赖于显著性水平 α 的取值. 一般说来，α 越小，否定域亦越小. 由此可知，假设检验中的检验法则本质上就是把样本空间 Ω 划分为两个互不相交的子集 C 与 C^*，使得当样本 $(X_1,X_2,\cdots,X_n)$ 的观察值 $(x_1,x_2,\cdots,x_n)\in C$ 时，我们就拒绝 H_0，当 $(x_1,x_2,\cdots,x_n)\in C^*$ 时，我们就接受 H_0，这样的划分就构成了一个检验 H_0 的准则.

解决一个假设检验的问题，当原假设 H_0 确定之后，关键是基于样本 $(X_1,X_2,\cdots,X_n)$ 寻找一个适用于检验 H_0 的统计量（称为检验统计量）$T=T(X_1,X_2,\cdots,X_n)$，对给定的显著性水平 α，确定否定域 C，使得 $\boldsymbol{P}\{(X_1,\cdots,X_n)\in C|H_0 \text{ 为真}\}=\alpha$，即 $\boldsymbol{P}\{T(X_1,\cdots,X_n)\in D|H_0 \text{ 为真}\}=\alpha$，其中，$D=\{T=T(x_1,\cdots,x_n):(x_1,\cdots,x_n)\in C\}$.

根据样本观察值，计算出相应的统计量 T 的值 $T(x_1,\cdots,x_n)$，若 $T(x_1,\cdots,x_n)\in D$，则拒绝 H_0，否则就接受 H_0. 如此一来，把样本空间 Ω 的划分问题转化为统计量 T 的值域空间的划分问题，而使假设检验问题变得简单了.

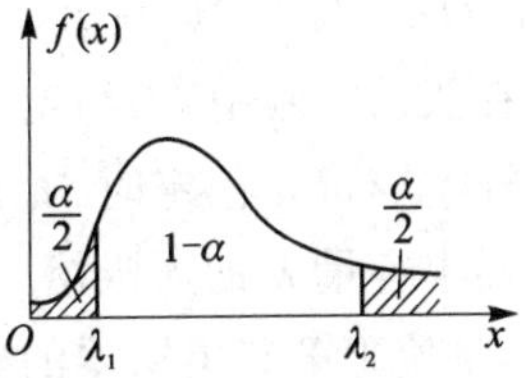

图 8-1

如果 H_0 的否定域形式为（见图 8-1）

$$C=\{(x_1,\cdots,x_n):T>\lambda_2 \text{ 或 } T<\lambda_1\},$$

即否定域位于接受域的两侧，则称这种检验为双边检验.

如果 H_0 的否定域形式为（见图 8-2）

$C=\{(x_1,\cdots,x_n):T>\lambda\}$（或 $C=\{(x_1,\cdots,x_n):T<\lambda\}$），即否定域位于接受域的右

学习随笔

侧(或左侧),称这种检验为右边检验(或左边检验).右边检验和左边检验统称为单边检验.

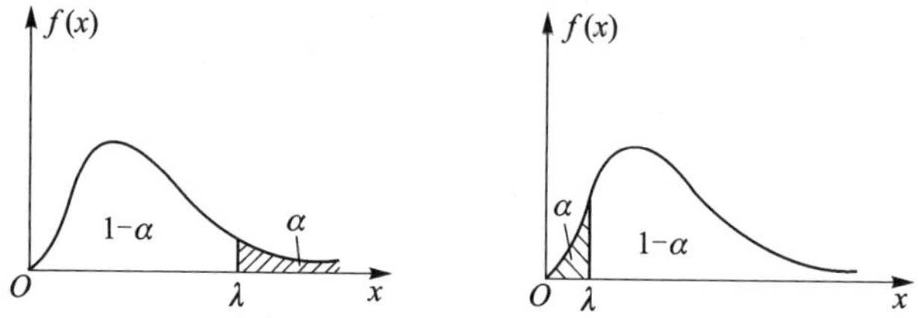

图 8-2

4. 假设检验的一般步骤

① 根据问题的要求提了原假设 H_0 及备择假设 H_1;

② 确定检验统计量,并求出在 H_0 成立条件下该统计量的概率分布;

③ 给定显著性水平 α,并在原假设 H_0 为真的条件下,确定否定域及临界值;

④ 由样本值计算出统计量值,若该值落入否定域,则拒绝原假设 H_0,否则接受 H_0,认为 H_0 是相容的.

5. 假设检验中的两类错误

在假设检验中,我们依据样本取值的结果,按照一定的规则来判断原假设 H_0 的真伪,以决定对它的取舍.然而由于样本的随机性,"样本落入否定域"或"样本落入接受域"都是随机事件.因而在进行判断时,可能出现两种类型的错误:

第一类错误("弃真"):当 H_0 为真时,而样本值却落入否定域,按检验法则,我们否定了 H_0,此时犯了"弃真"的错误(即"以真为假"),这种错误称为第一类错误,其发生的概率称为犯第一类错误的概率或称弃真概率,通常记为 α(显著性水平),即 $\boldsymbol{P}\{$拒绝 $H_0 \mid H_0$ 为真$\}=\alpha$,$\boldsymbol{P}\{$接受 $H_1 \mid H_1$ 为假$\}=\alpha$.

第二类错误("取伪"):当 H_0 不为真时,而样本值却落入接受域,按检验法则,我们接受 H_0,此时犯了"取伪"的错误(即"以假为真"),这种错误称为第二类错误,其发生的概率称为犯第二类错误的概率或称取伪概率,通常记为 β,即 $\boldsymbol{P}\{$接受 $H_0 \mid H_0$ 为假$\}=\beta$,$\boldsymbol{P}\{$拒绝 $H_1 \mid H_1$ 为真$\}=\beta$.

在假设检验中,当给定 H_0 及 H_1 后,自然希望犯两类错误的概率 α 和 β 都很小,但是在样本容量 n 固定时,α 小,β 就大;β 小,α 就大;要使 α 与 β 都很小是不可能的,否则将导致样本容量 n 的无限增大.在实际应用中,人们是在控制犯第一类错误概率 α 的条件下,尽量使犯第二类错误的概率 β 小,或适当增大样本容量 n 来减小犯第二类错误的概率 β.这是因为人们常常把拒绝 H_0 比错误地接受 H_0 看得更重要些.

二、一个正态总体的假设检验

一个正态总体的假设检验问题,即在总体服从正态分布 $N(\mu,\sigma^2)$ 的条件下,关于期望 μ 及方差 σ^2 的种种假设检验问题.

1. 已知方差 σ^2，关于期望 μ 的假设检验（U 检验法）

设总体 $X \sim N(\mu,\sigma^2)$，其中 σ^2 已知，检验问题是：

① $H_0:\mu=\mu_0, H_1:\mu\neq\mu_0$.

选取检验统计量 $U=\dfrac{\overline{X}-\mu_0}{\dfrac{\sigma}{\sqrt{n}}}\sim N(0,1)$.

给定显著性水平 α，由 $\boldsymbol{P}\left\{|U|>u_{\frac{\alpha}{2}}\right\}=\alpha$（见图 8-3），查表求出临界值 $\mu_{\frac{\alpha}{2}}$，得否定域为

$$\left\{\left|\frac{\overline{X}-\mu_0}{\dfrac{\sigma}{\sqrt{n}}}\right|>u_{\frac{\alpha}{2}}\right\}.$$

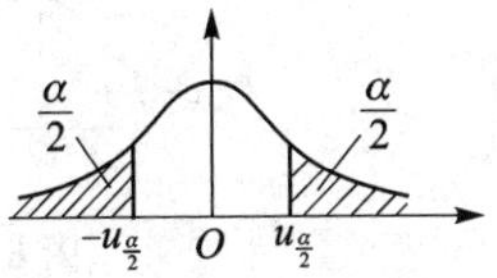

图 8-3

② $H_0:\mu\leqslant\mu_0, H_1:\mu>\mu_0$.

选取检验统计量 $U=\dfrac{\overline{X}-\mu_0}{\dfrac{\sigma}{\sqrt{n}}}$. 此时统计量 U 在 H_0 成立下，可以求值，不知其分布. 由假设可知 $U'=\dfrac{\overline{X}-\mu}{\dfrac{\sigma}{\sqrt{n}}}\sim N(0,1)$，但不可求值. 在 H_0 成立时（即 $\mu\leqslant\mu_0$ 有 $U\leqslant U'$）进而在事件 $\{U>u_\alpha\}\subset\{U'>u_\alpha\}$，所以

$$\boldsymbol{P}\{U>u_\alpha\}\leqslant\boldsymbol{P}\{U'>u_\alpha\}.$$

给定显著性水平 α，若 $\boldsymbol{P}\{U'>u_\alpha\}=\alpha$，则有

$$\boldsymbol{P}\{U>u_\alpha\}=\boldsymbol{P}\left\{\frac{\overline{X}-\mu_0}{\dfrac{\sigma}{\sqrt{n}}}>u_\alpha\right\}\leqslant\alpha.$$

因此，由 $\boldsymbol{P}\{U'>u_\alpha\}=\alpha$（见图 8-4），查表求得单边检验临界值 u_α，从而得“$H_0:\mu\leqslant\mu_0$”的否定域为

$$\left\{\frac{\overline{X}-\mu_0}{\dfrac{\sigma}{\sqrt{n}}}>u_\alpha\right\}.$$

③ $H_0:\mu\geqslant\mu_0, H_1:\mu<\mu_0$.

选取检验统计量 $U=\dfrac{\overline{X}-\mu_0}{\dfrac{\sigma}{\sqrt{n}}}$. 由于 $U'=\dfrac{\overline{X}-\mu}{\dfrac{\sigma}{\sqrt{n}}}\sim N(0,1)$，在 $H_0:\mu\geqslant\mu_0$ 成立条件下，$U'=\dfrac{\overline{X}-\mu}{\dfrac{\sigma}{\sqrt{n}}}\leqslant\dfrac{\overline{X}-\mu_0}{\dfrac{\sigma}{\sqrt{n}}}=U$，给定显著性水平 α，由

$$P\{U<u_\alpha\}\leqslant P\{U'<-u_\alpha\}=\alpha \text{ 或 } P\{U'<u_\alpha\}=1-\alpha$$

(见图 8－5)查表求得$-u_\alpha$,从而得 H_0 的否定域

$$\left\{\frac{\overline{X}-\mu_0}{\frac{\sigma}{\sqrt{n}}}<-u_\alpha\right\}.$$

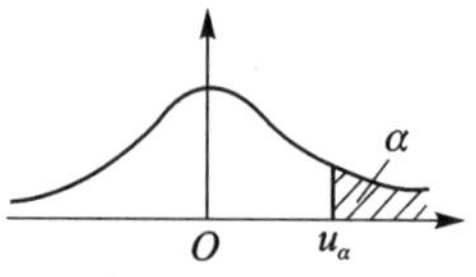

图 8－4

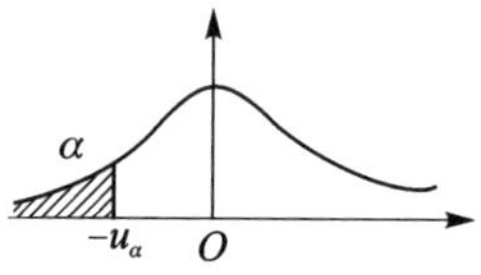

图 8－5

2. 未知方差 σ^2,关于期望 μ 的假设检验(t 检验法)

设总体 $X\sim N(\mu,\sigma^2)$,其中 μ,σ^2 未知,检验问题是:

① $H_0:\mu=\mu_0, H_1:\mu\neq\mu_0$.

选取检验统计量 $T=\dfrac{\overline{X}-\mu_0}{\frac{S}{\sqrt{n}}}\sim t(n-1)$,其中 $\overline{X},S^2$ 分别为样本的均值与方差.

给定显著性水平 α,由 $P\{|T|>t_{\alpha/2}(n-1)\}=\alpha$(见图 8－6)查 t 分布求得临界值 $t_{\alpha/2}(n-1)$,得否定域为

$$\left\{\left|\frac{\overline{X}-\mu_0}{\frac{S}{\sqrt{n}}}\right|>t_{\alpha/2}(n-1)\right\}.$$

② $H_0:\mu\leqslant\mu_0, H_1:\mu>\mu_0$.

选取检验统计量 $T=\dfrac{\overline{X}-\mu_0}{\frac{S}{\sqrt{n}}}$,可以求值,但不知其分布. 由假设可知 $T'=\dfrac{\overline{X}-\mu}{\frac{S}{\sqrt{n}}}\sim t(n-1)$,但不可求值. 在 H_0 成立条件下,有 $T\leqslant T'$. 给定显著性水平 α,由 $P\{T>t_\alpha(n-1)\}\leqslant P\{T'>t_\alpha(n-1)\}=\alpha$(见图 8－7)查自由度为 $n-1$ 的 t 分布,得单边临界值 $t_\alpha(n-1)$,从而得 H_0 的否定域为

$$\left\{\frac{\overline{X}-\mu_0}{\frac{S}{\sqrt{n}}}>t_\alpha(n-1)\right\}.$$

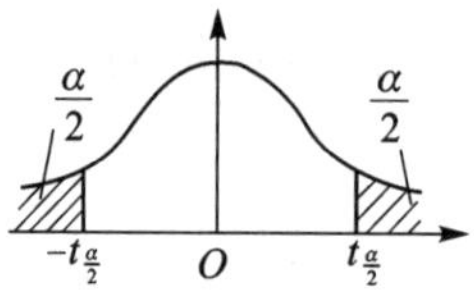

图 8－6

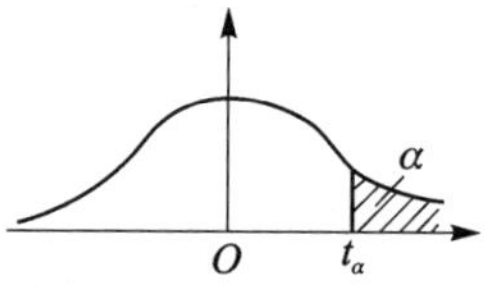

图 8－7

学习随笔

③ $H_0:\mu \geqslant \mu_0, H_1:\mu < \mu_0$.

取检验统计量 $T=\dfrac{\overline{X}-\mu_0}{\dfrac{S}{\sqrt{n}}}$,其分布未知,然而 $T'=\dfrac{\overline{X}-\mu}{\dfrac{S}{\sqrt{n}}}\sim t(n-1)$. 在 $H_0:\mu \geqslant \mu_0$ 成立条件下,有 $T' \leqslant T$,给定显著性水平 α,由 $\boldsymbol{P}\{T<-t_\alpha(n-1)\}\leqslant \boldsymbol{P}\{T'<-t_\alpha(n-1)\}=\alpha$,或 $\boldsymbol{P}\{T'>t_\alpha(n-1)\}=\alpha$(见图 8-8)可求得临界值 $-t_\alpha(n-1)$,从而得 H_0 的否定域为

$$\left\{\frac{\overline{X}-\mu_0}{\dfrac{S}{\sqrt{n}}}<-t_\alpha(n-1)\right\}.$$

3. 已知期望 μ,关于方差 σ_2 的假设检验(χ^2 检验法)

设总体 $X\sim N(\mu,\sigma^2)$,其中 μ 已知,检验问题是:

① $H_0:\sigma^2=\sigma_0^2, H_1:\sigma^2\neq\sigma_0^2$.

选取检验统计量 $\chi^2=\dfrac{\sum\limits_{i=1}^{n}(X_i-\mu)^2}{\sigma_0^2}\sim\chi^2(n)$. 给定显著性水平 α,由

$$\boldsymbol{P}\{\chi^2>\chi^2_{\frac{\alpha}{2}}(n)\}=\boldsymbol{P}\{\chi^2<\chi^2_{1-\frac{\alpha}{2}}(n)\}=\frac{\alpha}{2}$$

(见图 8-9)查 χ^2 分布表求出临界值 $\chi^2_{\frac{\alpha}{2}}(n)$ 与 $\chi^2_{1-\frac{\alpha}{2}}(n)$,得否定域为

$$\left\{\frac{\sum\limits_{i=1}^{n}(X_i-\mu)^2}{\sigma_0^2}>\chi^2_{\frac{\alpha}{2}}(n)\right\}\text{或}\left\{\frac{\sum\limits_{i=1}^{n}(X_i-\mu)^2}{\sigma_0^2}<\chi^2_{1-\frac{\alpha}{2}}(n)\right\}.$$

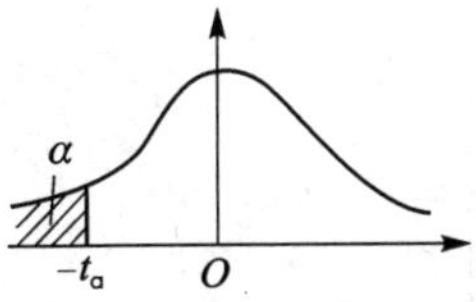

图 8-8

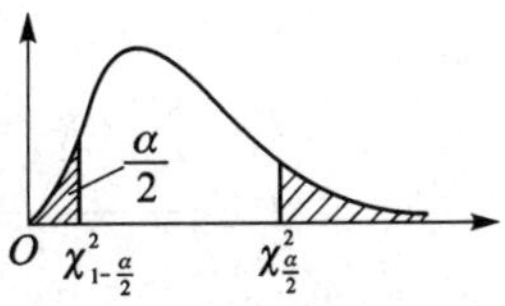

图 8-9

评注 这里的“或”是指两个集合的并.

② $H_0:\sigma^2\leqslant\sigma_0^2, H_1:\sigma^2>\sigma_0^2$.

选取检验统计量 $\chi^2=\dfrac{\sum\limits_{i=1}^{n}(X_i-\mu)^2}{\sigma_0^2}$. 在 H_0 成立条件下,可以求值,但不知其分布.

但由题设知 $\chi'^2=\dfrac{\sum\limits_{i=1}^{n}(X_i-\mu)^2}{\sigma^2}\sim\chi^2(n)$,且在 $H_0:\sigma^2\leqslant\sigma_0^2$ 成立条件下,有

$$\chi^2=\frac{\sum_{i=1}^{n}(X_i-\mu)^2}{\sigma_0^2}\leqslant\frac{\sum_{i=1}^{n}(X_i-\mu)^2}{\sigma^2}=\chi'^2.$$

给定显著性水平 α，由

$$\left\{\frac{\sum_{i=1}^{n}(X_i-\mu)^2}{\sigma_0^2}>\chi_\alpha^2(n)\right\}\leqslant P\left\{\frac{\sum_{i=1}^{n}(X_i-\mu)^2}{\sigma^2}>\chi_\alpha^2(n)\right\}=\alpha$$

(见图 8－10)查自由度为 n 的 χ^2 分布，求得临界值 $\chi_\alpha^2(n)$，从而得 H_0 的否定域为

$$\left\{\frac{\sum_{i=1}^{n}(X_i-\mu)^2}{\sigma_0^2}>\chi_\alpha^2(n)\right\}.$$

③ $H_0:\sigma^2\geqslant\sigma_0^2,H_1:\sigma^2<\sigma_0^2$

选取检验统计量 $\chi^2=\dfrac{\sum_{i=1}^{n}(X_i-\mu)^2}{\sigma_0^2}$ 可以求值，但不知其分布，然而 $\chi'^2=\dfrac{\sum_{i=1}^{n}(X_i-\mu)^2}{\sigma^2}\sim\chi^2(n)$ 且在 $H_0:\sigma^2\geqslant\sigma_0^2$ 成立的条件下，有

$$\chi'^2=\frac{\sum_{i=1}^{n}(X_i-\mu)^2}{\sigma^2}\leqslant\frac{\sum_{i=1}^{n}(X_i-\mu)^2}{\sigma_0^2}=\chi^2.$$

给定显著性水平 α，由

$$P\left\{\frac{\sum_{i=1}^{n}(X_i-\mu)^2}{\sigma_0^2}<\chi_{1-\alpha}^2(n)\right\}\leqslant P\left\{\frac{\sum_{i=1}^{n}(X_i-\mu)^2}{\sigma^2}<\chi_{1-\alpha}^2(n)\right\}=\alpha,$$

即

$$P\left\{\frac{\sum_{i=1}^{n}(X_i-\mu)^2}{\sigma^2}\geqslant\chi_{1-\alpha}^2(n)\right\}=1-\alpha,$$

(见图 8－11)查表求出临界值 $\chi_{1-\alpha}^2(n)$，得否定域为

$$\left\{\frac{\sum_{i=1}^{n}(X_i-\mu)^2}{\sigma_0^2}<\chi_{1-\alpha}^2(n)\right\}.$$

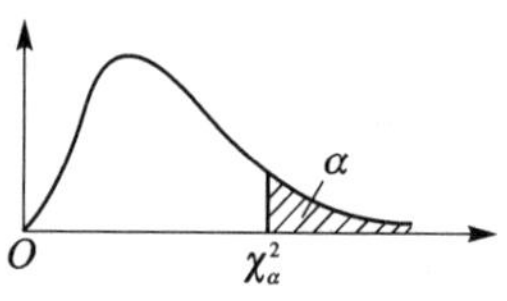

图 8－10

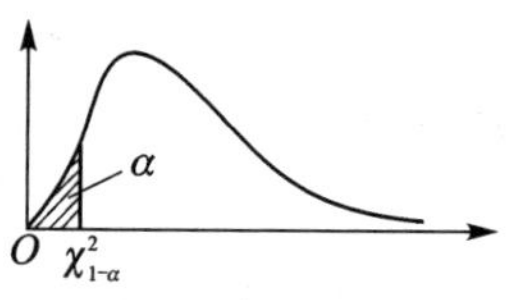

图 8－11

学习随笔

4. 未知期望 μ，关于方差 σ^2 的假设检验（χ^2 检验法）

已知总体 $X\sim N(\mu,\sigma^2)$，其中 μ,σ^2 均未知，检验问题是：

① $H_0:\sigma^2=\sigma_0^2, H_1:\sigma^2\neq\sigma_0^2$.

选取检验统计量 $\chi^2=\sum\limits_{i=1}^{n}\left(\dfrac{X_i-\overline{X}}{\sigma_0}\right)^2=\dfrac{(n-1)S^2}{\sigma_0^2}\sim\chi^2(n-1)$. 给定显著性水平 α，由 $P\left\{\chi^2>\chi^2_{\frac{\alpha}{2}}(n-1)\right\}=P\left\{\chi^2<\chi^2_{1-\frac{\alpha}{2}}(n-1)\right\}=\dfrac{\alpha}{2}$ 查 χ^2 分布表求出临界值 $\chi^2_{\frac{\alpha}{2}}(n-1)$ 与 $\chi^2_{1-\frac{\alpha}{2}}(n-1)$，得否定域为

$$\left\{\frac{(n-1)S^2}{\sigma_0^2}>\chi^2_{\frac{\alpha}{2}}(n-1)\right\}\text{或}\left\{\frac{(n-1)S^2}{\sigma_0^2}<\chi^2_{1-\frac{\alpha}{2}}(n-1)\right\}.$$

② $H_0:\sigma^2\leqslant\sigma_0^2, H_1:\sigma^2>\sigma_0^2$.

类似 3 中②的讨论，选取检验统计量 $\chi^2=\dfrac{(n-1)S^2}{\sigma_0^2}$，得否定域为

$$\left\{\frac{(n-1)S^2}{\sigma_0^2}>\chi^2_{\alpha}(n-1)\right\}.$$

其中临界值 $\chi^2_{\alpha}(n-1)$，由 $P\left\{\dfrac{(n-1)S^2}{\sigma^2}>\chi^2_{\alpha}(n-1)\right\}=\alpha$ 及 $\dfrac{(n-1)S^2}{\sigma^2}\sim\chi^2(n-1)$ 查自由度为 $n-1$ 的 χ^2 分布求得.

③ $H_0:\sigma^2\geqslant\sigma_0^2, H_1:\sigma^2<\sigma_0^2$.

类似 3 中③的讨论，选取检验统计量 $\chi^2=\dfrac{(n-1)S^2}{\sigma_0^2}$，由 $\dfrac{(n-1)S^2}{\sigma^2}\sim\chi^2(n-1)$ 及 $P\left\{\dfrac{(n-1)S^2}{\sigma^2}<\chi^2_{1-\alpha}(n-1)\right\}=\alpha$ $\left(\text{即 } P\left\{\dfrac{(n-1)S^2}{\sigma^2}\geqslant\chi^2_{1-\alpha}(n-1)\right\}=1-\alpha\right)$ 查表求出临界值 $\chi^2_{1-\alpha}(n-1)$，得 H_0 否定域为

$$\left\{\frac{(n-1)S^2}{\sigma_0^2}<\chi^2_{1-\alpha}(n-1)\right\}.$$

三、两个正态总体的假设检验

设 X,Y 是两个相互独立的总体，$X\sim N(\mu_1,\sigma_1^2)$，$Y\sim N(\mu_2,\sigma_2^2)$. $X_1,X_2,\cdots,X_{n_1}$ 和 $Y_1,Y_2,\cdots,Y_{n_2}$ 分别来自总体 X 和 Y 的样本，其样本均值和方差分别为 $\overline{X},S_X^2;\overline{Y},S_Y^2$.

1. 已知方差 σ_1^2,σ_2^2，关于期望 μ_1,μ_2 的假设检验（U 检验法）

① $H_0:\mu_1=\mu_2, H_1:\mu_1\neq\mu_2$.

由于 $\overline{X}\sim N\left(\mu_1,\dfrac{\sigma_1^2}{n_1}\right)$，$\overline{Y}\sim N\left(\mu_2,\dfrac{\sigma_2^2}{n_2}\right)$ 且 $\overline{X}$ 与 $\overline{Y}$ 相互独立，因而有

$$\overline{X}-\overline{Y}\sim N\left(\mu_1-\mu_2,\frac{\sigma_1^2}{n_1}+\frac{\sigma_2^2}{n_2}\right),\quad \frac{(\overline{X}-\overline{Y})-(\mu_1-\mu_2)}{\sqrt{\dfrac{\sigma_1^2}{n_1}+\dfrac{\sigma_2^2}{n_2}}}\sim N(0,1).$$

学习随笔

当 $H_0:\mu_1=\mu_2$ 成立条件下，选取检验统计量 $U=\dfrac{\overline{X}-\overline{Y}}{\sqrt{\dfrac{\sigma_1^2}{n_1}+\dfrac{\sigma_2^2}{n_2}}}\sim N(0,1)$. 给定显著性水平 α，由 $P\{|U|>u_{\alpha/2}\}=\alpha$ 查表可求出临界值 $u_{\alpha/2}$，从而得 H_0 的否定域为

$$\left\{\left|\frac{\overline{X}-\overline{Y}}{\sqrt{\dfrac{\sigma_1^2}{n_1}+\dfrac{\sigma_2^2}{n_2}}}\right|>u_{\alpha/2}\right\}.$$

② $H_0:\mu_1\leqslant\mu_2,H_1:\mu_1>\mu_2$.

这类检验问题的处理方法与一个正态总体的单边检验类似. 选取检验统计量 $U=\dfrac{\overline{X}-\overline{Y}}{\sqrt{\dfrac{\sigma_1^2}{n_1}+\dfrac{\sigma_2^2}{n_2}}}$，可求值但分布未知，然而 $U'=\dfrac{(\overline{X}-\overline{Y})-(\mu_1-\mu_2)}{\sqrt{\dfrac{\sigma_1^2}{n_1}+\dfrac{\sigma_2^2}{n_2}}}\sim N(0,1)$，在 $H_0:\mu_1\leqslant\mu_2$ 成立的条件下，有

$$U=\frac{\overline{X}-\overline{Y}}{\sqrt{\dfrac{\sigma_1^2}{n_1}+\dfrac{\sigma_2^2}{n_2}}}\leqslant\frac{(\overline{X}-\overline{Y})-(\mu_1-\mu_2)}{\sqrt{\dfrac{\sigma_1^2}{n_1}+\dfrac{\sigma_2^2}{n_2}}}=U'.$$

给定显著性水平 α，由

$$P\left\{\frac{\overline{X}-\overline{Y}}{\sqrt{\dfrac{\sigma_1^2}{n_1}+\dfrac{\sigma_2^2}{n_2}}}>u_\alpha\right\}\leqslant P\left\{\frac{(\overline{X}-\overline{Y})-(\mu_1-\mu_2)}{\sqrt{\dfrac{\sigma_1^2}{n_1}+\dfrac{\sigma_2^2}{n_2}}}>u_\alpha\right\}=P\{U'<u_\alpha\}=\alpha$$

查表求出单边临界值 u_α，从而得否定域为

$$\left\{\frac{\overline{X}-\overline{Y}}{\sqrt{\dfrac{\sigma_1^2}{n_1}+\dfrac{\sigma_2^2}{n_2}}}>u_\alpha\right\}.$$

③ $H_0:\mu_1\geqslant\mu_2,H_1:\mu_1<\mu_2$.

选取检验统计量 $U=\dfrac{\overline{X}-\overline{Y}}{\sqrt{\dfrac{\sigma_1^2}{n_1}+\dfrac{\sigma_2^2}{n_2}}}$，由于 $U'=\dfrac{(\overline{X}-\overline{Y})-(\mu_1-\mu_2)}{\sqrt{\dfrac{\sigma_1^2}{n_1}+\dfrac{\sigma_2^2}{n_2}}}\sim N(0,1)$，在 $H_0:\mu_1\geqslant\mu_2$ 成立条件下，有

$$U=\frac{\overline{X}-\overline{Y}}{\sqrt{\dfrac{\sigma_1^2}{n_1}+\dfrac{\sigma_2^2}{n_2}}}\geqslant\frac{(\overline{X}-\overline{Y})-(\mu_1-\mu_2)}{\sqrt{\dfrac{\sigma_1^2}{n_1}+\dfrac{\sigma_2^2}{n_2}}}=U'.$$

给定显著性水平 α，由 $P\{U<u_\alpha\}\leqslant P\{U'<-u_\alpha\}=\alpha$ 或 $P\{U'<u_\alpha\}=1-\alpha$ 查表求得临界值 $-u_\alpha$，得否定域为

$$\left\{\frac{\overline{X}-\overline{Y}}{\sqrt{\dfrac{\sigma_1^2}{n_1}+\dfrac{\sigma_2^2}{n_2}}}<-u_\alpha\right\}.$$

学习随笔

2. 未知方差 σ_1^2,σ_2^2,但知 $\sigma_1^2=\sigma_2^2$,关于期望 μ_1,μ_2 的假设检验（t 检验法）

① $H_0:\mu_1=\mu_2, H_1:\mu_1\neq\mu_2$.

由假设知 $\dfrac{(\overline{X}-\overline{Y})-(\mu_1-\mu_2)}{S_W\sqrt{\dfrac{1}{n_1}+\dfrac{1}{n_2}}}\sim t(n_1+n_2-2)$,其中,$S_W^2=\dfrac{(n_1-1)S_X^2+(n_2-1)S_Y^2}{n_1+n_2-2}$.

在 $H_0:\mu_1=\mu_2$ 成立条件下,选取检验统计量 $T=\dfrac{\overline{X}-\overline{Y}}{S_W\sqrt{\dfrac{1}{n_1}+\dfrac{1}{n_2}}}\sim t(n_1+n_2-2)$. 给定显著性水平 α,由 $\boldsymbol{P}\left\{|T|>t_{\frac{\alpha}{2}}(n_1+n_2-2)\right\}=\alpha$ 查表求出双侧检验临界值 $t_{\frac{\alpha}{2}}(n_1+n_2-2)$,从而得否定域为

$$\left\{\left|\frac{\overline{X}-\overline{Y}}{S_W\sqrt{\dfrac{1}{n_1}+\dfrac{1}{n_2}}}\right|>t_{\frac{\alpha}{2}}(n_1+n_2-2)\right\}.$$

② $H_0:\mu_1\leqslant\mu_2, H_1:\mu_1>\mu_2$.

与 1 中的②相类似,选取验统计量 $T=\dfrac{\overline{X}-\overline{Y}}{S_W\sqrt{\dfrac{1}{n_1}+\dfrac{1}{n_2}}}$,可求值但不知其分布. 然而

$$T'=\frac{(\overline{X}-\overline{Y})-(\mu_1-\mu_2)}{S_W\sqrt{\dfrac{1}{n_1}+\dfrac{1}{n_2}}}\sim t(n_1+n_2-2),$$

在 $H_0:\mu_1\leqslant\mu_2$ 即 $\mu_1-\mu_2\leqslant 0$ 成立条件下,

$$T=\frac{\overline{X}-\overline{Y}}{S_W\sqrt{\dfrac{1}{n_1}+\dfrac{1}{n_2}}}\leqslant\frac{(\overline{X}-\overline{Y})-(\mu_1-\mu_2)}{S_W\sqrt{\dfrac{1}{n_1}+\dfrac{1}{n_2}}}=T'.$$

给定显著性水平 α,由 $\boldsymbol{P}\{T>t_\alpha(n_1+n_2-2)\}\leqslant\boldsymbol{P}\{T'>t_\alpha(n_1+n_2-2)\}=\alpha$ 查表求得临界值 $t_\alpha(n_1+n_2-2)$,得否定域为

$$\left\{\frac{\overline{X}-\overline{Y}}{S_W\sqrt{\dfrac{1}{n_1}+\dfrac{1}{n_2}}}>t_\alpha(n_1+n_2-2)\right\}.$$

③ $H_0:\mu_1\geqslant\mu_2, H_1:\mu_1<\mu_2$.

与上述②相类似,选取检验统计量 $T=\dfrac{\overline{X}-\overline{Y}}{S_W\sqrt{\dfrac{1}{n_1}+\dfrac{1}{n_2}}}$,由于

$$T'=\frac{(\overline{X}-\overline{Y})-(\mu_1-\mu_2)}{S_W\sqrt{\dfrac{1}{n_1}+\dfrac{1}{n_2}}}\sim t(n_1+n_2-2),$$

在 $H_0:\mu_1 \geqslant \mu_2$ 即 $\mu_1-\mu_2 \geqslant 0$ 成立条件下，$T' \leqslant T$. 给定显著性水平 α，由 $\boldsymbol{P}\{T<-t_\alpha(n_1+n_2-2)\} \leqslant \boldsymbol{P}\{T'<-t_\alpha(n_1+n_2-2)\}=\alpha$，或 $\boldsymbol{P}\{T'>t_\alpha(n_1+n_2-2)\}=\alpha$ 查表求得临界值 $-t_\alpha(n_1+n_2-2)$，得否定域为

$$\left\{\frac{\overline{X}-\overline{Y}}{S_W\sqrt{\dfrac{1}{n_1}+\dfrac{1}{n_2}}}<-t_\alpha(n_1+n_2-2)\right\}.$$

3. 已知期望 $\boldsymbol{\mu}_1,\boldsymbol{\mu}_2$，关于方差 $\boldsymbol{\sigma}_1^2,\boldsymbol{\sigma}_2^2$ 的假设检验($\boldsymbol{F}$ 检验法)

① $H_0:\sigma_1^2=\sigma_2^2, H_1:\sigma_1^2 \neq \sigma_2^2$.

由于 X 与 Y 相互独立，且 μ_1,μ_2 已知，因此

$$\chi_1^2=\frac{\sum\limits_{i=1}^{n_1}(X_i-\mu_1)^2}{\sigma_1^2} \sim \chi^2(n_1), \quad \chi_2^2=\frac{\sum\limits_{i=1}^{n_2}(Y_i-\mu_2)^2}{\sigma_2^2} \sim \chi^2(n_2).$$

χ_1^2 与 χ_2^2 相互独立，故 $F=\dfrac{\chi_1^2/n_1}{\chi_2^2/n_2}=\dfrac{\dfrac{1}{n_1\sigma_1^2}\sum\limits_{i=1}^{n}(X_i-\mu_1)^2}{\dfrac{1}{n_2\sigma_2^2}\sum\limits_{i=1}^{n}(Y_i-\mu_2)} \sim F(n_1,n_2)$.

当 $H_0:\sigma_1^2=\sigma_2^2$ 成立时，取检验统计量

$$F=\frac{\dfrac{1}{n_1}\sum\limits_{i=1}^{n_1}(X_i-\mu_1)^2}{\dfrac{1}{n_2}\sum\limits_{i=1}^{n_2}(Y_i-\mu_2)^2} \sim F(n_1,n_2).$$

给定显著性水平 α，由 $\boldsymbol{P}\{F>F_{\frac{\alpha}{2}}(n_1,n_2)\}=\dfrac{\alpha}{2}$ 及 $\boldsymbol{P}\{F<F_{1-\frac{\alpha}{2}}(n_1,n_2)\}=\dfrac{\alpha}{2}$ 查表求出临界值 $F_{\frac{\alpha}{2}}(n_1,n_2)$ 与 $F_{1-\frac{\alpha}{2}}(n_1,n_2)$，得否定域为

$$\left\{\frac{\dfrac{1}{n_1}\sum\limits_{i=1}^{n_1}(X_i-\mu_1)^2}{\dfrac{1}{n_2}\sum\limits_{i=1}^{n_2}(Y_i-\mu_2)^2}>F_{\frac{\alpha}{2}}(n_1,n_2)\right\} \text{或} \left\{\frac{\dfrac{1}{n_1}\sum\limits_{i=1}^{n_1}(X_i-\mu_1)^2}{\dfrac{1}{n_2}\sum\limits_{i=1}^{n_2}(Y_i-\mu_2)^2}<F_{1-\frac{\alpha}{2}}(n_1,n_2)\right\}.$$

② $H_0:\sigma_1^2 \leqslant \sigma_2^2, H_1:\sigma_1^2>\sigma_2^2$.

与上述①类似选取检验统计量 $F=\dfrac{\dfrac{1}{n_1}\sum\limits_{i=1}^{n_1}(X_i-\mu_1)^2}{\dfrac{1}{n_2}\sum\limits_{i=1}^{n_2}(Y_i-\mu_2)^2}$，可求值但未知分布. 然而

$$F'=\frac{\dfrac{1}{n_1\sigma_1^2}\sum\limits_{i=1}^{n_1}(X_i-\mu_1)^2}{\dfrac{1}{n_2\sigma_2^2}\sum\limits_{i=1}^{n_2}(Y_i-\mu_2)^2} \sim F(n_1,n_2),$$

在 $H_0:\sigma_1^2\leqslant\sigma_2^2$ 即 $1\leqslant\frac{\sigma_2^2}{\sigma_1^2}$ 成立条件下，有 $F\leqslant F'$. 因而对给定显著性水平 α，由 $\boldsymbol{P}\{F>F_\alpha(n_1,n_2)\}\leqslant\boldsymbol{P}\{F'>F_\alpha(n_1,n_2)\}=\alpha$ 查表求出临界值 $F_\alpha(n_1,n_2)$，得否定域为

$$\left\{\frac{\frac{1}{n_1}\sum_{i=1}^{n_1}(X_i-\mu_1)^2}{\frac{1}{n_2}\sum_{i=1}^{n_2}(Y_i-\mu_2)^2}>F_\alpha(n_1,n_2)\right\}.$$

③ $H_0:\sigma_1^2\geqslant\sigma_2^2,H_1:\sigma_1^2<\sigma_2^2$

类似②，仍取统计量 F 及随机变量 $F'\sim F(n_1,n_2)$ 在 $H_0:\sigma_1^2\geqslant\sigma_2^2$，即 $\frac{\sigma_2^2}{\sigma_1^2}\leqslant1$ 成立条件下，有 $F'\leqslant F$. 因而对给定显著性水平 α，由 $\boldsymbol{P}\{F<F_{1-\alpha}(n_1,n_2)\}\leqslant\boldsymbol{P}\{F'<F_{1-\alpha}(n_1,n_2)\}=\alpha$，或 $\boldsymbol{P}\{\frac{1}{F'}>\frac{1}{F_{1-\alpha}(n_1,n_2)}\}=\boldsymbol{P}\{\frac{1}{F'}>F_{1-\alpha}(n_2,n_1)\}=\alpha$ 查表求出临界值 $F_{1-\alpha}(n_1,n_2)$，得否定域为

$$\left\{\frac{\frac{1}{n_1}\sum_{i=1}^{n_1}(X_i-\mu_1)^2}{\frac{1}{n_2}\sum_{i=1}^{n_2}(Y_i-\mu_2)^2}<F_{1-\alpha}(n_1,n_2)\right\}.$$

4. 未知期望 $\boldsymbol{\mu_1,\mu_2}$，关于方差 $\boldsymbol{\sigma_1^2,\sigma_2^2}$ 的假设检验(F 检验法)

① $H_0:\sigma_1^2=\sigma_2^2,H_1:\sigma_1^2\neq\sigma_2^2$.

由于 X 与 Y 相互独立，μ_1,μ_2 未知，因此考虑

$$\chi_1^2=\frac{(n_1-1)S_X^2}{\sigma_1^2}=\sum_{i=1}^{n_1}\left(\frac{X_i-\overline{X}}{\sigma_1}\right)^2\sim\chi^2(n_1-1),$$

$$\chi_2^2=\frac{(n_2-1)S_Y^2}{\sigma_2^2}=\sum_{i=1}^{n_2}\left(\frac{Y_i-\overline{Y}}{\sigma^2}\right)^2\sim\chi^2(n_2-1),$$

又 χ_1^2 与 χ_2^2 相互独立，故

$$F=\frac{\chi_1^2/(n_1-1)}{\chi_2^2/(n_2-1)}=\frac{S_X^2/\sigma_1^2}{S_Y^2/\sigma_2}\sim F(n_1-1,n_2-1).$$

当 $H_0:\sigma_1^2=\sigma_2^2$ 成立时，取检验统计量 $F=\frac{S_X^2}{S_Y^2}\sim F(n_1-1,n_2-1)$. 给定显著性水平 α，由 $\boldsymbol{P}\{F>F_{\frac{\alpha}{2}}(n_1-1,n_2-1)\}=\frac{\alpha}{2}$ 及 $\boldsymbol{P}\{F<F_{1-\frac{\alpha}{2}}(n_1-1,n_2-1)\}=\frac{\alpha}{2}$ 查表求出临界值 $F_{\frac{\alpha}{2}}(n_1-1,n_2-1)$ 与 $F_{1-\frac{\alpha}{2}}(n_1-1,n_2-1)$，得否定域为

$$\left\{\frac{S_X^2}{S_Y^2}>F_{\frac{\alpha}{2}}(n_1-1,n_2-1)\right\}\text{或}\left\{\frac{S_X^2}{S_Y^2}<F_{1-\frac{\alpha}{2}}(n_1-1,n_2-1)\right\}.$$

② $H_0:\sigma_1^2\leqslant\sigma_2^2,H_1:\sigma_1^2>\sigma_2^2$.

如上述①仍选用检验统计量 $F=\frac{S_X^2}{S_Y^2}$，可求值但分布未知. 然而 $F'=\frac{S_X^2/\sigma_1^2}{S_Y^2/\sigma_2^2}\sim F(n_1-$

学习随笔

$1,n_2-1)$. 在 $H_0:\sigma_1^2\leqslant\sigma_2^2$ 即 $1\leqslant\dfrac{\sigma_2^2}{\sigma_1^2}$ 成立条件下,有 $F=\dfrac{S_X^2}{S_Y^2}\leqslant\dfrac{S_X^2\sigma_2^2}{S_Y^2\sigma_1^2}=F'$. 因而对给定显著性水平 α,由 $\boldsymbol{P}\{F>F_\alpha(n_1-1,n_2-1)\}\leqslant\boldsymbol{P}\{F'>F_\alpha(n_1-1,n_2-1)\}=\alpha$ 查表求得临界值 $F_\alpha(n_1-1,n_2-1)$,从而得否定域为

$$\left\{\frac{S_X^2}{S_Y^2}>F_\alpha(n_1-1,n_2-1)\right\}.$$

③ $H_0:\sigma_1^2\geqslant\sigma_2^2,H_1:\sigma_1^2<\sigma_2^2$.

类似上述②,在 $H_0:\sigma_1^2\geqslant\sigma_2^2$ 即 $\dfrac{\sigma_2^2}{\sigma_1^2}\leqslant1$ 成立条件下,有

$$F=\frac{S_X^2}{S_Y^2}\geqslant\frac{S_X^2\sigma_2^2}{S_Y^2\sigma_1^2}=F'\sim F(n_1-1,n_2-1).$$

给定显著性水平 α,由 $\boldsymbol{P}\{F<F_{1-\alpha}(n_1-1,n_2-1)\}\leqslant\boldsymbol{P}\{F'<F_{1-\alpha}(n_1-1,n_2-1)\}=\alpha$ 查表求得临界值 $F_{1-\alpha}(n_1-1,n_2-1)$,得否定域为

$$\left\{\frac{S_X^2}{S_Y^2}<F_{1-\alpha}(n_1-1,n_2-1)\right\}.$$

四、总体分布拟合检验(χ^2 检验法)

所谓分布拟合检验就是关于总体分布形式假设的检验. 即先假设总体服从某种分布,然后用统计检验的方法,把经验统计分布与假定的理论概率分布相比较,视其吻合情况,判断所研究的总体是否可以用所假设的理论分布来描述. 我们仅介绍皮尔逊(Pearson,K.)提出的 χ^2—拟合检验法.

设 $x_1,x_2,\cdots,x_n$ 是给定的一组样本值,现在的问题是如何根据这组样本值检验总体 X 是否以 $F(x)$ 为其分布函数.

原假设 H_0:总体 X 的分布函数为 $F(x)$.

在实数轴上取 m 个点 $t_1<t_2<\cdots<t_m$,这 m 个点把实数轴分为 $m+1$ 个区间:$(-\infty,t_1)$;$[t_1,t_2),\cdots,[t_{m-1},t_m),[t_m,+\infty)$. 用 v_i 表示 $x_1,x_2\cdots,x_n$ 中落入第 i 个区间 $[t_{i-1},t_i)$ 的个数,即 v_i 为频数 $(i=1,2,\cdots,m+1,t_0=-\infty,t_{m+1}=+\infty)$,$\dfrac{v_i}{n}$ 为相应的频率. 如果 H_0 成立,则可求出总体 X 取值在第 i 个区间的概率 p_i:

$$p_1=\boldsymbol{P}\{X\leqslant t_1\}=F(t_1),$$
$$p_i=\boldsymbol{P}\{t_{i-1}<X\leqslant t_i\}=F(t_i)-F(t_i-1)(2\leqslant i\leqslant m),$$
$$\cdots$$
$$p_{m+1}=\boldsymbol{P}\{t_m<X\}=1-F(t_m).$$

根据概率与频率的关系可知,当 H_0 成立时,$\left|\dfrac{v_i}{n}-p_i\right|$ 应该比较小,也就是 $\left(\dfrac{v_i}{n}-p_i\right)^2$ 应该比较小,于是

$$\chi^2=\sum_{i=1}^{m+1}\left(\frac{v_i}{n}-p_i\right)^2\cdot\frac{n}{p_i}=\sum_{i=1}^{m+1}\frac{(v_i-np_i)^2}{np_i}$$

也应该比较小. 这里的因子$\frac{n}{p_i}$是起“平衡”作用的.

取检验统计量(称χ^2为统计量或皮尔逊统计量)$\chi^2=\sum_{i=1}^{m+1}\frac{(v_i-np_i)^2}{np_i}$用其来反映它们之间的差异度. 在$H_0$成立下,当$n$充分大时,$\chi^2$统计量近似服从$\chi^2(m)$分布.

如果分布$F(x)$中含有未知参数$\theta_1,\theta_2,\cdots,\theta_r$,则需要用其极大似然估计值$\hat{\theta}_1,\hat{\theta}_2,\cdots,\hat{\theta}_r$来代替,此时$\chi^2$的自由度要减少$r$个,即$\chi^2$近似服从$\chi^2(m-r)$分布.

给定显著性水平α,由χ^2分布分位数表,可求出临界值$\chi^2_\alpha(m-r)$,使得$\boldsymbol{P}\{\chi^2>\chi^2_\alpha(m-r)\}=\alpha$,从而得否定域为

$$\left\{\sum_{i=1}^{m+1}\frac{(v_i-np_i)^2}{np_i}>\chi^2_\alpha(m-r)\right\}.$$

在实际应用时,数轴分点m多少应根据n来确定. 当$n=100$时,一般取$m=12$. n小,m也应少. 区间长度无规定要求,一般要求$np_i\geqslant 5$,否则将该区间并入邻近的另一区间.

五、假设检验问题的 p 值检验法

按p值的定义,对于任意指定的显著性水平α,就有

① 若p值$\leqslant\alpha$,则在显著性水平α下拒绝H_0;

② 若p值$>\alpha$,则在显著性水平α下接受H_0.

有了这两条结论就能方便地确定H_0的拒绝域. 这种利用p值来确定检验拒绝域的方法,称为**p值检验法**.

在现代计算机统计软件中,一般都给出检验问题的p值.

用临界值法来确定H_0的拒绝域时,例如当取$\alpha=0.05$时知道要拒绝H_0,再取$\alpha=0.01$也要拒绝H_0,但不能知道将α再降低一些是否也要拒绝H_0. 而p值法给出了拒绝H_0的最小显著性水平. 因此p值法比临界值法给出了有关拒绝域的更多的信息.

p值表示反对原假设H_0的依据的强度,p值越小,反对H_0的依据越强、越充分(例如对于某个检验问题的检验统计量的观察值的p值$=0.0009$,p值如此的小,以至于几乎不可能在H_0为真时出现目前的观察值,这说明拒绝H_0的理由很强,我们就拒绝H_0).

一般,若p值$\leqslant 0.01$,称推断拒绝H_0的依据很强或称检验是高度显著的;若$0.01<p$值$\leqslant 0.05$称推断拒绝H_0的依据是强的或称检验是显著的;若$0.05<p$值$\leqslant 0.1$称推断拒绝H_0的理由是弱的,检验是不显著的;若p值>0.1一般来说没有理由拒绝H_0. 研究者可以基于p值使用任意希望的显著性水平来作计算. 在杂志上或在一些技术报告中,许多研究者在讲述假设检验的结果时,常不明显地论及显著性水平以及临界值,以之以简单地引用假设检验的p值,利用或让读者利用它来评价反对原假设的依据的强度,作出推断.

§8.2 进一步理解基本概念

一、假设检验的任务和有关的问题

对于未知总体分布的未知参数而言,同样是对未知参数的推测,假设检验和点估计解决的角度是不一样的.点估计的目的是通过抽样给出未知参数的一个合适的估计值,而假设检验是对未知参数取值的某种假设予以认同.例如,在糖果工厂生产的糖果包装要求是500g一包.在一批糖果产品生产出来后,可以通过抽样,估计出这批产品的平均重量,但这并不是我们的主要目的,我们更关心的是这批糖果是否能认为是500g一包的,而包装数量的差异只是随机误差.只有在确认为500g一包时这批产品才能出厂,否则只好收回重新包装,这正是假设检验所要解决的一类问题.

在假设检验问题中所谓接受或拒绝原假设 H_0 并不像数学上"1+1"是否等于2那样,要么绝对正确,要么绝对错误.无论接受还是拒绝 H_0,都有发生错误的可能性.因此只能用统计的语言来解释上述结论,即可以以多大概率保证结论的正确性.为了使结论更令人信服,当然犯两类错误的概率都愈小愈好,然而这却是一对矛盾.因此根据什么标准来确定拒绝域成了统计学家研究的对象.在本书内容中,只介绍了显著性检验,即在保证第一类错误的概率要不大于事先给定的显著水平 α 下,寻求合理的拒绝域.

在实际工作中有许多问题应该用假设检验的方法来进行处理,但在具体实施假设检验时,还有许多问题要解决,如:

① 如何作出原假设;

② 如何选取显著性水平 α;

③ 按照什么标准选取拒绝域 C;

④ 对得到的结论如何作合理的解释,等等.

在教材中由于篇幅限制,往往对上述几个问题没有明确的解释,以致在做习题时往往产生种种疑问:如为什么 α 一会儿取得很小,在另一情况下又取得较大?又如为什么要作假设 $H_0:\theta\leqslant\theta_0$,而不作假设 $H_0:\theta\geqslant\theta_0$ 等等.在下面的几段说明中我们尽可能将这些问题通俗地(不是严格意义上)予以解释,这对于深入理解假设检验的统计思想是有帮助的.

二、两类错误的概念

首先引用一个例子,某人因身体不适前往医院求医,医生通过各种生理指标的测定(包括化验结果),需要对病情作出判定.或者告知该人没有疾病,或者判定该人有病给予打针吃药.在这一判定过程中,不可避免地会发生两种错误:一是病人确实有病,但由于生理指标接近正常,被医生错误认定没病.此时有可能因此而延误了对疾病的治疗,产生的后果是严重的,甚至于会导致病人的死亡;另一种是该人确实没病,但由于个别生理指标略显不正常,被误判为有病,其结果是病人花了冤枉钱,吃了不必要的药等.这两类错误的后果明显是不同的.作为医生,当然要尽可能地避免第一类错误的发生.

用假设检验语言表达即为:原假设 H_0:该人有病;H_1:该人无病;而生理指标就是样本观测值.医生要作的决定即为接受 H_0 或拒绝 H_0,而拒绝域 C 即为"生理指标属于正常范围”，而第一类错误 $\boldsymbol{P}_{H_0}(C)$ 正是“有病误判无病”的概率，第二类错误的概率为 $\boldsymbol{P}_{H_1}(\overline{C})$，正是“无病误判有病”的概率，由于两类错误后果不同，通常要求第一类错误概率 $\boldsymbol{P}_{H_0}(C)\leqslant\alpha$，其中 α 为充分小的正数：凡是满足这一要求的检验即称为显著性检验. 此时对第二类错误未作任何要求.

在显著性检验中，α 的大小表明检验者对 H_0 的“偏爱”程度. α 越小，对 H_0 愈是偏爱，愈不轻易拒绝 H_0. 此时若 H_0 成立，而样本点落在拒绝域内，这是概率为 α 的小概率事件，居然发生了，从而有理由认为 H_0 成立是错误的，作出“拒绝 H_0”的结论往往就比较可靠，通常也称之为“有显著的结果”. 而“接受 H_0”的可信度相对较低，因为当 H_1 成立时其观测值也有较大可能落在接受域内，通常将此称之为“无显著的结果”.

可能有人问“为什么不能让第一类错误和第二类错误都很小，这样不是更好吗？”正如置信区间的可信度与精确性一样，当样本容量 n 固定时，第一类错误小了，第二类错误往往比较大. 下面例子说明了这一点. 设总体 $X\sim N(\theta,\sigma^2)$（σ^2 已知），参数空间为 $\Theta=\{\theta_0,\theta_1,\theta_1>\theta_0\}$，利用 $\overline{X}=\dfrac{1}{n}\sum\limits_{i=1}^{n}X_i$ 为基础，作检验 $H_0:\theta=\theta_0$（$H_1:\theta=\theta_1$），此时合理的拒绝域应为 $\{\overline{X}>C\}$（因为 $\overline{X}$ 是 θ 的估计，如它离 θ_0 比 θ_1 更远，说明它不是来自 $N(\theta_0,\sigma^2)$ 的总体）. 因此两种错误概率如图 8－12 所示，可以看出：此时在 H_0 下，$\overline{X}\sim N\left(\theta_0,\dfrac{\sigma^2}{n}\right)$；在 H_1 下，$\overline{X}\sim N\left(\theta_1,\dfrac{\sigma^2}{n}\right)$.

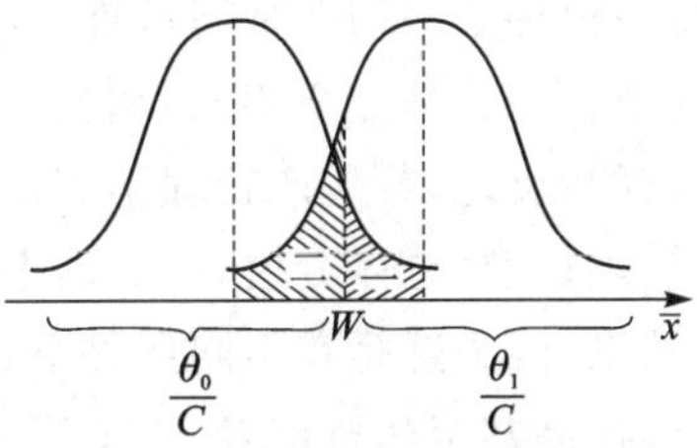

图 8－12

其中，$\boldsymbol{P}_{H_0}(C)$ 为第一类错误概率，正是图中阴影一的面积. $\boldsymbol{P}_{H_1}(\overline{C})$ 为第二类错误概率正是阴影二的面积. 其中 $\{\overline{X}>W\}=C$. 显然，当 W 变大，$\boldsymbol{P}_{H_0}(C)$ 变小但 $\boldsymbol{P}_{H_1}(\overline{C})$ 变大；反之亦然. 在 n 取定时要两者都小是不可能的. 除非 n 变大才有可能使两者都小. 这是因为 n 越大，$\overline{X}$ 的方差 $\dfrac{\sigma^2}{n}$ 越小，当 $C=\{\overline{X}>W\}$ 固定时，$(\theta_0<W<\theta_1)$，两类错误概率都会变小. 在质量管理中也常根据控制两类错误的大小反过来寻求 n.

三、提出原假设的一般根据

如何选取原假设是假设检验首先要做的事情，一般有以下几条原则：

① 根据两类错误的后果确定，把后果严重的错误定为第一类错误，它的大小可由 α 限制住. 如上述中“有病判无病”后果严重，我们应作 H_0：“有病”的原假设.

② 根据历史经验，如工厂里废品率一直小于 0.05，对于当前的废品率 p 理所当然认为没有大的变化，故可设 $H_0:p\leqslant0.05$.

③ 对于有待考察的新事件的结论一般应放在 H_1 中. 如经过技术革新提高了产品质量，降低了废品率，使得废品率可能小于 0.05，检验时应作假设 $H_0:p\geqslant0.05$. 如果此时观测值经检验拒绝了 H_0，由于第一类错误发生是一个小概率事件，故 H_0 是不可信的，因此此时我们可认为技术革新确实提高了产品质量. 又如若一种新的安眠药宣称能增加睡眠

学习随笔

时间，使平均睡眠时间达到8小时，在检验过程中应设 H_0：平均睡眠时间≤8小时等等.

另外，在提出原假设 $H_0:\mu\leqslant\mu_0$（或 $H_0:\mu\geqslant\mu_0$）时等号一定要放在 H_0 之中而不能放在 H_1 中，这是因为我们对第一类错误 $\boldsymbol{P}_{H_0}(C)$ 要进行计算使它不大于 α，而通常正是在 $\mu=\mu_0$ 时进行计算的. 所以等号要放在 H_0 之中.

至于显著性水平 α 的大小视检验者对 H_0 的可信程度而定，如根据历史经验有充分把握 H_0 是正确的，不妨 α 取得小一些，也可能由于第一类错误后果特别严重，α 一定要取得很小. 或者对新药的上市要严格把关，把 α 定得小一些. 此时得到的"拒绝原假设 H_0"的可信度越大.

反之，如果检验者对 H_0 没有什么偏爱，α 可以取得大一些，如 $\alpha=0.25$ 甚至 0.50，可以避免由于"偏爱"造成检验失误. 例如，在两个正态总体的均值检验中，在检验 $H_0:\mu_1=\mu_2$ 以前应先作检验 $H_0:\sigma_1^2=\sigma_2^2$. 此时 α 的值往往取得较大. 例如，$\alpha=0.50$. 这表明检验者不对原假设作任何偏袒，只要数据表明 $\sigma_1^2=\sigma_2^2$ 有明显的不合理之处，就放弃原假设. 于是在接受"$\sigma_1^2=\sigma_2^2$"时比较可靠.

四、为什么在 σ_1^2,σ_2^2 未知时，只有当 $\sigma_1^2=\sigma_2^2$ 成立条件下才能作 $H_0:\mu_1=\mu_2$ 的检验

先看一个例子，现有两种优良稻种要在某地进行推广. 为了选定哪一种种子，有必要先作试验. 在两个乡分别用不同的稻种进行试种，到秋收时分别考察两个乡的水稻平均产量，哪一种种子平均产量高就推广哪一种种子. 如果两个乡采取的生产管理（包括田间管理、施肥、农药）是完全相同（相当于两个总体方差相同），那么，它们的平均产量是可以进行比较的；反之，若生产管理不一样，田间管理措施得力（该总体方差较小）的平均产量比田间管理松散（总体方差较大）的平均产量高，这时并不能够得出前者的种子优于后者种子的结论，因为这是在不同条件下进行的比较，如果加强田间管理，后者的平均产量完全有可能提高甚至超过前者. 也即当 $\sigma_1^2\neq\sigma_2^2$ 时不能作 $H_0:\mu_1=\mu_2$ 的检验. 因此，当 σ_1^2,σ_2^2 未知时，作检验 $H_0:\mu_1=\mu_2$ 以前应先作检验 $H'_0:\sigma_1^2=\sigma_2^2$，只有接受了 H'_0，才能进一步作 $H_0:\mu_1=\mu_2$ 的检验，若拒绝了 H'_0，作 H_0 的检验是没有意义的.

五、假设检验中拒绝域合理形式的选择

假设检验步骤中"提出合理的拒绝域形式"可按经验予以理解：

① 检验 $H_0:\mu=\mu_0$，由于 μ 的估计是 $\overline{X}$，当 $\overline{X}$ 远离 μ_0 时，有理由怀疑它不是来自 $N(\mu_0,\sigma^2)$ 的总体，因此拒绝域合理形式为 $C=\{|\overline{X}-\mu_0|>W\}$. 而 W 可由 $\boldsymbol{P}_{H_0}(C)=\alpha$ 得到. 例如，当 σ^2 已知时由 $\sqrt{n}\dfrac{|\overline{X}-\mu_0|}{\sigma}>u_{1-\frac{\alpha}{2}}$ 定出；当 σ^2 未知时由 $\sqrt{n}\dfrac{|\overline{X}-\mu_0|}{S}>t_{1-\frac{\alpha}{2}}(n-1)$ 定出.

② 检验 $H_0:\mu\leqslant\mu_0$，当 $\overline{X}$ 远比 μ_0 大时，有理由怀疑 $\overline{X}$ 不是来自 H_0 中的总体. 故 C 的合理形式为 $\overline{X}-\mu_0>W$.（对 $H_0:\mu\geqslant\mu_0$，C 的合理形式为 $\overline{X}-\mu_0<W$）.

③ 检验 $H_0:\sigma^2=\sigma_0^2$. 由于 σ^2 的估计为 S^2（当 μ 未知时），当 S^2 远大于 σ_0^2 或远小于 σ_0^2

时，有理由怀疑 S^2 不是来自 H_0 的总体. 故 C 的合理形式为 $S^2<W_1$ 或 $S^2>W_2$，为使这两个区域的概率一样，可取 $\frac{(n-1)s^2}{\sigma_0^2}<\chi^2_{\frac{\alpha}{2}}(n-1)$ 或 $\frac{(n-1)s^2}{\sigma_0^2}>\chi^2_{1-\frac{\alpha}{2}}(n-1)$.

④ 检验 $H_0:\mu_1=\mu_2$，即 $\mu_1-\mu_2=0$. 由于 $\mu_1-\mu_2$ 的估计是 $\overline{X}-\overline{Y}$，当 $|\overline{X}-\overline{Y}|$ 远大于 0 时怀疑它们不是来自 H_0 的总体，故拒绝域合理形式为 $|\overline{x}-\overline{y}|>W$.

⑤ 检验 $H_0:\sigma_1^2=\sigma_2^2$，即 $\frac{\sigma_1^2}{\sigma_2^2}=1$. 由于 $\frac{\sigma_1^2}{\sigma_2^2}$ 的估计为 $\frac{S_1^2}{S_2^2}$（当 μ_1,μ_2 未知时），当 $\frac{S_1^2}{S_2^2}$ 远大于 1 或远小于 1，有理由怀疑它们不是来自 H_0 的总体，故拒绝域为 $\frac{S_1^2}{S_2^2}<W_1$ 或 $\frac{S_1^2}{S_2^2}>W_2$.

六、假设检验和区间估计的联系和差别

以下列例子说明二者的关系.

设 $(X_1,\cdots,X_n)$ 来自正态总体 $N(\mu,1)$ 的样本.

作 μ 的 $1-\alpha$ 双侧置信区间：利用随机变量 $G=\sqrt{n}(\overline{X}-\mu)\sim N(0,1)$，得到 $\boldsymbol{P}\left\{\sqrt{n}\,|\overline{X}-\mu|\leqslant u_{1-\frac{\alpha}{2}}\right\}=1-\alpha$，推出 μ 的 $1-\alpha$ 置信区间为

$$\overline{X}-u_{1-\frac{\alpha}{2}}\frac{1}{\sqrt{n}}\leqslant\mu\leqslant\overline{X}+u_{1-\frac{\alpha}{2}}\frac{1}{\sqrt{n}}.$$

作检验 $H_0:\mu=\mu_0$：利用统计量 $G=\sqrt{n}(\overline{X}-\mu_0)$ 在 H_0 成立时 $\sim N(0,1)$. 由 $\boldsymbol{P}\{\sqrt{n}\,|\overline{X}-\mu_0|>u_{1-\frac{\alpha}{2}}\}=\alpha$，得到拒绝域：

$$C=\left\{(x_1,\cdots,x_n)\mid\sqrt{n}\,|\overline{x}-\mu_0|>u_{1-\frac{\alpha}{2}}\right\}.$$

由此可以观察到以下的**联系**和**差异**：

① 区间估计的目的是求 μ 的范围，故 μ 是未知的，可由 $G=\sqrt{n}(\overline{X}-\mu)$ 的分布定出它的置信区间.

而假设检验的目的是对 $\mu=\mu_0$ 的认定，因而 μ_0 是固定的，而拒绝域是由 $G=\sqrt{n}(\overline{X}-\mu_0)$ 来定的.

② 在区间估计中，用 $\sqrt{n}\,|\overline{X}-\mu|\leqslant u_{1-\frac{\alpha}{2}}$ 来定 $1-\alpha$ 置信区间. 而在假设检验中则用 $\sqrt{n}\,|\overline{X}-\mu_0|\geqslant u_{1-\frac{\alpha}{2}}$ 定出拒绝域，使得 $\boldsymbol{P}_{H_0}(C)=\alpha$.

③ 二者用的随机变量形式是相同的，只是在区间估计中 μ 是未知的，要经过变形求置信区间，而在假设检验中 μ 是取定为 μ_0，并以此为基础确定拒绝域的.

④ 在区间估计中考虑的是 $\boldsymbol{P}\{\underline{\mu}\leqslant\mu\leqslant\overline{\mu}\}=1-\alpha$，即可信度为 $1-\alpha$. 在假设检验中考虑的是 $\boldsymbol{P}_{H_0}(C)=\alpha$，即第一类错误概率为 α.

事实上，也可以从 μ 的置信区间出发作检验. 如果 μ_0 属于 μ 的 $1-\alpha$ 置信区间，即

$$\overline{X}-u_{1-\frac{\alpha}{2}}\frac{1}{\sqrt{n}}\leqslant\mu_0\leqslant\overline{X}+u_{1-\frac{\alpha}{2}}\frac{1}{\sqrt{n}},$$

那么 $\sqrt{n}\,|\overline{X}-\mu_0|\leqslant u_{1-\frac{\alpha}{2}}$，也就是说 $\overline{X}$ 落在接受域内应作出接受 H_0 的假设；反之如 μ_0 不属于 μ 的 $1-\alpha$ 置信区间，那么必有 $\sqrt{n}\,|\overline{X}-\mu_0|>u_{1-\frac{\alpha}{2}}$，即 $\overline{X}$ 落在拒绝域内，应拒

绝 H_0.

所以,区间估计和假设检验是对未知的 μ 的两个不同侧面的研究,只是着重点不同而已,两者是有紧密联系的.

七、运用 χ^2 拟合优度检验要注意的事项

在前面讨论的单个正态总体和两个正态总体的均值和方差检验中有一个重要的前提:总体必须是正态分布的.但得到试验数据时,并不知道它是否是来自正态总体.如果不加思索就套用上述检验就会发生谬误.因此在实际工作中,往往在作上述检验前,先要作检验 H_0:总体是服从正态分布的.χ^2 拟合优度检验正是解决这个问题的一种有效方法,在实际工作中运用得十分广泛.

① 如果在原假设 H_0 中,总体分布形式是已知的,但有若干个未知参数.如正态分布 $N(\mu,\sigma^2)$ 中有两个未知参数 μ,σ^2.此时所用的临界值是通过 $\chi^2(r-1-k)$ 得到的,其中 k 是未知参数的个数.因此未知参数的个数不同,临界值是不同的.

② 在检验步骤中:将实轴分成 r 个互不相交的区间 D_j,这里 D_j 的取法是任意的,但为了保证检验的效果通常要求 $n\hat{p}_i$ 不要太大或太小.一般 $n\hat{p}_i$ 应大于 5 或 10(视 n 的大小而定).若总体分布是对称的,则 D_j 最好也取为对称的.

③ 在检验中,$\hat{p}_j=\boldsymbol{P}\{X\in D_j\}$ 是按分布函数 $F_0(x;\hat{\theta}_1,\cdots,\hat{\theta}_k)$ 求得的,这里 $\hat{\theta}_1,\cdots,\hat{\theta}_k$ 是 $\theta_1,\cdots,\theta_k$ 的极大似然估计.因为 $\hat{p}_j$ 都是确定的数.

④ χ^2 拟合优度检验中的临界域是按 $\chi^2(r-1-k)$ 定出的,由于只有当 n 很大时,χ^2 检验统计量才渐近服从 $\chi^2(r-1-k)$.所以试验样本的容量应较大,否则得出的临界域的结论不太可靠(参考本章例 8.20).

§8.3 重难点提示

重点 假设检验的基本思想,检验的一般步骤及关于正态总体期望、方差假设检验否定域的确定.

难点 检验统计量与显著性水平 α 的选取,以及单边检验临界值确定的基本方法.

几点说明

① 如同参数估计一样,我们仍然要以掌握假设检验统计思想为主,这样就能理解各种概念,掌握各种方法,记住必要的结果和公式.

② 解决各种假设检验问题,关键在于检验统计量的选取及否定域的确定.我们介绍的是一些最基本的结果和方法.检验法则本质上是一种对样本空间的分割,我们所讲的则是将其转换为对检验统计量值域的一种分割,这样就使检验计算变得更简单了.至于对检验优良性的讨论我们并没有涉及到.

③ 解答正态总体期望、方差的假设检验问题,本质上没有什么困难,大部分是套用已有的方法和结果.为了便于比较、记忆,我们可以将基本结果总结列表,把这些结果与求未知参数 θ 的置信区间相比较,发现二者在选取统计量方面有不少相似之处.

求未知参数 θ 的置信区间,关键在于寻求含有未知参数 θ 的样本函数,其分布已知,

对给定的 α，求置信区间 $(\hat{\theta}_1,\hat{\theta}_2)$ 使其包含未知参数 θ 的概率很大，即 $\boldsymbol{P}\{\hat{\theta}_1<\theta<\hat{\theta}_2\}=1-\alpha$；而假设检验的关键在于寻求检验统计量，其分布已知，给定 α，确定小概率 α 的事件，即给出分割检验统计量值域的一种方法，从而给出原假设 H_0 的否定域.

④ 显著性水平 α 的选取应视问题的不同而定. 由于 α 是犯第一类错误的概率，即“弃真”概率，因此，对于一类宁肯“以真为假”的检验问题，如涉及健康的药品检验，炮弹检验等，这时 α 应取大些；而对那些成本高、价格昂贵的又不涉及人身安危的商品的检验时，α 可取小些，即“弃真”的概率小些.

⑤ 在进行假设检验时，首先要提出原假设 H_0 和备择假设 H_1，由于 H_0，H_1 的地位不是对等的，H_0 是受到保护的，因而选哪一个作为原假设需要谨慎. 一个原则是选择 H_0、H_1 使得两类错误中，后果严重的成为第一类错误. 若两类错误中没有一类错误的后果严重需要避免时，常取 H_0 为维持现状，即取 H_0 为“无效益”“无改进”“无价值”等，而实际上我们感兴趣的是“效益提高”“有改进”“价值提高”.

做题时，必须要写出 H_0，H_1 是什么. 拒绝域的形式是由备择假设所确定的. 拒绝域的形式直观上是可以看得出来的. 例如：

- 采用 χ^2 检验法对正态总体检验假设 $H_0:\sigma^2\geqslant\sigma_0^2$，$H_1:\sigma^2<\sigma_0^2$. 这是左边检验，当 H_1 为真时，$\dfrac{(n-1)S^2}{\sigma_0^2}$ 有偏小的倾向，其拒绝域的形式为 $\dfrac{(n-1)S^2}{\sigma_0^2}\leqslant k$，拒绝域为 $\dfrac{(n-1)S^2}{\sigma_0^2}\leqslant\chi^2_{1-\alpha}(n-1)$.
- 采用 Z 检验法检验假设 $H_0:\mu=\mu_0$，$H_1:\mu\neq\mu_0$. 当 H_1 为真时，$\dfrac{|\overline{X}-\mu_0|}{\sigma/\sqrt{n}}$ 有偏大的倾向，拒绝域的形式为 $\dfrac{|\overline{X}-\mu_0|}{\sigma/\sqrt{n}}\geqslant k$，拒绝域为 $\dfrac{|\overline{X}-\mu_0|}{\sigma/\sqrt{n}}\geqslant z_{\frac{\alpha}{2}}$，这里 $\overline{X}-\mu_0$ 是要取绝对值的. 应取绝对值时，一定要取绝对值. 而对于 $H_0:\mu\geqslant\mu_0$，$H_1:\mu<\mu_0$，当 H_1 为真时，$\dfrac{\overline{X}-\mu_0}{\sigma/\sqrt{n}}$ 有偏小的倾向，拒绝域的形式为 $\dfrac{\overline{X}-\mu_0}{\sigma/\sqrt{n}}\leqslant k$，拒绝域为 $\dfrac{\overline{X}-\mu_0}{\sigma/\sqrt{n}}\leqslant -z_\alpha$，这里 $\overline{X}-\mu_0$ 是不取绝对值的.

要区分双边检验和单边检验，注意不要混淆双边检验拒绝域的临界点与单边检验拒绝域的临界点.

§8.4　典型题型归纳及解题方法与技巧

一、基本概念

【例 8.1】设袋中有 10 个球，其颜色有白与黑两种，p 表示白球所占的比例. 有待检验的统计假设是：$H_0:p=\dfrac{1}{2}$，$H_1:p=\dfrac{1}{5}$. 从袋中有返回地抽取 4 个球，当其中白球数小于 2

学习随笔

时，拒绝 H_0，否则接受 H_0. 试给出：(1)总体及其分布形式；(2)样本容量；(3)检验法（即否定域与接受域）；(4)犯第一类错误及第二类错误的概率.

【解】(1) 从袋中任取一球，观察其颜色，并定义随机变量 $X=\begin{cases}1, & \text{如果取出白球},\\0, & \text{如果取出黑球},\end{cases}$ 则 X 就是这个统计问题的总体，其分布律为

$$X\sim\begin{pmatrix}0, & 1\\1-p & p\end{pmatrix}.$$

(2) 样本容量 $n=4$.（若令 X_i 表示第 i 次取球的结果，则样本为 (X_1,X_2,X_3,X_4)）

(3) 否定域为：$C=\{(x_1,x_2,x_3,x_4):x_1+x_2+x_3+x_4<2,x_i=0$ 或 $1,i=1,2,3,4\}$，接受域为 $\overline{C}=\{(x_1,x_2,x_3,x_4):x_1+x_2+x_3+x_4\geqslant 2,x_i=0$ 或 $1,i=1,2,3,4\}$.

(4) 依题设知 $\sum\limits_{i=1}^{4}X_i\sim B(4,p)$，故犯第一类错误的概率为

$$\begin{aligned}\alpha&=\boldsymbol{P}\{\text{拒绝 } H_0\mid H_0\text{ 为真}\}=\boldsymbol{P}\left\{\sum_{i=1}^{4}X_i<2\mid p=\frac{1}{2}\right\}\\&=\boldsymbol{P}\left\{\sum_{i=1}^{4}X_i=0\mid p=\frac{1}{2}\right\}+\boldsymbol{P}\left\{\sum_{i=1}^{4}X_i=1\mid p=\frac{1}{2}\right\}\\&=\mathrm{C}_4^0p^0(1-p)^4+\mathrm{C}_4^1p^1(1-p)^3=\left(\frac{1}{2}\right)^4+4\times\left(\frac{1}{2}\right)^4=\frac{5}{16}=0.3125.\end{aligned}$$

犯第二类错误的概率为

$$\begin{aligned}\beta&=\boldsymbol{P}\{\text{接受 } H_0\mid H_0\text{ 为假}\}=\boldsymbol{P}\left\{\sum_{i=1}^{4}X_i\geqslant 2\mid p=\frac{1}{5}\right\}\\&=1-\boldsymbol{P}\left\{\sum_{i=1}^{4}X_i<2\mid p=\frac{1}{5}\right\}=1-\mathrm{C}_4^0\left(\frac{1}{5}\right)^0\left(\frac{4}{5}\right)^4-\mathrm{C}_4^1\left(\frac{1}{5}\right)\left(\frac{4}{5}\right)^3\\&=1-\frac{4^4}{5^4}-\frac{4^4}{5^4}=1-\frac{512}{625}=\frac{113}{625}=0.1808.\end{aligned}$$

【例 8.2】设某厂生产的产品使用寿命（小时数）原来服从正态分布 $N(5000,90000)$. 现在采用了能提高寿命的新技术. 但实际上有没有提高还需检验. 为此任意抽取 36 件产品进行测试，测得寿命值为 $x_1,\cdots,x_{36}$. 记 $\overline{x}=\frac{1}{36}\sum\limits_{i=1}^{36}X_i$. 现规定：若 $\overline{x}\leqslant 5100$，则认为新技术生产的产品使用寿命没有提高；若 $\overline{x}>5100$，则认为有提高. 主持检验者对此项新技术持保守态度，将产品寿命没有提高作为原假设. 试给出：(1) 总体及其分布形式；(2) 原假设及备择假设，是简单的还是复合的？(3) 样本容量；(4) 否定域与接受域；(5) 犯第一类错误的概率.

【解】(1) 任意抽取一件产品，测试其寿命为 X，则随机变量 X 就是该统计检验的总体. $X\sim N(\mu,90000)$，其中 μ 为未知参数.

(2) 待检验的假设为：原假设 $H_0:\mu=5000$；备择假设 $H_1:\mu>5000$，其中 H_0 是简单假设，H_1 是复合假设.

(3) 样本为 $(X_1,\cdots,X_{36})$，其容量 $n=36$；

(4) 否定域 $C=\{(x_1,\cdots,x_{36}):\overline{x}>5100\}$；接受域 $\overline{C}=\{(x_1,\cdots,x_{36}):\overline{x}\leqslant 5100\}$.

(5) 由题设知总体 $X \sim N(\mu, 90000)$，所以

$$\overline{X}=\frac{1}{36}\sum_{i=1}^{36}X_i \sim N\left(\mu,\frac{90000}{36}\right)=N(\mu,2500).$$

犯第一类错误的概率为

$$\begin{aligned}\alpha &= \boldsymbol{P}\{\text{拒绝 } H_0 \mid H_0 \text{ 为真}\}\\ &= \boldsymbol{P}\{\overline{X} > 5100 \mid \mu=5000\} = 1-\boldsymbol{P}\{\overline{X} \leqslant 5100 \mid \mu=5000\}\\ &= 1-\Phi\left(\frac{5100-5000}{50}\right)=1-\Phi(2)=1-0.9772=0.0228.\end{aligned}$$

【例 8.3】设 $X_1,\cdots,X_{25}$ 是取自正态总体 $X\sim N(\mu,9)$ 的简单随机样本(其中 μ 为未知参数)，$\overline{x}$ 为样本均值. 如果对检验问题 $H_0:\mu=\mu_0, H_1:\mu\neq 0$. 取检验否定域为：$C=\{(x_1,\cdots,x_{25}):|\overline{x}-\mu_0|\geqslant C\}$. 如果检验的显著性水平 $\alpha=0.05$，试确定常数 C.

【解】依题意 C 应使 $\alpha=\boldsymbol{P}\{\text{否定 } H_0 \mid H_0 \text{ 成立}\}=\boldsymbol{P}\{\overline{X}-\mu_0\geqslant C \mid \mu=\mu_0\}$.

若 $H_0:\mu=\mu_0$ 成立，则 $X\sim N(\mu_0,9)$，$\overline{X}\sim N\left(\mu_0,\frac{9}{25}\right)$，因而

$$\begin{aligned}\boldsymbol{P}\{|\overline{X}-\mu_0|\geqslant C\} &= 1-\boldsymbol{P}\{|\overline{X}-\mu_0|<C\}\\ &= 1-\boldsymbol{\Phi}\left(\frac{C}{\frac{3}{5}}\right)+\boldsymbol{\Phi}\left(\frac{-C}{\frac{3}{5}}\right)=2\left[1-\boldsymbol{\Phi}\left(\frac{5C}{3}\right)\right]=0.05.\end{aligned}$$

解得 $\Phi\left(\frac{5C}{3}\right)=0.975$，　$\frac{5C}{3}=1.96$，　$C=1.176$.

【例 8.4】假设总体 X 服从正态分布 $N(\mu,\sigma^2)$，其中 σ^2 已知，μ 是未知参数. 如果待检验假设为 $H_0:\mu=\mu_0, H_1:\mu<\mu_0$(其中 μ_0 为已知常数)，试构造一个水平为 α 的检验法.

【解】这是一个方差已知，对正态总体均值作检验的统计问题，备择假设表明这是一个单边假设检验问题，样本均值 $\overline{X}$ 偏大时都有利于接受原假设，因此可以考虑否定域 $C=\{\overline{X}\leqslant C\}$，接受域 $\overline{C}=\{\overline{X}>C\}$.

若 $H_0:\mu=\mu_0$ 成立，则总体 $X\sim N(\mu_0,\sigma^2)$，$\overline{X}\sim N\left(\mu_0,\frac{\sigma^2}{n}\right)$，考虑检验统计量为 $U=\frac{\sqrt{n}(\overline{X}-\mu_0)}{\sigma}\sim N(0,1)$. 给定 α，C 应使 $\alpha=\boldsymbol{P}\{\text{否定 } H_0 \mid H_0 \text{ 为真}\}=\boldsymbol{P}\{\overline{X}\leqslant C \mid H_0 \text{ 为真}\}$，即 $\mu=\mu_0$ 时，$\boldsymbol{P}\{\overline{X}\leqslant C\}=\Phi\left(\frac{C-\mu_0}{\frac{\sigma}{\sqrt{n}}}\right)=\Phi\left(\frac{\sqrt{n}(C-\mu_0)}{\sigma}\right)=\alpha$.

如果 $\Phi(u_\alpha)=\alpha$，则 $\frac{\sqrt{n}(C-\mu_0)}{\sigma}=u_\alpha$，$C=\mu_0+\frac{\sigma}{\sqrt{n}}u_\alpha$.

所构造的检验法的否定域 $C=\left\{(x_1,\cdots,x_n):\frac{1}{n}\sum_{i=1}^{n}x_i\leqslant\mu_0+\frac{\sigma}{\sqrt{n}}u_\alpha\right\}$，接受域 $\overline{C}=$

学习随笔

$$\left\{(x_1,\cdots,x_n):\frac{1}{n}\sum_{i=1}^{n}x_i>\mu_0+\frac{\sigma}{\sqrt{n}}u_\alpha\right\}.$$

【例 8.5】设某次考试考生成绩服从正态分布,从中随机地抽取 36 位考生的成绩,算得平均成绩为 66.5 分,标准差为 15 分,问在显著性水平 0.05 下,是否可以认为这考试全体考生的平均成绩为 70 分?给出检验过程.

【解】已知总体 $X\sim N(\mu,\sigma^2)$,σ^2 未知,对 μ 作假设检验(样本容量 $n=36$,均值 $\overline{X}=66.5$,标准差 $S=15$).

① 原假设与备择假设:$H_0:\mu=70$,$H_1:\mu\neq 70$.

② 检验统计量:由于 $X\sim N(\mu,\sigma^2)$,σ^2 未知,对 μ 作检验,因此考虑取检验统计量 $T=\dfrac{\sqrt{n}(\overline{X}-\mu)}{S}\sim t(n-1)$. 当 $n=36$,$\mu=70$ 时,$T=\dfrac{6(\overline{X}-70)}{S}\sim t(35)$.

③ 给定显著性水平 $\alpha=0.05$,确定否定域及临界值:令 $\boldsymbol{P}\left\{|T|\leqslant t_{\frac{\alpha}{2}}\right\}=1-\alpha=0.95$,即 $\boldsymbol{P}\left\{T>t_{\frac{\alpha}{2}}(35)\right\}=\dfrac{\alpha}{2}=0.025$,查 t 分布表得 $t_{0.025}(35)=2.0301$. H_0 的否定域为

$$C=\left\{(x_1,\cdots,x_n):\left|\frac{6(\overline{x}-70)}{S}\right|>2.03-1\right\}.$$

④ 结论:由样本值 $\overline{x}=66.5$,$S=15$,算得 $|t|=\left|\dfrac{6(66.5-70)}{15}\right|=1.4<2.03$,所以接受 H_0,即在显著性水平 $\alpha=0.05$ 下,认为这次考试全体考生的平均成绩为 70 分.

【例 8.6】对正态总体的数学期望 μ 进行假设检验,如果在显著性水平 0.05 下接受 $H_0:\mu=\mu_0$,那么在显著性水平 0.01 下,下列结论中正确的是

(A) 必接受 H_0. (B) 可能接受,也可能拒绝 H_0.

(C) 必拒绝 H_0. (D) 不接受 H_0;可能接受,也可能拒绝 H_1.

【解】对正态总体均值 $\boldsymbol{E}X=\mu$ 进行检验,无论是单边还是双边检验,当显著性水平 α 越小,接受域的范围就越大,因此 $\alpha=0.01$ 的接受域 $\overline{C}_{0.01}$ 大于 $\alpha=0.05$ 的接受域 $\overline{C}_{0.05}$. 即 $\overline{C}_{0.05}\subset\overline{C}_{0.01}$,所以,若 $(x_1,\cdots,x_n)\in\overline{C}_{0.05}$,必有 $(x_1,\cdots,x_n)\in\overline{C}_{0.01}$,即在 $\alpha=0.05$ 下接受 H_0,那么在 $\alpha=0.01$ 下必接受 H_0,因而选择(A).

【例 8.7】假设总体 $X\sim N(\mu,25)$ 其中 μ 为未知参数,在 $\alpha=0.05$ 的水平上检验 $H_0:\mu=\mu_0$,$H_1:\mu\neq\mu_0$. 如果选取否定域为 $C=\{(x_1,\cdots,x_n):|\overline{x}-\mu_0|\geqslant 1.96\}$,则样本容量 n 应取多少?

【解】对正态总体在已知方差的条件下,检验其均值,我们总是取检验统计量 $U=\dfrac{\sqrt{n}(\overline{X}-\mu_0)}{5}\sim N(0,1)$. 给定 α,由否定域 C 知 $\boldsymbol{P}\{|\overline{X}-\mu_0|\geqslant 1.96\}=\alpha=0.05$,即

$$\begin{aligned}\boldsymbol{P}\{|\overline{X}-\mu_0|<1.96\}&=\boldsymbol{P}\{\mu_0-1.96<\overline{X}<\mu_0+1.96\}\\&=\Phi\left(\frac{1.96\sqrt{n}}{5}\right)-\Phi\left(-\frac{1.96\sqrt{n}}{5}\right)=2\Phi\left(\frac{1.96\sqrt{n}}{5}\right)-1=0.95.\end{aligned}$$

解得 $\Phi\left(\dfrac{1.96\sqrt{n}}{5}\right)=0.975$, $\dfrac{1.96\sqrt{n}}{5}=1.96$, $\sqrt{n}=5$, $n=25$.

学习随笔

【例 8.8】设样本$(X_1,X_2,\cdots,X_n)$是取自正态总体 $N(\mu,\sigma_0^2)$(σ_0^2 已知)，对检验假设 $H_0:\mu=\mu_0$，$H_1:\mu>\mu_0$ 的问题，取否定域 $C=\{(x_1,\cdots,x_n):\overline{x}>C_0\}$.

(1) 求此检验犯第一类错误的概率为 α 时，犯第二类错误的概率 β，并讨论它们之间的关系；

(2) 设 $\mu_0=0.5$，$\sigma_0^2=0.04$，$\alpha=0.05$，$n=9$，求 $\mu=0.65$ 时不犯第二类错误的概率.

【解】(1) 在 H_0 成立的条件下(即 $\mu=\mu_0$)，$\overline{X}\sim N\left(\mu_0,\dfrac{\sigma^2}{n}\right)$.

$$\alpha=\boldsymbol{P}\{\overline{X}>C_0\}=1-\boldsymbol{P}\{\overline{X}<C_0\}=1-\Phi\left(\frac{C_0-\mu_0}{\frac{\sigma_0}{\sqrt{n}}}\right),$$

解得 $\Phi\left(\dfrac{\sqrt{n}(C_0-\mu_0)}{\sigma_0}\right)=1-\alpha$，　$\dfrac{\sqrt{n}(C_0-\mu_0)}{\sigma_0}=u_\alpha$，　$C_0=\mu_0+\dfrac{\sigma_0}{\sqrt{n}}u_\alpha$，

其中，u_α 为 $N(0,1)$分布的上 α 分位数.

在 H_1 成立时，(即 $\mu>\mu_0$)$\overline{X}\sim N\left(\mu,\dfrac{\sigma_0^2}{n}\right)$(其中，$\mu>\mu_0$)，

$$\beta=\boldsymbol{P}\{\text{接受 } H_0\,|\,H_1 \text{ 成立}\}=\boldsymbol{P}\{\overline{X}\leqslant C_0\}=\Phi\left(\frac{C_0-\mu}{\frac{\sigma_0}{\sqrt{n}}}\right)$$

$$=\Phi\left(\frac{\sqrt{n}(C_0-\mu)}{\sigma_0}\right)=\Phi\left(u_\alpha-\frac{(\mu-\mu_0)\sqrt{n}}{\sigma_0}\right).$$

由此可知，当 α 增大时，$N(1,0)$分布的上 α 分位数 u_α 减小，从而 β 减小；反之，当 α 减少时，u_α 增大，从而导致 β 增大.

(2) 若 $\mu_0=0.5$，$\sigma_0^2=0.04$，$\alpha=0.05$，$n=9$，则由 $\Phi(u_\alpha)=1-\alpha=0.95$，查表得 $u_\alpha=1.65$. 又当 $\mu=0.65$ 时，犯第二类错误的概率为

$$\beta=\Phi\left[1.65-\frac{(0.65-0.5)\sqrt{9}}{0.2}\right]=\Phi(1.65-2.25)=\Phi(-0.6),$$

因此不犯第二类错误的概率为 $1-\beta=1-\Phi(-0.6)=\Phi(0.6)=0.7257$.

【例 8.9】设 $X_1,X_2,\cdots,X_{25}$ 是取自正态总体 $N(\mu,9)$的简单随机样本，对检验问题：$H_0:\mu=\mu_0$，$H_1:\mu=\mu_1>\mu_0$，在显著性水平 $\alpha=0.05$ 下，取检验 H_0 的否定域为 $C_1=\{(x_1,\cdots,x_{25}):|\overline{x}-\mu_0|\geqslant C_1\}$与 $C_2=\{(x_1,\cdots,x_{25}):\overline{x}-\mu_0\geqslant C_2\}$. 若已知 $\mu_1-\mu_0=1$，试确定哪一个否定域犯第二类错误的概率 β_i 较小.

【解】由题设，首先要确定两种不同否定域的临界值 $C_i(i=1,2)$. 若 $H_0:\mu=\mu_0$ 成立，则 $\overline{X}\sim N\left(\mu_0,\dfrac{9}{25}\right)$，当 $\alpha=0.05$ 时，对否定域 C_1 有：

$$\alpha=\boldsymbol{P}\{\text{否定 } H_0\,|\,H_0 \text{ 成立}\}=\boldsymbol{P}\{|\overline{X}-\mu_0|\geqslant C_1\}$$
$$=1-\boldsymbol{P}\{|\overline{X}-\mu_0|<C_1\}=1-\Phi\left(\frac{5C_1}{3}\right)+\Phi\left(-\frac{5C_1}{3}\right)=2\left[1-\Phi\left(\frac{5C_1}{3}\right)\right],$$

学习随笔

则 $\Phi\left(\frac{5C_1}{3}\right)=1-\frac{0.05}{2}=0.975$，查表得 $\frac{5}{3}C_1=1.96$，$C_1=1.176$.

同理，对否定域 C_2 有：

$$\alpha=P\{\text{否定 } H_0 \mid H_0 \text{ 成立}\}=P\{\overline{X}-\mu_0>C_2\}=P\{\overline{X}>\mu_0+C_2\}$$
$$=1-P\{\overline{X}\leqslant\mu_0+C_2\}=1-\Phi\left(\frac{5C_2}{3}\right),$$

则 $\Phi\left(\frac{5C_2}{3}\right)=1-\alpha=0.95$，查表得 $\frac{5C_2}{3}=1.65$，$C_2=0.99$.

若已知 $\mu_1-\mu_0=1$，即 $\mu_1=1+\mu_0$，则 $\beta_i=P\{\text{接受 } H_0 \mid H_1 \text{ 成立}\}$，其中 $H_1:\mu=1+\mu_0$，此时 $\overline{X}\sim N\left(1+\mu_0,\frac{9}{25}\right)$.

$$\beta_1=P\{|\overline{X}-\mu_0|<C_1\}=P\{\mu_0-C_1<\overline{X}<\mu_0+C_1\}$$
$$=\Phi\left(\frac{5(C_1-1)}{3}\right)-\Phi\left(\frac{-5(C_1+1)}{3}\right)=\Phi\left(\frac{5\times0.176}{3}\right)-\Phi\left(\frac{-5\times2.176}{3}\right)$$
$$=\Phi(0.293)-\Phi(-3.627)=0.6141+0.99984-1=0.6139,$$

$$\beta_2=P\{\overline{X}-\mu_0<C_2\}=P\{\overline{X}<\mu_0+C_2\}$$
$$=\Phi\left(\frac{5(C_2-1)}{3}\right)=\Phi\left(\frac{5\times(-0.01)}{3}\right)$$
$$=\Phi(-0.0167)=1-\Phi(0.0167)=1-0.508=0.492.$$

由此可知在 $\alpha=0.05$ 下，固定 $n=25$，取 H_0 的否定域为 C_2 时，犯第二类错误的概率 $\beta_2<\beta_1$.

【例 8.10】已知 $X_1,\cdots,X_n$ 是取自正态总体 $N(\mu,0.04)$ 的简单随机样本，对检验假设 $H_0:\mu=0.5$，$H_1:\mu=\mu_1>0.5$，取单边检验否定域 $C=\{(x_1,\cdots,x_n):\overline{x}\geqslant C\}$，其中 $\overline{x}=\frac{1}{n}\sum_{i=1}^{n}x_i$ 为样本均值. 在 $\alpha=0.05$，$\mu_1=0.65$ 时，为使犯第二类错误的概率 β 不超过 0.05，样本容量 n 至少应取多少？

【解】在 $\alpha=0.05$，$H_0:\mu=0.5$ 时，可求出临界值 C，此时 $X\sim N(0.5,0.2^2)$，$\overline{X}\sim N\left(0.5,\frac{0.2^2}{n}\right)$，$C$ 应使

$$\alpha=0.05=P\{\overline{X}\geqslant C\}=1-P\{\overline{X}<C\}=1-\Phi\left(\frac{C-0.5}{0.2/\sqrt{n}}\right),$$

则 $\Phi\left(\frac{\sqrt{n}(C-0.5)}{0.2}\right)=1-0.05=0.95$，$\quad\frac{\sqrt{n}(C-0.5)}{0.2}=1.645$，

故 $C=0.5+\frac{0.2\times1.645}{\sqrt{n}}=0.5+\frac{0.329}{\sqrt{n}}$.

在 $H_1:\mu=0.65$ 成立时，$\overline{X}\sim N\left(0.65,\frac{0.2^2}{n}\right)$，依题意

$$\beta=P\{\text{接受 } H_0 \mid H_1 \text{ 成立}\}=P\{\overline{X}<C\}=\Phi\left(\frac{C-0.65}{\frac{0.2}{\sqrt{n}}}\right)$$

学习随笔

$$=\Phi\left(\frac{0.329-0.15\sqrt{n}}{0.2}\right)=1-\Phi\left(\frac{0.15\sqrt{n}-0.329}{0.2}\right)\leqslant 0.05,$$

即 n 应使 $\Phi\left(\frac{0.15\sqrt{n}-0.329}{0.2}\right)\geqslant 0.95$，$\frac{0.15\sqrt{n}-0.329}{0.2}\geqslant 1.645$，$\sqrt{n}\geqslant 4.387$，$n\geqslant 19.24$，所以样本容量至少为 20.

二、单个正态总体均值与方差的假设检验

【例 8.11】根据以往的调查，某城市一个家庭每月的耗电量服从正态分布 $N(32,10^2)$. 为了确定今年家庭平均每月耗电量有否提高，随机抽查 100 个家庭，统计得他们每月的耗电量的平均值为 34.25. 对此调查结果，你能作出什么结论？(检验水平取为 0.05).

【解】依题意，总体 $X\sim N(32,10^2)$，样本容量 $n=100$，均值 $\overline{x}=34.25$，要确定平均月耗电量是否提高，因此

① 需要检验的统计假设是 $H_0:\mu=32$，$H_1:\mu>32$.

② 由于方差 σ^2 已知，因此选取检验统计量

$$U=\frac{\sqrt{n}(\overline{X}-\mu)}{\sigma}=\frac{\sqrt{100}(\overline{X}-32)}{10}\sim N(0,1).$$

③ 给定 $\alpha=0.05$，依题意，否定域应考虑为 $C=\{(x_1,\cdots,x_n):\overline{x}>C\}$. 临界值 C 由下式确定 $\alpha=\boldsymbol{P}\{u>u_\alpha\}$，查表得 $u_{0.05}=1.645$，即

$$\boldsymbol{P}\{\overline{X}-32>1.645\}=\boldsymbol{P}\{\overline{X}>33.645\}=\alpha,C=33.645.$$

④ 由调查结果知 $\overline{x}=34.25>33.645$. 所以应拒绝原假设，即认为今年每个家庭平均月耗电量已经提高了.

【例 8.12】为检验某药物是否会改变人的血压，现随机选取 10 名试验者，测量他们服药前后的血压，数据如表 8-1 所列：

表 8-1

编号	1	2	3	4	5	6	7	8	9	10
服药前血压	134	122	132	130	128	140	118	127	125	142
服药后血压	140	130	135	126	134	138	124	126	132	144

假设服药前后血压的差值服从正态分布，取检验水平为 0.05，从这些资料中是否能得出该药物会改变血压的结论.

【解】记 X 为服药前后血压的差值，则 $X\sim N(\mu,\sigma^2)$ 其中 μ,σ^2 均未知，X 为总体，现有容量为 10 的一组观测值：6，8，3，−4，6，−2，6，−1，7，2. 待检验的假设为 $H_0:\mu=0$，$H_1:\mu\neq 0$.

这是一个方差未知，对正态总体的均值作统计检验的问题，取检验统计量

$$T=\frac{\sqrt{n}(\overline{X}-\mu_0)}{S}\sim t(n-1).$$

当 $n=10,\mu_0=0$ 时，$T=\frac{\sqrt{10}(\overline{X})}{S}\sim t(9)$. 给定 $\alpha=0.05$，由 $\boldsymbol{P}\{|T|<t_{\frac{\alpha}{2}}(9)\}=1-$

学习随笔

α,查表知 $t_{\frac{0.05}{2}}(9)=2.2622$,取否定域 $\left\{(x_1,\cdots,x_n):\left|\dfrac{\sqrt{10}\,\overline{x}}{S}\right|>2.2622\right\}$.

由题设可算得 $\overline{x}=3.1, S^2=17.6556$,则

$$|T|=\left|\frac{\sqrt{10}\times 3.1}{\sqrt{17.66}}\right|=2.3228>2.2622,$$

故拒绝原假设,即认为服药前后人的血压有显著变化,该药物会改变血压.

【例 8.13】加工红果罐头,每瓶维生素 C 的含量是一个随机变量 X,它服从正态分布.用传统工艺加工时,$X\sim N(19,4)$,现改进加工工艺,抽查 16 瓶罐头,测得维生素 C 的含量(单位:毫克)为 23,20.5,21,22,20,22.5,19,20,23,20.5,18.8,20,19.5,22,18,23.问新工艺下,维生素 C 的含量是否比旧工艺下含量高?(假定新工艺下维生素 C 含量的方差仍为 4,取检验水平为 0.05).

【解】假设新工艺下每瓶罐头维生素 C 的含量服从 $N(\mu,4)$,μ 为未知参数,我们的问题是检验:$H_0:\mu\leqslant 19, H_1:\mu>19$.

考虑检验统计量 $U=\dfrac{\sqrt{16}(\overline{X}-19)}{2}$.给定 $\alpha=0.05$,当 H_0 成立时,有

$$\boldsymbol{P}\left\{\frac{\sqrt{16}(\overline{X}-19)}{2}>u_\alpha\right\}\leqslant \boldsymbol{P}\left\{\frac{\sqrt{16}(\overline{X}-\mu)}{2}>u_\alpha\right\}=\alpha=0.05,$$

其中,$\dfrac{\sqrt{16}(\overline{X}-\mu)}{2}\sim N(0,1)$,查表可求得 $u_\alpha=1.65$,由此得否定域

$$\left\{\frac{\sqrt{16}(\overline{X}-19)}{2}>1.65\right\}=\{(x_1,\cdots,x_n):\overline{x}>19.825\}.$$

由样本值计算得 $\overline{x}=20.8>19.825$,因此否定 H_0,认为 $\mu>19$,即新工艺使每瓶罐头维生素 C 的含量提高了.

【例 8.14】某炼铁厂的铁水含碳量 X 在正常情况下服从正态分布,现对操作工艺进行某些改进,从中抽取 5 炉铁水的试样,测得含碳量数据如下:4.420,4.052,4.357,4.287,4.683.问是否可以认为新工艺炼出的铁水含碳量的方差仍为 0.108^2?(假设 $\alpha=0.05$).

【解】由题设总体 $X\sim N(\mu,0.108^2)$,待检假设 $H_0:\sigma^2=0.108^2, H_1:\sigma^2\neq 0.108^2$.

选取检验统计量 $\chi^2=\dfrac{(n-1)S^2}{\sigma_0^2}\sim\chi^2(n-1)$,给定 $\alpha=0.05$,由

$$\boldsymbol{P}\{\chi^2>\chi^2_{\frac{\alpha}{2}}(n-1)\}=\frac{\alpha}{2}=0.025 \text{ 及 } \boldsymbol{P}\{\chi^2<\chi^2_{1-\frac{\alpha}{2}}(n-1)\}=\frac{\alpha}{2}=0.025,$$

查表求得临界值 $\chi^2_{0.025}(4)=11.143$, $\chi^2_{0.975}(4)=0.484$,于是得否定域 $\{\chi^2>11.143\}$ 与 $\{\chi^2<0.484\}$.

由样本值计算得 $\overline{x}=\dfrac{21.799}{5}=4.3598, S^2=0.052, \dfrac{(n-1)S^2}{\sigma_0^2}=17.83>11.143$,故否定 H_0,即不能认为新工艺炼出铁水的含碳量方差仍为 0.108^2.

【例 8.15】某洗衣粉包装机在正常工作情况下,每袋洗衣粉净重服从正态分布,标准重量为 1000 g,标准差 σ 不能超过 15 g.为检查机器工作是否正常,从已装好的袋装产品中,随机抽查 10 袋,测其净重(g)为 1020,1030,968,994,1014,998,976,928,950,1048.

学习随笔

问包装机工作是否正常($\alpha=0.05$)?

【解】设 X 为洗衣粉净重,则 $X\sim N(\mu,\sigma^2)$. 若包装机工常工作则要求 $\mu=1000$ 克, $\sigma^2\leqslant 15^2$. 因此待检验假设为:$H_0:\mu=1000$ 与 $H_0:\sigma^2\leqslant 15^2$.

① $H_0:\mu=1000, H_1:\mu\neq 1000$.

由于 σ^2 未知,因此选用检验统计量为 $T=\dfrac{\sqrt{10}(\overline{X}-1000)}{S}\sim t(9)$. 给定 $\alpha=0.05$,由 $\boldsymbol{P}\left\{|T|>t_{\frac{\alpha}{2}}(9)\right\}=0.05$,查表得临界值 $t_{0.025}(9)=0.262$,得否定域

$$\left\{\left|\frac{\sqrt{10}(\overline{X}-1000)}{S}\right|>2.262\right\}.$$

由样本值计算得 $\bar{x}=\dfrac{9980}{10}=998, S^2=\dfrac{8224}{9}=913.78, S=30.23$,则

$$|T|=\left|\frac{\sqrt{10}(998-1000)}{30.23}\right|=0.209<2.262,$$

故接受 H_0,即认为每袋洗衣粉标准重量为 1000 g.

② $H_0:\sigma^2\leqslant 15^2, H_1:\sigma^2>15^2$.

选取检验统计量 $\chi^2=\dfrac{(n-1)S^2}{\sigma_0^2}=\dfrac{9S^2}{15^2}$,但其分布未知,由题设知 $\dfrac{9S^2}{\sigma^2}\sim\chi^2(9)$. 若 $H_0:\sigma^2\leqslant 15^2$ 成立,则有 $\dfrac{9S^2}{15^2}\leqslant\dfrac{9S^2}{\sigma^2}$,因而有

$$\left\{\frac{9S^2}{15^2}>\chi_\alpha^2(9)\right\}\subset\left\{\frac{9S^2}{\sigma^2}>\chi_\alpha^2(9)\right\}.$$

对给定 $\alpha=0.05$,由 $\boldsymbol{P}\left\{\dfrac{9S^2}{\sigma^2}>\chi_{0.05}^2(9)\right\}=0.05$,查表得临界值 $\chi_{0.05}^2(9)=16.919$,否定域为 $\left\{\dfrac{9S^2}{15^2}>16.919\right\}$. 由样本值算得

$$\frac{9S^2}{15^2}=\frac{9\times 913.78}{15^2}=36.55>16.919,$$

因此否定 H_0,即认为每袋洗衣粉标准差超过 15 g,机器工作不正常,应停机检修.

三、双正态总体均值与方差的假设检验

【例 8.16】已知两种工艺条件下各纺得细纱其强力总体分别服从正态分布 $X\sim N(\mu_1,28^2)$, $Y\sim N(\mu_2,28.5^2)$,现在两类产品中抽样试验,得强力数据的均值为甲工艺:$n_1=100,\bar{x}=280$;乙工艺:$n_2=100,\bar{y}=286$. 问在显著性水平 $\alpha=0.05$ 下,这两种工艺所生产的细纱平均强力有无显著性差异?

【解】依题意,要求由样本检验两个独立正态总体在方差已知的条件下,均值 μ_1 与 μ_2 是否相等. 为此提出假设 $H_0:\mu_1=\mu_2, H_1:\mu_1\neq\mu_2$.

在 H_0 成立下,选取检验统计量 $U=\dfrac{\overline{X}-\overline{Y}}{\sqrt{\dfrac{28^2}{100}+\dfrac{28.5^2}{100}}}\sim N(0,1)$. 给定 $\alpha=0.05$,由

$P\{|u|>u_{\frac{\alpha}{2}}\}=0.05$，查表得出临界值 $u_{0.025}=1.96$，得否定域 $\left\{\left|\dfrac{\overline{X}-\overline{Y}}{\sqrt{\dfrac{28^2}{100}+\dfrac{28.5^2}{100}}}\right|>1.96\right\}$. 由样本值算得 $|u|=\dfrac{|280-286|}{\sqrt{\dfrac{28^2}{100}+\dfrac{28.5^2}{100}}}=1.50<1.96$.

故接受 H_0，即认为两种工艺下所生产的细纱平均强力没有显著性差异.

【例 8.17】从两处煤矿各抽取若干个试样，分析其含灰率(%)，得数据如下：

甲矿：24.3，20.8，23.7，21.3，17.4；　乙矿：18.2，16.9，20.2，16.7

假定各煤矿含灰率都服从正态分布，且方差相等. 问甲、乙二煤矿平均含灰率有无显著性差异？($\alpha=0.05$).

【解】依题设可知，我们的问题是关于二个独立正态总体在方差相等条件下对其均值是否相等作假设检验. 为此提出：$H_0:\mu_1=\mu_2$，$H_1:\mu_1\neq\mu_2$.

在 H_0 成立时，$X\sim N(\mu_1,\sigma^2)$，$Y\sim N(\mu_1,\sigma^2)$，选取检验统计量

$$T=\frac{\overline{X}-\overline{Y}}{S_W\sqrt{\dfrac{1}{n_1}+\dfrac{1}{n_2}}}\sim t(n_1+n_2-2),$$

其中 $S_W^2=\dfrac{(n_1-1)S_X^2+(n_2-1)S_Y^2}{n_1+n_2-1}$，$n_1=5$，$n_2=4$. 给定 $\alpha=0.05$，由 $P\{|T|>t_{\frac{\alpha}{2}}(n_1+n_2-2)\}=0.05$，查表得出临界值 $t_{0.025}(7)=2.365$，得否定域 $\left\{\dfrac{|\overline{X}-\overline{Y}|}{S_W\sqrt{\dfrac{1}{n_1}+\dfrac{1}{n_2}}}>2.365\right\}$.

由样本值算得

$$n_1=5,\overline{x}=21.5,S_X^2=7.505;n_2=4,\overline{y}=18,S_Y^2=2.593;$$

$$S_W^2=\frac{4\times7.505+3\times2.593}{7}=5.4,$$

$$|T|=\frac{|21.5-18|}{\sqrt{5.4}\sqrt{\dfrac{1}{5}+\dfrac{1}{4}}}=2.245<2.365,$$

故接受 H_0，即认为两煤矿含灰率无显著性差异.

【例 8.18】有两台机床生产同一型号的滚珠。根据已有经验，这两台机床生产的滚珠直径都服从正态分布，现从这两台机床生产的滚珠中分别抽取 8 个和 9 个样本，测得滚珠直径如下(单位：mm)：

甲机床：15.0，14.5，15.2，15.5，14.8，15.1，15.2，14.8；

乙机床：15.2，15.0，14.8，15.2，15.0，15.0，14.8，15.1，14.8.

问乙机床产品直径的方差是否比甲机床小？($\alpha=0.05$).

学习随笔

【解】用 X 和 Y 分别表示甲、乙两机床产品的直径，则 $X\sim N(\mu_1,\sigma_1^2)$，$Y\sim N(\mu_2,\sigma_2^2)$，$X$ 和 Y 相互独立，我们的问题是检验：$H_0:\sigma_1^2\leqslant\sigma_2^2$，$H_1:\sigma_1^2>\sigma_2^2$.

选取检验统计量 $F=\dfrac{S_X^2}{S_Y^2}$，考虑随机变量 $\dfrac{S_X^2/\sigma_1^2}{S_Y^2/\sigma_2^2}\sim F(n_1-1,n_2-1)=F(7,8)$.

在 H_0 成立时，有 $\sigma_1^2\leqslant\sigma_2^2$，从而有 $F=\dfrac{S_X^2}{S_Y^2}\leqslant\dfrac{\sigma_2^2}{\sigma_1^2}\dfrac{S_X^2}{S_Y^2}$. 因此对给定的 α，有

$$\boldsymbol{P}\left\{\frac{S_X^2}{S_Y^2}>F_\alpha(n_1-1,n_2-1)\right\}\leqslant\boldsymbol{P}\left\{\frac{\sigma_2^2}{\sigma_1^2}\frac{S_X^2}{S_Y^2}>F_\alpha(n_1-1,n_2-1)\right\}=\alpha,$$

由右式查表得出临界值 $F_\alpha(n_1-1,n_2-1)=F_{0.05}(7,8)=3.50$，得否定域 $\left\{\dfrac{S_X^2}{S_Y^2}>3.50\right\}$.

由样本值算得

$$\overline{x}=\frac{120.1}{8}=15.01,S_X^2=\frac{1}{7}\times0.6688=0.0955,$$

$$\overline{y}=\frac{134.9}{9}=14.99,S_Y^2=\frac{1}{8}\times0.2089=0.0261,$$

$$\frac{S_X^2}{S_Y^2}=\frac{0.0955}{0.0261}=3.659>3.50,$$

故否定 H_0，接受 H_1，即认为乙机床产品直径的方差比甲机床的小.

【例 8.19】某种作物有甲、乙两个品种，为了比较它们的优劣，两个品种各种 10 亩，假设亩产量服从正态分布. 收获后测得甲品种的亩产量(kg)的均值为 30.97，标准差为 26.7，乙品种的亩产量的均值为 21.79，标准差为 12.1，现取检验水平为 0.01. 能否认为这两个品种的产量没有差别？

【解】设 X 与 Y 分别表示甲、乙两个品种的亩产量，按题设 $X\sim N(\mu_1,\sigma_1^2)$，$Y\sim N(\mu_2,\sigma_2^2)$，其中 $\mu_1,\mu_2,\sigma_1^2,\sigma_2^2$ 均未知，现有总体 X,Y，容量 $n=m=10$ 的两个样本，其均值和标准差分别为 $\overline{X}=30.97$，$S_X=26.7$，$\overline{Y}=21.79$，$S_Y=12.1$，依题意要检验的假设为 $H_0:\sigma_1^2=\sigma_2^2$ 与 $H_0:\mu_1=\mu_2$.

① $H_0:\sigma_1^2=\sigma_2^2$，$H_1:\sigma_1^2\neq\sigma_2^2$，

这是一个未知均值，检验两个正态总体的方差是否相等的问题. 用 F 检验法，选取检验统计量 $F=\dfrac{S_X^2}{S_Y^2}\sim F(n_1-1,n_2-1)=F(9,9)$. 给定 $\alpha=0.01$，由 $\boldsymbol{P}\{F>F_{\frac{\alpha}{2}}(9,9)\}=\dfrac{\alpha}{2}$ 及 $\boldsymbol{P}\{F<F_{1-\frac{\alpha}{2}}(9,9)\}=\dfrac{\alpha}{2}$，查表得 $F_{0.005}(9,9)=6.54$，$F_{0.995}(9,9)=\dfrac{1}{F_{0.005}(9,9)}=\dfrac{1}{6.54}=0.1529$，得否定域

$$\left\{\frac{S_X^2}{S_Y^2}>6.54\right\}\text{或}\left\{\frac{S_X^2}{S_Y^2}<0.1529\right\}.$$

由样本值计算得 $\dfrac{S_X^2}{S_Y^2}=\dfrac{26.7^2}{12.1^2}=4.8691$. 因为 $0.1529<4.8691<6.54$，所以接受原假设 H_0，即认为两总体 X 与 Y 的方差相同.

学习随笔

② $H_0:\mu_1=\mu_2, H_1:\mu_1\neq\mu_2$.

这是一个具有相同方差的两个正态总体,检验均值是否相等的问题,如同例 8.17,使用 t 检验法. 在 H_0 成立下,选取检验统计量

$$T=\frac{\overline{X}-\overline{Y}}{S_W\sqrt{\frac{1}{n}+\frac{1}{m}}}\sim t(n+m-2).$$

给定 $\alpha=0.01$,由 $\boldsymbol{P}\{|T|<t_{\alpha/2}(n+m-2)\}=\alpha=0.01$,查表得 $t_{0.005}(18)=2.8785$,得否定域 $\{|T|>2.8785\}$.

由样本值算得

$$\overline{x}-\overline{y}=30.97-21.79=9.18,$$

$$S_W^2=\frac{(n-1)S_X^2+(m-1)S_Y^2}{n+m-2}=\frac{9}{18}(26.7^2+12.1^2)=429.65.$$

因为 $|T|=\dfrac{9.18}{\sqrt{429.65}\sqrt{\frac{1}{10}+\frac{1}{10}}}=\dfrac{9.18}{20.73\times0.447}=0.99<2.8785$,所以接受 H_0,即认为两个品种的亩产量的均值也相等,由上述两次检验的结果,可以认为两个品种的亩产量是没有差别的.

四、总体分布拟合检验

【例 8.20】为了检验一颗骰子是否均匀,将它掷 1000 次,出 1,2,3,4,5,6 点的次数依次为 158,172,164,181,160,165. 问这颗骰子是否均匀? ($\alpha=0.05$)

【解】按题设以 X 表示掷这颗骰子所得点数,则总体 X 的分布列为 $X\sim\begin{pmatrix}1&2&3&4&5&6\\p_1&p_2&p_3&p_4&p_5&p_6\end{pmatrix}$,其中 $\left(p_i>0,\sum\limits_{i=1}^{6}p_i=1\right)$,待检验假设为 $H_0:p_1=p_2=p_3=p_4=p_5=p_6$,即 $\boldsymbol{P}\{X=i\}=\frac{1}{6}(i=1,2,\cdots,6)$.

这是一个关于分布列的显著性假设检验问题,我们应用 χ^2 检验法:假设 X 的分布列为 $\boldsymbol{P}\{X=a_i\}=p_i(1\leqslant i\leqslant m+1)$,取检验统计量 $\chi^2=\sum\limits_{i=1}^{m+1}\dfrac{(v_i-np_i)^2}{np_i}$,其中 v_i 为 n 个样本中 a_i 出现的频数,则 χ^2 近似服从 $\chi^2(m)$ 分布. 如果 X 分布中有 r 个未知参数,则需用其最大似然估计值来代替,此时 χ^2 近似服从 $\chi^2(m-r)$ 分布.

取检验统计量 $\chi^2=\sum\limits_{i=1}^{6}\dfrac{(v_i-np_i)^2}{np_i}$,当 n 充分大时,χ^2 近似服从 $\chi^2(5)$ 分布. 给定 $\alpha=0.05$,由 $\boldsymbol{P}\{\chi^2>\chi^2_{0.05}(5)\}=0.05$,查表得出临界值 $\chi^2_{0.05}(5)=11.07$,得否定域 $\{\chi^2>11.07\}$,由样本值可以算得:$n=1000$,$np_i=\dfrac{1000}{6}=166.6667$,各参数列表值如表 8-2 所列:

表 8-2

i	v_i	$\lvert v_i-np_i\rvert$	$(v_i-np_i)^2$	$(v_i-np_i)^2/np_i$
1	158	8.6667	75.1117	0.4507
2	172	5.3333	28.4441	0.1707
3	164	2.6667	7.11129	0.04267
4	181	14.3333	205.4435	1.2327
5	160	6.6667	44.4449	0.2667
6	165	1.6667	2.77789	0.0167

则 $\chi^2=\sum\limits_{i=1}^{6}\dfrac{(v_i-np_i)^2}{np_i}=2.1802<11.07$，故接受原假设 H_0，即认为这颗骰子是均匀的.

【例 8.21】从某汽车零件制造厂生产的一批螺栓中随机抽取 100 只，测量螺栓口径(mm)，得均值 $\overline{x}=11$，$S_0^2=\dfrac{1}{n}\sum\limits_{i=1}^{n}(x_i-\overline{x})^2=(0.032)^2$，并将 100 个数据分组统计如表 8-3 所列：

表 8-3

组限	只数	组限	只数
[10.93,10.95)	5	[11.01,11.03)	17
[10.95,10.97)	8	[11.03,11.05)	6
[10.97,10.99)	20	[11.05,11.07)	6
[10.99,11.01)	34	[11.07,11.09)	4

试检验螺栓口径是否服从正态分布.

【解】以 X 表示螺栓口径，待检验的假设 $H_0:X\sim N(\mu,\sigma^2)=N(11,0.032^2)$.

这是一个关于总体 X 分布的显著性假设检验问题，用 χ^2 检验法. 由于总体分布中参数 μ,σ^2 都是未知的，在计算概率时用其最大似然估计$\left(\text{即样本均值 } \overline{x} \text{ 与 } S_0^2=\dfrac{1}{n}\sum\limits_{i=1}^{n}(X_i-\overline{x})^2\right)$代替. 在 H_0 成立时，取检验统计量 $\chi^2=\sum\limits_{i=1}^{m+1}\dfrac{(v_i-n\hat{p}_i)^2}{n\hat{p}_i}$. n 充分大时，χ^2 近似服从 $\chi^2(m-2)=\chi^2(7-2)=\chi^2(5)$，其中 $\hat{p}_i=\Phi\left(\dfrac{b_i-11}{0.032}\right)-\Phi\left(\dfrac{a_i-11}{0.032}\right)$(第 i 组的组限为 $[a_i,b_i)$).

给定 $\alpha=0.05$，由 $\boldsymbol{P}\{\chi^2>\chi^2_\alpha(5)\}=0.05$，查表得出临界值 $\chi^2_{0.05}(5)=11.071$，得否定域$\{\chi^2>11.071\}$. 由样本值可算得各参数列表值如表 8-4 所列：

学习随笔

表 8-4

i	v_i	$\hat{p}_i$	$n\hat{p}$	$\lvert v_i-n\hat{p}_i\rvert$	$(v_i-n\hat{p}_i)^2/n\hat{p}_i$
1	5	0.05938	5.938	0.938	0.14817
2	8	0.11422	11.422	3.422	1.02522
3	20	0.2047	20.47	0.47	0.01079
4	34	0.2434	24.34	9.66	3.83384
5	17	0.2047	20.47	3.47	0.58822
6	6	0.11422	11.422	5.422	2.57381
7	6	0.04512	4.512	1.488	0.49072
8	4	0.01426	1.426	2.574	4.64619

则 $\chi^2=\sum_{i=1}^{8}\frac{(v_i-n\hat{p}_i)^2}{n\hat{p}_i}=13.31696>11.071$，因此否定 H_0，即认为螺栓口径不服从正态分布.

第 9 章　方差分析及回归分析

§9.1　知识点及重要结论归纳总结

一、单因素试验的方差分析

设因素 A 有 s 个水平 $A_1,A_2,\cdots,A_s$，在水平 $A_j(j=1,2,\cdots,s)$ 下，进行 $n_j(n_j\geqslant 2)$ 次独立试验，得到如表 9-1 所列的结果：

表 9-1

试验结果 \ 水平	A_1	A_2	$\cdots$	A_s
	X_{11}	X_{12}	$\cdots$	X_{1s}
	X_{21}	X_{22}	$\cdots$	X_{2s}
	$\vdots$	$\vdots$		$\vdots$
	$X_{n_1 1}$	$X_{n_2 2}$	$\cdots$	$X_{n_2 s}$

假定：各个水平 $A_j(j=1,2,\cdots,s)$ 下的样本 $X_{1j},X_{2j},\cdots,X_{n_j s}$ 来自具有相同方差 σ^2，均值分别为 $\mu_j(j=1,2,\cdots,s)$ 的正态总体 $N(\mu_j,\sigma^2)$，μ_j 与 σ^2 未知，且设不同水平 A_j 下的样本之间相互独立.

单因素试验方差分析的数学模型是

$$\left.\begin{array}{l} X_{ij}=\mu_j+\varepsilon_{ij}, \\ \varepsilon_{ij}\sim N(0,\sigma^2)，各\ \varepsilon_{ij}\ 独立, \\ i=1,2,\cdots,n_j,\ j=1,2,\cdots,s, \end{array}\right\} \tag{9-1}$$

其中，μ_j 与 σ^2 均为未知参数.

方差分析的任务是对于模型(9-1)

① 检验假设

$$\left.\begin{array}{l} H_0:\mu_1=\mu_2=\cdots=\mu_s, \\ H_1:\mu_1,\mu_2,\cdots,\mu_s\ 不全相等. \end{array}\right\} \tag{9-2}$$

② 作出未知参数 $\mu_1,\mu_2,\cdots,\mu_s,\sigma^2$ 的估计. 记 $\mu=\dfrac{1}{n}\sum\limits_{j=1}^{s}n_j\mu_j$，其中 $n=\sum\limits_{j=1}^{s}n_j$，$\mu$ 称为**总平均**. 再引入 $\delta_j=\mu_j-\mu,j=1,2,\cdots,s$，$\delta_j$ 称为水平 A_j 的**效应**. 此时模型(9-1)可改写成

学习随笔

$$\left.\begin{aligned}&X_{ij}=\mu+\delta_j+\varepsilon_{ij},\\&\varepsilon_{ij}\sim N(0,\sigma^2),\text{各 }\varepsilon_{ij}\text{ 独立},\\&i=1,2,\cdots,n_j,j=1,2,\cdots,s,\\&\sum_{j=1}^{s}n_j\delta_j=0.\end{aligned}\right\}\tag{9-3}$$

而假设(9-2)等价于假设

$$\left.\begin{aligned}&H_0:\delta_1=\delta_2=\cdots=\delta_s=0,\\&H_1:\delta_1,\delta_2,\cdots,\delta_s\text{ 不全为零}.\end{aligned}\right\}\tag{9-4}$$

记 $\overline{X}=\dfrac{1}{n}\sum\limits_{j=1}^{s}\sum\limits_{i=1}^{n_j}X_{ij}$，$\overline{X}_{\cdot j}=\dfrac{1}{n_j}\sum\limits_{i=1}^{n_j}X_{ij}$，$S_T=\sum\limits_{j=1}^{s}\sum\limits_{i=1}^{n_j}(X_{ij}-\overline{X})^2$，则有平方和分解式

$$S_T=S_E+S_A,\tag{9-5}$$

其中，$S_E=\sum\limits_{j=1}^{s}\sum\limits_{i=1}^{n_j}(X_{ij}-\overline{X}_{\cdot j})^2$，$S_A=\sum\limits_{j=1}^{s}\sum\limits_{i=1}^{n_j}(\overline{X}_{\cdot j}-\overline{X})^2$.

取统计量 $F=\dfrac{S_A/(s-1)}{S_E/(n-s)}$ 作为检验统计量，在显著性水平 α 下，模型(9-3)中 H_0 的拒绝域为统计量 F 的观察值

$$F=\frac{S_A/(s-1)}{S_E/(n-s)}\geqslant F_\alpha(s-1,n-s).$$

单因素试验方差分析表如表 9-2 所列.

表 9-2

方差来源	平方和	自由度	均方	F 比
因素 A	S_A	$s-1$	$\overline{S}_A=\dfrac{S_A}{s-1}$	$F=\overline{S}_A/\overline{S}_E$
误差 E	S_E	$n-s$	$\overline{S}_E=\dfrac{S_E}{n-s}$	
总和	S_T	$n-1$		

记 $T_{\cdot j}=\sum\limits_{i=1}^{n_j}X_{ij}$，$j=1,2,\cdots,s$，　$T_{\cdot\cdot}=\sum\limits_{j=1}^{s}\sum\limits_{i=1}^{n_j}X_{ij}$，则 S_T，S_A 和 S_E 可按以下公式来计算：

$$S_T=\sum_{j=1}^{s}\sum_{i=1}^{n_j}X_{ij}^2-n\overline{X}^2=\sum_{j=1}^{s}\sum_{i=1}^{n_j}X_{ij}^2-\frac{T_{\cdot\cdot}^2}{n},$$

$$S_A=\sum_{j=1}^{s}n_j\overline{X}_{\cdot j}^2-n\overline{X}^2=\sum_{j=1}^{s}\frac{T_{\cdot j}^2}{n_j}-\frac{T_{\cdot\cdot}^2}{n},$$

$$S_E=S_T-S_A.$$

未知参数的估计：$\hat{\sigma}^2=\dfrac{S_E}{n-1}$ 是 σ^2 的无偏估计. $\hat{\mu}=\overline{X}=\dfrac{1}{n}\sum\limits_{j=1}^{s}\sum\limits_{i=1}^{n_j}X_{ij}$，$\hat{\mu}_j=\overline{X}_{\cdot j}=\dfrac{1}{n_j}\sum\limits_{i=1}^{n_j}X_{ij}$ 分别是 μ，μ_j 的无偏估计.

方差分析模型(9-1),假设(9-2)中有 3 个条件:①各总体均为正态变量;②各总体具有方差齐性(即方差相等);③各次试验相互独立.①、③两条件一般容易满足,而对②具有方差齐性这一条件,如果有某些潜在因素在起作用,那么方差齐性是容易被破坏的.此时如果误认为具有方差齐性去使用公式,就可能导致分析结果无效甚至引入歧途.以下介绍一种在进行单因素试验方差分析时,常用的检验方差齐性的检验方法(称为巴特利特(Bartlett)检验).

设有 s 个正态总体 $N(\mu_i,\sigma_i^2),i=1,2,\cdots,s$.在总体 $N(\mu_i,\sigma_i^2)$ 中抽取容量为 n_i 的样本,记 $n=n_1+n_2+\cdots+n_s$,设各样本相互独立,现在来检验假设:$H_0:\sigma_1^2=\sigma_2^2=\cdots=\sigma_s^2$;$H_1:\sigma_1^2,\sigma_2^2,\cdots,\sigma_s^2$ 不全相等.

记总体 $N(\mu_i,\sigma_i^2)$ 的样本方差为 S_i^2,令

$$S_p^2=\frac{\sum_{i=1}^{s}(n_i-1)S_i^2}{n-s},$$

$\left(\text{事实上},S_p^2=\dfrac{S_E}{n-s}=\overline{S}_E,\text{即 } S_p^2 \text{ 就是误差平方和 } S_E \text{ 除以它的自由度 } n-s.\right)$

取统计量 $B=\dfrac{2.3026Q}{h}$,其中

$$Q=(n-s)\log_{10}S_p^2-\sum_{i=1}^{s}(n_i-1)\log_{10}S_i^2,$$

$$h=1+\frac{1}{3(s-1)}\left(\sum_{i=1}^{s}\frac{1}{n_i-1}-\frac{1}{n-s}\right),$$

取显著性水平为 α,当 B 的观察值 $<\chi_\alpha^2(s-1)$ 时接受 H_0,认为各总体具有方差齐性.

二、双因素试验的方差分析

① 双因素等重复试验的方差分析;

② 双因素无重复试验的方差分析.

三、一元线性回归

设随机变量 Y(因变量)与普通变量 x(自变量)存在着相关关系,为了研究这种关系,作为一种近似转而去研究 Y 的数学期望 $\boldsymbol{E}(Y)=\mu(x)$ 与 x 的确定性关系,即函数关系.这里 $\mu(x)$ 称为 Y 关于 x 的**回归函数**.一元线性回归是研究 $\mu(x)$ 是 x 的线性函数 $\mu(x)=a+bx$ 的情况.

一元线性回归模型为 $Y=a+bx+\varepsilon$,　$\varepsilon\sim N(0,\sigma^2)$,其中 a,b 及 σ 都不依赖于 x,且 a,b,σ^2 均未知.

1. a、b 的估计

取 x 的 n 个不全相同的值 $x_1,x_2,\cdots,x_n$ 作独立试验,得到样本值 $(x_1,y_1),(x_2,y_2),\cdots,(x_n,y_n)$,从而可求得 a、b 的最大似然估计值.引入记号

$$S_{xx}=\sum_{i=1}^{n}(x_i-\overline{x})^2=\sum_{i=1}^{n}x_i^2-\frac{1}{n}\left(\sum_{i=1}^{n}x_i\right)^2,$$

$$S_{yy}=\sum_{i=1}^{n}(y_i-\overline{y})^2=\sum_{i=1}^{n}y_i^2-\frac{1}{n}\left(\sum_{i=1}^{n}y_i\right)^2,$$

$$S_{xy}=\sum_{i=1}^{n}(x_i-\overline{x})(y_i-\overline{y})=\sum_{i=1}^{n}x_iy_i-\frac{1}{n}\left(\sum_{i=1}^{n}x_i\right)\left(\sum_{i=1}^{n}y_i\right),$$

则 a、b 的最大似然估计值可写成

$$\hat{b}=\frac{S_{xy}}{S_{xx}},\quad \hat{a}=\frac{1}{n}\sum_{i=1}^{n}y_i-\left(\frac{1}{n}\sum_{i=1}^{n}x_i\right)\hat{b},$$

从而得到 $\mu(x)=a+bx$ 的最大似然估计为 $\hat{\mu}(x)=\hat{a}+\hat{b}x$，记作 $\hat{y}=\hat{a}+\hat{b}x$，称 $\hat{y}=\hat{a}+\hat{b}x$ 为**回归方程**，其图形称为**回归直线**.

2. 误差 ε 的方差 $D(\varepsilon)=\sigma^2$ 的无偏估计

$$Q_e=\sum_{i=1}^{n}(y_i-\hat{a}-\hat{b}x_i)^2=S_{yy}-\hat{b}S_{xy}$$

称为**残差平方和**. 可得 σ^2 的无偏估计

$$\hat{\sigma}^2=\frac{Q_e}{n-2}.$$

3. 线性假设：$H_0:b=0,H_1:b\neq 0$ 的显著性检验

取显著性水平为 α，使用 t 检验法，得 H_0 的拒绝域为

$$|t|=\frac{|\hat{b}|}{\hat{\sigma}}\sqrt{S_{xx}}\geqslant t_{\alpha/2}(n-2),$$

其中，$\hat{\sigma}=\sqrt{\hat{\sigma}^2}$. 如果拒绝 H_0，认为回归效果是显著的；否则，认为回归效果不显著，此时不宜用线性回归模型，需另行研究.

4. 回归系数 b 的置信区间

b 的一个置信水平为 $1-\alpha$ 的置信区间为

$$\left(\hat{b}\pm t_{\frac{\alpha}{2}}(n-1)\frac{\hat{\sigma}}{\sqrt{S_{xx}}}\right).$$

5. 回归函数值 $\mu(x_0)$ 的置信区间

$\mu(x)$ 在点 x_0 处的函数值 $\mu(x_0)$ 的置信水平为 $1-\alpha$ 的置信区间为

$$\left(\hat{a}+\hat{b}x_0\pm t_{\frac{\alpha}{2}}(n-2)\hat{\sigma}\sqrt{\frac{1}{n}+\frac{(x_0-\overline{x})^2}{S_{xx}}}\right).$$

6. Y 在 x_0 处的观察值 Y_0 的预测值以及预测区间

以 x_0 处的回归值 $\hat{y}_0=\hat{a}+\hat{b}x_0$ 作为 Y 在 x_0 处的观察值 $Y_0=a+bx_0+\varepsilon_0$ 的预测值，并可求得 Y_0 的置信水平为 $1-\alpha$ 的预测区间为

$$\left(\hat{a}+\hat{b}x_0\pm t_{\frac{\alpha}{2}}(n-2)\hat{\sigma}\sqrt{1+\frac{1}{n}+\frac{(x_0-\overline{x})^2}{S_{xx}}}\right).$$

§9.2　典型题型归纳及解题方法与技巧

以下约定如无特别指明，各个例题均符合涉及的方差分析模型或回归分析模型所要求的条件.

【例 9.1】一个年级有三个小班，他们进行了一次数学考试. 现从各个班级随机地抽取了一些学生，记录其成绩如表 9－3 所列：

表 9－3

Ⅰ					Ⅱ			Ⅲ				
73		66		73	88	77	74	68		41		87
89		60		77	78	31	80	79		59		71
	82		45		48	78	56	56		68		15
	43		93		91	62	85		91		53	
	80		36		51	76	96		71		79	

试在显著性水平 $\alpha=0.05$ 下检验

(1) 各正态总体具有方差齐性；

(2) 检验各班级的平均分数有无显著差异.

【解】(1) 以 $\sigma_1^2,\sigma_2^2,\sigma_3^2$ 依次表示Ⅰ、Ⅱ、Ⅲ三个班级考试分数的方差，检验假设

$$H_0:\sigma_1^2=\sigma_2^2=\sigma_3^2;H_1:\sigma_1^2,\sigma_2^2,\sigma_3^2\text{ 不全相等.}$$

由表 9－3 知 $s=3,n_1=12,n_2=15,n_3=13,n=n_1+n_2+n_3=40$，则

$$s_1^2=343.9015,s_2^2=324.9714,s_3^2=414.6026,$$

$$s_p^2=\sum_{i=1}^{3}(n_i-1)s_i^2/(n-s)=360.8040;$$

Q 的观察值为

$$q=(40-3)\log_{10}s_p^2-\sum_{i=1}^{s}(n_i-1)\log_{10}s_i^2=94.6190-94.5341=0.0849.$$

$$h=1+\frac{1}{6}\left(\frac{1}{11}+\frac{1}{14}+\frac{1}{12}-\frac{1}{37}\right)=1.0364,$$

$$b=2.3026q/h=0.1886.$$

而 $\chi_{0.05}^2(2)=5.991>0.1886$，故在显著性水平 0.05 下接受 H_0，认为 $\sigma_1^2=\sigma_2^2=\sigma_3^2$.

(2) 以 μ_1,μ_2,μ_3 依次表示Ⅰ、Ⅱ、Ⅲ三个班级考试分数的均值，检验假设

$$H_0:\mu_1=\mu_2=\mu_3;H_1:\mu_1,\mu_2,\mu_3\text{ 不全相等.}$$

将自Ⅰ、Ⅱ、Ⅲ三个班级抽得的样本依次记为 $x_{11},\cdots,x_{n_1 1}$；　$x_{12},\cdots,x_{n_2 2}$；　$x_{13},\cdots,x_{n_3 3}$，由表 9－3 知 $s=3,n_1=12,n_2=15,n_3=13,n=n_1+n_2+n_3=40$，则 $T_{\cdot 1}=817,T_{\cdot 2}=1071,T_{\cdot 3}=838,T_{\cdot\cdot}=2726$.

$$S_T=\sum_{j=1}^{3}\sum_{i=1}^{n_j}x_{ij}^2-\frac{T_{\cdot\cdot}^2}{n}=199462-185776.9=13685.1,$$

学习随笔

$$S_A=\sum_{j=1}^{3}\frac{T_{\cdot j}^2}{n_j}-\frac{T_{\cdot\cdot}^2}{n}=186112.25-185776.9=335.35,$$

$$S_E=S_T-S_A=13349.75.$$

S_T,S_A,S_E 的自由度分别为 $n-1=39,s-1=2,n-s=37$，从而得方差分析表如表 9-4 所列：

表 9-4

方差来源	平方和	自由度	均方	$F_{比}$
因素 A	335.35	2	$\overline{S}_A=167.675$	$\overline{S}_A/\overline{S}_E=0.465$
误差 E	13349.75	37	$\overline{S}_E=360.804$	
总和 T	13685.1	39		

因 $F_{0.05}(2,37)>3.23=F_{0.05}(2,40)$，而 $F_{比}=0.465<3.23$，故在显著性水平 0.05 下接受 H_0.

【例 9.2】表 9-5 给出某种化工过程的 3 种浓度、4 种温度水平下得到的数据：

表 9-5

浓度（因素 A）	温度（因素 B）							
	10℃		24℃		38℃		52℃	
2%	14	10	11	11	13	9	10	12
4%	9	7	10	8	7	11	6	10
6%	5	11	13	14	12	13	14	10

试在显著性水平 $\alpha=0.05$ 下检验：在不同浓度下得到的均值有无显著差异，在不同温度下得到的均值是否有显著差异；交互作用的效应是否显著.

【解】将浓度 A 的效应记为 $\alpha_1,\alpha_2,\alpha_3$，将温度 B 的效应记为 $\beta_1,\beta_2,\beta_3,\beta_4$；交互作用 $A\times B$ 的效应记为 γ_{ij}，$i=1,2,3;j=1,2,3,4$，按题意需检验假设

$$\begin{cases}H_{01}:\alpha_1=\alpha_2=\alpha_3=0,\\ H_{11}:\alpha_1,\alpha_2,\alpha_3\text{ 不全为 }0;\end{cases}$$

$$\begin{cases}H_{02}:\beta_1=\beta_2=\beta_3=\beta_4=0,\\ H_{12}:\beta_1,\beta_2,\beta_3,\beta_4\text{ 不全为 }0;\end{cases}$$

$$\begin{cases}H_{03}:\gamma_{11}=\gamma_{12}=\cdots=\gamma_{34}=0,\\ H_{13}:\gamma_{11},\gamma_{12},\cdots,\gamma_{34}\text{ 不全为 }0.\end{cases}$$

$T_{ij\cdot},T_{i\cdot\cdot},T_{\cdot j\cdot},T_{\cdot\cdot\cdot}$ 的计算如表 9-6 所列：

表 9-6

	$T_{ij\cdot}$				$T_{i\cdot\cdot}$
	24	22	22	22	90
	16	18	18	16	68
	16	27	25	24	92
$T_{\cdot j\cdot}$	56	67	65	62	$250=T_{\cdot\cdot\cdot}$

依题意 $r=3, s=4, t=2$，故有

$$S_T=\sum_{i=1}^{3}\sum_{j=1}^{4}\sum_{k=1}^{2}x_{ijk}^2-\frac{T_{\cdots}^2}{3\times4\times2}=(14^2+10^2+\cdots+10^2)-\frac{250^2}{24}$$

$$=2752-2604.1667=147.8333,$$

$$S_A=\frac{1}{4\times2}\sum_{i=1}^{3}T_{i\cdot\cdot}^2-\frac{T_{\cdots}^2}{3\times4\times2}=\frac{1}{4\times2}(90^2+68^2+92^2)-2604.1667$$

$$=2648.5-2604.1667=44.3333,$$

$$S_B=\frac{1}{3\times2}\sum_{j=1}^{4}T_{\cdot j\cdot}^2-\frac{T_{\cdots}^2}{3\times4\times2}=\frac{1}{3\times2}(56^2+67^2+65^2+62^2)-2604.1667$$

$$=2615.6667-2604.1667=11.5,$$

$$S_{A\times B}=\frac{1}{2}\sum_{i=1}^{3}\sum_{j=1}^{4}T_{ij\cdot}^2-\frac{T_{\cdots}^2}{3\times4\times2}-S_A-S_B$$

$$=\frac{1}{2}(24^2+16^2+\cdots+24^2)-2604.1667-S_A-S_B$$

$$=2687-2604.1667-S_A-S_B=27,$$

$$S_E=S_T-S_A-S_B-S_{A\times B}=65.$$

$S_T, S_A, S_B, S_{A\times B}, S_E$ 的自由度分别为 $rst-1=23, r-1=2, s-1=3, (r-1)(s-1)=6, r\times s\times(t-1)=12$. 从而得方差分析表如表 9－7 所列：

表 9－7

方差来源	平方和	自由度	均方	$F_{比}$
因素 A	44.3333	2	$\overline{S}_A=22.1667$	$F_A=\overline{S}_A/\overline{S}_E=4.09$
因素 B	11.5	3	$\overline{S}_B=3.8333$	$F_B=\overline{S}_B/\overline{S}_E=0.71$
交互作用 $A\times B$	27	6	$\overline{S}_{A\times B}=4.5$	$F_{A\times B}=\overline{S}_{A\times B}/\overline{S}_E=0.83$
误差 E	65	12	$\overline{S}_E=5.4167$	
总和 T	147.8333	23		

因 $F_{0.05}(2,12)=3.89<4.09$，故拒绝 H_{01}；$F_{0.05}(3,12)=3.49>0.71$，故接受 H_{02}；$F_{0.05}(6,12)=3.00>0.83$，故接受 H_{03}，即认为在不同的浓度下得到的均值差异显著，而在不同的温度下得到的均值的差异以及交互作用的效应均不显著.

因交互作用的效应不显著，我们将 $A\times B$ 一栏的平方和与自由度分别加到误差 E 这一栏中去，作为新的误差项，重新作方差分析，以提高分析的精度. 现作方差分析表如表 9－8 所列：

表 9－8

方差来源	平方和	自由度	均方	$F_{比}$
因素 A	44.3333	2	$\overline{S}_A=22.1667$	$F_A=\overline{S}_A/\overline{S}_E=4.34$
因素 B	11.5	3	$\overline{S}_B=3.8333$	$F_B=\overline{S}_B/\overline{S}_E=0.75$
误差 E	92	18	$\overline{S}_E=5.1111$	
总和 T	147.8333	23		

学习随笔

因 $F_{0.05}(2,18)=3.55<4.34$，故拒绝 H_{01}；$F_{0.05}(3,18)=3.16>0.75$，故接受 H_{02}，即认为不同浓度的得到的均值差异显著，而不同温度得到的均值的差异不显著，这一结论与刚才的结论一样.

【例 9.3】为考察某种毒药的剂量(以 mg/单位容量计)与老鼠死亡之间的关系，取多组老鼠(每组 25 只)做试验，得到的数据如表 9－9 所列：

表 9－9

剂量 x	4	6	8	10	12	14	16	18
死亡的老鼠数 y	1	3	6	8	14	16	20	21

(1) 画出散点图，并求 Y 对 x 的线性回归方程：$\hat{y}=\hat{a}+\hat{b}x$；

(2) 估计当剂量为 7 时，死亡的老鼠数；

(3) 求 ε 的方差 σ^2 的无偏估计；

(4) 检验假设 $H_0:b=0,H_1:b\neq0$，取 $\alpha=0.05$；

(5) 若回归效果显著，求 b 的置信水平为 0.99 的置信区间；

(6) 求 $x=9$ 处 $\mu(x)$ 的置信水平为 0.99 的置信区间；

(7) 求 $x=9$ 处观察值 Y 的置信水平为 0.95 的预测区间.

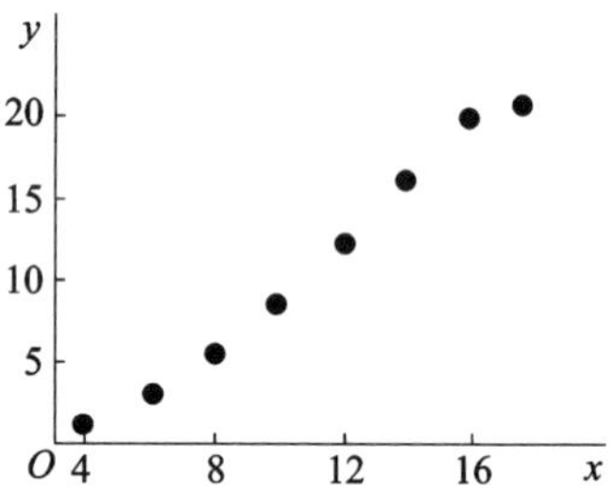

图 9－1

【解】(1) 散点图如图 9－1 所示，从图上看到回归函数 $\mu(x)$ 取 x 的线性函数 $a+bx$ 是合适的. 现在 $n=8$，为求线性回归方程，所需计算如表 9－10 所列：

表 9－10

	x	y	x^2	y^2	xy
	4	1	16	1	4
	6	3	36	9	18
	8	6	64	36	48
	10	8	100	64	80
	12	14	144	196	168
	14	16	196	256	224
	16	20	256	400	320
	18	21	324	441	378
$\sum$	88	89	1136	1403	1240

$$S_{xx}=1136-\frac{1}{8}\times88^2=168,$$

$$S_{xy}=1240-\frac{1}{8}\times88\times89=261,$$

$$S_{yy}=1403-\frac{1}{8}\times 89^2=412.875,$$

$$\hat{b}=S_{xy}/S_{xx}=1.553571,$$

$$\hat{a}=\frac{1}{8}\times 89-\frac{1}{8}\times 88\times 1.553571=-5.964281,$$

得线性回归方程为 $\hat{y}=-5.964+1.554x$.

(2) $\hat{y}|_{x=7}=4.914$.

(3) $\hat{\sigma}^2=\frac{1}{n-2}(S_{yy}-\hat{b}S_{xy})=\frac{1}{6}(412.875-1.553571\times 261)=1.2321615$.

(4) $|t|=\frac{|\hat{b}|}{\sqrt{\hat{\sigma}^2}}\sqrt{S_{xx}}=18.141>t_{0.025}(6)=2.4469$,故拒绝 H_0,认为回归的效果是显著的.

(5) $1-\alpha=0.99$,$t_{\frac{\alpha}{2}}(n-2)=t_{0.005}(6)=3.7074$,$b$ 的置信水平为 0.99 的置信区间为

$$\left(1.553571\pm\frac{3.7074\times 1.1100277}{\sqrt{168}}\right)=(1.553571\pm 0.3175036),$$

即(1.554±0.318).

(6) $\hat{Y}_0=\hat{Y}|_{x=9}=-5.964+1.554\times 9=8.022$,$\mu(x)$的置信水平为 0.99 的置信区间为

$$\left(8.022\pm 3.7074\times\hat{\sigma}\sqrt{\frac{1}{8}+(9-11)^2/168}\right),$$

即(8.022±1.588).

(7) $x=9$ 处观察值 Y 的置信水平为 0.99 的预测区间为

$$\left(8.022\pm 3.7074\times\hat{\sigma}\sqrt{1+\frac{1}{8}+(9-11)^2/168}\right),$$

即(8.022±4.411).

学习随笔

第 10 章　bootstrap 方法(自助法)

略。

学习随笔

第 11 章　在数理统计中应用 R 软件

略。

第12章　随机过程

§12.1　知识点及重要结论归纳总结

一、随机过程的概念

1. 随机过程

依赖于参数 t 的一族(无限多个)随机变量称为**随机过程**,记为$\{X(t),t\in T\}$,T 为参数集(是无限集).把 t 看作时间,固定 t,称随机变量 $X(t)$为随机过程在 t 时的**状态**,对于一切 $t\in T$,状态的所有可能取的值的全体称为随机过程的**状态空间**.

2. 样本函数

对随机过程进行一次试验,即在 T 上进行一次全程观测,站在试验后的立场上,其结果是一普通函数 $x(t)$,称为随机过程的**样本函数**或**样本曲线**.所有不同的试验结果为一族(可以是有限个)样本函数——这是对随机过程的另一种描述方式.

在对随机过程进行理论分析时往往以随机变量族的描述方式作为出发点,而在实际测量和数据处理中往往采用样本函数的描述方式.对这两种描述方式都应有正确的理解.

二、随机过程的统计描述

随机过程的统计描述的基点是:对每一个固定的 $t\in T$,$X(t)$是一个随机变量.

1. 有限维分布函数族

n 维随机变量可以用它们的联合分布函数来完整刻画其统计规律.作为 n 维随机变量延伸的随机过程,则必须用有限维分布函数族

$$\{F(x_1,x_2,\cdots,x_n;t_1,t_2,\cdots,t_n),t_i\in T,n=1,2,\cdots\}$$

才能完整刻画其统计规律,其中 $F(\cdot)$是 n 维随机变量$(X(t_1),X(t_2),\cdots,X(t_n))$的分布函数.当然,对于离散型随机过程可以用分布律取代分布函数;对于连续型随机过程,可以用概率密度取代分布函数.

2. 随机过程的数字特征

随机过程$\{X(t),t\in T\}$最重要的数字特征有:

(1) 均值函数

$$\mu_X(t)=\boldsymbol{E}[X(t)],t\in T$$

(2) 自相关函数

$$R_X(t_1,t_2)=\boldsymbol{E}[X(t_1)X(t_2)],t_1,t_2\in T$$

(自相关函数简称**相关函数**).

其他数字特征有：

(1) 均方值函数

$$\Psi_X^2(t)=\boldsymbol{E}[X^2(t)]=R_X(t,t),t\in T$$

(2) 方差函数

$$\boldsymbol{D}_X(t)=\sigma_X^2(t)=\boldsymbol{E}\{[X(t)-\mu_X(t)]^2\}=R_X(t,t)-\mu_X^2(t),t\in T$$

(3) 自协方差函数

$$\begin{aligned}C_X(t_1,t_2)&=\boldsymbol{E}\{[X(t_1)-\mu_X(t_1)][X(t_2)-\mu_X(t_2)]\}\\&=R_X(t_1,t_2)-\mu_X(t_1)\mu_X(t_2),t_1,t_2\in T\end{aligned}$$

数字特征在随机过程的理论和应用中占有重要地位.它们的计算方法与概率论中完全一样,只要把出现的参数 $t,t_1,t_2,\cdots$ 等视为常数即可.

3. 二阶矩过程、正态过程

定义　给定随机过程$\{X(t),t\in T\}$,如果对每一个 $t\in T$,二阶矩 $\boldsymbol{E}[X^2(t)]$都存在,那么称它为**二阶矩过程**.二阶矩过程的自相关函数一定存在.

定义　设$\{X(t),t\in T\}$是二阶矩过程,如果对任意正整数 $n\geqslant 1$ 及任意 $t_1,t_2,\cdots,t_n\in T$,$(X(t_1),X(t_2),\cdots,X(t_n))$服从 n 维正态分布,则称$\{X(t),t\in T\}$为**正态过程**.

令 $\mu_i=\mu_X(t_i),c_{ij}=C_X(t_i,t_j),i,j=1,2,\cdots,n$ 就知,正态过程的 n 维概率密度函数(分布函数)完全由均值函数和自协方差函数所确定.

4. 二维随机过程及其统计描述

设 $X(t),Y(t)$是依赖于同一参数 $t\in T$ 的随机过程,称$\{(X(t),Y(t)),t\in T\}$为**二维随机过程**.

又设 $t_1,t_2,\cdots,t_n;t'_1,t'_2,\cdots,t'_m$ 是 T 中任意两组实数,称 $n+m$ 维随机变量

$$(X(t_1),X(t_2),\cdots,X(t_n);Y(t'_1),Y(t'_2),\cdots,Y(t'_m))$$

的分布函数为这个二维随机过程的 $n+m$ **维分布函数**,同样可定义二维随机过程的有限维分布函数族.

如果对任意的正整数 n,m,任意的数组 $t_1,t_2,\cdots,t_n;t'_1,t'_2,\cdots,t'_m\in T$,$n$ 维随机变量$(X(t_1),X(t_2),\cdots,X(t_n))$与 m 维随机变量$(Y(t'_1),Y(t'_2),\cdots,Y(t'_m))$相互独立,则称随机过程 $X(t)$和 $Y(t)$是**相互独立的**.

反映随机过程 $X(t)$与 $Y(t)$之间统计联系的数字特征为**互相关函数**

$$R_{XY}(t_1,t_2)=\boldsymbol{E}[X(t_1)Y(t_2)],t_1,t_2\in T$$

和**互协方差函数**

$$\begin{aligned}C_{XY}(t_1,t_2)&=\boldsymbol{E}\{[X(t_1)-\mu_X(t_1)][Y(t_2)-\mu_Y(t_2)]\}\\&=R_{XY}(t_1,t_2)-\mu_X(t_1)\mu_Y(t_2),t_1,t_2\in T.\end{aligned}$$

如果对任意的 $t_1,t_2\in T$,有 $C_{XY}(t_1,t_2)\equiv C_{YX}(t_1,t_2)\equiv 0$,则称随机过程 $X(t)$与 $Y(t)$是**不相关的**.

学习随笔

三、泊松过程和维纳过程

1. 独立增量过程

定义 给定二阶矩过程$\{X(t),t\geqslant 0\}$，称随机变量$X(t)-X(s)$，$0\leqslant s<t$为随机过程在区间$(s,t]$上的**增量**．如对任意选定的正整数n和任意选定的$0\leqslant t_0<t_1<t_2<\cdots<t_n$，$n$个增量$X(t_1)-X(t_0)$，$X(t_2)-X(t_1)$，$\cdots$，$X(t_n)-X(t_{n-1})$相互独立，则称$\{X(t),t\geqslant 0\}$为**独立增量过程**．通俗地说，它具有"在互不重叠的区间上，状态的增量是相互独立的"这一特征．

在$X(0)=0$条件下，独立增量过程的有限维分布函数族，可以由增量$X(t)-X(s)$ $(0\leqslant s<t)$的分布函数确定．特别当增量的分布函数只依赖于时间差$t-s$，而不依赖于t和s本身时，称**增量具有平稳性**，而称相应的独立增量过程是**齐次的**．

如果在$X(0)=0$条件下，已知齐次独立增量过程的方差函数为$\boldsymbol{D}_X(t)$，则可算得它的自协方差函数为

$$C_X(s,t)=\boldsymbol{D}_X(\min\{s,t\}),\quad s,t\geqslant 0.$$

下面的泊松过程和维纳过程都是齐次独立增量过程的特殊模型，它们是两个基本的随机过程．

2. 泊松过程

定义 以$N(t)\geqslant 0$表示在时间间隔$(0,t]$内出现的质点数，称状态取非负整数、时间连续的随机过程$\{N(t),t\geqslant 0\}$为**计数过程**．相应的质点出现的随机时刻$t_1,t_2,\cdots,t_n,\cdots$称为**质点流**．质点流与计数过程是一一对应的．

定义 常数$\lambda>0$，若计数过程$\{N(t),t\geqslant 0\}$满足：

① 它是独立增量过程；

② 对任意的$t>t_0\geqslant 0$，增量 $N(t)-N(t_0)\sim\pi(\lambda(t-t_0))$；

③ $N(0)=0$，

则称$\{N(t),t\geqslant 0\}$是一**强度为λ的泊松过程**；相应的质点出现的随机时刻$t_1,t_2,\cdots$称作强度为λ的**泊松流**．

根据定义，强度为λ的泊松过程的增量服从参数为$\lambda(t-t_0)$的泊松分布．特别$t_0=0$时，可推知$N(t)$的数字特征为

$$\mu_N(t)=\boldsymbol{E}[N(t)]=\lambda t,$$
$$\boldsymbol{D}_N(t)=\lambda t,\quad t\geqslant 0,$$
$$C_N(s,t)=\lambda\min\{s,t\},$$
$$R_N(s,t)=\lambda\min\{s,t\}+\lambda^2 st,\quad s,t\geqslant 0.$$

对于泊松流，还可推出第n个质点出现的等待时间t_n及时间间距$T_n=t_n-t_{n-1}$，$n=1,2,\cdots$的分布密度．

3. 维纳过程

定义 给定二阶矩过程$\{W(t),t\geqslant 0\}$，如果它满足：

① 具有独立增量；

② 对任意的 $t>t_0\geqslant 0$，增量 $W(t)-W(t_0)\sim N(0,\sigma^2(t-t_0))$，且 $\sigma>0$；

③ $W(0)=0$，

则称此过程为**维纳过程**. 易见这也是齐次独立增量过程，且是正态过程，它的数字特征如下：

$$\mu_W(t)=\boldsymbol{E}[W(t)]=0,$$
$$\boldsymbol{D}_W(t)=\sigma^2 t,\quad t\geqslant 0,$$
$$C_W(s,t)=R_W(s,t)=\sigma^2\min(s,t),\quad s,t\geqslant 0.$$

§ 12.2　典型题型归纳及解题方法与技巧

【例 12.1】设随机过程 $X(t)=\mathrm{e}^{-Ut}$，$-\infty<t<+\infty$，其中随机变量 $U\sim N(0,1)$，试求 $X(t)$的各个数字特征.

【解】$\mu_X(t)=\boldsymbol{E}(\mathrm{e}^{-Ut})=\int_{-\infty}^{+\infty}\mathrm{e}^{-ut}\cdot\frac{1}{\sqrt{2\pi}}\mathrm{e}^{-\frac{u^2}{2}}\mathrm{d}u=\mathrm{e}^{\frac{t^2}{2}}$；

$$R_X(t_1,t_2)=\boldsymbol{E}(\mathrm{e}^{-Ut_1}\cdot\mathrm{e}^{-Ut_2})=\boldsymbol{E}[\mathrm{e}^{-U(t_1+t_2)}]=\mathrm{e}^{\frac{(t_1+t_2)^2}{2}};$$

$$\Psi_X^2(t)=R_X(t,t)=\mathrm{e}^{2t^2};$$

$$C_X(t_1,t_2)=R_X(t_1,t_2)-\mu_X(t_1)\mu_X(t_2)=\mathrm{e}^{\frac{(t_1+t_2)^2}{2}}-\mathrm{e}^{\frac{t_1^2}{2}+\frac{t_2^2}{2}}=\mathrm{e}^{\frac{t_1^2+t_2^2}{2}}(\mathrm{e}^{t_1t_2}-1);$$

$$\sigma_X^2(t)=C_X(t,t)=\mathrm{e}^{t^2}(\mathrm{e}^{t^2}-1),$$

以上 $t,t_1,t_2\in(-\infty,+\infty)$.

【例 12.2】设随机过程 $X(t)$与 $Y(t)$，$t\in T$ 不相关，试用它们的均值函数和协方差函数来表示出随机过程 $Z(t)=a(t)X(t)+b(t)Y(t)+c(t)$的均值函数和自协方差函数，其中 $a(t)$，$b(t)$，$c(t)$是普通函数.

【解】
$$\begin{aligned}\mu_Z(t)&=\boldsymbol{E}[Z(t)]=a(t)\boldsymbol{E}[X(t)]+b(t)\boldsymbol{E}[Y(t)]+c(t)\\&=a(t)\mu_X(t)+b(t)\mu_Y(t)+c(t),\quad t\in T.\end{aligned}$$

$$\begin{aligned}C_Z(t_1,t_2)&=\boldsymbol{E}\{[Z(t_1)-\mu_Z(t_1)][Z(t_2)-\mu_Z(t_2)]\}\\&=\boldsymbol{E}\{[a(t_1)(X(t_1)-\mu_X(t_1))+b(t_1)(Y(t_1)-\mu_Y(t_1))]\\&\quad\times[a(t_2)(X(t_2)-\mu_X(t_2))+b(t_2)(Y(t_2)-\mu_Y(t_2))]\}\\&=a(t_1)a(t_2)C_X(t_1,t_2)+a(t_1)b(t_2)C_{XY}(t_1,t_2)\\&\quad+b(t_1)a(t_2)C_{YX}(t_1,t_2)+b(t_1)b(t_2)C_Y(t_1,t_2).\end{aligned}$$

因为 $X(t)$与 $Y(t)$不相关，即有 $C_{XY}(t_1,t_2)\equiv 0$，$C_{YX}(t_1,t_2)\equiv 0$，$t_1,t_2\in T$，于是

$$C_Z(t_1,t_2)=a(t_1)a(t_2)C_X(t_1,t_2)+b(t_1)b(t_2)C_Y(t_1,t_2),t_1,t_2\in T.$$

【例 12.3】设$\{W(t),t\geqslant 0\}$是参数为 σ^2 的维纳过程. 记随机过程 $X(t)=W(t+2)-W(t)$，$X(t)$的相关函数为 $R_X(t_1,t_2)$，试求 $R_X(1,4)$与 $R_X(1,2)$.

【解】由题设，应有 $\mu_W(t)=0$，$R_W(t_1,t_2)=C_W(t_1,t_2)=\sigma^2\min\{t_1,t_2\}$，$t_1,t_2\geqslant 0$，于是

$$\begin{aligned}R_X(t_1,t_2)&=\boldsymbol{E}[X(t_1)X(t_2)]\\&=\boldsymbol{E}\{[W(t_1+2)-W(t_1)][W(t_2+2)-W(t_2)]\}\end{aligned}$$

$$=R_W(t_1+2,t_2+2)-R_W(t_1,t_2+2)-R_W(t_1+2,t_2)+R_W(t_1,t_2).$$

取 $t_1=1$,只要 $t_2\geqslant 1$,就有

$$R_X(1,t_2)=\sigma^2[\min\{3,t_2+2\}-\min\{1,t_2+2\}-\min\{3,t_2\}+\min\{1,t_2\}]$$

$$=\sigma^2[\min\{3,t_2+2\}-\min\{3,t_2\}]=\begin{cases}\sigma^2, & t_2=2,\\ 0, & t_2=4,\end{cases}$$

所以要求的 $R_X(1,4)=0,R_X(1,2)=\sigma^2$.

第 13 章　马尔可夫链

§ 13.1　知识点及重要结论归纳总结

一、马尔可夫过程及其概率分布

1. 无后效性与马氏过程

随机过程是无后效性，通俗地说，就是在已知过程"现在所处状态"的条件下，其"将来"状态的概率分布不依赖于"过去"所处的状态. 应了解无后效性是由条件分布函数严格定义的：设随机过程$\{X(t),t\in T\}$的状态空间为I. 如果对时间t的任意n个数值$t_1<t_2<\cdots<t_n,n\geqslant 3,t_i\in T$及$x_i\in I,i=1,2,\cdots,n-1$，

$$P\{X(t_n)\leqslant x_n\,|\,X(t_1)=x_1,X(t_2)=x_2,\cdots,X(t_{n-1})=x_{n-1}\}=$$
$$P\{X(t_n)\leqslant x_n\,|\,X(t_{n-1})=x_{n-1}\},\quad x_n\in\mathbf{R},$$

则称$\{X(t),t\in T\}$具有**无后效性**或**马尔可夫性**，并称此过程为**马尔可夫过程**，简称**马氏过程**.

独立增量过程$\{X(t),t\geqslant 0\}$在$X(0)=0$条件下是马氏过程，泊松过程是时间连续状态离散的马氏过程，而维纳过程是时间、状态都连续的马氏过程.

2. 马尔可夫链与转移概率

本章主要讨论时间、状态都是离散的马氏过程，即马氏链$\{X_n,n=1,2,\cdots\}$. 约定状态空间$I=\{a_1,a_2,\cdots\},a_i\in\mathbf{R}$（也可一一对应地用$a_i$的下标表示成$I=\{1,2,\cdots\}$），此时马氏性可用条件分布律表示为：对任意的整数$0\leqslant t_1<t_2<\cdots<t_r<m<m+n$和$a.\in I$，

$$P\{X_{m+n}=a_j\,|\,X_{t_1}=a_{i_1},X_{t_2}=a_{i_2},\cdots,X_{t_r}=a_{i_r},X_m=a_i\}=P\{X_{m+n}=a_j\,|\,X_m=a_i\},$$

等式右端表示已知链在时刻m处于状态a_i条件下，在时刻$m+n$转移到状态a_j的**转移概率**. 若这个概率只与i,j（也就是a_i,a_j）和时间差n有关，或即与m无关，记为$P_{ij}(n)$，即

$$P_{ij}(n)=P\{X_{m+n}=a_j\,|\,X_m=a_i\},$$

则称此转移概率具有**平稳性**，同时称此链为**齐次马氏链**（以下限于讨论齐次链），称$P_{ij}(n)$为n步转移概率，称$P(n)=(P_{ij}(n))$为n**步转移概率矩阵**. 这个矩阵的每一行元之和等于1，即$\sum\limits_{j=1}^{+\infty}P_{ij}(n)=1$，往后可用它来校验计算$P(n)$的正确性. 其中特别重要的是一步转移概率

$$p_{ij}=P_{ij}(1)=P\{X_{m+1}=a_j\,|\,X_m=a_i\}$$

和一步转移概率矩阵$P=P(1)=(p_{ij})$：

学习随笔

$$\begin{array}{cc} & X_{m+1}\text{的状态} \\ & \begin{array}{ccccc} a_1 & a_2 & \cdots & a_j & \cdots \end{array} \\ X_m\text{的状态}\ \begin{array}{c} a_1 \\ a_2 \\ \vdots \\ a_i \\ \vdots \end{array} & \begin{bmatrix} p_{11} & p_{12} & \cdots & p_{1j} & \cdots \\ p_{21} & p_{22} & \cdots & p_{2j} & \cdots \\ \vdots & \vdots & & \vdots & \\ p_{i1} & p_{i2} & \cdots & p_{ij} & \cdots \\ \vdots & \vdots & & \vdots & \end{bmatrix} = \boldsymbol{P}. \end{array}$$

$\boldsymbol{P}$ 的元 p_{ij} 可根据具体链从一个状态经单位时间转移到其他各状态的概率来确定.

3. 多步转移概率的确定

齐次马氏链$\{X_n, n=1,2,\cdots\}$的 n 步转移概率 $\boldsymbol{P}_{ij}(n)$满足**查普曼－科尔莫戈罗夫**方程,简称为 C-K 方程:

$$\boldsymbol{P}_{ij}(u+v)=\sum_{k=1}^{+\infty}\boldsymbol{P}_{ik}(u)\boldsymbol{P}_{kj}(v),\quad u,v,i,j=1,2,\cdots,$$

或写成矩阵形式 $\boldsymbol{P}(u+v)=\boldsymbol{P}(u)\boldsymbol{P}(v)$. 由 C-K 方程,可得 $\boldsymbol{P}(n)=\boldsymbol{P}^n$,就是说,对齐次马氏链而言,$n$ 步转移概率矩阵是一步转移概率矩阵的 n 次方.

关于 $\boldsymbol{P}^n$ 的计算,当 n 较小时,可直接使用矩阵的连乘,一般要用到线性代数中矩阵对角化知识,也可用现成的计算软件. 应用中常出现的两个状态的马氏链,它的一步转移概率矩阵一般可表示为

$$\boldsymbol{P}=\begin{array}{c} \\ 0 \\ 1 \end{array}\begin{array}{c} \begin{array}{cc} 0 & \quad 1 \end{array} \\ \begin{bmatrix} 1-a & a \\ b & 1-b \end{bmatrix} \end{array},0<a,b<1,$$

而 n 步转移概率矩阵为

$$\boldsymbol{P}(n)=\boldsymbol{P}^n=\begin{array}{c} \\ 0 \\ 1 \end{array}\begin{array}{c} \begin{array}{cc} 0 & \qquad 1 \end{array} \\ \begin{bmatrix} \boldsymbol{P}_{00}(n) & \boldsymbol{P}_{01}(n) \\ \boldsymbol{P}_{10}(n) & \boldsymbol{P}_{11}(n) \end{bmatrix} \end{array}$$

$$=\frac{1}{a+b}\begin{bmatrix} b & a \\ b & a \end{bmatrix}+\frac{(1-a-b)^n}{a+b}\begin{bmatrix} a & -a \\ -b & b \end{bmatrix},n=1,2,\cdots.$$

4. 马氏链的有限维分布律

一维分布:$p_j(0)=\boldsymbol{P}\{X_0=a_j\},j=1,2,\cdots$(初始分布),

$$p_j(n)=\boldsymbol{P}\{X_n=a_j\}=\sum_{i=1}^{+\infty}p_i(0)\boldsymbol{P}_{ij}(n),n,j=1,2,\cdots.$$

n 维分布:对任意的 n 个时刻 $t_1<t_2<\cdots<t_n,t_i\in N_+$ 和 $a.\in I$,

$$\boldsymbol{P}\{X_{t_1}=a_{i_1},X_{t_2}=a_{i_2},\cdots,X_{t_n}=a_{i_n}\}=p_{i_1}(t_1)\boldsymbol{P}_{i_1i_2}(t_2-t_1)\cdots\boldsymbol{P}_{i_{n-1}i_n}(t_n-t_{n-1}).$$

综合起来可知,齐次马氏链的有限维分布律(或者说齐次马氏链运动的统计规律)可由初始分布与一步转移概率完全确定,也就是说,知道了链的初始分布和一步转移概率矩阵,就能求解与链有关的种种概率问题.

学习随笔

二、遍历性

定义 设齐次马氏链的状态空间为 I，若对于所有 $a_i,a_j\in I$，转移概率 $\boldsymbol{P}_{ij}(n)$ 存在极限 $\lim\limits_{n\to+\infty}\boldsymbol{P}_{ij}(n)=\pi_j$（不依赖于 i），或

$$\boldsymbol{P}(n)=\boldsymbol{P}^n\xrightarrow[(n\to+\infty)]{}\begin{bmatrix}\pi_1 & \pi_2 & \cdots & \pi_j & \cdots\\ \pi_1 & \pi_2 & \cdots & \pi_j & \cdots\\ \vdots & \vdots & & \vdots & \\ \pi_1 & \pi_2 & \cdots & \pi_j & \cdots\\ \vdots & \vdots & & \vdots & \end{bmatrix},$$

则称此链具有**遍历性**. 又若 $\sum\limits_j\pi_j=1$，则同时称 $\pi=(\pi_1,\pi_2,\cdots)$ 为链的**极限分布**（或**平稳分布**）.

马氏链的遍历性表示一个系统经过长时间转移后达到平衡状态，即当 $n\gg1$ 时，$\boldsymbol{P}_{ij}(n)\approx\pi_j$ 与起步状态 a_i 无关.

只有有限个状态的链称为**有限链**，下面是它具有遍历性的一个充分条件.

定理 设齐次马氏链 $\{X_n,n\geqslant1\}$ 的状态空间为 $I=\{a_1,a_2,\cdots,a_N\}$，$\boldsymbol{P}$ 是它的一步转移概率矩阵. 如果存在正常数 m，使对任意的 $a_i,a_j\in I$，都有 $\boldsymbol{P}_{ij}(m)>0,\quad i,j=1,2,\cdots,N$，则此链具有遍历性，且有极限分布 $\pi=(\pi_1,\pi_2,\cdots,\pi_N)$，它是方程组

$$\begin{cases}\pi=\pi\boldsymbol{P}\text{ 或 }\pi_j=\sum\limits_{i=1}^N\pi_ip_{ij},\quad j=1,2,\cdots,N,\\ \pi_j>0,\sum\limits_{j=1}^N\pi_j=1\end{cases}$$

的唯一解.

依照定理，为证明有限链是遍历的，只需找一正整数 m，使 $\boldsymbol{P}(m)$ 无零元；而求极限分布 π 的问题，可化为求解方程组的问题.

§13.2 典型题型归纳及解题方法与技巧

【例 13.1】重复抛掷一颗骰子，设 X_n 是第 n 次（$n\geqslant1$）抛掷出现的点数，则 $\{X_n,n\geqslant1\}$ 是一独立同分布的随机序列（随机过程），试证 $\{X_n,n\geqslant1\}$ 是一齐次马氏链.

【解】可知 $\{X_n,n\geqslant1\}$ 的状态空间 $I=\{1,2,3,4,5,6\}$，且 $\boldsymbol{P}\{X_n=j\}=\dfrac{1}{6},\quad j\in I$. 任取 $1\leqslant t_1<t_2<\cdots<t_{n-1}<t_n,t_i\in\mathbf{N}_+,\quad i.\in I$，由独立性，

$$\begin{aligned}&\boldsymbol{P}\{X_{t_n}=i_n\mid X_{t_1}=i_1,X_{t_2}=i_2,\cdots,X_{t_{n-1}}=i_{n-1}\}\\ =&\boldsymbol{P}\{X_{t_n}=i_n\}=\boldsymbol{P}\{X_{t_n}=i_n\mid X_{t_{n-1}}=i_{n-1}\},\end{aligned}$$

即马氏性成立. 又根据独立同分布性质，n 步转移概率为

$$\boldsymbol{P}\{X_{m+n}=j\mid X_m=i\}=\boldsymbol{P}\{X_{m+n}=j\}=\boldsymbol{P}\{X_1=j\}=\frac{1}{6},\quad i,j\in I$$

学习随笔

与起始时刻无关，即转移概率具有齐次性. 所以$\{X_n, n\geqslant 1\}$是齐次马氏链.

评注　本例可简述为**定理**：独立同分布的随机序列是齐次马氏链.

【例 13.2】一篇文章中有 4 个印刷错误. 设在有 N 个错误时进行校对，校对一遍至少可以改正一个错误，且余下未发现的错误数为 $0,1,\cdots,N-1$ 的概率相等. 将错误在反复校对中逐渐消失的过程看成一个马氏链，试求：

(1) 链的状态空间和一步转移概率矩阵；

(2) 校对两次能改正全部错误的概率.

【解】以 X_n 表示第 n 遍校对后文章存在的错误数，依题意$\{X_n, n=0,1,2,\cdots\}$是一马氏链.

(1) 可知链的状态空间 $I=\{0,1,2,3,4\}$. 一步转移概率为

$$p_{ij}=\boldsymbol{P}\{X_{m+1}=j \mid X_m=i\}=\begin{cases}\dfrac{1}{i}, & 0\leqslant j\leqslant i-1, \quad i=1,2,3,4,\\ 1, & j=i=0,\\ 0, & \text{其他}.\end{cases}$$

一步转移概率矩阵为

$$\boldsymbol{P}=X_m\begin{array}{c} \\ \\ 0\\ 1\\ 2\\ 3\\ 4\end{array}\begin{array}{c}X_{m+1}\\ \begin{array}{ccccc}0&1&2&3&4\end{array}\\ \begin{bmatrix}1&0&0&0&0\\ 1&0&0&0&0\\ \frac{1}{2}&\frac{1}{2}&0&0&0\\ \frac{1}{3}&\frac{1}{3}&\frac{1}{3}&0&0\\ \frac{1}{4}&\frac{1}{4}&\frac{1}{4}&\frac{1}{4}&0\end{bmatrix}\end{array}.$$

(2) 计算 $p_0(2)=\boldsymbol{P}\{X_2=0\}$. 注意到已知文章中有 4 个错误，所以链的初始分布为

$$p_j(0)=0, j=0,1,2,3, \quad p_4(0)=\boldsymbol{P}\{X_0=4\}=1,$$

由一维分布公式和 C-K 公式，得

$$\begin{aligned}p_0(2)&=\sum_{i=0}^{4}p_i(0)\boldsymbol{P}_{i0}(2)=\boldsymbol{P}_{40}(2)\\ &=\sum_{i=0}^{4}\boldsymbol{P}_{4i}(1)\boldsymbol{P}_{i0}(1)=\sum_{i=0}^{4}p_{4i}p_{i0}=\frac{17}{24}=0.708.\end{aligned}$$

【例 13.3】设马氏链$\{X_n, n\geqslant 0\}$的状态空间 $I=\{1,2,3\}$，初始分布为 $p_1(0)=\dfrac{1}{4}$，$p_2(0)=\dfrac{1}{2}$，$p_3(0)=\dfrac{1}{4}$；一步转移概率矩阵为

$$P=\begin{array}{c} \\ 1 \\ 2 \\ 3 \end{array}\begin{array}{c} \begin{array}{ccc} 1 & 2 & 3 \end{array} \\ \begin{bmatrix} \frac{1}{4} & \frac{3}{4} & 0 \\ \frac{1}{3} & \frac{1}{3} & \frac{1}{3} \\ 0 & \frac{1}{4} & \frac{3}{4} \end{bmatrix} \end{array}.$$

(1) 计算 $\boldsymbol{P}\{X_1=2,X_2=2\mid X_0=1\}$；

(2) 计算 $\boldsymbol{P}\{X_0=1,X_1=2,X_3=2\}$；

(3) 证明此马氏链具有遍历性，并求其极限分布.

【解】以下要用到二步转移概率，经计算为

$$P(2)=P^2=\begin{array}{c} \\ 1 \\ 2 \\ 3 \end{array}\begin{array}{c} \begin{array}{ccc} 1 & 2 & 3 \end{array} \\ \begin{bmatrix} \frac{5}{16} & \frac{7}{16} & \frac{4}{16} \\ \frac{7}{36} & \frac{16}{36} & \frac{13}{36} \\ \frac{4}{48} & \frac{13}{48} & \frac{31}{48} \end{bmatrix} \end{array}.$$

(1) 由概率的乘法公式和马氏性得

$$\begin{aligned} \boldsymbol{P}\{X_1=2,X_2=2\mid X_0=1\} &= \boldsymbol{P}\{X_1=2\mid X_0=1\}\boldsymbol{P}\{X_2=2\mid X_0=1,X_1=2\} \\ &= \boldsymbol{P}\{X_1=2\mid X_0=1\}\boldsymbol{P}\{X_2=2\mid X_1=2\} \\ &= p_{12}\cdot p_{22}=\frac{3}{4}\cdot\frac{1}{3}=\frac{1}{4}. \end{aligned}$$

(2) $$\begin{aligned} \boldsymbol{P}\{X_0=1,X_1=2,X_3=2\} &= \boldsymbol{P}\{X_0=1\}\boldsymbol{P}\{X_1=2\mid X_0=1\}\boldsymbol{P}\{X_3=2\mid X_0=1,X_1=2\} \\ &= \boldsymbol{P}\{X_0=1\}\boldsymbol{P}\{X_1=2\mid X_0=1\}\boldsymbol{P}\{X_3=2\mid X_1=2\} \\ &= p_1(0)\cdot \boldsymbol{P}_{12}(1)\boldsymbol{P}_{22}(2)=\frac{1}{4}\cdot\frac{3}{4}\cdot\frac{16}{36}=\frac{1}{12}. \end{aligned}$$

(3) 由于二步转移概率矩阵 $\boldsymbol{P}(2)$ 无零元，因此马氏链具有遍历性，且极限分布 $\pi=(\pi_1,\pi_2,\pi_3)$ 满足线性方程组 $\pi=\pi\boldsymbol{P}$，即

$$\begin{cases} \pi_1=\frac{1}{4}\pi_1+\frac{1}{3}\pi_2, \\ \pi_2=\frac{3}{4}\pi_1+\frac{1}{3}\pi_2+\frac{1}{4}\pi_3, \\ \pi_3=\frac{1}{3}\pi_2+\frac{3}{4}\pi_3, \\ \pi_1+\pi_2+\pi_3=1. \end{cases}$$

由此解得极限分布为 $\pi=\left(\frac{4}{25},\frac{9}{25},\frac{12}{25}\right)$.

学习随笔

第 14 章　平稳随机过程

§14.1　知识点及重要结论归纳总结

一、平稳随机过程的概念

1. 严平稳随机过程及其数字特征

定义　给定随机过程$\{X(t),t\in T\}$，如果对于任意的正整数n和实数h，n维随机变量$(X(t_1),X(t_2),\cdots,X(t_n))$和$(X(t_1+h),X(t_2+h),\cdots,X(t_n+h))$具有相同的分布函数，即统计规律不随时间平移而变化，其中$t_i,t_i+h\in T,i=1,2,\cdots,n$，则称$\{X(t),t\in T\}$为**严平稳(随机)过程**. 一般$T$为$(-\infty,+\infty)$，$[0,+\infty)$或无穷可列集.

如果严平稳过程$\{X(t),t\in T\}$的二阶矩存在，那么均值函数、均方值函数和方差函数都是常数，分别记为μ_X,ψ_X^2和σ_X^2；而自相关函数、自协方差函数仅是时间差t_2-t_1的函数：

$$\begin{cases}R_X(t_1,t_2)=\boldsymbol{E}[X(t_1)X(t_2)]\xlongequal{\text{记成}}R_X(t_2-t_1),\\ C_X(t_1,t_2)=R_X(t_2-t_1)-\mu_X^2\xlongequal{\text{记成}}C_X(t_2-t_1),\end{cases}\quad t_1,t_2\in T,$$

或记$t_1=t,t_2=t+\tau\in T$，

$$R_X(t,t+\tau)=R_X(\tau),\quad C_X(t,t+\tau)=C_X(\tau)=R_X(\tau)-\mu_X^2.$$

2. 平稳过程

要用分布函数族来判定严平稳性是很困难的，所以实际中只考虑如下一类广义平稳过程.

定义　给定二阶矩过程$\{X(t),t\in T\}$，如果对任意$t,t+\tau\in T$，

$$\begin{cases}\mu_X(t)=\boldsymbol{E}[X(t)]=\mu_X(\text{常数}),\\ R_X(t,t+\tau)=\boldsymbol{E}[X(t)X(t+\tau)]=R_X(\tau),\end{cases}$$

则称$\{X(t),t\in T\}$为**宽平稳(随机)过程**，简称**平稳过程**.

3. 两类平稳过程的关系　正态平稳过程

由上面两个定义知：一个严平稳过程只要二阶矩存在，则它必定是宽平稳过程. 但反过来，一般是不成立的. 一个例外情形是正态过程，一个宽平稳的正态过程必定也是严平稳的.

4. 平稳相关

定义　设$X(t),Y(t),t\in T$是两个平稳过程，如果它们的互相关函数只是时间差的单变量函数，记为$R_{XY}(\tau)$，即

$$R_{XY}(t,t+\tau)=\boldsymbol{E}[X(t)Y(t+\tau)]=R_{XY}(\tau),t,t+\tau\in T,$$

学习随笔

那么称 $X(t)$ 和 $Y(t)$ 是**平稳相关的**.

二、相关函数的性质

1. 自相关函数的性质

设平稳过程 $\{X(t),t\in T\}$ 的自相关函数为 $R_X(\tau)$，则

① $R_X(0)=\boldsymbol{E}[X^2(t)]=\psi_X^2\geqslant 0$.

② $R_X(-\tau)=R_X(\tau)$，即 $R_X(\tau)$ 是偶函数.

③ 自相关函数和自协方差函数成立有以下不等式：

$$|R_X(\tau)|\leqslant R_X(0) \text{ 和 } |C_X(\tau)|\leqslant C_X(0).$$

④ 如果平稳过程 $X(t)$ 满足 $\boldsymbol{P}\{X(t+T_0)=X(t)\}=1$，则称它为**周期是 $\boldsymbol{T_0}$ 的平稳过程**. 平稳过程具有周期 T_0 的充要条件是 $R_X(\tau)$ 为周期 T_0 的函数.

2. 互相关函数的性质

① $R_{XY}(-\tau)=R_{YX}(\tau)$，说明只需测量 $R_{XY}(\tau)$，$R_{YX}(\tau)$ 在 $\tau\geqslant 0$ 时的值，就可知道它们的一切值.

② 互相关函数和互协方差函数成立有以下不等式：

$$|R_{XY}(\tau)|^2\leqslant R_X(0)R_Y(0) \text{ 和 } |C_{XY}(\tau)|^2\leqslant C_X(0)C_Y(0).$$

三、各态历经性

在实际中，随机过程一般难以表达成有限形式，故不易计算 $\boldsymbol{E}[X(t)]$ 和 $\boldsymbol{E}[X(t)X(t+\tau)]$. 但平稳过程只要满足一些较宽条件就可用一个样本函数在整个时间轴上的平均值来求得均值和相关函数.

1. 平稳过程的时间平均

定义　给定平稳过程 $\{X(t),-\infty<t<+\infty\}$. 时间平均 $\langle X(t)\rangle=\lim\limits_{T\to+\infty}\dfrac{1}{2T}\displaystyle\int_{-T}^{T}X(t)\mathrm{d}t$ 和 $\langle X(t)X(t+\tau)\rangle=\lim\limits_{T\to+\infty}\dfrac{1}{2T}\displaystyle\int_{-T}^{T}X(t)X(t+\tau)\mathrm{d}t$ 分别称为平稳过程 $X(t)$ 的**时间均值**和**时间相关函数**.

为区别于时间平均，把 $\boldsymbol{E}[\cdot]$ 称为集平均或状态平均.

评注　对时间平均，可以沿用高等数学中的方法求积分和求极限，其结果一般来说是随机的.

2. 各态历经性(时间平均等于状态平均)

定义　给定平稳过程 $\{X(t),-\infty<t<+\infty\}$，它的均值为 μ_X，相关函数为 $R_X(\tau)$. 如果 $\langle X(t)\rangle=\mu_X$ 以概率 1 成立，则称 $X(t)$ 的均值具有各态历经性；如果对任意实数 τ，$\langle X(t)X(t+\tau)\rangle=R_X(\tau)$ 以概率 1 成立，则称 $X(t)$ 的**相关函数具有各态历经性**(特别 $\tau=0$ 时称均方值具有各态历经性). 如果 $X(t)$ 的均值和相关函数都具有各态历经性，则称 $X(t)$ **具有各态历经性**，或称 $X(t)$ 是**各态历经过程**.

评注　定义中"以概率 1 成立"是对 $X(t)$ 的所有样本函数而言的.

学习随笔

3. 各态历经定理

定理(均值各态历经定理)　平稳过程 $X(t)$ 的均值具有各态历经性的充要条件是

$$\lim_{T\to+\infty}\frac{1}{T}\int_0^{2T}\left(1-\frac{\tau}{2T}\right)[R_X(\tau)-\mu_X^2]\mathrm{d}\tau=0.$$

推论　在 $\lim\limits_{\tau\to+\infty}R_X(\tau)$ 存在条件下，若 $\lim\limits_{\tau\to+\infty}R_X(\tau)=\mu_X^2$，则均值具有各态历经性；若 $\lim\limits_{\tau\to+\infty}R_X(\tau)\neq\mu_X^2$，则均值不具有各态历经性.

还有相关函数具有各态历经性的类似的充要条件.

判断一个平稳过程(或其数字特征)是否具有各态历经性有两种方法：一种是根据定义，直接计算进行比较，作出判断. 若 $\langle\cdot\rangle$ 带有随机性，则相应的数字特征一定没有各态历经性. 另一种是根据定理及其推论来判断.

结论　对于各态历经过程，按定义可从一个样本函数 $x(t)$ 获得数字特征(若参数集为$[0,+\infty)$)：

$$\begin{cases}\mu_X=\lim\limits_{T\to+\infty}\dfrac{1}{T}\displaystyle\int_0^T x(t)\mathrm{d}t,\\ R_X(\tau)=\lim\limits_{T\to+\infty}\dfrac{1}{T}\displaystyle\int_0^T x(t)x(t+\tau)\mathrm{d}t,\tau\geqslant 0.\end{cases}$$

给定充分大的 T，在$[0,T]$上对 $x(t)$ 采样后，可利用数值分析方法计算 μ_X 的近似值和 $R_X(\tau)$ 的点图.

评注　定义和定理由于本身包含了在实际问题中希望寻求而难以求得的数字特征，因此它们只有理论意义. 在解决实际问题时，一般总是先假设所研究的平稳过程具有各态历经性，然后观察结果是否与实际情况相符.

四、平稳过程的功率谱密度

1. 功率谱密度

设$\{X(t),-\infty<t<+\infty\}$为平稳过程，假想 $X(t)$ 为加 1 欧姆电阻的电流.

定义　称

$$\lim_{T\to+\infty}\boldsymbol{E}\left\{\frac{1}{2T}\int_{-T}^{T}X^2(t)\mathrm{d}t\right\}$$

为平稳过程 $X(t)$ 的**平均功率**，经计算它等于 ψ_X^2，即均方值等于平均功率.

记 $F_X(\omega,T)=\int_{-T}^{T}X(t)\mathrm{e}^{-i\omega t}\mathrm{d}t$，平均功率可表示为角频率 ω 轴上的积分，

$$\psi_X^2=\frac{1}{2\pi}\int_{-\infty}^{+\infty}\lim_{T\to+\infty}\frac{1}{2T}\boldsymbol{E}\{|F_X(\omega,T)|^2\}\mathrm{d}\omega.$$

定义　称上式中的被积函数

$$S_X(\omega)=\lim_{T\to+\infty}\frac{1}{2T}\boldsymbol{E}\{|F_X(\omega,T)|^2\}$$

为平稳过程 $X(t)$ 的**功率谱密度，**简称**谱密度**.

$S_X(\omega)$ 是平稳过程 $X(t)$ 在频率域上的数字特征.

因此

学习随笔

$$\psi_X^2=\frac{1}{2\pi}\int_{-\infty}^{+\infty}S_X(\omega)\mathrm{d}\omega,$$

这是**平均功率的谱表示式**.

2. 谱密度的性质

① $S_X(\omega)$是 ω 的实的、非负的偶函数,因此常见的有理(函数)谱密度的一般形式应为

$$S_X(\omega)=S_0\frac{\omega^{2n}+a_{2n-2}\omega^{2n-2}+\cdots+a_0}{\omega^{2m}+b_{2m-2}\omega^{2m-2}+\cdots+b_0},$$

其中,$S_0>0$,正整数 $m>n$,且分母应无实数根.

② $S_X(\omega)$和 $R_X(\tau)$构成 FT(傅里叶变换)对,即

$$\begin{cases}S_X(\omega)=\int_{-\infty}^{+\infty}R_X(\tau)\mathrm{e}^{-i\omega\tau}\mathrm{d}\tau\left(=2\int_0^{+\infty}R_X(\tau)\cos\omega\tau\mathrm{d}\tau\right),\\ R_X(\tau)=\frac{1}{2\pi}\int_{-\infty}^{+\infty}S_X(\omega)\mathrm{e}^{i\omega\tau}\mathrm{d}\omega\left(=\frac{1}{\pi}\int_0^{+\infty}S_X(\omega)\cos\omega\tau\mathrm{d}\omega\right),\end{cases}$$

它们统称为**维纳一辛钦公式**. 公式揭示了时域上的相关函数与频域上的谱密度之间的转换关系.

3. 白噪声

定义　均值为零,而谱密度为正常数,即 $S_X(\omega)=S_0,-\infty<\omega<+\infty(S_0>0)$的平稳过程 $X(t)$称为**白噪声(过程)**.

由维纳一辛钦公式,白噪声的自相关函数为 $R_X(\tau)=S_0\delta(\tau)$.

4. 互谱密度及其性质

定义　设 $X(t)$和 $Y(t)$是两个平稳相关的随机过程,称

$$S_{XY}(\omega)=\lim_{T\to+\infty}\frac{1}{2T}\boldsymbol{E}\{F_X(-\omega,T)F_Y(\omega,T)\}$$

为平稳过程 $X(t)$与 $Y(t)$的**互谱密度**.

一般说来它是一个复函数,具有以下特性:

① $S_{XY}(\omega)=S_{XY}^*(\omega)$,即 $S_{XY}(\omega)$和 $S_{YX}(\omega)$互为共轭函数.

② 在互相关函数 $R_{XY}(\tau)$绝对可积的条件下,$S_{XY}(\omega)$与互相关函数 $R_{XY}(\tau)$有如下维纳一辛钦公式:

$$S_{XY}(\omega)=\int_{-\infty}^{+\infty}R_{XY}(\tau)\mathrm{e}^{-i\omega\tau}\mathrm{d}\tau,$$

$$R_{XY}(\tau)=\frac{1}{2\pi}\int_{-\infty}^{+\infty}S_{XY}(\omega)\mathrm{e}^{i\omega\tau}\mathrm{d}\omega.$$

③ $\mathrm{Re}[S_{XY}(\omega)]$是 ω 的偶函数,$\mathrm{Im}[S_{XY}(\omega)]$是 ω 的奇函数,这里 Re[　]表示取实部,Im[　]表示取虚部.

④ $|S_{XY}(\omega)|^2\leqslant S_X(\omega)S_Y(\omega)$,互谱密度是频率域上的数字特征. 例如,当平稳相关的随机过程 $X(t)$和 $Y(t)$的均值 $\mu_X=\mu_Y=0$ 时,由维纳一辛钦公式知,不相关条件 $R_{XY}(\tau)\equiv0$ 等价于 $S_{XY}(\omega)\equiv0$.

学习随笔

§14.2 典型题型归纳及解题方法与技巧

【例 14.1】假设随机过程 $X(t)=\sin Ut, t\in T$，其中 U 是在$[0,2\pi]$上服从均匀分布的随机变量.

(1) 如果 $T=\{1,2,\cdots\}$，试求 $X(t)$的均值函数和相关函数，并由此证明 $X(t)$是平稳随机序列；

(2) 如果 $T=[0,+\infty)$，试求 $X(t)$的均值函数，并由此证明 $X(t)$不是平稳过程.

【解】(1) $\mu_X(n)=\boldsymbol{E}(\sin Un)=\dfrac{1}{2\pi}\displaystyle\int_0^{2\pi}\sin nu\,\mathrm{d}u=\dfrac{1}{2\pi n}(1-\cos 2\pi n)=0,\quad n\in\{1,2,\cdots\}$，

$$\begin{aligned}R_X(n,n+m)&=\boldsymbol{E}[\sin Un\sin U(n+m)]=\frac{1}{2\pi}\int_0^{2\pi}\sin un\sin u(n+m)\mathrm{d}u\\&=\frac{1}{2\pi}\int_0^{2\pi}\frac{1}{2}[\cos um-\cos(2n+m)u]\mathrm{d}u\\&=\begin{cases}\dfrac{1}{2}, & m=0,\\ 0, & m>0,\end{cases}\quad n,m\in\{1,2,\cdots\}.\end{aligned}$$

由此 $X(t)$的均值为常数，相关函数只与时间差 m 有关，所以 $X(t)$是平稳随机序列.

(2) 当 $T=[0,+\infty)$时，均值函数

$$\mu_X(t)=\boldsymbol{E}(\sin Ut)=\frac{1}{2\pi}\int_0^{2\pi}\sin ut\,\mathrm{d}u=\begin{cases}\dfrac{1-\cos 2\pi t}{2\pi t}, & t>0,\\ 0, & t=0,\end{cases}$$

因为均值函数不为常数，所以 $X(t)$此时不是平稳过程.

【例 14.2】设$\{X(t),-\infty<t<+\infty\}$是一个零均值的平稳过程，而且 $X(t)$不以概率 1 等于某一随机变量，问 $Y(t)=X(t)+X(0),-\infty<t<+\infty$是否是平稳过程？

【解】由假设 $\mu_X(t)=\boldsymbol{E}[X(t)]=0$，相关函数 $R_X(\tau)$在 $\tau=0$ 的值恰为 $X(t)$的方差，即 $R_X(0)=\sigma_X^2$，$Y(t)$的均值和相关函数为

$$\begin{aligned}\mu_Y(t)&=\boldsymbol{E}[Y(t)]=\boldsymbol{E}[X(t)]+\boldsymbol{E}[X(0)]=0,\\R_Y(t,t+\tau)&=\boldsymbol{E}\{[X(t)+X(0)][X(t+\tau)+X(0)]\}\\&=R_X(\tau)+R_X(t+\tau)+R_X(t)+R_X(0),\end{aligned}$$

此处我们无法断言 $R_Y(t,t+\tau)$一定与 t 有关，因而还不能判断 $Y(t)$的平稳性，为此用反证法. 假设 $Y(t)$是平稳过程，由此 $Y(t)$的方差应为常数，即

$$\begin{aligned}\sigma_Y^2&=\boldsymbol{E}[Y^2(t)]=\boldsymbol{E}\{[X(t)+X(0)]^2\}\\&=\sigma_X^2+\sigma_X^2+2\boldsymbol{E}[X(t)X(0)]=2\sigma_X^2+2R_X(t)=\text{常数},\end{aligned}$$

于是 $R_X(t)$应是常数，即有 $R_X(t)=R_X(0)=\sigma_X^2$. 引入一个辅助随机过程 $Z(t)=X(t)-X(0)$，易见

$$\begin{aligned}\mu_Z&=\boldsymbol{E}[Z(t)]=0,\\\sigma_Z^2&=\boldsymbol{E}[Z^2(t)]=2\sigma_X^2-2R_X(t)=2\sigma_X^2-2\sigma_X^2=0.\end{aligned}$$

由方差性质④知应有 $\boldsymbol{P}\{Z(t)=0\}=1$，从而 $\boldsymbol{P}\{X(t)=X(0)\}=1$，这与 $X(t)$不以概

率 1 等于某个随机变量的假设相矛盾，因此 $Y(t)$不是平稳过程.

【例 14.3】设随机过程 $X(t)=V$，$-\infty<t<+\infty$，其中 V 是随机变量，且

$$\boldsymbol{P}\{V=-1\}=\boldsymbol{P}\{V=1\}=\frac{1}{2},$$

试讨论 $X(t)$的各态历经性.

【解】$\mu_X(t)=\boldsymbol{E}[X(t)]=\boldsymbol{E}(V)=(-1)\times\frac{1}{2}+1\times\frac{1}{2}=0$，

$$R_X(t_1,t_2)=\boldsymbol{E}[X(t_1)X(t_2)]=\boldsymbol{E}(V^2)=(-1)^2\times\frac{1}{2}+1^2\times\frac{1}{2}=1,$$

因均值函数 $\mu_X(t)$与 t 无关，自相关函数与 t_1,t_2 无关，按定义 $X(t)$是平稳过程.

由于

$$\langle X(t)\rangle=\lim_{T\to+\infty}\frac{1}{2T}\int_{-T}^{T}X(t)\mathrm{d}x=\lim_{T\to+\infty}\frac{1}{2T}\int_{-T}^{T}V\mathrm{d}t=V\neq 0=\mu_X,$$

因此按定义，$X(t)$的均值不具有各态历经性. 另一方面，由于 $V^2=1$ 以概率 1 成立，且由此

$$\begin{aligned}\langle X(t)X(t+\tau)\rangle&=\lim_{T\to+\infty}\frac{1}{2T}\int_{-T}^{T}X(t)X(t+\tau)\mathrm{d}t\\&=\lim_{T\to+\infty}\frac{1}{2T}\int_{-T}^{T}V^2\mathrm{d}t=V^2=1=R_X(\tau)\end{aligned}$$

以概率 1 成立，按定义 $X(t)$的相关函数具有各态历经性.

【例 14.4】设 $C_X(\tau)$是平稳过程 $X(t)$的协方差函数，试证：若 $C_X(\tau)$绝对可积，即

$$\int_{-\infty}^{+\infty}|C_X(\tau)|\mathrm{d}\tau<+\infty,$$

则 $X(t)$的均值具有各态历经性.

【证】由于 $R_X(\tau)-\mu_X^2=C_X(\tau)$，因此

$$\begin{aligned}0&\leqslant\left|\frac{1}{T}\int_0^{2T}\left(1-\frac{\tau}{2T}\right)[R_X(\tau)-\mu_X^2]\mathrm{d}\tau\right|\leqslant\frac{1}{T}\int_0^{2T}|C_X(\tau)|\mathrm{d}\tau\\&\leqslant\frac{1}{T}\int_0^{+\infty}|C_X(\tau)|\mathrm{d}\tau\to 0(T\to+\infty),\end{aligned}$$

即 $X(t)$的均值具有各态历经性.（本题给出了均值具有各态历经性的又一个充分条件.）

【例 14.5】设平稳过程$\{X(t),-\infty<t<+\infty\}$的自相关函数为 $R_X(\tau)$，证明

$$\boldsymbol{P}\{|X(t+\tau)-X(t)|\geqslant a\}\leqslant\frac{2[R_X(0)-R_X(\tau)]}{a^2}(a>0).$$

【证】命题似与切比雪夫不等式相关联. 记 $Y(t)=X(t+\tau)-X(t)$，则有

$$\begin{aligned}\mu_Y&=\boldsymbol{E}[X(t+\tau)]-\boldsymbol{E}[X(t)]=\mu_X-\mu_X=0,\\\sigma_Y^2&=\boldsymbol{E}\{[X(t+\tau)-X(t)]^2\}\\&=\boldsymbol{E}[X^2(t+\tau)]-2\boldsymbol{E}[X(t+\tau)X(t)]+\boldsymbol{E}[X^2(t)]\\&=2[R_X(0)-R_X(\tau)].\end{aligned}$$

对 $Y(t)$应用切比雪夫不等式，即得

$$\boldsymbol{P}\{|X(t+\tau)-X(t)|\geqslant a\}\leqslant\frac{2[R_X(0)-R_X(\tau)]}{a^2}.$$

学习随笔

【例 14.6】已知下列平稳过程 $X(t)$ 的相关函数，试分别求出 $X(t)$ 的谱密度.

(1) $R_X(\tau)=2e^{-3|\tau|}+\cos\pi\tau$； (2) $R_X(\tau)=3+3\delta(\tau)+4e^{-|\tau|}\cos\tau$.

【解】相关函数 $R_X(\tau)$ 与谱密度是一一对应的，且 $S_X(\omega)=\mathscr{F}[R_X(\tau)]$，以下结合 FT 的线性性质，查表求解.

(1) $S_X(\omega)=\mathscr{F}[2e^{-3|\tau|}+\cos\pi\tau]=2\mathscr{F}[e^{-3|\tau|}]+\mathscr{F}[\cos\pi\tau]$，查表得到 $\mathscr{F}[e^{-3|\tau|}]=\dfrac{6}{9+\omega^2}$，$\mathscr{F}[\cos\pi\tau]=\pi[\delta(\omega-\pi)+\delta(\omega+\pi)]$，所以

$$S_X(\omega)=\frac{12}{9+\omega^2}+\pi[\delta(\omega-\pi)+\delta(\omega+\pi)].$$

(2) $S_X(\omega)=\mathscr{F}[3+3\delta(\tau)+4e^{-|\tau|}\cos\tau]=3\mathscr{F}[1]+3\mathscr{F}[\delta(\tau)]+4\mathscr{F}[e^{-|\tau|}\cos\tau]$.

查表得到 $\mathscr{F}[1]=2\pi\delta(\omega)$，$\mathscr{F}[\delta(\tau)]=1$，再计算得

$$\mathscr{F}[e^{-|\tau|}\cos\tau]=\frac{1}{1+(\omega-1)^2}+\frac{1}{1+(\omega+1)^2},$$

故
$$S_X(\omega)=6\pi\delta(\omega)+3+4\left[\frac{1}{1+(\omega-1)^2}+\frac{1}{1+(\omega+1)^2}\right].$$

【例 14.7】设两个平稳过程

$$X(t)=a\cos(\omega_0 t+\Theta)\text{ 和 }Y(t)=b\sin(\omega_0 t+\Theta),\ -\infty<t<+\infty,$$

其中 a,b,ω_0 均为常数，Θ 是 $(0,2\pi)$ 上均匀分布的随机变量. 试证 $X(t)$ 与 $Y(t)$ 平稳相关，并求它们的互谱密度 $S_{XY}(\omega)$ 和 $S_{YX}(\omega)$.

【解】先求 $X(t)$ 与 $Y(t)$ 的互相关函数，

$$\begin{aligned}\boldsymbol{E}[X(t)Y(t+\tau)]&=ab\boldsymbol{E}[\cos(\omega_0 t+\Theta)\sin(\omega_0(t+\tau)+\Theta)]\\&=\frac{ab}{2\pi}\int_0^{2\pi}\cos(\omega_0 t+\theta)\sin[\omega_0(t+\tau)+\theta]\mathrm{d}\theta=\frac{ab}{2}\sin\omega_0\tau,\end{aligned}$$

所以 $R_{XY}(\tau)=\dfrac{ab}{2}\sin\omega_0\tau$，即互相关函数只与 τ 有关，故 $X(t)$ 与 $Y(t)$ 平稳相关.

有
$$R_{YX}(\tau)=R_{XY}(-\tau)=-\frac{ab}{2}\sin\omega_0\tau=-R_{XY}(\tau).$$

由维纳－辛钦公式，互谱密度为

$$\begin{aligned}S_{XY}(\omega)&=\mathscr{F}[R_{XY}(\tau)]=\frac{ab}{2}\mathscr{F}[\sin\omega_0\tau]=\frac{ab}{4i}\mathscr{F}[e^{i\omega_0\tau}-e^{-i\omega_0\tau}]\\&=\frac{abi}{4}\{\mathscr{F}[e^{-i\omega_0\tau}]-\mathscr{F}[e^{i\omega_0\tau}]\}.\end{aligned}$$

由于 $\mathscr{F}[e^{\mp i\omega_0\tau}]=2\pi\delta(\omega\pm\omega_0)$，所以

$$S_{XY}(\omega)=\frac{ab\pi i}{2}[\delta(\omega+\omega_0)-\delta(\omega-\omega_0)],$$

同时有
$$S_{YX}(\omega)=\mathscr{F}[R_{YX}(\tau)]=-\mathscr{F}[R_{XY}(\tau)]=-S_{XY}(\omega).$$

第 15 章　时间序列分析

略。

学习随笔

学习随笔

第 16 章　总复习

§16.1　数学题型及其要求

数学题型主要有:填空题、选择题、解答题(包括计算题、应用题和证明题),其中填空题、选择题由于标准答案唯一,评判时不存在主观性差异,因而称为客观性试题;而解答题、证明题,评判时虽有评分标准但仍存在一定的主观性差异,因而称为主观性试题.

1. 填空题

填空题通常要求填写计算结果或主题中某个特定字母的数值,试题容易,答案唯一.

填空题主要考查对数学的基本概念、定义、公式、基本定理、基本性质和基本方法的识记、理解、掌握的熟练程度,快捷、准确的运算能力以及正确的判断能力和简单的推理能力.

填空题一般要求是较低层次的内容,以考查记忆、理解、领会等较低能力为主.推导结果的过程、涉及的知识以及综合性,都不会过多、过杂、过难.一般的只需分析题意,将题目中的概念、术语、关系等数量关系写出,应用正确的模型、模式、公式通过简单计算或解方程即可求出所要的结果.

2. 选择题

选择题主要是考查对数学基本概念的理解程度,对基本方法的掌握以及对比较、分析、判别等逻辑思维能力的训练程度;它还可以用于鉴别易于出现的方法和概念性的错误.选择题具有其他题型难以替代的功能.一般不把只考核计算能力而丝毫没有选择功能的计算题改成选择题;备选项之间没有逻辑包含或排除关系,不会出现某个备选项正确,另一备选项必正确的情况,干扰项多是似是而非.

数学选择题大致可以分成三类,第一类是计算性的选择题;第二类是概念性的选择题,主要考查对基本概念的定义和本质属性的理解,概念内涵和外延的理解和掌握;第三类是理论性的选择题,主要考核对基本定理、性质、法则和公式条件与结论的理解和掌握,及分析、判断、类比、归纳等逻辑思维能力.选择题多属于第二、三类,而第一类可通过填空题来实现.

求解选择题一般可以从两个方面入手:判断并选择“正确选项”和排除“错误选项”.假设可以确信某个选项是正确的,则无需证明其他选项不成立,同样,运用排除法时,也无需证明正确选项成立.求解选择题一般总是先应用概念、定理、公式与法则进行分析和逻辑推理,使对问题有一个初步判断,即最可能成立的答案是哪个,而后通过几何图形、特殊值及一些必要的计算,正向推导或逆向推导,以达到鉴别和验证最终的结果.

3. 解答题(包括计算题、应用题)

解答题主要是考查对数学有关部分内容的基本概念、基本原理、方法与公式的掌握和熟练(灵活)运用程度以及数学运算能力、抽象概括能力、分析和解决实际问题的能力.

解答概率论与数理统计中的计算题、应用题关键在于：

① 正确分析题目中的随机试验，弄清题目中随机事件、随机变量的确切含义及彼此间的关系并进行必要的等价变换；

② 将题目中的基本概念、已知条件所蕴含的数量关系揭示出来，并用概率论与数理统计的语言来描述所要解答的问题，即用一些字母和符号表示给定的条件和所要求得的结果，“知道什么?”，“要求什么”?

③ 选择正确模型，套用已知的公式进行计算，即可求得结果.

解答题常常可以按照一定的“程序性解题方法”来完成运算.

4. 证明题

证明题题型(初等部份)在概率论与数理统计中比较少.其证题方法，大部分是针对所要证明的结果，从概率模型出发，应用已知的定理结论、公式和性质，经过计算、等价性代换及必要的推导，最终得出的要证明的结果.

证明题除了考查对数学的主要定理、原理和方法的理解、掌握程度外，还要考查逻辑推理能力，空间想象能力.

§ 16.2　典型例题分析

说明　*本章例题着重于概率统计与其他数学学科相联系的问题，以及较难的或者有多种解题方法的例题.*

【例 16.1】证明：若$(A-B)\cup(B-A)\subset C$，则$A\subset(B-C)\cup(C-B)$的充要条件是$ABC=\varnothing$.

【证明】由题设$A\overline{B}\cup B\overline{A}\subset C$，知$A\overline{BC}=\varnothing$，$B\overline{AC}=\varnothing$，所以

$$A=AB+A\overline{B}=ABC+AB\overline{C}+A\overline{B}C+A\overline{BC}=ABC+AB\overline{C}+A\overline{B}C.$$

若$ABC=\varnothing$，则$A=AB\overline{C}+A\overline{B}C=A(B\overline{C}+\overline{B}C)\subset B\overline{C}+\overline{B}C=(B-C)\cup(C-B)$.

反之，若$A\subset B\overline{C}\cup C\overline{B}$，则$A=AB\overline{C}+AC\overline{B}\Rightarrow AB=AB\overline{C}\Rightarrow ABC=AB\overline{C}C=\varnothing$.

【例 16.2】随机地抛掷两枚均匀骰子，试求两个骰子点数之和为 5 的结果出现在点数之和为 7 的结果之前的概率.

【解法一】记A=“投掷两个骰子点数和为 5 的结果出现在点数和为 7 的结果之前”，A_i=“前$i-1$次投掷，两个骰子点数和为 5 或 7 都没出现，第i次投掷出现点数和为 5”$(i\geqslant 1)$，则$A=\bigcup\limits_{i=1}^{\infty}A_i$，又记$B_i$=“第$i$次投掷两骰子点数和为 5”，$C_i$=“第$i$次投掷两骰子点数和为 7”，则

$$\boldsymbol{P}(B_i)=\frac{4}{6\times 6}=\frac{1}{9},\quad \boldsymbol{P}(C_i)=\frac{6}{6\times 6}=\frac{1}{6},\quad B_iC_i=\varnothing,$$

并且各次投掷的结果是相互独立的，所以

学习随笔

$$A_i=\overline{B}_1\overline{C}_1\overline{B}_2\overline{C}_2\cdots\overline{B}_{i-1}\overline{C}_{i-1}B_i=(\overline{B_1\cup C_1})(\overline{B_2\cup C_2})\cdots(\overline{B_{i-1}\cup C_{i-1}})B_i$$

$$\begin{aligned}\boldsymbol{P}(A_i)&=\boldsymbol{P}(\overline{B_1\cup C_1})\cdots\boldsymbol{P}(\overline{B_{i-1}\cup C_{i-1}})\boldsymbol{P}(B_i)\\&=\left[1-\left(\frac{1}{9}+\frac{1}{6}\right)\right]^{i-1}\times\frac{1}{9}=\left(\frac{13}{18}\right)^{i-1}\times\frac{1}{9},\end{aligned}$$

$$\boldsymbol{P}(A)=\sum_{i=1}^{\infty}\boldsymbol{P}(A_i)=\frac{1}{9}\sum_{i=1}^{\infty}\left(\frac{13}{18}\right)^{i-1}=\frac{1}{9}\times\frac{1}{1-\frac{13}{18}}=\frac{2}{5}.$$

【解法二】记 A =“投掷两骰子点数之和为 5 出现在和为 7 之前”，B =“两骰子点数之和为 5”，C =“两骰子点数之和为 7”，D =“两骰子点数和不为 5 也不为 7”，则 $B+C+D=\Omega$，$\boldsymbol{P}(B)=\frac{4}{36}$，$\boldsymbol{P}(C)=\frac{6}{36}$，$\boldsymbol{P}(D)=\boldsymbol{P}(\overline{B}\,\overline{C})=\boldsymbol{P}(\overline{B\cup C})=1-\boldsymbol{P}(B\cup C)=1-\boldsymbol{P}(B)-\boldsymbol{P}(C)=\frac{26}{36}$.

由全概率公式，得

$$\begin{aligned}\boldsymbol{P}(A)&=\boldsymbol{P}(AB)+\boldsymbol{P}(AC)+\boldsymbol{P}(AD)\\&=\boldsymbol{P}(B)\boldsymbol{P}(A|B)+\boldsymbol{P}(C)\boldsymbol{P}(A|C)+\boldsymbol{P}(D)\boldsymbol{P}(A|D)\\&=\frac{4}{36}\times1+\frac{6}{36}\times0+\frac{26}{36}\times\boldsymbol{P}(A),\end{aligned}$$

则 $\boldsymbol{P}(A)=\frac{4}{10}=\frac{2}{5}$.

【例 16.3】甲、乙两人约定上午 9 时到 10 时之间到某车站乘车. 在这段时间内车站共有四班公共汽车，它们的开车时刻分别为 9:15，9:30，9:45，10:00. 假设甲、乙两人到达车站的时刻是相互独立，且在 9 时到 10 时之间的任何时刻到达车站都是等可能的.

(1) 如果他们约定见车就乘，求甲、乙同乘一辆车的概率 p_1.

(2) 如果约定最多等一辆车，求甲、乙同乘一辆车的概率 p_2.

【分析】如图 16-1 所示，如果取 9 时作为坐标原点，间隔 1 小时作为单位长，那么开车时刻分别在 $\frac{1}{4}$，$\frac{1}{2}$，$\frac{3}{4}$ 和 1 处. 若记甲、乙到达车站时刻分别为 X、Y，则 X 与 Y 相互独立，且都在 $(0,1)$ 上服从均匀分布. 我们可以用 X，Y 的取值范围表示“甲、乙同乘一辆车”这一随机事件，进而应用随机变量的分布，计算概率 p_1、p_2. 如果用随机点 (X,Y) 的位置表示甲、乙到达的时刻，则样本空间 $\Omega=\{(x,y):0\leqslant x\leqslant 1,0\leqslant y\leqslant 1\}$，而事件 A =“甲、乙同乘一辆车”在不同的假设下，可以求得相应的子集 A_Ω，进而应用几何概率可求得概率 p_1，p_2.

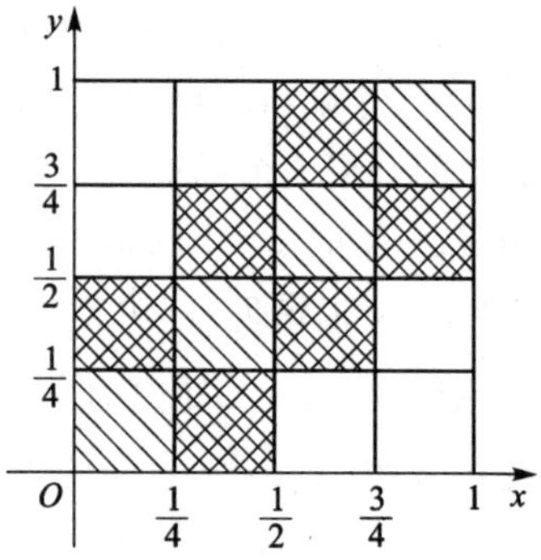

图 16-1

【解法一】(均匀分布概型) 取 9 时作为坐标原点，1 小时作为单位长，并记甲、乙到达车站的时刻分别为 X、Y. 则 X 与 Y 相互独立，且都在 $(0,1)$ 上服从均匀分布，即其密度函

数均为 $f(x)=\begin{cases}1, & 0<x<1,\\0, & \text{其他}.\end{cases}$

(1) 如果约定"见车就走",则事件

$$\begin{aligned}A&=\text{“甲、乙同乘一辆车”}\\&=\left\{0<X\leqslant\frac{1}{4},0<Y\leqslant\frac{1}{4}\right\}+\left\{\frac{1}{4}<X\leqslant\frac{1}{2},\frac{1}{4}<Y\leqslant\frac{1}{2}\right\}+\\&\quad\left\{\frac{1}{2}<X\leqslant\frac{3}{4},\frac{1}{2}<Y\leqslant\frac{3}{4}\right\}+\left\{\frac{3}{4}<X\leqslant 1,\frac{3}{4}<Y\leqslant 1\right\}\\&=\bigcup_{i=0}^{3}\left\{\frac{i}{4}<X\leqslant\frac{i}{4}+\frac{1}{4},\frac{i}{4}<Y\leqslant\frac{i}{4}+\frac{1}{4}\right\},\end{aligned}$$

且 $$\boldsymbol{P}\left\{\frac{i}{4}<X\leqslant\frac{i}{4}+\frac{1}{4}\right\}=\boldsymbol{P}\left\{\frac{i}{4}<Y\leqslant\frac{i}{4}+\frac{1}{4}\right\}=\int_{i/4}^{i/4+\frac{1}{4}}f(x)\mathrm{d}x=\frac{1}{4}.$$

故 $$\begin{aligned}p_1=\boldsymbol{P}(A)&=\sum_{i=0}^{3}\boldsymbol{P}\left\{\frac{i}{4}<X\leqslant\frac{i}{4}+\frac{1}{4}\right\}\cdot\boldsymbol{P}\left\{\frac{i}{4}<Y\leqslant\frac{i}{4}+\frac{1}{4}\right\}\\&=4\times\frac{1}{4}\times\frac{1}{4}=\frac{1}{4}.\end{aligned}$$

(2) 如果约定"最多等一辆车",则事件

$$\begin{aligned}B&=\text{“甲、乙同乘一辆车”}\\&=\left\{0<X\leqslant\frac{1}{4},0<Y\leqslant\frac{1}{2}\right\}+\left\{\frac{1}{4}<X\leqslant\frac{1}{2},0<Y\leqslant\frac{3}{4}\right\}+\\&\quad\left\{\frac{1}{2}<X\leqslant\frac{3}{4},\frac{1}{4}<Y\leqslant 1\right\}+\left\{\frac{3}{4}<X\leqslant 1,\frac{1}{2}<Y\leqslant 1\right\}.\end{aligned}$$

由于 X 与 Y 相互独立,并且 $\int_{i/4}^{\frac{i}{4}+\frac{1}{4}}f(x)\mathrm{d}x=\frac{1}{4}(i=0,1,2,3)$,$\int_{0}^{\frac{1}{2}}f(x)\mathrm{d}x=\int_{\frac{1}{2}}^{1}f(x)\mathrm{d}x=\frac{1}{2}$,　$\int_{0}^{\frac{3}{4}}f(x)\mathrm{d}x=\int_{\frac{1}{4}}^{\frac{i}{4}}f(x)\mathrm{d}x=\frac{3}{4}$.

故 $$p_2=\boldsymbol{P}(B)=\frac{1}{4}\times\frac{1}{2}+\frac{1}{4}\times\frac{3}{4}+\frac{1}{4}\times\frac{3}{4}+\frac{1}{4}\times\frac{1}{2}=\frac{10}{16}=\frac{5}{8}.$$

【解法二】(几何概型)取 9 时作为坐标原点,1 小时作为一个单位,并记甲、乙到达车站的时刻分别为 X、Y,则 (X,Y) 一切可能取值在单位正方形内,即样本空间 $\Omega=\{(x,y):0<x\leqslant 1,0<y\leqslant 1\}$.

(1) 如果约定"见车就乘",则事件 $A=$"甲、乙同乘一辆车"等价于 (X,Y) 落入区域 $A_\Omega=\{(x,y):0<x,y\leqslant\frac{1}{4}\}\cup\{(x,y):\frac{1}{4}<x,y\leqslant\frac{1}{2}\}\cup\{(x,y):\frac{1}{2}<x,y\leqslant\frac{3}{4}\}\cup\{(x,y):\frac{3}{4}<x,y\leqslant 1\}$,由几何概率可求得

$$p_1=\frac{A_\Omega\text{ 的面积}}{\Omega\text{ 的面积}}=\frac{4\times\frac{1}{4}\times\frac{1}{4}}{1\times 1}=\frac{1}{4}.$$

(2) 如果约定"最多等一辆车",则事件 $B=$"甲、乙同乘一辆车"等价于 (X,Y) 落入区域 $B_\Omega=\{(x,y):0<x\leqslant\frac{1}{4},0<y\leqslant\frac{1}{2}\}\cup\{(x,y):\frac{1}{4}<x\leqslant\frac{1}{2},0<y\leqslant\frac{3}{4}\}\cup\{(x,y):$

学习随笔

$\frac{1}{2}<x\leqslant\frac{3}{4},\frac{1}{4}<y\leqslant 1\}\cup\{(x,y):\frac{3}{4}<x\leqslant 1,\frac{1}{2}<y\leqslant 1\}$，由几何概率可求得

$$p_2=\boldsymbol{P}(B)=\frac{B_\Omega\text{ 的面积}}{\Omega\text{ 的面积}}=\frac{1}{4}\times\frac{1}{2}+\frac{1}{4}\times\frac{3}{4}+\frac{1}{4}\times\frac{3}{4}+\frac{1}{4}\times\frac{1}{2}=\frac{5}{8}.$$

【例 16.4】已知甲袋中有 2 个黑球，3 个白球，乙袋中有一个黑球，4 个白球，丙袋中有 3 个黑球，2 个白球. 先从甲袋中任取一球放入乙袋，再任取一球放入丙袋，而后从乙袋中任取一球放入丙袋，最后从丙袋中任取一球. 求最后从丙袋中取到的球是白球的概率.

【解】记 A_i＝“第 i 次从甲袋中取出的球为白球”$(i=1,2)$，B＝“从乙袋中取出的球为白球”，C＝“最后从丙袋中取出的球为白球”，则 $\boldsymbol{P}(A_1)=\frac{3}{5}$，由“抽签结果与先后顺序无关”(或全概率公式)知 $\boldsymbol{P}(A_2)=\frac{3}{5}$，$\boldsymbol{P}(\overline{A}_i)=\frac{2}{5}(i=1,2)$，根据全概率公式，则

$$\begin{aligned}\boldsymbol{P}(B)&=\boldsymbol{P}(A_1B)+\boldsymbol{P}(\overline{A}_1B)=\boldsymbol{P}(A_1)\boldsymbol{P}(B|A_1)+\boldsymbol{P}(\overline{A}_1)\boldsymbol{P}(B|\overline{A}_1)\\&=\frac{3}{5}\times\frac{5}{6}+\frac{2}{5}\times\frac{4}{6}=\frac{23}{30},\end{aligned}$$

$\boldsymbol{P}(\overline{B})=\frac{7}{30}$，$B$ 与 A_2 独立，

$$\begin{aligned}\boldsymbol{P}(C)&=\boldsymbol{P}(CA_2B)+\boldsymbol{P}(C\overline{A}_2B)+\boldsymbol{P}(CA_2\overline{B})+\boldsymbol{P}(C\overline{A}_2\overline{B})\\&=\boldsymbol{P}(A_2)\boldsymbol{P}(B|A_2)\boldsymbol{P}(C|A_2B)+\boldsymbol{P}(\overline{A}_2)\boldsymbol{P}(B|\overline{A}_2)\boldsymbol{P}(C|\overline{A}_2B)+\\&\quad\ \boldsymbol{P}(A_2)\boldsymbol{P}(\overline{B}|A_2)\boldsymbol{P}(C|A_2\overline{B})+\boldsymbol{P}(\overline{A}_2)\boldsymbol{P}(\overline{B}|\overline{A}_2)+\boldsymbol{P}(C|\overline{A}_2\overline{B}_2)\\&=\frac{3}{5}\times\frac{23}{30}\times\frac{4}{7}+\frac{2}{5}\times\frac{23}{30}\times\frac{3}{7}+\frac{3}{5}\times\frac{7}{30}\times\frac{3}{7}+\frac{2}{5}\times\frac{7}{30}\times\frac{2}{7}\\&=\frac{505}{1050}=\frac{101}{210}=48\%.\end{aligned}$$

【例 16.5】在一个家庭中有 n 个小孩的概率为 $p_n=\begin{cases}\alpha p^n, & n\geqslant 1,\\ 1-\frac{\alpha p}{1-p}, & n=0,\end{cases}$ 其中 $0<p<1,0<\alpha<\frac{1-p}{p}$. 若认为生一个小孩为男孩或女孩是等可能的.

(1) 证明：一个家庭有 $k(k\geqslant 1)$ 个男孩的概率为 $2\alpha p^k/(2-p)^{k+1}$；

(2) 已知家中没有女孩，求正好有一个男孩的概率.

【证明】(1) 记 A_n＝“家庭有 n 个孩子”$(n=0,1,2\cdots)$，B＝“家庭有 k 个男孩”，则 $\boldsymbol{P}(A_n)=p_n$，由独立试验序列概型(二项分布)得

$$\boldsymbol{P}(B|A_n)=\mathrm{C}_n^k\left(\frac{1}{2}\right)^k\left(\frac{1}{2}\right)^{n-k}=\mathrm{C}_n^k\left(\frac{1}{2}\right)^n.$$

由于 $\bigcup\limits_{n=0}^{\infty}A_n=\Omega$，根据全概率公式得

$$\begin{aligned}\boldsymbol{P}(B)&=\sum_{n=0}^{\infty}\boldsymbol{P}(A_nB)=\sum_{n=0}^{\infty}\boldsymbol{P}(A_n)\boldsymbol{P}(B|A_n)=\sum_{n=k}^{\infty}\alpha p^n\mathrm{C}_n^k\left(\frac{1}{2}\right)^n\\&\xlongequal{\text{令 } m=n-k}\sum_{m=0}^{\infty}\alpha p^{m+k}\mathrm{C}_{m+k}^k\left(\frac{1}{2}\right)^{m+k}\end{aligned}$$

学习随笔

$$=\alpha\left(\frac{p}{2}\right)^k\sum_{m=0}^{\infty}C_{k+m}^{m}\left(\frac{p}{2}\right)^m=\alpha\left(\frac{p}{2}\right)^k\left(1-\frac{p}{2}\right)^{-k-1}=\frac{2\alpha p^k}{(2-p)^{k+1}}.$$

评注　上述证明过程的倒数第二个等号是根据组合分析中的一个重要公式：$\sum_{m=0}^{\infty}C_{m+k}^{m}x^m=\frac{1}{(1-x)^{k+1}}(0<x<1,k=0,1,\cdots)$. 应用数学归纳法可以证明这个公式.

(2) 记 C="家中无女孩"，D="家中正好有一个男孩"，所求的概率为 $\boldsymbol{P}(D|C)=\frac{\boldsymbol{P}(DC)}{\boldsymbol{P}(C)}$，其中 DC="家中只有一个小孩且为男孩"，所以 $\boldsymbol{P}(DC)=\alpha p\cdot\frac{1}{2}=\frac{1}{2}\alpha p$；而事件 C="家中无小孩"或"有 n 个小孩全是男孩"$(n\geqslant 1)$，故

$$\boldsymbol{P}(C)=1-\frac{\alpha p}{1-p}+\sum_{n=1}^{\infty}\alpha p^n\cdot\left(\frac{1}{2}\right)^n=1-\frac{\alpha p}{1-p}+\alpha\cdot\frac{\frac{p}{2}}{1-\frac{p}{2}}$$

$$=1-\frac{\alpha p}{(1-p)(2-p)},$$

$$\boldsymbol{P}(D|C)=\frac{\frac{1}{2}\alpha p}{1-\frac{\alpha p}{(1-p)(2-p)}}=\frac{\alpha p(1-p)(2-p)}{2(2-3p+p^2-\alpha p)}.$$

【例 16.6】设 A、B、C 为随机事件，且 $0<\boldsymbol{P}(A)<1$，$0<\boldsymbol{P}(B)<1$，$0<\boldsymbol{P}(C)<1$，则 A、B、C 相互独立充要条件是：A 与 BC，B 与 AC，C 与 AB，A 与 $B\cup C$ 相互独立.

【证明】易证必要性. 下证充分性，由题设知

$$\boldsymbol{P}(ABC)=\boldsymbol{P}(A)\boldsymbol{P}(BC)=\boldsymbol{P}(B)\boldsymbol{P}(AC)=\boldsymbol{P}(C)\boldsymbol{P}(AB),\tag{16-1}$$

$\boldsymbol{P}(A(B\cup C))=\boldsymbol{P}(A)\boldsymbol{P}(B\cup C)$，则

$$\begin{aligned}\boldsymbol{P}(AB)+\boldsymbol{P}(AC)-\boldsymbol{P}(ABC)&=\boldsymbol{P}(A)(\boldsymbol{P}(B)+\boldsymbol{P}(C)-\boldsymbol{P}(BC))\\&=\boldsymbol{P}(A)\boldsymbol{P}(B)+\boldsymbol{P}(A)\boldsymbol{P}(C)-\boldsymbol{P}(A)\boldsymbol{P}(BC).\end{aligned}$$

由式(16-1)⇒

$$\boldsymbol{P}(AB)+\boldsymbol{P}(AC)=\boldsymbol{P}(A)\boldsymbol{P}(B)+\boldsymbol{P}(A)\boldsymbol{P}(C)=\boldsymbol{P}(A)[\boldsymbol{P}(B)+\boldsymbol{P}(C)]\tag{16-2}$$

$\boldsymbol{P}(C)\times$式(16-2)得

$$\begin{aligned}\boldsymbol{P}(C)\boldsymbol{P}(AB)+\boldsymbol{P}(C)\boldsymbol{P}(AC)&=\boldsymbol{P}(B)\boldsymbol{P}(AC)+\boldsymbol{P}(C)\boldsymbol{P}(AC)\\&=\boldsymbol{P}(AC)[\boldsymbol{P}(B)+\boldsymbol{P}(C)]\\&=\boldsymbol{P}(C)\boldsymbol{P}(A)[\boldsymbol{P}(B)+\boldsymbol{P}(C)],\end{aligned}$$

故 $\boldsymbol{P}(AC)=\boldsymbol{P}(A)\boldsymbol{P}(C)$，再由式(16-1)得

$$\boldsymbol{P}(ABC)=\boldsymbol{P}(A)\boldsymbol{P}(B)\boldsymbol{P}(C),$$
$$\boldsymbol{P}(BC)=\boldsymbol{P}(B)\boldsymbol{P}(C),$$
$$\boldsymbol{P}(AB)=\boldsymbol{P}(A)\boldsymbol{P}(B),$$

故 A、B、C 相互独立.

【例 16.7】将 1～9 九个数随意放入 3×3 的格子中，设各列最小值分别为 X_1，X_2，X_3. 求 $X=\max(X_1,X_2,X_3)$ 的概率分布.

学习随笔

【解】显然 X 可以取 3、4、5、6、7，由列举法可以算得 X 取相应值的概率. 将 3×3 格子视为一行的 9 个格子，前 3 个格子为第一列，4～6 格子为第二列，7～9 为第 3 列. 9 个数的任一排列作为一个基本事件，则其总数为 $n=9!$. 事件 $A=\{X=3\}=\{\max(X_1,X_2,X_2)=3\}$ 等价于各列最小值分别为 1、2、3，等价于首先在 9 个格子任取一个放 1(共有 C_9^1 种放法)，而后在另外的列中任选一个格子放 2(共有 C_6^1 种放法)，再在余下的一列中任选一个格子放 3(共有 C_3^1 种放法)，最后将其余 6 个数随意放在余下的 6 个格子中(共有 6! 种放法)，因此 A 中所含的基本事件数为 $n(A)=C_9^1\times C_6^1\times C_3^1\times6!$，可求得 $\boldsymbol{P}\{X=3\}=\dfrac{9\times6\times3\times6!}{9!}=\dfrac{9}{28}$.

类似分析可求得：

$$\boldsymbol{P}\{X=4\}=\boldsymbol{P}\{\text{各列最小值为 }1,2,4\}+\boldsymbol{P}\{\text{各列最小值为 }1,3,4\}$$
$$=\frac{1}{9!}(C_9^1\times C_6^1\times C_3^1\times C_4^1\times5!\ +C_9^1\times C_6^1\times C_3^1\times C_2^1\times5!)=\frac{9}{28};$$

$$\boldsymbol{P}\{X=5\}=\boldsymbol{P}\{\max(X_1,X_2,X_3)=5\}$$
$$=\boldsymbol{P}\{\text{各列最小值为 }1,2,5\}+\boldsymbol{P}\{\text{各列最小值为 }1,3,5\}+\boldsymbol{P}\{\text{各列最小值为 }1,4,5\}$$
$$=\frac{1}{9!}(C_9^1\times C_6^1\times C_3^1\times C_4^2\times2!\ \times4!\ +C_9^1\times C_6^1\times C_3^1\times C_2^1\times C_3^1\times4!\ +C_9^1\times C_6^1\times C_3^1\times2!\ \times4!)=\frac{6}{28};$$

$$\boldsymbol{P}\{X=6\}=\boldsymbol{P}\{\max(X_1,X_2,X_3)=6\}$$
$$=\boldsymbol{P}\{\text{各列最小值为 }1,2,6\}+\boldsymbol{P}\{\text{各列最小值为 }1,3,6\}+\boldsymbol{P}\{\text{各列最小值为 }1,4,6\}$$
$$=\frac{C_9^1\times C_6^1\times C_3^1}{9!}(C_4^1\times C_3^1\times C_2^1\times3!\ +C_2^1\times C_3^2\times2!\ \times3!\ +2!\ \times C_2^1\times3!)$$
$$=\frac{9\times6\times3\times3!\ (24+12+4)}{9!}=\frac{3}{28}.$$

$$\boldsymbol{P}\{X=7\}=1-\frac{9+9+6+3}{28}=\frac{1}{28}.$$

【例 16.8】设随机变量 X_1,X_2,X_3,X_4 相互独立，行列式

$$X=\begin{vmatrix}X_1 & X_2\\ X_3 & X_4\end{vmatrix}.$$

(1) 若 $\boldsymbol{P}\{X_i=0\}=0.6,\boldsymbol{P}\{X_i=1\}=0.4(i=1,2,3,4)$，求 X 分布律；

(2) 若 $X_i\sim N(0,1)(i=1,2,3,4)$，求 X 的分布函数，密度函数.

【解】(1) $X=X_1X_4-X_2X_3,X_i\sim\begin{pmatrix}0 & 1\\ 0.6 & 0.4\end{pmatrix}$，由题设令 $Y_1=X_1X_4$ 与 $Y_2=X_2X_3$ 相互独立，且有相同分布 $Y_i\sim\begin{pmatrix}0, & 1\\ 0.84 & 0.16\end{pmatrix}(i=1,2)$，故 Y_1 与 Y_2 的联合分布

学习随笔

Y_2 \ Y_1	0	1	
0	0.7056	0.1344	0.84
1	0.1344	0.0256	0.16
	0.84	0.16	

$X=Y_1-Y_2$ 可取 0,−1,1,其相应的概率为

$$\begin{aligned}\boldsymbol{P}\{X=0\}&=\boldsymbol{P}\{Y_1=0,Y_2=0\}+\boldsymbol{P}\{Y_1=1,Y_2=1\}\\&=0.7056+0.0256=0.7312,\\\boldsymbol{P}\{X=-1\}&=\boldsymbol{P}\{Y_1=0,Y_2=1\}=0.1344,\\\boldsymbol{P}\{X=1\}&=\boldsymbol{P}\{Y_1=1,Y_2=0\}=0.1344.\end{aligned}$$

(2) 若 $X_i\sim N(0,1)$,且相互独立,则

$$\begin{aligned}X&=X_1X_4-X_2X_3\\&=\left[\left(\frac{X_1+X_4}{2}\right)^2+\left(\frac{X_2-X_3}{2}\right)^2\right]-\left[\left(\frac{X_2+X_3}{2}\right)^2+\left(\frac{X_1-X_4}{2}\right)^2\right]\\&\overset{\text{记}}{=\!=}(Y_1^2+Y_2^2)-(Y_3^2+Y_4^2),\end{aligned}$$

其中 $Y_1=\dfrac{X_1+X_4}{2},Y_2=\dfrac{X_2-X_3}{2},Y_3=\dfrac{X_2+X_3}{2},Y_4=\dfrac{X_1-X_4}{2}$. 由题设知 $(X_1,X_2,X_3,X_4)^{\mathrm{T}}$ 为四维正态变量,又

$$\begin{pmatrix}Y_1\\Y_2\\Y_3\\Y_4\end{pmatrix}=\begin{pmatrix}\frac{1}{2}&0&0&\frac{1}{2}\\0&\frac{1}{2}&-\frac{1}{2}&0\\0&\frac{1}{2}&\frac{1}{2}&0\\\frac{1}{2}&0&0&-\frac{1}{2}\end{pmatrix}\begin{pmatrix}X_1\\X_2\\X_3\\X_4\end{pmatrix},$$

故 $(Y_1,Y_2,Y_3,Y_4)^{\mathrm{T}}$ 为四维正态变量. 由于 $\mathrm{Cov}(Y_1,Y_2)=\mathrm{Cov}\left(\dfrac{X_1+X_4}{2},\dfrac{X_2-X_3}{2}\right)=0$,同理可算得 $\mathrm{Cov}(Y_i,Y_j)=0(i\neq j)$,故 Y_1,Y_2,Y_3,Y_4 相互独立,由于 $Y_i\sim N\left(0,\dfrac{1}{2}\right)$,$\sqrt{2}Y_i\sim N(0,1),(i=1,2,3,4)$. 所以 $(\sqrt{2}Y_1)^2+(\sqrt{2}Y_2)^2=2(Y_1^2+Y_2^2)\sim\chi^2(2)$,即服从参数 $\lambda=\dfrac{1}{2}$ 的指数分布,根据指数分布性质:若 $\xi\sim E(\lambda)$,则 $k\xi\sim E\left(\dfrac{\lambda}{k}\right)(k>0)$,知

$$U=Y_1^2+Y_2^2=\frac{1}{2}\times2(Y_1^2+Y_2^2)\sim E(1),\text{即 }U=Y_1^2+Y_2^2\sim f_1(u)=\begin{cases}\mathrm{e}^{-u},&u>0,\\0,&u\leqslant0.\end{cases}$$

同理 $V=Y_3^2+Y_4^2\sim f_2(V)=\begin{cases}\mathrm{e}^{-v},&v>0,\\0,&v\leqslant0.\end{cases}$,$U$ 与 V 相互独立,因此 (U,V) 的联合分布密度函数

$$f(u,v)=\begin{cases}\mathrm{e}^{-(u+v)},&u>0,v>0,\\0,&\text{其他}.\end{cases}$$

学习随笔

所以 $X=U-V$ 的分布函数(积分域如图 16-2)

$$F(x)=\boldsymbol{P}\{X\leqslant x\}=\boldsymbol{P}\{U-V\leqslant x\}=\iint_{u-v\leqslant x} f(u,v)\mathrm{d}u\mathrm{d}v.$$

当 $x\geqslant 0$ 时,

$$F(x)=\int_0^x \mathrm{d}u\int_0^{+\infty} \mathrm{e}^{-u}\mathrm{e}^{-v}\mathrm{d}v+\int_x^{+\infty}\mathrm{d}u\int_{u-x}^{+\infty}\mathrm{e}^{-u}\mathrm{e}^{-v}\mathrm{d}v=1-\frac{1}{2}\mathrm{e}^{-x},$$

当 $x<0$ 时,

$$F(x)=\int_0^{+\infty}\mathrm{d}u\int_{u-x}^{+\infty}\mathrm{e}^{-u}\mathrm{e}^{-v}\mathrm{d}v=\frac{1}{2}\mathrm{e}^{x},$$

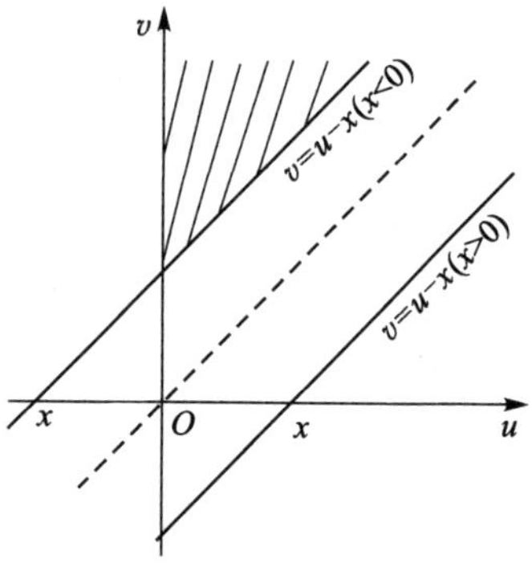

图 16-2

即 $F(x)=\begin{cases}1-\dfrac{1}{2}\mathrm{e}^{-x}, & x\geqslant 0,\\ \dfrac{1}{2}\mathrm{e}^{x}, & x<0,\end{cases}$

X 的密度函数 $f(x)=F'(x)=\begin{cases}\dfrac{1}{2}\mathrm{e}^{-x}, & x\geqslant 0,\\ \dfrac{1}{2}\mathrm{e}^{x}, & x<0\end{cases}=\dfrac{1}{2}\mathrm{e}^{-|x|}.$

【例 16.9】假设一个厚度为 S 的容器,其内表面有不同深度的 N 个微坑,而这些坑的深度由于化学腐蚀的作用又在不断地增加,当有一个坑的深度穿透容器时,该容器就损坏了.假设开始各个坑的深度均为随机变量,其概率密度为

$$f(x)=\begin{cases}c\lambda\mathrm{e}^{-\lambda x}, & 0<x\leqslant S,\\ 0, & \text{其他}\end{cases}(\lambda>0,c\ \text{为待定常数}),$$

假定每个坑的穿透时间和去掉坑后剩余的厚度成正比.求待定常数 c 及容器损坏时间 T 的分布函数 $F(t)$.

【解】由 $1=\int_{-\infty}^{+\infty}f(x)\mathrm{d}x=c\int_0^{s}\lambda\mathrm{e}^{-\lambda x}\mathrm{d}x=c(1-\mathrm{e}^{-\lambda s})$,解得

$$c=\frac{1}{1-\mathrm{e}^{-\lambda s}}=\frac{\mathrm{e}^{\lambda s}}{\mathrm{e}^{\lambda s}-1}.$$

假设第 i 个坑的深度为 $X_i(1\leqslant i\leqslant N)$,则 $0<X_i<S$,且相互独立、具有相同的密度函数 $f(x)$.若记第 i 个坑穿透时间为 Y_i,则 $Y_i=k(s-X_i)(k>0$,为常数$)$,$T=\min\limits_{1\leqslant i\leqslant N}Y_i$,其中 Y_i 独立同分布,分布函数为

$$G(t)=\boldsymbol{P}\{Y_i\leqslant t\}=\boldsymbol{P}\{k(s-X_i)\leqslant t\}=\boldsymbol{P}\left\{X_i\geqslant s-\frac{t}{k}\right\}$$

$$=\begin{cases}0, & t<0,\\ \displaystyle\int_{s-\frac{t}{k}}^{s}f(x)\mathrm{d}x, & 0\leqslant t<sk,\\ 1, & sk\leqslant t,\end{cases}=\begin{cases}0, & t<0,\\ \dfrac{\mathrm{e}^{\frac{\lambda t}{k}}-1}{\mathrm{e}^{\lambda s}-1}, & 0\leqslant t<sk,\\ 1, & sk\leqslant t.\end{cases}$$

故所求的分布函数 $F(t)=\boldsymbol{P}\{T\leqslant t\}=\boldsymbol{P}\{\min\limits_{1\leqslant i\leqslant N}Y_i\leqslant t\}$.

当 $t\leqslant 0$ 时，$F(t)=0$；

当 $t>0$ 时，
$$\begin{aligned}F(t)&=1-\boldsymbol{P}\{\min_{1\leqslant i\leqslant N}Y_i>t\}=1-\boldsymbol{P}\{Y_1>t,Y_2>t,\cdots,Y_n>t\}\\&=1-\boldsymbol{P}\{Y_1>t\}\boldsymbol{P}\{Y_2>t\}\cdots\boldsymbol{P}\{Y_N>t\}\\&=1-\prod_{i=1}^{N}[1-\boldsymbol{P}\{Y_i\leqslant t\}]=1-[1-G(t)]^N,\end{aligned}$$

即
$$F(t)=\begin{cases}0, & t<0,\\ 1-\left(\dfrac{e^{\lambda s}-e^{\frac{\lambda t}{k}}}{e^{\lambda s}-1}\right)^N, & 0\leqslant t<sk,\\ 1, & sk\leqslant t.\end{cases}$$

【例 16.10】设随机变量 X 服从参数为 λ 的指数分布. 在事件 $\{X\geqslant 1\}$ 发生条件下，随机变量 Y 在区间 $[1,3]$ 内任一子区间上取值的条件概率与该子区间的长度成正比；在事件 $\{X<1\}$ 发生条件下，Y 在区间 $[-2,-1]$ 内任一子区间上取值的条件概率与该子区间的长度成正比. 求随机变量 Y 的分布函数 $F(y)$.

【解】记 $A=\{X\geqslant 1\}$，$\overline{A}=\{X<1\}$，则 $A\cup\overline{A}=\Omega$. 依题意，在 A 发生条件下，Y 在 $[1,3]$ 上服从均匀分布，其条件分布为

$$F_Y(y\,|\,A)=\boldsymbol{P}\{Y\leqslant y\,|\,A\}=\begin{cases}0, & y<1,\\ \dfrac{y-1}{2}, & 1\leqslant y\leqslant 3,\\ 1, & 3<y,\end{cases}$$

$$f_Y(y\,|\,A)=\begin{cases}\dfrac{1}{2}, & 1\leqslant y\leqslant 3,\\ 0, & \text{其他}.\end{cases}$$

在 $\overline{A}$ 发生条件下，Y 在 $[-2,-1]$ 上服从均匀分布，其条件分布为

$$F_Y(y\,|\,\overline{A})=\boldsymbol{P}\{Y\leqslant y\,|\,\overline{A}\}=\begin{cases}0, & y<-2,\\ y+2, & -2\leqslant y\leqslant -1,\\ 1, & -1<y,\end{cases}$$

$$f_Y(y\,|\,\overline{A})=\begin{cases}1, & -2\leqslant y\leqslant -1,\\ 0, & \text{其他}.\end{cases}$$

已知 $\boldsymbol{P}(A)=\boldsymbol{P}\{X\geqslant 1\}=\int_1^{+\infty}\lambda e^{-\lambda x}\,dx=e^{-\lambda}$，$\boldsymbol{P}(\overline{A})=1-e^{-\lambda}$，所以 Y 的分布函数

$$\begin{aligned}F(y)&=\boldsymbol{P}\{Y\leqslant y\}=\boldsymbol{P}\{Y\leqslant y,A\}+\boldsymbol{P}\{Y\leqslant y,\overline{A}\}\\&=\boldsymbol{P}(A)\boldsymbol{P}\{Y\leqslant y\,|\,A\}+\boldsymbol{P}(\overline{A})\boldsymbol{P}\{Y\leqslant y\,|\,\overline{A}\}\\&=e^{-\lambda}\begin{cases}0, & y<1\\ \dfrac{y-1}{2}, & 1\leqslant y\leqslant 3\\ 1, & 3<y\end{cases}+(1-e^{-\lambda})\begin{cases}0, & y<-2,\\ y+2, & -2\leqslant y\leqslant -1,\\ 1, & -1<y\end{cases}\end{aligned}$$

学习随笔

$$=\begin{cases}0, & y<-2,\\(1-e^{-\lambda})(y+2), & -2\leqslant y\leqslant -1,\\1-e^{-\lambda}, & -1<y<1,\\1+\frac{1}{2}ye^{-\lambda}-\frac{3}{2}e^{-\lambda}, & 1\leqslant y\leqslant 3,\\1, & 3<y.\end{cases}$$

【例 16.11】一批元件其寿命服从参数为 λ 的指数分布,系统初始先让一个元件工作,当其损坏时立即更换一个新元件接替工作. 固定一个时间 $T(T>0)$,求到时刻 T 为止仅更换一个元件的概率.

【分析与解答】记 $A=$"到时刻 T 为止仅更换一个元件",需要计算 $\boldsymbol{P}(\boldsymbol{A})$. 如果用 X_i 表示第 i 个元件的寿命,则

$$A=\{0<X_1<T,X_2>T-X_1\}=\{0<X_1<T,X_1+X_2>T\},$$

其中 $X_i\sim f(x_i)=\begin{cases}\lambda e^{-\lambda x_i}, & x_i>0,\\0, & x_i\leqslant 0\end{cases}(i=1,2)$,$X_1$ 与 X_2 相互独立,因而

$$(X_1,X_2)\sim f(x_1,x_2)=\begin{cases}\lambda^2e^{-\lambda(x_1+x_2)}, & x_1>0,x_2>0,\\0, & \text{其他}.\end{cases}$$

所以(积分域见图 16-3)

$$\begin{aligned}\boldsymbol{P}(A)&=\boldsymbol{P}\{0<X_1<T,X_1+X_2>T\}\\&=\iint\limits_{\substack{0<x_1<T\\x_1+x_2>T}}f(x_1,x_2)\mathrm{d}x_1\mathrm{d}x_2\\&=\int_0^T\mathrm{d}x_1\int_{T-x_1}^{+\infty}\lambda^2e^{-\lambda(x_1+x_2)}\mathrm{d}x_2\\&=\int_0^T\lambda e^{-\lambda x_1}e^{-\lambda(T-x_1)}\mathrm{d}x_1=\lambda Te^{-\lambda T}.\end{aligned}$$

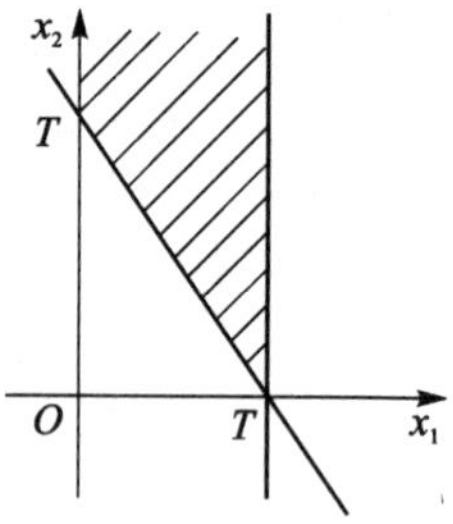

图 16-3

【例 16.12】设随机变量 X,Y 相互独立且服从同一分布,记 $U=\max(X,Y)$,$V=\min(X,Y)$.

(1) 已知 X,Y 相同分布律为 $\boldsymbol{P}\{X=k\}=\boldsymbol{P}\{Y=k\}=\frac{1}{3}$,$(k=1,2,3)$,求 U、V 的联合分布律,并问 U 与 V 是否独立? 为什么?

(2) 已知 X、Y 有相同的密度函数 $f(x)=\begin{cases}\frac{\alpha}{\beta^\alpha}x^{\alpha-1}, & 0<x<\beta,\\0, & \text{其他}\end{cases}$ $(\alpha\geqslant 1)$,求 U、V 的联合分布密度函数,并问 U 与 V 是否独立? 为什么. 试证明 $\frac{V}{U}$ 与 U 相互独立.

【解】(1) 显然 U 与 V 均为离散型随机变量,可取 1,2,3,且

学习随笔

$$\boldsymbol{P}\{U=1,V=1\}=\boldsymbol{P}\{X=1,Y=1\}=\frac{1}{3}\times\frac{1}{3}=\frac{1}{9},$$

$$\boldsymbol{P}\{U=1,V=2\}=0,\quad \boldsymbol{P}\{U=1,V=3\}=0,$$

$$\begin{aligned}\boldsymbol{P}\{U=2,V=1\}&=\boldsymbol{P}\{\max(X,Y)=2,\min(X,Y)=1\}\\&=\boldsymbol{P}\{X=2,Y=1\}+\boldsymbol{P}\{X=1,X=2\}=2\times\frac{1}{3}\times\frac{1}{3}=\frac{2}{9},\end{aligned}$$

$$\boldsymbol{P}\{U=2,V=2\}=\boldsymbol{P}\{X=2,Y=2\}=\frac{1}{9},$$

$$\boldsymbol{P}\{U=2,V=3\}=0,$$

$$\boldsymbol{P}\{U=3,V=1\}=\boldsymbol{P}\{X=3,Y=1\}+\boldsymbol{P}\{X=1,Y=3\}=\frac{2}{9},$$

$$\boldsymbol{P}\{U=3,V=2\}=\boldsymbol{P}\{X=3,Y=2\}+\boldsymbol{P}\{X=2,Y=3\}=\frac{2}{9},$$

$$\boldsymbol{P}\{U=3,V=3\}=\boldsymbol{P}\{X=3,Y=3\}=\frac{1}{9}.$$

由此可得(U,V)联合分布律及边缘分布为

V \ U	1	2	3	
1	$\frac{1}{9}$	$\frac{2}{9}$	$\frac{2}{9}$	$\frac{5}{9}$
2	0	$\frac{1}{9}$	$\frac{2}{9}$	$\frac{3}{9}$
3	0	0	$\frac{1}{9}$	$\frac{1}{9}$
	$\frac{1}{9}$	$\frac{3}{9}$	$\frac{5}{9}$	

.

由于$\boldsymbol{P}\{U=1,V=1\}=\frac{1}{9}\neq\frac{5}{9}\times\frac{1}{9}=\boldsymbol{P}\{U=1\}\boldsymbol{P}\{V=1\}$，故$U$与$V$不相互独立.

(2) 由题设知(X,Y)的联合密度函数为

$$f(x,y)=\begin{cases}\dfrac{\alpha^2}{\beta^{2\alpha}}x^{\alpha-1}y^{\alpha-1}, & 0<x<\beta,0<y<\beta,\\0, & \text{其他},\end{cases}(\alpha\geqslant 1).$$

由X,Y的密度函数$f(x)=\begin{cases}\dfrac{\alpha}{\beta^{\alpha}}x^{\alpha-1}, & 0<x<\beta,\\0, & \text{其他},\end{cases}$可得分布函数

$$F(x)=\int_{-\infty}^{x}f(t)\mathrm{d}t=\begin{cases}0, & x\leqslant 0,\\\dfrac{x^{\alpha}}{\beta^{\alpha}}, & 0<x<\beta,\\1, & \beta\leqslant x.\end{cases}$$

则(U,V)的联合分布函数为

学习随笔

$$F(u,v)=\boldsymbol{P}\{\max(X,Y)\leqslant u,\min(X,Y)\leqslant v\}$$
$$=\boldsymbol{P}\{\max(X,Y)\leqslant u\}-\boldsymbol{P}\{\max(X,Y)\leqslant u,\min(X,Y)>v\}$$
$$=\boldsymbol{P}\{X\leqslant u,Y\leqslant u\}-\boldsymbol{P}\{X\leqslant u,Y\leqslant u,X>v,Y>v\}$$
$$=\begin{cases}F^2(u), & u<v,\\ F^2(u)-[F(u)-F(v)]^2, & u\geqslant v.\end{cases}$$

$$f(u,v)=\frac{\partial^2 F(u,v)}{\partial u\partial v}=\begin{cases}0, & u<v,\\ 2f(u)f(v), & u\geqslant v\end{cases}$$
$$=\begin{cases}0, & \text{其他},\\ \dfrac{2\alpha^2}{\beta^{2\alpha}}u^{\alpha-1}v^{\alpha-1}, & 0<v\leqslant u<\beta.\end{cases}$$

边缘密度函数为

$$f_U(u)=\int_{-\infty}^{+\infty}f(u,v)\mathrm{d}v=\begin{cases}\displaystyle\int_0^u\frac{2\alpha^2}{\beta^{2\alpha}}u^{\alpha-1}v^{\alpha-1}\mathrm{d}v=\frac{2\alpha u^{2\alpha-1}}{\beta^{2\alpha}}, & 0<u<\beta,\\ 0, & \text{其他},\end{cases}$$

$$f_V(v)=\int_{-\infty}^{+\infty}f(u,v)\mathrm{d}u$$
$$=\begin{cases}\displaystyle\int_v^\beta\frac{2\alpha^2}{\beta^{2\alpha}}u^{\alpha-1}v^{\alpha-1}\mathrm{d}u=\frac{2\alpha}{\beta^\alpha}v^{\alpha-1}-\frac{2\alpha}{\beta^{2\alpha}}v^{2\alpha-1}, & 0<v<\beta,\\ 0, & \text{其他},\end{cases}$$

由于 $f(u,v)\neq f_U(u)f_V(v)$，所以 U 与 V 不独立.

记 $\begin{cases}\xi=\dfrac{V}{U},\\ \eta=U,\end{cases}$ 即 $\begin{cases}U=\eta,\\ V=\xi\eta,\end{cases}$ $J=\begin{vmatrix}\dfrac{\partial u}{\partial\xi} & \dfrac{\partial u}{\partial\eta}\\ \dfrac{\partial v}{\partial\xi} & \dfrac{\partial v}{\partial\eta}\end{vmatrix}=\begin{vmatrix}0 & 1\\ \eta & \xi\end{vmatrix}=-\eta$，故 (ξ,η) 的联合密度函数为

$$g(t,s)=\begin{cases}f_{u,v}(t,ts)|-s|=\dfrac{2\alpha^2}{\beta^{2\alpha}}s^{\alpha-1}(ts)^{\alpha-1}s=\dfrac{2\alpha^2}{\beta^{2\alpha}}s^{2\alpha-1}t^{\alpha-1}, & 0<s<\beta,\quad 0<t\leqslant 1,\\ 0, & \text{其他}.\end{cases}$$

边缘密度函数为

$$g_\xi(t)=\int_{-\infty}^{+\infty}g(t,s)\mathrm{d}s=\begin{cases}\displaystyle\int_0^\beta\frac{2\alpha^2}{\beta^{2\alpha}}s^{2\alpha-1}t^{\alpha-1}\mathrm{d}s=\alpha t^{\alpha-1}, & 0<t\leqslant 1,\\ 0, & \text{其他},\end{cases}$$

$$g_\eta(s)=\int_{-\infty}^{+\infty}g(t,s)\mathrm{d}t=\begin{cases}\displaystyle\int_0^1\frac{2\alpha^2}{\beta^{2\alpha}}s^{2\alpha-1}t^{\alpha-1}\mathrm{d}t=\frac{2\alpha}{\beta^{2\alpha}}s^{2\alpha-1}, & 0<s<\beta,\\ 0, & \text{其他}.\end{cases}$$

由于 $g(t,s)=g_\xi(t)\cdot g_\eta(s)$，所以 $\xi=\dfrac{V}{U}$ 与 $\eta=U$ 相互独立.

【例 16.13】加工某种零件其内径 X(单元:毫米)服从正态分布 $N(\mu,\sigma^2)$，如果 $\mu-1\leqslant X\leqslant\mu+1$，则该零件为合格品，每件售价 a(元)；如果 $X<\mu-1$ 或 $X>\mu+1$，则为不合格品，以废品售出，每件售价 b(元). 为提高收益，决定对"$X<\mu-1$"的零件进行二次再加工，再加工后零件为合格品的概率是 p，仍然为不合格品的概率是 $1-p$. 假设每个零件材

料成本价为 c(元),每加工一次需花加工费 d(元)($c+2d<a$). 问 p 在满足什么条件下,对"$X<\mu-1$"的零件进行二次再加工,其获利期望值比不进行二次再加工获利的期望值大.

【分析与解答】显然我们要通过计算,比较在两种不同情况下获利的期望值,从而确定 p 的取值范围. 依题意,不进行二次再加工,每个零件获利为

$$Y_1=\begin{cases}b-c-d, & \text{当 } X<\mu-1,\\ a-c-d, & \text{当 } \mu-1\leqslant X\leqslant\mu+1,\\ b-c-d, & \text{当 } X>\mu+1,\end{cases}$$

进行二次再加工,每个零件获利为

$$Y_2=\begin{cases}b-c-2d, & \text{当 } X<\mu-1,\text{且 }\overline{A}\text{ 发生},\\ a-c-2d, & \text{当 } X<\mu-1\text{ 且 }A\text{ 发生},\\ a-c-d, & \text{当 } \mu-1\leqslant X\leqslant\mu+1,\\ b-c-d; & \text{当 } X>\mu+1,\end{cases}$$

其中事件 $A=$"经过二次再加工后,零件为合格品". 由题设 $\boldsymbol{P}\{A\mid X<\mu-1\}=p$, $\boldsymbol{P}\{\overline{A}\mid X<\mu-1\}=1-p$. 我们所求的 p 应使 $\boldsymbol{E}Y_2>\boldsymbol{E}Y_1$,由 Y_1,Y_2 表达式知

$$\begin{aligned}\boldsymbol{E}Y_2>\boldsymbol{E}Y_1\Leftrightarrow&(b-c-2d)\boldsymbol{P}\{X<\mu-1,\overline{A}\}+\\&(a-c-2d)\boldsymbol{P}\{X<\mu-1,A\}>(b-c-d)\boldsymbol{P}\{X<\mu-1\}\\\Leftrightarrow&(b-c-2d)\boldsymbol{P}\{\overline{A}\mid X<\mu-1\}+\\&(a-c-2d)\boldsymbol{P}\{A\mid X<\mu-1\}>b-c-d\\\Leftrightarrow&(b-c-2d)(1-p)+(a-c-2d)p=b-bp+\\&ap-c-2d>b-c-d\\\Leftrightarrow&(a-b)p>d\\\Leftrightarrow&p>\frac{d}{a-b}.\end{aligned}$$

【例 16.14】假设事件 A 在每次试验中发生的概率都是 p,现进行 n 次独立重复试验,以 X 表示"A 发生,紧接着 A 不发生"这个事件所出现的次数,试求 X 的期望 $\boldsymbol{E}X$ 与方差 $\boldsymbol{D}X$.

【解】记 $X_i=\begin{cases}1, & \text{第 } i-1 \text{ 次试验 } A \text{ 发生,第 } i \text{ 次试验 } \overline{A} \text{ 发生},\\ 0, & \text{其他},\end{cases}(i=2,3,\cdots,n)$,则

$X=\sum\limits_{i=2}^{n}X_i$,并且 $X_i\sim\begin{pmatrix}1, & 0\\ pq & 1-pq\end{pmatrix}$,$(i=2,3,\cdots,n,q=1-p)$. X_i 与 X_j $(j\geqslant i+2,i=2,\cdots,n-2)$ 相互独立,$X_iX_{i+1}=0$,所以 $\boldsymbol{E}X_i=pq$,$\boldsymbol{D}X_i=pq(1-pq)$,则

$$\mathrm{Cov}(X_i,X_{i+1})=\boldsymbol{E}X_iX_{i+1}-\boldsymbol{E}X_i\boldsymbol{E}X_{i+1}=-(pq)^2,$$

$$\mathrm{Cov}(X_i,X_j)=0,(j\geqslant i+2,i=2,\cdots,n-2),$$

$$\boldsymbol{E}X=\sum_{i=2}^{n}\boldsymbol{E}X_i=(n-1)pq,$$

学习随笔

$$\begin{aligned}DY=D\left(\sum_{i=1}^{n}X_i\right)&=\sum_{i=2}^{n}DX_i+2\sum_{2\leqslant i<j\leqslant n}\mathrm{Cov}(X_i,X_j)\\&=(n-1)pq(1-pq)+2[\mathrm{Cov}(X_2,X_3)+\mathrm{Cov}(X_3,X_4)+\cdots+\mathrm{Cov}(X_{n-1},X_n)]\\&=(n-1)pq(1-pq)+2(n-2)(-p^2q^2)\\&=pq[n-1-(3n-5)pq].\end{aligned}$$

【例 16.15】假设随机变量 $X_1,X_2,\cdots,X_n$ 相互独立、同分布，且三阶中心矩为零，求证：$\overline{X}=\frac{1}{n}\sum_{i=1}^{n}X_i$ 与 $S^2=\frac{1}{n-1}\sum_{i=1}^{n}(X_i-\overline{X})^2$ 不相关.

【证明】不妨设 $EX_i=0$，(否则令 $Y_i=X_i-EX_i=X_i-\mu$，则

$$EY_i=0,\overline{Y}=\frac{1}{n}\sum_{i=1}^{n}X_i-\mu=\overline{X}-\mu,$$

$$E\overline{Y}=0,X_i-\overline{X}=Y_i-\mu-(\overline{Y}+\mu)=Y_i-\overline{Y},$$

$$S^2=\frac{1}{n-1}\sum_{i=1}^{n}(X_i-\overline{X})=\frac{1}{n-1}\sum_{i=1}^{n}(Y_i-\overline{Y})\xlongequal{\text{记}}S_Y^2,$$

$$\mathrm{Cov}(\overline{X},S^2)=\mathrm{Cov}(\overline{Y}+\mu,S_Y^2)=\mathrm{Cov}(\overline{Y},S_Y^2)=E(\overline{Y}S_Y^2)$$

依题意 $E(X_i-EX_i)^3=EX_i^3=0$，因此

$$\begin{aligned}\mathrm{Cov}(\overline{X},S^2)=E\overline{X}S^2&=\frac{1}{n-1}E\overline{X}\left(\sum_{i=1}^{n}X_i^2-n\overline{X}^2\right)\\&=\frac{1}{n-1}\left[E\left(\overline{X}\sum_{i=1}^{n}X_i^2\right)-nE\overline{X}^3\right]\\&=\frac{1}{n-1}\left[\frac{1}{n}E\left(\sum_{i=1}^{n}X_i\right)\left(\sum_{i=1}^{n}X_i\right)^2-\frac{1}{n^2}E\left(\sum_{i=1}^{n}X_i\right)^3\right],\end{aligned}$$

其中，$\left(\sum_{i=1}^{n}X_i\right)\left(\sum_{i=1}^{n}X_i^2\right)=\sum_{i=1}^{n}X_i^3+\sum_{i\neq j}X_iX_j^2$. 由于 $EX_i^3=0$，X_i 与 $X_j(i\neq j)$ 独立，$EX_iX_j^2=EX_iEX_j^2=0$，故 $E\left(\sum_{i=1}^{n}X_i\right)\left(\sum_{i=1}^{n}X_i\right)^2=0$.

又
$$\begin{aligned}\left(\sum_{i=1}^{n}X_i\right)^3&=\left(\sum_{i=1}^{n}X_i\right)\left(\sum_{i=1}^{n}X_i\right)^2=\left(\sum_{i=1}^{n}X_i\right)\left(\sum_{i=1}^{n}X_i^2+\sum_{i\neq j}X_iX_j\right)\\&=\sum_{i=1}^{n}X_i^3+\sum_{i\neq j}X_iX_j^2+\sum_{i\neq j\neq k}X_iX_jX_k,\end{aligned}$$

$EX_i^3=0,EX_i=0$，当 $i\neq j\neq k$ 时，X_i,X_j,X_k 相互独立，所以 $E\left(\sum_{i=1}^{n}X_i\right)^3=0$，从而知 $\mathrm{Cov}(\overline{X},S^2)=0$，即 $\overline{X}$ 与 S^2 不相关.

【例 16.16】假设 $X_1,X_2,\cdots,X_n$ 为来自正态总体 $N(0,\sigma^2)$ 简单随机样本. $a_1,a_2,\cdots,a_n$ 为实数，记 $\overline{X}=\frac{1}{n}\sum_{i=1}^{n}X_i,\overline{a}=\frac{1}{n}\sum_{i=1}^{n}a_i,S_{aX}=\sum_{i=1}^{n}(a_i-\overline{a})X_i,S_{aa}=\sum_{i=1}^{n}(a_i-\overline{a})^2$，求证：$\frac{nS_{aa}(\overline{X})^2}{S_{aX}^2}$ 服从 $F(1,1)$ 分布.

学习随笔

【分析与证明】由 F 分布典型模式，仅需证明 $\xi=\frac{n(\overline{X})^2}{\sigma^2}$ 与 $\eta=\frac{S_{aX}^2}{S_{aa}\sigma^2}$ 相互独立且都服从 $\chi^2(1)$ 分布. 由题设知 $\overline{X}\sim N\left(0,\frac{\sigma^2}{n}\right)$，$\frac{\sqrt{n}\,\overline{X}}{\sigma}\sim N(0,1)$， $\xi=\frac{n(\overline{X})^2}{\sigma^2}\sim\chi^2(1)$，又 $(a_i-\overline{a})X_i\sim N(0,(a_i-\overline{a})^2\sigma^2)$ 且相互独立，所以

$$S_{aX}=\sum_{i=1}^{n}(a_i-\overline{a})X_i\sim N\left(0,\sum_{i=1}^{n}(a_i-\overline{a})^2\sigma^2\right),$$

$$\frac{S_{aX}}{\sqrt{\sum_{i=1}^{n}(a_i-\overline{a})\sigma}}=\frac{S_{aX}}{\sqrt{S_{aa}}\sigma}\sim N(0,1),$$

则 $\eta=\frac{S_{aX}^2}{S_{aa}\sigma^2}\sim\chi^2(1)$.

由于二维随机变量

$$\begin{pmatrix}n\overline{X}\\ S_{ax}\end{pmatrix}=\begin{pmatrix}\sum_{i=1}^{n}X_i\\ \sum_{i=1}^{n}(a_i-\overline{a})X_i\end{pmatrix}=\begin{pmatrix}1, & 1, & \cdots, & 1\\ a_1 & -\overline{a}, & \cdots, & a_n-\overline{a}\end{pmatrix}\begin{pmatrix}X_1\\ \vdots\\ X_n\end{pmatrix},$$

其中 $(X_1,\cdots,X_n)^{\mathrm{T}}$ 为 n 维正态变量，根据多维正态变量性质知，$(n\overline{X},S_{ax})^{\mathrm{T}}$ 为二维正态变量，又由于 $\boldsymbol{E}\overline{X}=0$，则

$$\begin{aligned}\boldsymbol{E}\overline{X}S_{aX}&=\frac{1}{n}\boldsymbol{E}\left[\sum_{i=1}^{n}X_i\sum_{j=1}^{n}(a_j-\overline{a})X_j\right]\\&=\frac{1}{n}\boldsymbol{E}\left[\sum_{i=1}^{n}(a_i-\overline{a})X_i^2+\sum_{i\neq j}(a_i-\overline{a})X_iX_j\right]\\&=\frac{1}{n}\left[\sum_{i=1}^{n}(a_i-\overline{a})\boldsymbol{E}X_i^2+\sum_{i\neq j}(a_i-\overline{a})\boldsymbol{E}X_i\boldsymbol{E}X_j\right]\\&=\left(\frac{1}{n}\sum_{i=1}^{n}a_i-\overline{a}\right)\sigma^2=0,\end{aligned}$$

所以 $\boldsymbol{E}\overline{X}S_{aX}=\boldsymbol{E}\overline{X}\cdot\boldsymbol{E}S_{aX}$，即 $\overline{X}$ 与 S_{aX} 不相关 $\Leftrightarrow\overline{X}$ 与 S_{aX} 独立 $\Rightarrow\xi$ 与 η 独立，故 $\frac{\xi/1}{\eta/1}=\frac{nS_{aa}(\overline{X})^2}{S_{aX}^2}$ 服从 $F(1,1)$ 分布.